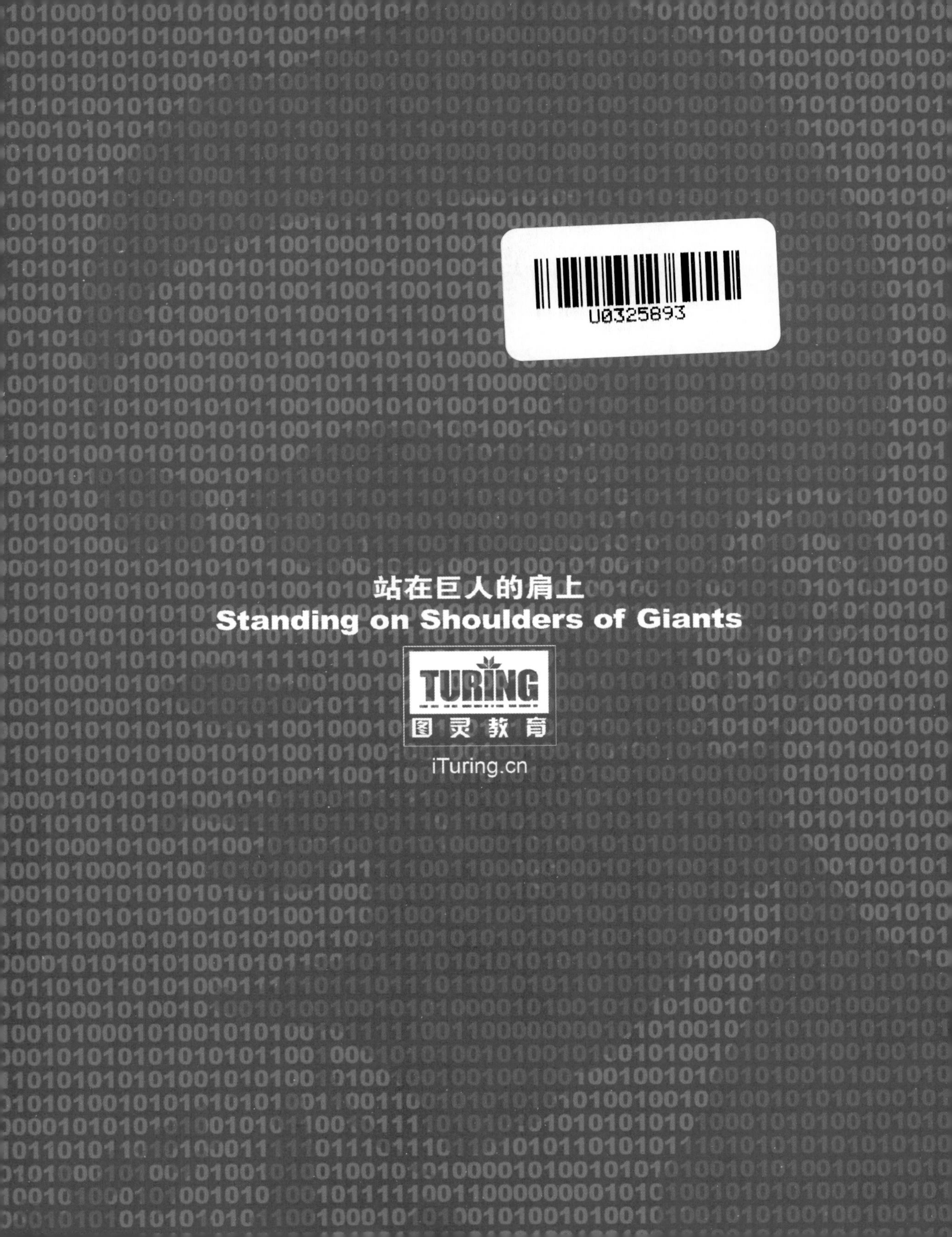
U0325893
站在巨人的肩上
Standing on Shoulders of Giants
TURING
图灵教育
iTuring.cn

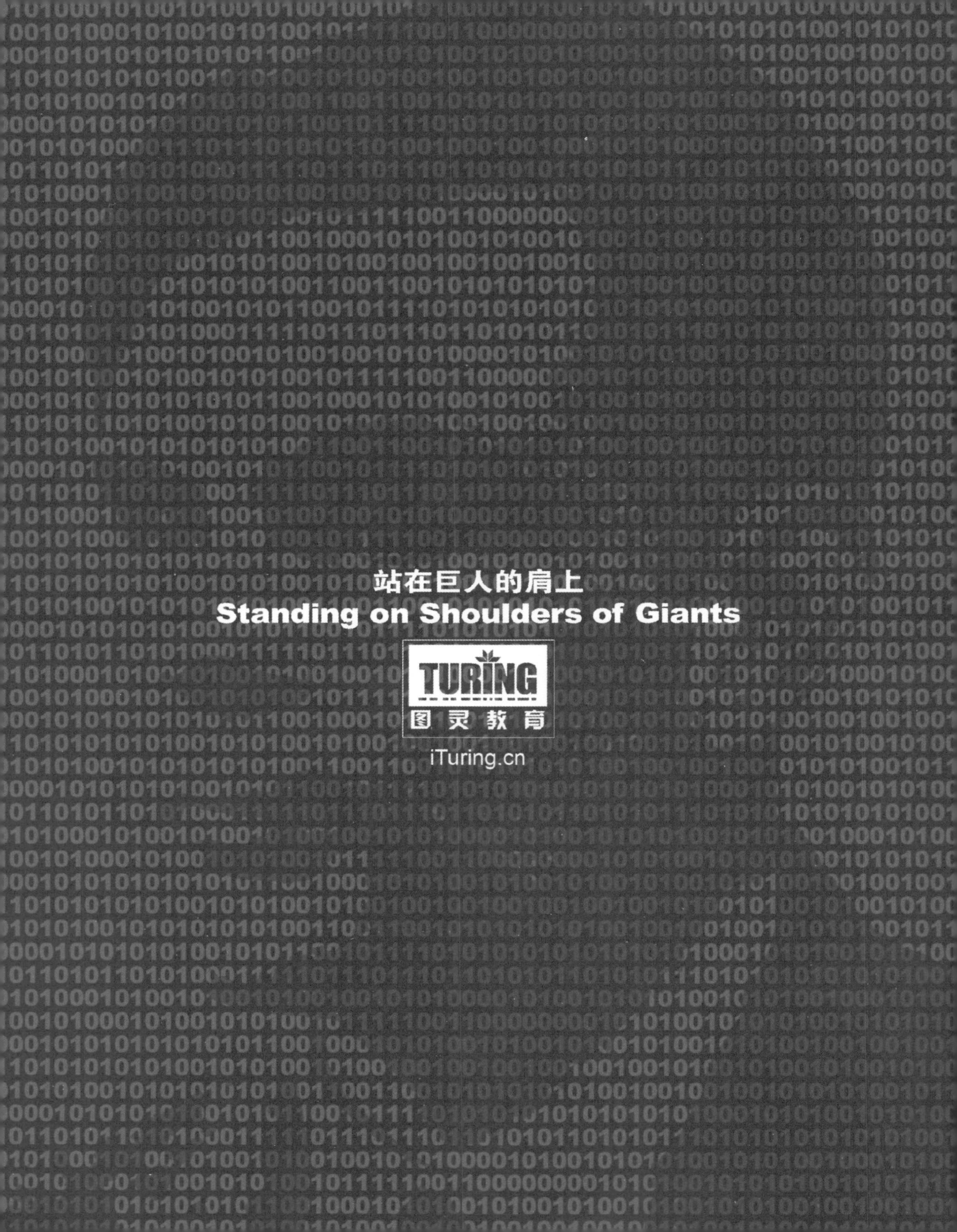
站在巨人的肩上
Standing on Shoulders of Giants
TURING
图灵教育
iTuring.cn

TURING 图灵程序设计丛书

Oracle JRockit
The Definitive Guide

JRockit权威指南
深入理解JVM

[瑞士] 马库斯 · 希尔特 [瑞典] 马库斯 · 拉杰格伦 著
曹旭东 译

人民邮电出版社
北 京

图书在版编目（CIP）数据

JRockit权威指南 : 深入理解JVM / (瑞士) 马库斯·希尔特 (Marcus Hirt) , (瑞典) 马库斯·拉杰格伦 (Marcus Lagergren) 著 ; 曹旭东译. -- 北京 : 人民邮电出版社, 2019.1(2019.11重印)
（图灵程序设计丛书）
ISBN 978-7-115-50045-8

Ⅰ. ①J… Ⅱ. ①马… ②马… ③曹… Ⅲ. ①JAVA语言—程序设计 Ⅳ. ①TP312.8

中国版本图书馆CIP数据核字(2018)第262524号

内 容 提 要

本书以 JRockit 为例深入剖析 JVM 工作原理，分为 3 大部分。第一部分着重介绍了 JVM 和自适应运行时的工作原理，并以 JRockit 为例专门介绍到底什么是好的 Java 代码。第二部分介绍 JRockit Mission Control 套件的具体功能，以及如何使用 JRockit Mission Control 套件来查找应用程序的性能瓶颈。第三部分介绍 Java 发展方向。

本书适合所有以 Java 编程语言为工作中心的开发人员和系统管理员。

◆ 著　　　[瑞士] 马库斯·希尔特 [瑞典]马库斯·拉杰格伦
　译　　　曹旭东
　责任编辑　朱　巍
　责任印制　周昇亮

◆ 人民邮电出版社出版发行　　北京市丰台区成寿寺路 11 号
　邮编　100164　　电子邮件　315@ptpress.com.cn
　网址　http://www.ptpress.com.cn
　固安县铭成印刷有限公司印刷

◆ 开本：800×1000　1/16
　印张：21
　字数：496千字　　　　2019年 1 月第 1 版
　印数：2 001－2 300册　　2019年 11 月河北第 2 次印刷

著作权合同登记号　图字：01-2018-0945号

定价：99.00元

读者服务热线：(010)51095183转600　印装质量热线：(010)81055316

反盗版热线：(010)81055315

广告经营许可证：京东工商广登字 20170147 号

版 权 声 明

献给我的家人：Malin、Alexander 和小 Natalie。他们容忍我将无数个夜晚和周末花在发布新的主版本和撰写本书上。

——Marcus Hirt

献给我的家人：Klara、Alice 和 Ylva，特别是我可爱的妻子 Klara。Klara 要一个人应付两个孩子，非常辛苦。她不止一次表示过要买一本，然后烧了它。

——Marcus Lagergren

序

我至今仍然清楚地记得第一次遇到 JRockit 团队时的情形。那是在 1999 年，我代表 WebLogic 参加 JavaOne 大会，这些身着黑色 T 恤衫的瑞典大学生正在向大家介绍他们开发的、号称性能最强劲的服务器端虚拟机。那时，HotSpot 1.2 版本的发布再次延误，而我们也正被 Classic VM 中无穷无尽的伸缩性问题搞得焦头烂额，所以就对这些小伙子的演讲产生了兴趣，驻足倾听。在我离开他们的展台时，我认为这些聪明的小伙子还有些稚嫩，他们小看了虚拟机开发的复杂性。

时光飞逝，BEA 收购了 JRockit，而我成了 WebLogic 和 JRockit 两个团队间的技术沟通人。此时的 JRockit 已非吴下阿蒙，在服务器端表现出了强大的伸缩性和强劲的性能。随着工作的展开，我也很荣幸结识了本书的两位作者：Marcus Lagergren 和 Marcus Hirt。

当时负责编译器开发的 Lagergren 是一位非常高产的程序员。曾经有一段时间，我和他共同研究如何优化 WebLogic，以及探究为何某个方法没有被内联或去虚拟化。在这个过程中，我们（包括 WebLogic 团队和 JRockit 团队的其他成员）合力创造了 SPECjAppServer 的几项世界纪录，使得 JRockit 威名更盛。

本书的另一位作者 Hirt 则始终专注于性能剖析和诊断方面的工作。因此，他也顺理成章地成为了相关工具开发的领导者，这些工具就是 JRockit Mission Control 的前身。我们很早就注意到，若想扩大 JRockit 工程团队的规模，就必须投入资源来开发更好用的工具，以简化开发和调试工作。

转眼又过了几年，我加入了 Oracle，BEA 也被 Oracle 收购了。我怀着激动的心情再次迎接 JRockit 团队的加入，只不过这次的新东家换成了 Oracle。JRockit 的核心开发团队仍然是那些人，他们现在已经是虚拟机领域的专家了。

Lagergren 仍然负责底层实现（即 JRockit Virtual Edition）的开发，生产力依然很高。在 Hirt 的带领下，Mission Control 已经从内部开发工具成长为最受用户喜爱的 JRockit 开发套件之一。两位作者对 JRockit 的方方面面都非常了解，很难想象会有比他们两位更适合撰写本书的人了。

因此，正如前面所说，能够结识 JRockit 开发团队并与其合作，我感到非常高兴。我相信，你会享受阅读本书的过程。多年以来，我觉得本书主题非常有趣，希望你也会有这样的体会。

Adam Messinger
Oracle Fusion Middelware 项目组，开发副总裁
2010 年 2 月 14 日
加州旧金山

前　　言

机缘巧合促成了本书的出版。

那时，互联网还没有在世界范围内普及，我们也还只是高中生，经常混迹于同一个 BBS，在讨论数学问题的过程中结识了对方，成为了好友，并将这份友情延伸到了生活和合作的软件项目中。后来，我们又共同进入了位于斯德哥尔摩的瑞典皇家理工学院（KTH）学习。

在 KTH，我们结识了更多的朋友。在第三学年的数据库系统课程中，我们找到了足够多志同道合的人，准备干点事业。最终，我们决定成立一家名为 Appeal Software Solutions（其首字母缩写为 A.S.S.，当时看来绝对是一个完美的名字）的咨询公司。我们中有些人是半工半读的，所以预留了部分收入，以便当所有成员毕业后可以使公司步入正轨。我们的长期目标是公司可以开发产品，而不仅仅是做咨询，但当时我们还不知道到底要开发什么。

1997 年，由于在 Sun 公司赞助的大学生竞赛中胜出，Joakim Dahlstedt、Fredrik Stridsman 和 Mattias Joëlson 得以参加当年的 JavaOne 大会。有意思的是，第二年，他们又胜出了。

一切都源于我们的 3 位英雄在 1997 年和 1998 年参加的两届 JavaOne 大会。在会上，他们注意到，Sun 公司的自适应 JVM——HotSpot 虽然在当时被誉为能够彻底解决 Java 性能问题的终极 JVM，但在这两年里却没有什么实质性的进步。那时的 Java 主要是解释执行的，市场上有一些针对 Java 的静态编译器，可以生成运行速度快于字节码的静态代码，但是这从根本上违反了 Java 的语义。正如本书反复强调的，到目前为止，自适应解决方案在运行时具有远超静态解决方案的潜力，但实现起来也更困难。

1998 年，HotSpot 没什么动作，年轻气盛的我们不禁问道："这很难吗？看我们做一个更好、更快的自适应虚拟机出来！"我们专业背景不错，而且认为有了明确的方向，于是就开工了。尽管后来的实践证明了挑战比我们预期的更大，但我们想提醒读者的是，当时是 1998 年，Java 在服务器端的腾飞才刚刚开始，J2EE 刚刚出现，几乎没人听说过 JSP。因此，我们所涉及的问题领域小得多。

我们最初计划用一年时间实现一个 JVM 的预览版，同时继续提供咨询服务来保证 JVM 的持续开发。最初，新 JVM 的名字是 RockIT，结合了 Rock and Roll（摇滚）、Rock Solid（坚如磐石）和 IT 三者的意思。后来由于注册商标的原因，又在名字前面加了一个字母 J。

在经历了初期的几次失败后，我们需要寻找风投。当然，向投资人解释清楚为什么投资一款自适应 JVM 能够赚钱（同时期的其他竞争对手都是免费提供的），是一大难题。这不仅仅因为当时是 1998 年，更重要的因素是，投资人还无法理解这种既不需要给用户发广告短信，也不需要发送电子邮件订单的商业模式。

最终，我们获得了风投，并在2000年初发布了JRockit 1.0版本的第一个原型。尽管只是1.0版本（网上有人说它“非常1.0”，不够成熟），但是它应用于多线程服务器程序时性能优异，风光一时。以此为契机，我们获得了更多的投资，并将咨询业务拆分为一个独立的分公司，公司的名字也从Appeal Software Solutions变成了Appeal Virtual Machines。我们又雇用了一些销售人员，并就Java许可证的问题开始与Sun公司协商。

JRockit的相关工作越来越多。2001年，处理咨询业务的工程师都转入了与JVM相关的项目中，咨询公司宣告停业。这时，我们清楚地知道如何将JRockit的性能再提升一步，同时也意识到在这个过程中我们消耗资源的速度太快了。于是，管理层开始寻找合适的大公司，以实现整体收购。

2002年2月，BEA公司收购Appeal Virtual Machines公司，这让投资人松了一口气，同时也保证了我们有足够的资源做进一步的研究和开发。为了配合测试，BEA建立了一个宽敞的服务器机房，加固了地板，保证了电力供应。那时，有一根电缆从街上的接线盒通过服务器机房的窗户连进来。过了一段时间，这个服务器机房已经无法放下开发测试所需的全部服务器了，于是我们又租了一个机房来放置服务器。

作为BEA平台的一部分，JRockit的发展相当理想。在BEA的前两年，我们为JRockit开发了很多区别于其他Java解决方案的新特性，例如后来发展成为JRockit Mission Control的开发框架。此后，新闻发布、世界级的测试跑分和虚拟化平台随之而来。在拥有了JRockit后，BEA与Sun、IBM并列为三大JVM厂商，成为了拥有数千用户的平台。JRockit产生的利润，首先是来自工具套件，然后是产品JRockit Real Time提供的无比强大的GC性能。

2008年，Oracle收购BEA，这一事件起初令人感到不安，但是JRockit和相关团队最终获得了更多的关注和赞誉。

经过这些年的发展，令我们引以为荣的是，JRockit的用户遍布全球，它为关键应用的稳定运行保驾护航。同样令我们感到骄傲的是，当初6个少年在斯德哥尔摩老城区的一个小破屋中的设计已经成长为世界级产品。

本书的内容是我们十多年来与自适应运行时，尤其是JRockit，打交道的经验总结。据我们所知，其中的很多内容之前还没有发表过。

希望本书能对你有所帮助和启发。

内容概述

第1章：起步。这一章对JRockit JVM和JRockit Mission Control做了简要介绍，内容包括如何获得相关软件及软件对各平台的支持情况，在切换JVM厂商的产品时需要注意的问题，JRockit和JRockit Mission Control版本号的命名规则，以及如何获取更多有关JRockit JVM的内容。

第2章：自适应代码生成。这一章对自适应运行时环境中的代码生成做了简要介绍。具体说来，解释了为什么在JVM中实现自适应代码生成比在静态环境中更有难度，而其实现所能发挥的效用却更加强大；介绍了赌博式的性能优化技术；通过一个例子介绍了 JRockit 的代码生成和优化流水线；讨论了自适应代码优化和传统代码优化；介绍了如何使用标志和指令文件来控制 JRockit 的代码生成。

第 3 章：自适应内存管理。这一章对自适应运行时环境中的内存管理做了介绍。通过介绍自动内存管理的相关概念和算法，解释了垃圾回收器的工作机制。详细介绍了 JVM 在为对象分配内存时所做的具体工作，以及为便于执行垃圾回收所需记录的元数据信息。后半部分主要介绍用于控制内存管理的最重要的 Java API，以及可在 Java 应用程序中生成确定性延迟的 JRockit Real Time 产品。最后，介绍了如何使用标志来控制 JRockit JVM 的内存管理系统。

第 4 章：线程与同步。这一章介绍了 Java 和 JVM 中非常重要的线程与同步的概念及其在 JVM 中的简要实现，并深入讨论了 Java 内存模型及其内在的复杂性。简单介绍了基于运行时信息反馈的自适应优化对线程和同步机制的实现的影响。此外，还以双检查锁失效为例对多线程编程中常见的一些错误做了介绍。最后讲解了如何分析 JRockit 中的锁，以及如何通过标志控制线程的部分行为。

第 5 章：基准测试与性能调优。这一章讨论了基准测试的相关性，以及制定性能目标和指标的重要性；阐释了如何针对特定问题设计适合的基准测试；介绍了一些针对 Java 的工业级基准测试套件；详细讨论了如何根据基准测试的结果优化应用程序和 JVM；以 JRockit JVM 为介绍了相关命令行参数的使用。

第 6 章：JRockit Mission Control 套件。这一章介绍了 JRockit Mission Control 工具套件，包括启动和各种详细配置等内容。解释了如何在 Eclipse 中运行 JRockit Mission Control，以及如何配置 JRockit 以使 Eclipse 在 JRockit 上运行。介绍了几种不同的工具，统一了相关术语的使用。讲解了如何使用 JRockit Mission Control 远程访问 JRockit JVM，以及与故障处理相关的内容。

第 7 章：Management Console。这一章介绍了 JRockit Mission Control 中的 Management Console 组件，讲解了诊断命令的概念以及如何在线监控 JVM 实例，还介绍了触发器规则的设置和事件通知的机制，最后讲解了如何利用自定义组件扩展 Management Console。

第 8 章：JRockit Runtime Analyzer。这一章介绍了 JRockit 运行时分析器（JRockit Runtime Analyzer，JRA），它是一款可以定制的按需分析框架，用于详细记录 JRockit 以及运行在其中的应用程序的执行状况，以便进行离线分析。其记录内容包括方法和锁的性能分析、垃圾回收信息、优化决策信息、对象统计信息以及延迟事件等。这一章最后介绍了如何根据这些记录信息来判别常见问题以及如何延迟分析。

第 9 章：JRockit Flight Recorder。这一章详细介绍了 JFR（JRockit Flight Recorder）。新版本 JRockit Mission Control 套件使用 JFR 取代了 JRA。这一章讲解了 JFR 与 JRA 的区别，最后介绍了如何扩展 JFR。

第 10 章：Memory Leak Detector。这一章介绍了 JRockit Mission Control 套件中的最后一个工具 JRockit Memory Leak Detector。其中介绍了具有垃圾回收功能的编程语言中内存泄漏的概念，以及 Memory Leak Detector 的一些用例。Memory Leak Detector 不仅可以用来找出 Java 应用程序中意外持有的对象，还可以对 Java 堆做通用分析。此外还介绍了 Memory Leak Detector 的一些内部实现机制，以及它能保持很低的运行开销的原因。

第 11 章：JRCMD。这一章介绍了命令行工具 JRCMD。用户可以通过 JRCMD 与目标机器上的 JVM 交互，并发送诊断命令。这一章按字母表顺序列出了 JRCMD 中最重要的诊断命令，并通过示例讲解了如何使用这些命令来检测或修改 JRockit JVM 的状态。

第 12 章：JRockit Management API。这一章介绍了如何编程实现对 JRockit JVM 内部功能的访问，如 JRockit Mission Control 套件就是基于 Management API 来实现的。尽管这一章介绍的 JMAPI 和 JMXMAPI 并未得到完整的官方支持，但从中可以了解到一些 JVM 的工作机制。希望读者可以实际动手操作一下，以加深理解。

第 13 章：JRockit Virtual Edition。这一章介绍了现代云环境中的虚拟化，其中包括了 JRockit Virtual Edition 产品的相关概念和具体细节。通常来说，操作系统很重要，但对于 JRockit Virtual Edition 来说，移除软件栈中的操作系统层并不是什么大问题，而且移除之后还可以降低操作系统层所带来的性能开销，降低的程度甚至在物理硬件上也达不到。

阅读前提

请正确安装 JRockit JVM 和运行时环境。为了更好地理解本书的内容，请使用 JRockit R28 或其之后的版本，不过使用 JRockit R27 也是可以的。此外，正确安装 Eclipse for RCP/Plug-in Developer 也很有必要，尤其是尝试用不同的方法扩展 JRockit Mission Control 以及使用源码包中的程序时。

目标读者

本书主要面向以 Java 为工作中心，并已具备一定知识技能的人员，例如对 Java 开发或安装管理有相关工作经验的开发人员或系统管理员。书中内容分为 3 大部分。

第一部分着重介绍了 JVM 和自适应运行时的作用及工作原理，还指出了自适应运行时以及 JRockit 的优势和劣势，以便在适当的时候解释什么是良好的 Java 编码实践。深入到 JVM 这个黑盒中，探查运行 Java 应用程序时到底发生了什么。理解第一部分的内容可以帮助开发人员和架构师理解某些设计决策的后果，进而做出更好的决策。这部分也可作为高校自适应运行时课程的学习资料。

第二部分着重介绍了 JRockit Mission Control 套件的具体功能，以及如何使用它来查找应用程序的性能瓶颈。对于想要对 JRockit 系统做性能调优以运行特定程序的系统管理员和开发人员来说，这部分内容非常有用。对于希望优化 Java 应用程序以提高资源利用率、优化性能的开发人员来说，这部分内容也很有用。但应该记住的是，对 JVM 层面的调优也只有这么多了，对应用程序本身的业务逻辑和具体实现做调优其实是更简单、更有效的。本书将会介绍如何使用 JRockit Mission Control 套件来查找应用程序的瓶颈，以及如何控制硬件和程序运行的成本。

第三部分介绍了新近和即将发布的重要的 JRockit 相关技术，主要面向对 Java 技术发展方向比较感兴趣的读者。这部分内容着重讲解了 Java 虚拟化。

最后，列出了本书的参考文献和术语表。

排版约定

本书中会包含一些代码，包括 Java 代码、命令行和伪代码等。Java 代码以等宽字体表示，并按照标准 Java 格式显示。命令行和参数也会以等宽字体显示。类似地，段落中引用的文件名、代码片段和 Java 包名也会使用等宽字体表示。

与正文相关的重要一些信息，或是补充说明，会使用中括号括起来。

[此部分内容很重要!]

技术名词和基本概念会作为**关键字**用黑体字表示。为便于查询，这些技术名词会列在术语表中。

在本书中，JROCKIT_HOME 和 JAVA_HOME 表示 JRockit JDK/JRE 的安装目录。例如，默认安装 JRockit 之后，Java 命令的位置是：

C:\jrockits\jrockit-jdk1.5.0_17\bin\java.exe

而 JROCKIT_HOME 和 JAVA_HOME 的值则为：

C:\jrockits\jrockit-jdk1.5.0_17\

JRockit JVM 有其自己的版本号规则，目前最新的主版本是 R28。JRockit 的次版本号表示在发行主版本后第几次发行小版本，例如 R27.1 和 R27.2。本书中使用 R27.*x* 表示所有的 R27 版本，R28.*x* 表示所有的 R28 版本。

[默认情况下，本书所介绍的内容是以 R28 版本为基础的，针对之前版本的内容会特别说明。]

JRockit Mission Control 客户端使用了更加标准的版本号规则，例如 4.0。在介绍 JRockit Mission Control 的相关工具时，工具的版本号 3.*x* 和 4.0 也分别对应了 JRockit Mission Control 客户端的版本。在写作本书时，JRockit Mission Control 客户端的最新版本是 4.0，除非特别指明，所有内容均是以此版本为基础来讲解的。

书中内容有时会涉及一些第三方产品。阅读本书时无须十分了解这些产品。涉及的第三方产品如下。

- Oracle WebLogic Server：Oracle J2EE 应用服务器
- Oracle Coherence：Oracle 内存型分布式缓存技术
- Oracle Enterprise Manager：Oracle 应用程序管理套件
- Eclipse：Java IDE（也可用于其他语言的开发）
- HotSpot™：HotSpot™JVM

读者反馈

欢迎读者反馈对本书的看法，喜欢什么、不喜欢什么，这对我们开发读者真正需要的选题来说非常重要。

要发送反馈信息，可以直接发邮件到 feedback@packtpub.com，并在邮件主题中注明书名。

如果你需要某本书，希望我们出版的话，请在 PacktPub 的官网 www.packtpub.com 中填写表单，或者发邮件到 suggest@packtpub.com 来说明。

如果读者精通某个领域，并且想要撰写或参与写作一本书的话，请阅读 www.packtpub.com/authors 中的作者指南。

客户支持

针对购买了 Packt 图书的读者，我们提供了很多周边内容，帮助你更好地理解书中内容。

下载本书示例代码

可从 http://www.ituring.com.cn/book/2491 下载本书中的示例代码，以及代码的使用说明。

勘误

尽管我们尽力确保书中内容无误，但错误在所难免。如果读者发现了错误，不管是文字错误还是代码错误，敬请告知，我们将感激不尽。这不仅可使其他读者免受错误困扰，还可以帮助我们完善本书后续的版本。如果读者发现了任何错误，请访问 http://www.packtpub.com/support，选择书名，然后点击 let us know 链接，输入勘误的具体内容。[①]当勘误通过验证后，内容将被接受，而且该勘误信息将上传到我们的网站，或者添加到该书下面 Errata 部分的已有勘误表列表当中。在 http://www.packtpub.com/support 可以看到目前已有的勘误表。

盗版问题

对所有媒体来说，互联网盗版都是一个长期存在的问题。Packt 公司对自己的版权和许可证的保护非常严格。如果你在互联网上遇到以任何形式非法复制我们作品的行为，请立刻向我们提供具体地址或网站名称，以帮助我们采取补救措施。

请通过 copyright@packtpub.com 联系我们，并且附上可疑盗版资料的链接。

感谢你帮助我们保护作者，使我们能够带给你更有价值的内容。

① 针对本书中文版的勘误，请到 http://www.ituring.com.cn/book/2491 查看和提交。——编者注

疑问

如果读者对本书有任何疑问，请发邮件至 questions@packtpub.com 说明，我们会尽力解决。

致谢

感谢这些年一直陪伴在我们身边的富有创造力的人们。特别是 Appeal 的同事，你们已经成为我们生活的一部分，我们很荣幸能与如此卓越的团队分享这段历程。

此外，非常感谢我们的家人，感谢你们在本书写作期间给予我们的耐心和支持。

电子书

扫描如下二维码，即可购买本书电子版。

目　录

第1章 起步

虽然本书各个部分（主要是第一部分）包含了关于所有自适应运行时环境的内部工作原理的一般性信息，但示例和深入的信息都是针对 JRockit JVM 的。本章简要介绍了如何获取 JRockit JVM，以及将 Java 应用部署到 JRockit JVM 上时可能遇到的问题等。

在本章中，你将学到如下内容：

- 如何获取 JRockit
- JRockit 对各平台的支持情况
- 如何将应用迁移到 JRockit
- JRockit 命令行选项简介
- JRockit 版本号命名规则
- 遇到问题时该如何求助

1.1 获取 JRockit JVM

为了更好地理解本书的内容，推荐使用最新版本的 JRockit JVM 作为实验工具。对于 JRockit R27.5 之前的版本来说，要想使用某些高级特性是需要获取相关授权的。在 Oracle 收购了 BEA 公司后，对这些高级特性的限制得以解除，现在可以随时使用，无须担心授权问题，这使得开发人员可以在开发环境中更好地研究和使用 JRockit JVM。当然，如果想在生产环境中使用 JRockit，仍然是需要购买授权的。对于 Oracle 的客户来说，这不是什么问题，因为 Oracle 的大部分应用套件都包含了 JRockit JVM，例如所有包含了 WebLogic Server 的套件都包含 JRockit JVM。

在编写本书之时，获取 JRockit JVM 的最简单方式就是下载并安装 JRockit Mission Control（一个用于诊断和剖析 JRockit JVM 的工具套件）。JRockit Mission Control 发行版的安装目录几乎与 JDK 的安装目录相同，可以当作 JDK 使用。我们很希望能够为 JRockit 提供一个自包含的、只有 JVM 的 JDK，不过**暂时未能实现**，希望在不远的将来能有所改观。

在下载 JRockit Mission Control 之前，请先确认你所使用的平台是在支持范围之内的，凡是支持 JRockit 的平台，也都支持 JRockit Mission Control 的服务端组件。

下表展示了 JRockit Mission Control 3.1.*x* 在各个平台的支持情况。

平　台	Java 1.4.2	Java 5.0	Java 6
Linux x86	×	×	×
Linux x86-64	N/A	×	×
Linux Itanium	×（仅服务器端）	×（仅服务器端）	N/A
Solaris SPARC（64位）	×（仅服务器端）	×（仅服务器端）	×（仅服务器端）
Windows x86	×	×	×
Windows x86-64	N/A	×（仅服务器端）	×（仅服务器端）
Windows Itanium	×（仅服务器端）	×（仅服务器端）	N/A

下表展示了 JRockit Mission Control 4.0.0 在各个平台的支持情况。

平　台	Java 5.0	Java 6
Linux x86	×	×
Linux x86-64	×	×
Solaris SPARC（64位）	×（仅服务器端）	×（仅服务器端）
Windows x86	×	×
Windows x86-64	×（仅服务器端）	×（仅服务器端）

如果在 Windows 平台上运行 JRockit Mission Control，请确保操作系统的临时目录所在的文件系统可以针对每个用户单独设置文件访问权限。换句话说，临时目录不要设置在 FAT 格式的磁盘上，否则，某些关键特性（例如本地 JVM 的自动检测）将无法使用。

1.2 将应用程序迁移到 JRockit

本书中，JRockit JVM 的安装目录以 JROCKIT_HOME 指代，将之设为系统变量可以使操作更简便。安装完成后，顺便将 JROCKIT_HOME/bin 目录添加到系统环境变量 PATH 路径中，并更新应该迁移到 JRockit 的 Java 应用程序的脚本。建议读者将环境变量 JAVA_HOME 的值设置为 JROCKIT_HOME 指代的目录。大部分情况下，JRockit 都可以直接替代其他 JVM，但某些启动参数需要调整，例如某些控制具体垃圾回收行为的参数，这在不同 JVM 厂商之间有较大差别。其他一些比较通用的参数，例如设置堆大小的最大值，在设置的时候是相同的。

更多有关将应用程序迁移到 JRockit JVM 的信息，请参见 JRockit 在线文档中“Migrating Applications to the Oracle JRockit JDK”一章的内容。

1.2.1 命令行选项

在 JRockit JVM 中，主要有 3 类命令行选项，分别是系统属性、标准选项（以-X 开头）和非标准选项（以-XX 开头）。

1. 系统属性

设置 JVM 启动参数的方式有多种。以-D 开头的参数会作为系统属性使用，这些属性可以为 Java 类库（如 RMI 等）提供相关的配置信息。例如，在启动的时候，如果设置了-Dcom.jrockit.mc.debug=true 参数，则 JRockit Mission Control 会打印出调试信息。不过，R28 之后的 JRockit JVM 版本废弃了很多之前使用过的系统属性，转而采用非标准选项和类似 HotSpot 中虚拟机标志（VM flag）的方式设置相关选项。

2. 标准选项

以-X 开头的选项是大部分 JVM 厂商都支持的通用设置。例如，用于设置堆大小最大值的选项-Xmx 在包括 JRockit 在内的大部分 JVM 中都是相同的。当然，也存在例外，如 JRockit 中的选项-Xverbose 会打印出可选的子模块日志信息，而在 HotSpot 中，类似的（但实际上有更多的限制）选项是-verbose。

3. 非标准选项

以-XX 开头的命令行选项是各个 JVM 厂商自己定制的。这些选项可能会在将来的某个版本中被废弃或修改。如果 JVM 的参数配置中包含了以-XX 开头的命令行选项，则在将 Java 应用程序从一种 JVM 迁移到另一种时，应该在启动 JVM 之前去除这些非标准选项。

确定了新的 JVM 选项后才可以启动 Java 应用程序。通常，Java 应用程序迁移到 JRockit JVM 后，内存消耗会有些许增加，但能够获得更好的性能。

应该通过查询目标 JVM 的文档来确定要使用的非标准命令行选项是否在不同 JVM 厂商之间和不同 JVM 版本之间具有相同的语义。

- **虚拟机标志**

JRockit R28 之后的版本，添加了被称为**虚拟机标志**的命令行选项，作为非标准命令行选项的子集使用，其语法是：-XX:<flag>=<value>。使用命令行工具 JRCMD 可以读取这些虚拟机标志的值，并且可以修改某些 VM 标志的值。更多关于 JRCMD 的内容，请参见第 11 章。

1.2.2 行为差异

不同的 JVM 可能会有不同的运行时行为，通常这是因为不同的 JVM 对 Java 语言规范和 JVM 规范有不同的实现。请注意，各个 JVM 的行为虽有不同，但都是正确的。规范中的很多地方没有做强制规定，为 JVM 厂商实现独具特色的功能留出了余地。如果某个应用程序严重依赖于规范的某种具体实现，那么迁移该应用程序到其他实现时恐怕就不那么容易了。

例如，曾经在旧版本 Eclipse 上测试 JRcokit 的里程碑版本时，某些测试用例无法在 JRockit 上启动。后来发现，由于这些测试之间具有依赖性，测试需要以特定的顺序进行，而 JRockit 中通过反射获取的方法列表（Class#getDeclaredMethods）的实现与其他 JVM 不同，导致返回方法列表的顺序有所区别，尽管这并不违反规范，却导致了测试无法正常进行。后来，Eclipse的开发团队确认了“依赖方法列表的顺序”是错误的。最终测试用例得以正确运行。

如果在编写应用程序时不遵守 Java 语言规范或 JVM 规范，而是以某款 JVM 的特殊行为作为依据，那么将来该应用程序可能无法在同一个 JVM 厂商的新版本 JVM 中正常运行。如果在编写应用程序时遇到相关问题，请查阅 Java 语言规范和 JDK 相关文档。

将应用程序从一款 JVM 迁移到另一款 JVM 时，要特别注意两款 JVM 之间的区别。在原先的 JVM 上能够正常运行的应用程序，可能由于一些潜在的问题而无法在新的 JVM 上继续运行，例如应用程序在不同的 JVM 上具有不同的性能表现。这可能会导致一些问题的发生，但不应将之归咎于 JVM。

例如，曾有客户报告说，JRockit 只运行了一天就崩溃了。经过调查发现，该客户的应用程序在其他 JVM 上运行时，也会发生崩溃，只不过多运行了几天而已。之所以 JRockit 崩溃得更快，是因为该应用程序在 JRockit 上运行得更快，内存泄漏的速度更快而已。

当然，所有的 JVM，包括 JRockit，都可能存在 bug。为了自称是 Java，每个 JVM 实现都必须使用 Java Compatibility Kit（JCK）进行大量的兼容性测试。

JRockit 一直是使用分布式测试系统进行各种测试的。这个大测试套件包含了 JCK，通过这个测试可以保证发布的 JRockit 是一款稳定、合格、兼容 Java 的 JVM。在发行新版本的 JRockit 之前，会使用该测试套件，在 JRockit 上运行各种知名应用程序，例如 Eclipse、WebLogic Server，以及专门设计用来进行压力测试的程序，这些测试会在所有受支持的平台上进行，以测试 JRockit 是否会发生故障。此外，对性能做持续的回归测试也是 JRockit QA 工作的重中之重。但即便如此，故障仍然无法避免。如果 JRockit 崩溃了，请将详细情况报告给 Oracle 的支持工程师。

1.3 JRockit 版本号的命名规则

JRockit 版本号的命名规则有点复杂，至少包含以下 3 部分：

(1) JRockit JVM 版本号

(2) JDK 版本号

(3) JRockit Mission Control 版本号

查看 JVM 版本号的方法是在命令行中执行命令 `java -version`，典型的输出如下所示。

```
java version "1.6.0_14"

  Java(TM) SE Runtime Environment (build 1.6.0_14-b08)

  Oracle JRockit(R) (build R28.0.0-582-123273-1.6.0_
    14-20091029-2121-windows-ia32, compiled mode)
```

JRockit 版本号的第一个部分是与 JVM 绑定的 JDK 的版本号。该 JDK 版本与标准 JDK 版本同步，也就是与随 HotSpot 发行的 JDK 版本相同。从上面的例子可以看到，Java 的版本是 1.6，更新版本号是 14-b08。如果你想看某个 JDK 发行版中修复了哪些安全问题，就可以直接查看这个版本号下对应的发行信息。

JRockit 版本号以字母 R 开头。在上面的例子中，JRockit 的版本号是 R28.0.0。每个版本的 JRockit JVM 都可以支持多个版本的 JDK。例如，R27.6.5 支持 Java 1.4、Java 1.5 和 Java 1.6，而在 JRockitR28 中，JDK 1.4 已经不在支持范围内了。

紧跟 JRockit JVM 版本号的是构建号，然后是修改号。在上面的例子中，构建号是 582，修改号是 123273，Java 版本号是 1.6.0_14，在这之后的两个数字是构建的日期（使用 ISO 8601 格式）和时间（CET，欧洲中部时间），再后面是操作系统和 CPU 架构信息。

在命令行中执行命令 `jrmc -version` 或 `jrmc -version | more` 可以查看 JRockit Mission Control 的版本号。

1.4 获取帮助

Oracle Technology Network 中有很多关于 JRockit 和 JRockit Mission Control 的有用资源，例如博客、文章和论坛。JRockit 开发人员和支持人员始终关注论坛内容，即使读者无法在已有的内容中找到所需的答案，相关人员也会在提出问题的几天之内做出回复。如果某些问题经常提及，就会被置顶，例如如何获取老版本 JRockit 的授权文件。

1.5 小结

本章简要介绍了 JRockit JVM，包括如何安装 JRockit，以及在将 Java 应用程序从其他 JVM 迁移到 JRockit JVM 时应该注意的事情。

此外，还介绍了 JRockit JVM 支持的几种不同的命令行参数，并举例说明了如何查看 JRockit JDK 的版本号中的相关信息。

最后，提供了一些学习和使用 JRockit 时可能会用到的帮助信息。

第2章 自适应代码生成

本章介绍 JVM 运行时环境中的代码生成和代码优化，既有通用概念，也有 JRockit 代码生成的内部机制。首先介绍 Java 字节码格式和 JIT 编译器的运行机制，并举例说明自适应运行时所能发挥的威力。然后深入 JRockit JVM，详细介绍代码生成的内容。最后介绍如何控制 JRockit 中的代码生成和优化。

在本章，你将学到如下内容：

- 平台独立性的语言（如 Java）的好处
- Java 字节码格式和 JVM 规范的关键信息
- JVM 如何解释执行字节码以执行 Java 程序
- 自适应环境中的优化与静态预先编译的对比，前者效果好但难于实现的原因，以及“性能赌博”的具体含义
- 为什么自适应运行时中的代码生成能发挥更大的威力
- 如何将 Java 编译为本地代码，面临的主要问题是什么。哪些优化是应该由 Java 程序员做的，哪些是由 JVM 做的，或者哪些优化是字节码级的
- JRockit 代码流水线的工作原理和设计初衷
- 如何控制 JRockit 中的代码生成器

2.1 平台无关性

Java 诞生之初的一大卖点，也是使其成为主流编程语言的关键点，就是“**一次编写，到处运行**”的理念。Java 编译器会将源代码编译为平台无关的、压缩的 Java 字节码，即.class 文件。运行的时候，无须针对不同的硬件架构重新编译 Java 应用程序，因为运行 Java 程序的 JVM 是平台相关的，最终由它负责将字节码转换为本地代码。

这种运行方式大大提升了程序的可移植性，而使用其他一些编程语言（如 C++）编写的应用程序会被直接编译为平台相关的格式，极大地降低了灵活性。以 x86 架构为例，C++编译器可能会对程序做大量的针对 x86 平台的优化，所以编译后的应用程序也只能在 x86 架构的平台上运行，无法直接移植到 SPARC 平台上，必须要重新编译，而且可能还不得不使用一款优化能力弱于 x86 平台的编译器才行。此外，如果 x86 平台本身做了升级，添加了新的指令，那么已经编译过的程

序就无法利用这些新的特性，除非是重新编译一遍。当然，可以通过只发行源代码的方式来间接达到可移植性的要求，但可能又会受到各种授权的限制。而对 Java 来说，可移植性问题交由 JVM 解决，程序员无须为此操心。

就 Java 来说，凡是安装有 JVM 的平台都可以运行 Java 程序。具有平台独立特性的字节码并非由 Java 发明，而且之前已经应用于其他几种编程语言，例如 Pascal 和 Smalltalk，但 Java 是第一个将之作为一大卖点推广的。

Java 刚刚出现时，使用 Java 编写的应用程序大多是 Applet 形式的小程序，用于嵌入到 Web 浏览器中运行，是典型的客户端应用程序。然而，跨平台并非 Java 的唯一亮点，它还包括其他一些令人兴奋的特性，例如内建的内存管理、缓冲越界保护和安全沙箱模型等。这些特性使 Java 不仅可以用于客户端程序的开发，还可以满足服务器端复杂业务逻辑的开发要求。

经过几年的努力发展，Java 在服务器端开发的能力终于得到了广泛认可，其固有的健壮性使其开发速度快于 C++，因此得以在服务器端开发中广为采用。当应用程序逻辑很复杂时，更短的开发周期就显得尤为重要，这一点在服务器端开发领域更受关注。

2.2 Java 虚拟机

尽管使用平台无关的字节码可以完全满足不同平台对可移植性的要求，但实际上，CPU 本身并不能直接执行字节码指令，它只认识本地代码。

在本书中，专用于某个硬件架构的代码称为**本地代码**（native code）。例如，对于 x86 平台来说，x86 汇编语言和 x86 机器代码即为本地代码。机器代码是二进制的平台相关的代码，而汇编语言则是以人类可读的形式表示的机器代码。

因此，JVM 需要将字节码转化为匹配当前硬件架构的本地代码供 CPU 执行。具体有以下两种实现方式（也可能会综合使用这两种方式）。

- JVM 规范将 JVM 描述为一个状态机器，因此实际上并不需要真的将字节码转化为本地代码执行。JVM 可以完整模拟 Java 程序的执行状态，例如可以将每条字节码模拟为一个 JVM 状态函数。这种方式称为**字节码解释执行**（bytecode interpretation），在这种情况下，唯一直接执行的本地代码（这里暂不考虑 JNI）就是 JVM 本身。
- JVM 将字节码编译为匹配目标平台的本地代码，然后再调用执行这些本地代码。一般情况下，将字节码编译为本地代码这一步发生在某个方法第一次被调用的时候。这个过程就是众所周知的**即时编译**（Just-In-Time compilation，也叫 JIT 编译）。

自然地，将字节码编译为本地代码后，程序的执行效率会比解释执行快几个数量级，不过，这是以额外的信息记录和编译时间为代价的。

2.2.1 基于栈的虚拟机

JVM 是一种基于栈的虚拟机，绝大部分字节码操作都是处理操作数栈的内容，从栈中弹出内容，计算，再将结果放回栈中。例如，执行求和操作时，会将两个操作数入栈，执行加法指令，它会使用到这两个操作数，然后将加法的结果入栈，使用结果的时候再将操作结果出栈。

除了操作数栈之外，按照字节码的格式，还有多达 65 536 个寄存器可以使用。寄存器也称为**局部变量**（local variable）。

在字节码格式中，操作指令都被编码在一个字节中，也就是说，Java 最多支持 256 种**操作码**（opcode），每种操作都对应着一个唯一值和类似于汇编指令的**助记符**（mnemonic）。

长久以来，JVM 规范中只增加了一个新的操作码，即 `0xba`，这个值是为了将来提供对 `invokedynamic` 操作的支持而预留的。该操作用于解决将动态语言（例如 Ruby）编译为字节码时遇到的动态分派（dynamic dispatch）问题。更多有关将字节码应用于动态语言的内容，请参见 Java Specification Request（JSR) 292 的描述。

2.2.2 字节码格式

下面的代码展示了名为 `add` 的方法及其编译后的字节码格式：

```
public int add(int a, int b) {
  return a + b;
}

public int add(int, int);
  Code:
     0:   iload_1    // stack: a
     1:   iload_2    // stack: a, b
     2:   iadd       // stack: (a+b)
     3:   ireturn    // stack:
}
```

函数 `add` 有两个输入参数 `a` 和 `b`，分别被放入局部变量槽 `1` 和局部变量槽 `2` 中（在这个例子中，方法 `add` 是一个实例方法。根据 JVM 规范，实例方法局部变量槽 `0` 中存放的是 `this`）。前两个操作，即 `iload_1` 和 `iload_2`，用于将局部变量槽 1 和局部变量槽 2 中的值放入到操作数栈中。第三个操作 `iadd` 从操作数栈中弹出两个数，对其求和，并将结果入栈。第四个操作 `ireturn` 弹出之前计算出的和，以该值作为返回值，方法结束。上面例子中的每一步字节码操作旁边都有关于操作数栈操作的注释，读者可自行揣摩。

使用 JDK 附带的命令行工具 javap 可以对字节码进行反汇编。

1. 操作与操作数

JVM 字节码是一种非常紧凑的格式，前面例子中的方法的字节码表示只用了 4 字节（源代码的一小部分）。每种操作都使用一个字节表示，后跟一个可选的、长度可变的操作数。一般情况下，带有操作数的字节码指令的长度不会超过 3 字节。

下面的代码是判断一个数是否为偶数的函数，及其编译为字节码后的样子。字节码使用十六进制的数字加以标注，分别表示字节码的操作码和操作数的值：

```
public boolean even(int number) {
  return (number & 1) == 0;
}

public boolean even(int);
  Code:
    0:   iload_1      // 0x1b              number
    1:   iconst_1     // 0x04              number, 1
    2:   iand         // 0x7e              (number & 1)
    3:   ifne    10   // 0x9a 0x00 0x07
    6:   iconst_1     // 0x03              1
    7:   goto    11   // 0xa7 0x00 0x04
    10:  iconst_0     // 0x03              0
    11:  ireturn      // 0xac
}
```

在上面的代码中，首先将传入的参数 number 和常量 1 压入到操作数栈中，然后将它们都弹出求和，即执行 iand 指令，并将结果压入操作数栈。指令 ifne 进行条件判断，从操作数栈中弹出一个操作数做比较判断，如果不是 0 的话，就跳转到其他分支运行。指令 iconst_0 将常量 0 压入到操作数栈中，其操作码为 0x03，无须后跟操作数。类似地，指令 iconst_1 会将常量 1 压入操作数栈中。返回值为布尔类型时是使用常量整数来表示的。

比较和跳转指令，例如 ifne（如果不相等则跳转，字节码是 0x9a），通常需要使用两个字节的操作数（以满足 16 位跳转偏移的要求）。

举个例子，假如某条指令是，若条件判断的值为 true，则将指令指针向前移动 10 000 字节的话，那么这个操作的编码应该是 0x9a 0x27 0x10（注意，0x2710 是 10 000 的十六进制表示。字节码中数字的存储是大端序的）。

字节码中还包含其他一些复杂结构，例如分支跳转，是通过在 tableswitch 指令后附加包含了所有跳转偏移的分支跳转表实现的。

2. 常量池

程序，包含数据和代码两部分，其中数据作为操作数使用。对于字节码程序来说，如果操作数非常小或者很常用（如常量 0），则这些操作数是直接内嵌在字节码指令中的。

较大块的数据，例如常量字符串或比较大的数字，是存储在.class 文件开始部分的**常量池**（constant pool）中的。当使用这类数据作为操作数时，使用的是常量池中数据的索引位置，而不是实际数据本身。以字符串数据 aVeryLongFunctionName 为例，如果在编译方法时每次都要重新编码这个字符串的话，那字节码就谈不上压缩存储了。

此外，Java 程序中的方法、属性和类的元数据等也作为.class 文件的组成部分，存储在常量池中。

2.3 代码生成策略

JVM 执行字节码指令时有几种不同的方式，如以字节码解释器来模拟字节码的执行，以及将全部代码编译为匹配某个平台的本地代码再执行。

2.3.1 纯解释执行

早期的 JVM 使用解释器来模拟字节码指令的执行。为了简化实现，解释器就是在一个主函数中加上一个包含了所有操作码的分支跳转结构。调用该函数时，会附带上表示操作数栈和局部变量的数据结构，以此作为字节码操作的输入输出。总体来看，解释器的核心代码最多也就几千行。

纯解释执行这种方式简单有效，如果想要添加对新硬件架构的支持，只需简单修改代码，重新编译即可，无须编写新的本地编译器。而且写一个本地编译器的代码量也比写一个使用分支跳转结果的纯解释器大得多。

解释器在执行字节码时几乎不需要记录额外的信息，而编译执行的 JVM 会将一些或全部字节码编译为本地代码，这时就需要跟踪所有经过编译的代码。如果某个方法在应用程序运行过程中发生了改变（Java 里可以这么做），就需要重新生成代码。相比之下，解释器只需要在下次模拟调用时再解释一遍新的字节码就可以了。

因为解释执行所需要记录的额外信息极少，所以就很适用于像 JVM 这样在运行过程中随时可能改变代码的自适应运行时。

当然，相比于执行编译为本地代码的方式，纯解释执行的性能很差。Sun 公司的 Classic Virtual Machine 起初就是使用纯解释执行的方式。

之前的示例代码中，编译后的方法有 4 个字节码指令，使用 C 语言编写解释器来运行的话，可能需要多达 10 倍的本地指令才能完成。相比之下，编译为本地代码的 `add` 方法最多只需要两条汇编指令就足够了，即 `add` 和 `return`。

```
int evaluate(int opcode, int* stack, int* localvars) {
  switch (opcode) {
    ...
    case iload_1:
    case iload_2:
      int lslot = opcode - iload_1;
      stack[sp++] = localvars[lslot];
      break;
    case iadd:
      int sum = stack[--sp] + stack[--sp];
      stack[sp++] = sum;
      break;
    case ireturn:
```

```
        return stack[--sp];
      ...
    }
  }
```

上面的示例代码以伪代码展示解释器如何执行 add 方法，从中可以看到，即使是如此简单的 add 方法，在 JVM 中运行时，也需要数十条汇编指令才能完成，而编译为本地代码后只需要两条汇编指令，这就是纯解释执行性能差的原因。

在 x86 平台上，经过 JIT 编译的 add 会生成如下代码：

```
add eax, edx    // eax = edx+eax
ret             // return eax
```

有时为了更好地阐述观点，书中会贴出一些汇编代码，不要担心，即使读者之前没有学习过汇编语言，也能够明白其中的含义。但是，为了更好地理解本书的内容，读者最好了解一些低级语言的基本概念。如果你实在无法理解本书中列出的汇编语言，也不必担心，这并不影响你理解本书的核心内容。

2.3.2 静态编译

Java 诞生的初期，为了避免解释执行字节码所带来的性能问题，程序员迫不得已使用了一些“简单粗暴”的方法，即静态编译。那时，Java 程序在运行之前，会被直接编译为本地代码，这种方式称为**预编译**（ahead-of-time compilation）。其实，就是把 Java 当 C++用。

随着 Java 中静态编译的完善，20 世纪 90 年代后期市场上出现了不少这样的产品，它们将字节码转换为 C 语言代码，再由 C 语言编译器将之编译为本地代码。大部分情况下，静态编译生成的代码的执行效率比纯解释执行高得多。不过，这种方式却抛弃了 Java 语言的动态特性，也无法妥善应对在运行过程中代码发生变化的情况。

静态编译的一大劣势就是抛弃了 Java 语言平台独立的特性。在这里，JVM 已经被无视了。

静态编译所带来的另一个问题是，Java 中的内存本来是自动管理的，现在却或多或少需要手动执行管理操作，严重影响伸缩性。

随着 Java 语言的动态特性受到广泛关注，其在服务器端发挥的作用越来越大，静态编译模式也变得越来越不实用。例如，服务器端应用程序可能会在运行过程中产生大量的 JSP（Java server page），实际上是把静态编译器作为 JIT 编译器使用，运行起来会慢一些，自适应特性也会差一些。

尽管静态预编译这个方案并不适合于实现 Java，但可以用在其他地方，例如**预分析**（ahead-of-time analysis）。程序分析是很耗费时间的，如果能够在程序运行之前，在离线环境下完成部分程序分析工作，并与 JVM 就这部分信息交互，可以使程序运行得更好。例如，将性能分析数据以注解的形式存储到 .class 文件中，可以帮助 JVM 更好地运行目标应用程序。

2.3.3 完全 JIT 编译

另一种加速字节码执行速度的方法是彻底抛弃解释器，当首次调用某个 Java 方法时，将其编译为本地代码。这种编译方式是发生在运行时的，在 JVM 内部完成，因此不属于预编译范畴。

与静态预编译不同，在运行时编译更适合具有动态特性的 Java 编程语言。

完全 JIT 编译的好处是不需要维护解释器，但缺点是编译时间影响主体业务程序的运行。编译器对所有方法一视同仁，在编译那些热方法的同时，也会编译那些执行次数较少的，甚至只执行一次的方法。实际上，这些方法本可以解释执行的。

经常调用的方法称为**热方法**（hot method），而那些不经常调用的、对程序的整体性能没什么影响的方法则称为**冷方法**（cold method）。

上面提到的问题，可以通过在 JIT 编译器中添加不同层级的编译操作来修正。例如，在首次调用某个方法的时候，先提供一个编译快速的但优化得不太完善的版本。当 JVM 探查到某个方法是热方法时，例如对该方法的调用次数超过了某个阈值，准备重新编译这个方法，这时就可以使用一些复杂的优化方法了。当然，这种方式花费在编译上的时间更多。

完全 JIT 编译的主要缺点在于生成代码的速度太慢。对同一个方法来说，编译为本地代码后的执行效率比直接解释执行高数百倍，但准备执行的时间却长数百倍。使用完全 JIT 编译这种方式时需要特别注意的是，尽管检测热方法的机制比较先进，但仍要慎重考虑执行效率和准备时间的问题，权衡得失。就算运行时使用编译快速、优化不完全的 JIT 编译器，其准备执行的时间仍然比纯解释执行长得多，因为解释器根本不需要编译工作。

使用完全 JIT 编译的另一个问题是，在程序运行过程中会产生大量废弃代码。如果某个方法重新生成了，例如由于编译器之前所做的假设失效或由于对方法进行了优化，那么之前生成的老代码仍然会占用内存。因此，JVM 需要某种“垃圾回收”机制来清理这些已经废弃的代码，否则，对于大量使用 JIT 编译的系统来说，最终会由于代码缓冲区容量的增长而消耗掉所有本地内存资源。

JRockit JVM 的代码生成策略是在完全 JIT 编译的基础上加以改进而成的。

2.3.4 混合模式

最早提出的在不牺牲 Java 动态特性的情况下提升程序执行效率的解决方案是以**混合模式**（mixed mode interpretation）运行程序。

使用混合模式时，首次调用某个方法时都是以解释器来执行的，但当检测到某个方法是热方法时，则安排 JIT 编译器将之编译为运行性能更好的本地代码。这种方法与上一节中提到的使用不同编译等级的 JIT 编译生成不同质量的本地代码类似。

对于现代 JVM 来说，无论是编译执行还是解释执行，在执行过程中检测出热方法是一项基本功能，后文会对此详细阐述。早期的混合模式通过记录方法的调用次数来查找热方法，如果调用次数超过了某个阈值，启动 JIT 编译器执行优化编译工作。

与完全 JIT 编译类似，在混合模式中，JVM 只会优化编译那些热方法，以期获得最好的执行效果，而对那些很少执行的方法，JVM 不会花费时间去编译，但仍需要在每次调用它们时更新相关信息。

在混合模式中，会记录编译过的代码。如果某个已经编译过的方法需要重新生成，或者之前编译时的假设条件已经失效，那么 JVM 会直接抛弃已经编译出的本地代码，下次调用该方法时会再次由解释器解释执行。此后，如果该方法仍然够热，届时会重新执行优化编译工作。

Sun 公司是第一家启用混合模式的 JVM 厂商，他们将之整合到 HotSpot JIT 编译器中，支持客户端版本和服务器端版本（后者对代码的优化编译能力更强）。HotSpot 中的混合模式技术来源于其收购的 Longview Technologies 有限公司（即 Animorphic 公司）。

2.4 自适应代码生成

Java 本身具有动态性，因此，在选择代码生成策略时需要根据实际场景慎重考虑。从前文的讨论中可以得出以下结论。

- 代码生成应该在运行过程中进行，而不是预先完成。
- 代码生成器不应该对所有方法一视同仁，而应该将热方法和冷方法区别对待。否则，就会消耗宝贵的资源优化编译冷方法，更糟的是，有可能使本应该对热方法做的优化编译因资源不足而无法进行。
- 自适应运行时的 JIT 编译器需要记录一些额外的信息来确保在必要时刻能够重新生成本地代码。

无论在自适应运行时环境中使用何种代码生成策略，代码执行效率都可以用下式表示：

总体执行时间 = 代码生成时间 + 代码执行时间

换句话说，如果 JVM 把大量精力用在生成代码、优化代码上，尽管可以使生成代码的质量更高，却会使总体执行时间增加。人们总是希望 JVM 能把所有时间和资源都用在执行自己编写的业务代码上，而不是用来做垃圾回收或代码生成。

但实际上，如果不花精力来为代码生成做准备的话，运行效率又会较低，仍然会使总体执行时间变长。

为了能够对此做出取舍，JVM 需要知道对哪些方法做优化编译是能够收回成本的。

当然，还有一些其他因素会对**总体执行时间**（total execution time）产生影响，例如 JVM 执行的垃圾回收，但这些内容超出了本章的范畴，第 3 章会对此详细阐述。这里需要提到的是，有时候代码优化可以通过产生更高效的代码来降低 JVM 执行垃圾回收带来的效率损耗，例如应用**逃逸分析**（escape analysis）来减少创建对象的操作或者直接在栈上创建对象，后文会介绍。

2.4.1 判断热方法

正如之前提到的，对自适应运行时来说，纯解释执行或完全JIT编译都不是真正实用的策略，前者执行效率太低，后者编译代码的时间又太长，都会延长总体执行时间。JVM不能对所有方法一视同仁，为了确定是否要将目标方法编译为本地代码，就需要知道这个方法是否够热。

正如前面章节中提到的，有几种途径可以用来判断某个方法是否够热。通常都会对代码执行时间进行采样，由运行时来决定是否执行优化编译。采样数据收集的越多，运行时所做出的决策就越准确。如果只简单地对几个方法进行采样，是无法对代码的执行情况做出准确判断的，但同时，收集采样数据本身也会产生性能损耗，这就是一个平衡取舍的问题了。

1. 调用计数器

调用计数器（invocation counter）可以用来对热方法进行采样，它会跟踪每个方法，每次调用方法时都会将计数器加1，这可以通过字节码解释器或通过在方法被编译为本地代码时插入额外的`add`指令实现。

而对于使用JIT编译器的运行时来说，尽管不像纯解释器执行得那么低效，但调用计数器仍可能因为CPU中缓存失效等问题而降低运行时的执行效率。这是因为每次调用方法时都会附带调用`add`指令，从而频繁对内存中的某个位置执行写操作。

2. 基于软件的线程采样

还有一种采样方式可以有效地利用缓存，这就是线程采样。这种方法会周期性地检查当前正在运行的Java线程，记录其指令指针的内容，因此无须对原始代码做修改。

为了获取线程的上下文信息，就需要将线程挂起，但挂起线程的代价却非常大。因此，要想在不打断任何线程执行的情况下完成大量的采样工作，JVM就需要自己实现线程，而这是定制的操作系统（例如Oracle JRockit Virtual Edition）或者专用硬件才有的特性。

3. 硬件采样

某些硬件平台，例如Intel IA-64，提供了可供应用程序使用的硬件增强机制，例如硬件指令指针寄存器采样缓冲（hardware IP sample buffer）。尽管针对IA-64平台生成代码非常复杂，但至少硬件架构可以保证以较低的成本完成采样工作，因此可以更好地制定优化决策。

硬件采样的另一个优势是，除了指令指针寄存器的数据外，还可以低成本获得其他多项数据，例如硬件分析器（hardware profiler）可以输出分支预测判断错误或CPU缓存失效的频率的相关数据，而运行时可以使用这些信息对代码做更有针对性的优化，例如，通过修改导致分支预测失败的判断条件来避免分支预测错误，以及通过预抓取数据避免CPU缓存失效的问题。因此，高效的硬件采样为自适应运行时环境能够生成高效的本地代码打下了坚实的基础。

2.4.2 优化动态程序

在汇编代码中，方法调用是通过`call`指令完成的。不同平台上`call`指令的具体形式不尽相同，不同类型的`call`指令，其具体格式也不尽相同。

在面向对象的语言中，虚拟方法分派通常被编译为对**分派表**（dispatch table）中地址的**间接**

调用（indirect call，即需要从内存中读取真正的调用地址）。这是因为，根据不同的类继承结构，分派虚拟调用时可能会有多个接收者。每个类中都有一个分派表，其中包含了其虚拟调用的接收者信息。静态方法和确知只有一个接收者的虚拟方法可以被编译为对固定调用地址的**直接调用**（direct call）。一般来说，这可以大大加快执行速度。

在本地代码中，静态调用是类似于这样的：

```
call 0x2345670      ;;跳转到指定位置
```

而虚拟调用是这样的：

```
mov eax, [esi]      ;;从寄存器 esi 中获取地址信息
call [eax+0x4c]     ;;0x4c 是分派表中偏移，[eax + 0x4c]是调用的具体位置
```

从上面的例子可以看出，执行虚拟调用需要访问 2 次内存，执行速度比静态调用慢。

假设应用程序是使用 C++开发的，对代码生成器来说，在编译时已经可以获取到程序的所有结构性信息。例如，由于在程序运行过程中，代码不会发生变化，所以在编译时就可以从代码中判断出，某个虚拟方法是否只有一种实现。正因如此，编译器不仅不需要因为废弃代码而记录额外的信息，还可以将那些只有一种实现的虚拟方法转化为静态调用。

假如应用程序是使用 Java 开发的，起初某个虚拟方法可能只有一种实现，但 Java 允许在程序运行过程中修改方法实现。当 JIT 编译器需要编译某个虚拟方法时，更喜欢的是那些永远只存在一种实现的，这样编译器就可以像前面提到的 C++编译器一样做很多优化，例如将虚拟调用转化为直接调用。但是，由于 Java 允许在程序运行期间修改代码，如果某个方法没有声明 `final` 修饰符，那它就有可能在运行期间被修改，即使它看起来几乎不可能有其他实现，编译器也不能将之优化为直接调用。

在 Java 世界中，有一些场景现在看起来一切正常，编译器可以大力优化代码，但是如果某天程序发生了改变的话，就需要将相关的优化全部撤销。对于 Java 来说，为了能够媲美 C++程序的执行速度，就需要一些特殊的优化措施。

JVM 使用的策略就是“赌”。JVM 代码生成策略的假设条件是，正在运行的代码永远不变。事实上，大部分时间里确实如此。但如果正在运行的代码发生了变化，违反了代码优化的假设条件，就会触发其簿记系统（bookkeeping system）的回调功能。此时，基于原先假设条件生成的代码就需要被废弃掉，重新生成，例如为已经转化为直接调用的虚拟调用重新生成相关代码。因此，“赌输”的代价是很大的，但如果“赌赢”的概率非常高，则从中获得的性能提升就会非常大，值得一试。

一般来说，JVM 和 JIT 编译器所做的典型假设包括以下几点。

- 虚拟方法不会被覆盖。由于某个虚拟方法只存在一种实现，就可以将之优化为一个直接调用。
- 浮点数的值永远不会是 `NaN`。大部分情况下，可以使用硬件指令来替换对本地浮点数函数库的调用。

- 某些 `try` 语句块中几乎不会抛出异常。因此，可以将 `catch` 语句块中的代码作为冷方法对待。
- 对于大多数三角函数来说，硬件指令 `fsin` 都能够达到精度要求。如果真的达不到，就抛出异常，调用本地浮点数函数库完成计算。
- 锁竞争并不会太激烈，初期可以使用**自旋锁**（spinlock）替代。
- 锁可能会周期性地被同一个线程获取和释放，所以，可以将对锁的重复获取操作和重复释放操作直接省略掉。

在使用预编译的静态环境中，程序是运行在封闭世界的，不需要做上述假设。但对于自适应运行时来说，当实际情况违反了假设条件后，就需要撤销之前所做的相关决策。理论上，只要 JVM 可以用较小的代价完成撤销工作，就可以做任何激进的假设，继而执行激进的代码优化策略。因此，基于"赌"这个机制，只要成本收益合适，自适应运行时所能发挥的威力就会比静态环境强大得多。

其实，"赌赢"并不容易。如果将小概率事件误判为频繁发生的事件，为了避免重新生成代码，只要不奢求程序执行效率可以像静态编译一样，其实应用程序还是可以正常运行的。但如果将频繁发生的事件误判为小概率事件，就会由于频繁的重优化或去优化而大大延长代码生成时间。这里就涉及如何取舍的问题，找准其中的平衡点是很具艺术性的工作，也是构建高性能运行时的关键所在。假如现在已经找到了这个平衡点，例如 JRockit 是通过收集所有相关事件的运行时反馈信息来制定决策的，那么自适应运行时环境就能达到比静态运行环境更高的执行性能。

2.5　深入 JIT 编译器

事实上，如何将字节码编译为本地代码在 JVM 中运行，与如何在 JVM 中高效地执行代码完全是两回事，而提高代码的执行效率也是近 40 年来专家学者深入研究编译器技术（顺带研究了下 Java 语言）的主要目标。本节将介绍 JIT 编译器如何将字节码编译为高效的本地代码。

2.5.1　处理字节码

通常来说，编译器首先要处理的是源代码文件，而对于 JVM 中的 JIT 编译器来说，它所要处理的是字节码，相对来说更低级一些，与汇编语言有点像。JIT 编译器的前端的功能与 C++编译器的前端类似，主要对平台无关的字节码执行格式解析和词法分析，因此这部分功能可以在所有架构平台中重用。

尽管字节码听起来比较低级，但其实具有非常不错的格式，有效地将代码（操作）和数据（操作数和常量池）区分开。对于编译器前端来说，与其说是解析二进制的可执行文件，倒不如说解析字节码并将之转换为程序描述，这部分工作与编译 Java 或 C++源代码非常相似。其实可以将字节码视为另一种形式的源代码，一种结构化的程序描述。相比于普通源代码，字节码对程序的描述简单明了，更便于编译器分析，例如编译器可以很容易地推断出操作数的实际类型。

但是，字节码也使编译器开发者的工作更加复杂，从某种程度上说，将字节码编译为本地代码比直接编译普通源代码难得多。

其中的一个问题就是如何处理 JVM 规范中所规定的操作数栈。正如前面看到的，大多数字节码操作都会将操作数从栈中弹出，完成操作后再将结果入栈。但在现实中，没有哪种平台是基于栈运行的，相反都是使用寄存器来存储中间结果的。将局部变量映射到本地寄存器比较容易，但将操作数栈映射到寄存器却比较复杂。此外，Java 中还定义了很多虚拟寄存器、局部变量，但都需要通过操作数栈才能使用。在这一点上确实不太有效率，有人会有疑问，已经有这么多虚拟寄存器了，为什么非得使用操作数栈，为什么执行 `add` 操作时不能直接执行 `x=y+z`，而非得要使用 `push y,push z,add,pop x` 这样的形式？很明显，如果寄存器够用的话，使用第一种方式会简单许多。

事实上，当需要将字节码编译为本地代码时，对操作数栈的处理是比较复杂的。为了能够重构表达式，例如执行加法操作的表达式，必须始终保持对操作数栈进行操作的可行性。

另一个问题是，字节码自身的表达能力是强于 Java 源代码的，见下图，极少数情况下这可能是一个优势。当涉及可移植性时（字节码可以由任意 JVM 执行），这确实挺好，而且字节码格式和 Java 源代码的分离使开发人员可以为其他语言编写相关的编译器，使其能够运行在 JVM 上，这在早期对 Java 的推广也起到了一定的推动作用。然而，从其他环境自动生成字节码的情况比较少见，的确有一些产品可以将其他语言转换为字节码，但使用得并不广泛。当需要生成字节码时，业界更倾向于将其他语言先转换为 Java，再编译 Java 代码为字节码。而且，自动生成的 Java 源代码的结构往往和编译后的 Java 源代码几乎一致。

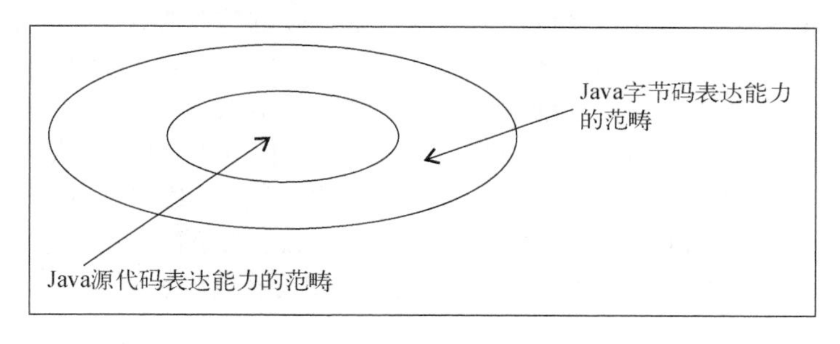

由于字节码的表达能力更强，JVM 规范中添加了**字节码校验**（bytecode verification）这个步骤。每种 JVM 实现都需要检查要运行的字节码中是否存在恶意技巧，例如直接跳转到方法外，覆盖操作数栈，或者创建递归子函数等。

尽管字节码的可移植性和交叉编译的能力广受好评，但也导致了其他问题的出现，其根源就在于字节码中允许存在**非结构化控制流**（unstructured control flow），例如字节码中可以使用 `goto` 指令跳转到任意标签处，而在 Java 中这是不允许的。因此，开发人员可以创造出无法用 Java 源代码表示的字节码结构。

这就导致了一些问题的发生，例如对于无法用 Java 源代码表示的字节码结构，该如何使用 Java 调试器？

在字节码中存在以下几种无法与 Java 源代码对应的情况。

- 可以使用 goto 指令从循环体外不经过循环头直接跳入到循环体内部（不可规约流图，irreducible flow graph），这种方式在 Java 中是被禁止的。对于优化编译器来说，不可规约流图是一大障碍。
- 可以将 catch 语句块放到其对应的 try 语句块中，这在 Java 中是不允许的。
- 可以在一个方法中获取锁，而在另一个方法中将其释放，这同样也是被 Java 禁止的。第 4 章将对此深入讨论。

字节码混淆

字节码比 Java 源代码表达能力强所带来的问题其实更加复杂。这些年来，市面出现了各种类型的字节码混淆器，均承诺可以防止 Java 源代码泄漏。但实际上，这根本是不可能的，正如之前提到的，字节码中的操作代码和操作数据有着严格的界限。传统的反破解技术是通过混淆代码和数据来使竞争对手无法找到破解的关键位置的，这对于诸如.exe 这种数据和代码的界限不太分明的本地二进制可执行文件和允许自修改代码的情况是比较有效的，但对字节码来说没什么用。所以，只要对手有足够的决心，就没什么 Java 程序不能破解。

不同于混淆数据和代码这样的技术，字节码混淆使用一些其他方法，通常是**命名混淆**（name mangling）和**控制流混淆**（control flow obfuscation）。

命名混淆是指混淆器将程序中所有的变量名、属性名和方法名重新命名，使用短且难以理解的字符串替换原命名，例如使用 a、a_和 a__（有时甚至是无法理解的 Unicode 字符串）来替换类似 getPassword、setPassword 和 decryptPassword 这些有业务意义的名字。混淆后的代码使人难以理解，无法通过方法名和属性名获取有效信息，从而加大了破解难度。不过，对于编译器开发者来说，命名混淆不算什么大问题，因为控制流并未改变。

控制流混淆是指如果字节码混淆器能够生成 Java 中禁止出现的非结构化控制流，那么破解起来就会困难得多，可以防止反编译器通过字节码重构出源代码。但很不幸，这项技术通常会导致优化编译器花费不必要的精力来重构控制流信息。有时候，甚至根本无法重构控制流，从而无法执行相关优化，降低了程序执行性能。因此，应避免使用这项技术。

2.5.2　字节码“优化器”

市面上仍有各种各样的字节码优化器，在 Java 诞生之初尤其受欢迎，即使到现在也仍不时可以见到。字节码优化器声称可以将字节码重构为更有执行效率的形式，例如，对 2 的幂数做除法可以转化为移位操作，或者反转循环以节省一个 goto 指令的执行。

事实上，在现代 JVM 中，无法证明运行经过“优化”的字节码能够比直接运行 javac 编译后的字节码更有效率。现代 JVM 中已经包含了能够很好地完成优化代码工作的代码生成器，即使字节码看起来比较低级，但对 JVM 却很友好。在将字节码编译为本地代码的过程中，任何在字节码层级所做的优化都可能会被多次转化为其他形式。

我们从未见过有用户声称使用字节码优化器能够得到更好的执行效率的例子，却经常看到由于使用了字节码优化器而导致程序运行时与预期不同，或是在不同 JVM 上出现不同的行为的案例。

因此，我们的建议是，不要使用字节码优化器，任何情况下都不要用！

抽象语法树

正如前面提到的，字节码的优势和劣势都很明显。我们认为将字节码看作序列化的源代码比较好，不应该将之当作低级汇编语言，运行起来非得越快越好。在解释器中，字节码的性能确实有问题，但也不用过分夸大，因为解释执行本身就挺慢。性能优化的事情会在后面的代码流水线中完成。

尽管字节码具有紧凑和可移植性的特点，但也因其强大的表达能力而引入了不少问题。它包含了一些低级结构，例如 `goto` 指令、条件跳转指令，甚至是 `jsr` 指令（跳转到子函数，用于实现 `finally` 语句块）。但到 Java 1.6 时，javac 和大多数其他 Java 编译器都已经将子函数内联到当前函数中了。

在将字节码编译为本地代码时，不能简单地认为字节码是编译后的 Java 源代码，需要考虑各种可能的情况。通常，编译器前端读入源代码（可能是 Java、C++或其他什么的）并执行词法分析，构建**抽象语法树**（abstract syntax tree，AST）。干净的抽象语法树中，控制流都是结构化的，不存在任意跳转的 `goto` 指令，而是以顺序语句、表达式和迭代（循环节点）来表示源代码的结构，而且对 AST 执行中序遍历就可以重构应用程序。相比于字节码，AST 这种表示方式有许多优点。

以下面的代码为例，该函数用于计算数组中元素之和：

```
public int add(int [] series)  {
  int sum = 0;
  for (int i = 0; i < series.length; i++) {
    sum += series[i];
  }
  return sum;
}
```

在将之转换为字节码时，编译器 javac 通常会创建一个类似于下图所示结构的抽象语法树。

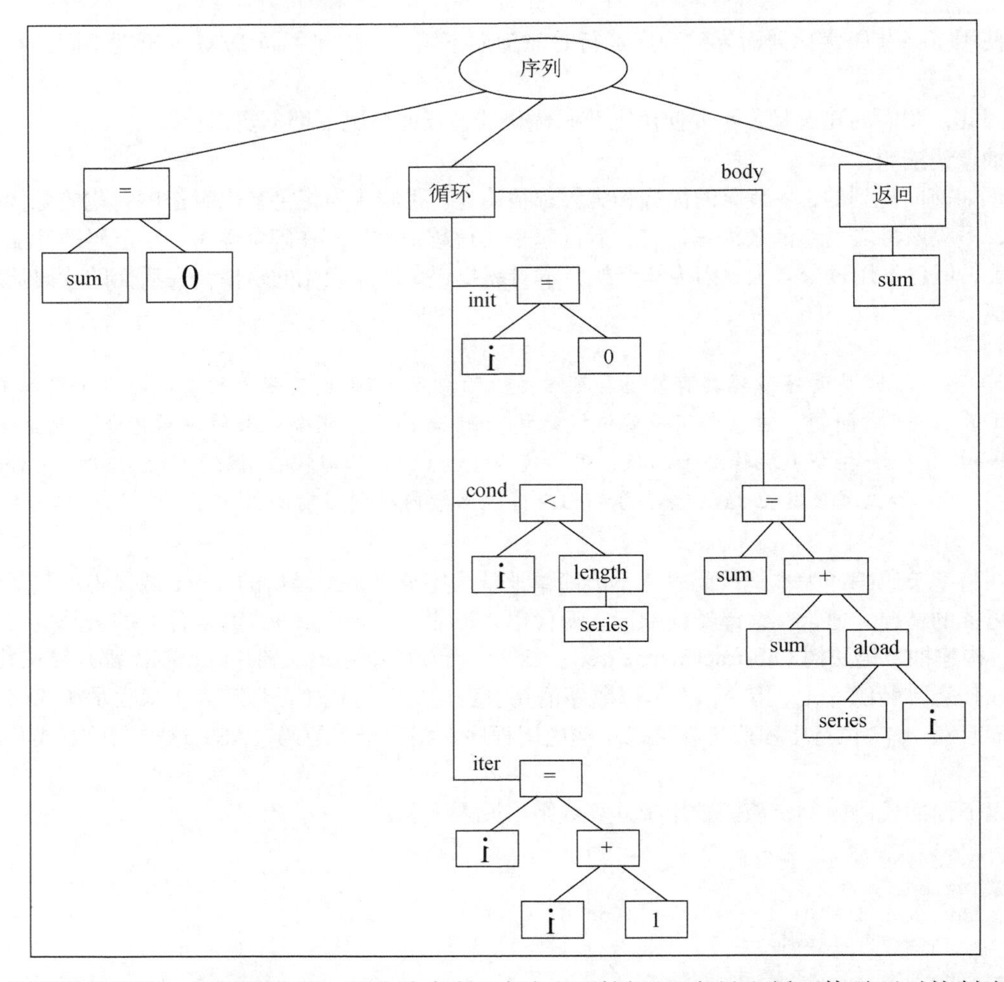

为了优化代码，必须要满足一些先决条件，例如识别循环不变量和循环体需要对控制流图做一些比较复杂的分析，而在抽象语法树中就比较容易，因为循环已经隐式地表示出来了。

但为了生成字节码，可能要将 Java 编译器生成的抽象语法树中已经用循环节点表示出来的结构化循环拆散，使用条件跳转和非条件跳转来表示：

```
public int add(int[]);
  Code:
    0: iconst_0
    1: istore_2        //sum=0
    2: iconst_0
    3: istore_3        //i=0
    4: iload_3         //loop_header:
    5: aload_1
    6: arraylength
    7: if_icmpge 22    //if (i>=series.length) then goto 22
```

```
10: iload_2
11: aload_1
12: iload_3
13: iaload
14: iadd
15: istore_2        //sum += series[i]
16: iinc    3, 1    //i++
19: goto    4       //goto loop_header
22: iload_2
23: ireturn         //return sum
```

现在，由于没有了结构化控制流信息，字节码编译器不得不花费额外的 CPU 资源来重构控制流信息，有些时候甚至根本无法恢复这些信息。

现在回想起来，当初在设计 JVM 时就直接使用经过编码的 AST 作为字节码格式的话，可能会是更好的选择。不少学术论文中谈到 AST 的压缩效果不逊于字节码，甚至可以更好，所以空间不是问题，而且运行时环境解释 AST 的成本只比字节码高一点点。

在最初的 JRockit JIT 编译器中，使用的是一个反编译前端，试图通过字节码来重建 AST。如果重建失败，则回退为普通的 JIT 编译器模式。但事实上，重建 AST 的工作困难重重，因此这个反编译器在 21 世纪初就被废弃了，替换为可以直接从字节码的任意控制流中创建出控制流图的统一前端。

2.5.3 优化字节码

程序员往往会过早地优化其 Java 代码，这完全可以理解。你怎么能放心地将优化 Java 源代码的任务交给 JVM 这个黑盒来完成呢？当然，就某些方面来说的确是这样，但即使 JVM 无法完全理解应用程序的意图，它仍然可以依据收集到的信息来完成很多优化工作。

有时候，对于自适应优化后的程序如此高效，人们还觉得挺惊讶。但这其实很简单，因为在运行时环境中，JVM 能够更好地检测出应用程序的运行模式，从而加以优化。另一方面，某些因素使得应用程序的某些方面更适合人工优化。本书并非想表达“所有代码优化工作都应该交由 JVM 完成”这样的观点，但是正如前文提到的，不应该在字节码层级做优化。

要写出高性能的应用程序，只靠 JVM JIT 编译器优化是不行的。例如，JVM 没法将 2 次方复杂度的算法优化成线性复杂度，不会将程序员写的冒泡排序（bubble sort）替换成快速排序（quick sort），也不会自动实现一个应由开发人员实现的对象缓存系统，像这样的例子还有很多。JVM 不是万能的，自适应优化也永远不会将烂算法替换成好算法，它顶多使烂算法运行得更快一些而已。

JVM 可以轻松应对标准面向对象代码中的很多结构。避免声明额外变量，或者直接访问成员属性而不是调用 `getter` 或 `setter` 等方法对程序员其实没什么帮助，而且这些粗浅的优化并不能使 JIT 编译器优化后的代码运行得更快，反而可能会使 Java 代码的可读性变差。

> 有些时候，对 Java 源代码做优化会适得其反。绝大部分写出可读性很差的代码的人都声称是为了优化性能，其实就是照着一些基准测试报告的结论写代码，而这些性能测试往往只涉及了字节码解释执行，没有经过 JIT 编译器优化，所以并不能代表应用程序在运行时的真实表现。例如，某个服务器端应用程序中包含了大量对数组元素的迭代访问操作，程序员参考了那些报告中的结论，没有设置循环条件，而是写一个无限 `for` 循环，置于 `try` 语句块中，并在 `catch` 语句块中捕获 `ArrayIndexOutOfBoundsException` 异常。这种糟糕的写法不仅使代码可读性极差，而且一旦运行时对之优化编译的话，其执行效率反而比普通循环方式低得多。原因在于，JVM 的基本假设之一就是“异常是很少发生的”。基于这种假设，JVM 会做一些相关优化，所以当真的发生异常时，处理成本就很高。

当读者在排查性能瓶颈时，应该清楚地知道相关监控指标的真正含义，以免被误导。不是所有的问题都可以通过一个小型的、自包含的基准测试来排查的，也不是每个基准测试都能准确反映出问题的本质。第 5 章将会详细介绍基准测试的相关内容，以及如何测试 Java 应用程序的性能。本书的第 2 部分介绍了 JRockit Mission Control 套件的各个组件，这些组件是做性能分析的理想工具。

2.6　代码流水线

假设 JIT 编译器前端已经完成对字节码的处理，将之转换为另一种更便于处理的中间格式了，那接下来该干什么？通常情况下，代码会经过几次不同层级的转换和优化，其中的每一次转换都增强了代码的平台相关性。最终，生成的本地代码会被放到代码缓冲区中，以备调用。

一般来说，会尽可能地保持 JIT 编译器的可移植性。因此，大部分优化工作都是在代码还具有平台无关性时完成的，这样便于将 JIT 编译器移植到其他平台上。但是，为了达到工业级性能要求，低级的、平台相关的优化工作还是要完成的。

本节会详细介绍 JIT 编译器如何将字节码编译为本地代码，以及其中涉及的不同阶段。虽然这部分是以 JRockit JIT 编译器为例介绍的，但生成本地代码的整个过程也适用于其他 JVM 实现。

2.6.1　为什么 JRockit 没有字节码解释器

JRockit JVM 所使用的代码生成策略是完全 JIT 编译。

1998 年 JRockit 项目刚刚发起时，架构师们意识到 Java 纯服务器端应用程序的开发是一块未被发掘的市场，因此 JRockit 在设计之初就被定位为一款服务器端 JVM。大多数服务器端应用程序的运行时间很长，对于达到服务稳定运行所需的时间有一定要求，因此对于只在服务器上运行的 JVM 来说，程序的运行效率比代码生成时间更重要。这为我们省了不少事，既不用操心解释器和 JIT 编译器的实现，也不用管代码在二者之间的切换。

人们很快注意到，将每个方法都编译一遍会大大延长启动时间。起初，这不是什么大问题，因为服务器端应用程序在启动之后就会持续运行很长时间。

后来，JRockit 因其高性能而成为一款主流 JVM，修改代码流水线使其满足客户端和服务器端不同需求的呼声日益高涨。但即便如此，JRockit 也没有为此去实现字节码解释器，而是修改了 JIT 编译器，使其进一步区别对待热方法和冷方法，第一次调用某个方法时能够更快速地编译一个优化程度不高的版本出来。此举大大加快了应用程序的启动速度，但和使用解释器的启动速度相比还是有些差距的。

另一方面，在开发过程中，解释器具有更强的**可调试性**（debuggability），更便于调试 Java 源代码。字节码中包含了诸如变量名和行号等元信息，方便调试器定位。为了支持调试功能，JRockit 不得不在编译字节码到本地代码的过程中始终附带着这些信息，但解决了元信息的簿记问题之后，也就没必要再添加解释器了。就我们所知，JRockit 也是唯一一款允许用户调试优化后代码的虚拟机。

JRockit 纯编译策略的一个主要问题是，代码膨胀（可以通过对代码缓冲区中的无用代码执行垃圾回收来解决）和大方法编译时间过长（可以通过让 JIT 编译器先生成优化程度不高的编译版本来解决）。

某些情况下，纯编译策略的伸缩性不太好。例如，JRockit 有时候需要使用较长的时间来编译一个较大的方法，典型情况是编译 JSP 文件。不过，一旦编译完成，访问该 JSP 的相应时间会比解释执行要短。

如果在使用 JRockit 时，遇到了代码生成的相关问题，请参考 2.7 节中介绍的方法处理。

2.6.2 启动

JRockit JVM 的核心是其运行时系统，它持续跟踪其虚拟执行环境中各组成部分的变化情况，把控代码生成器编译方法的时机和优化程度。

简单来说，启动 JVM 时首先要做的就是跳转到 Java 应用程序的 `main` 方法，这是通过 JVM 的标准 JNI 调用完成的，就像其他本地应用程序通过 JNI 执行 Java 代码一样。

启动 JVM 方法的过程涉及一系列复杂的操作和对相关依赖的处理，会调用很多其他 Java 方法。此外，为了解析 `main` 方法，还会生成一些 JVM 内部函数。最后，当做好准备，并已经将 `main` 函数编译为本地方法时，JVM 就可以开始执行第一个其本地代码到 Java 代码的存根，并将控制权从 JVM 移交给 Java 程序。

要想更好地理解 JRockit 的启动过程，可以在命令行中使用 `-Xverbose:codegen` 选项执行 Java 程序。于是你会看到，即便是运行一个简单的 Hello World 程序，也需要编译将近 1000 个方法，不过，所需的时间并不长。在 Intel Core2 机器上，总体代码生成时间不超过 250 毫秒。

2.6.3 运行时代码生成

使用完全 JIT 编译策略时需要注意延迟编译的处理。如果以深度优先的方式编译完所有方法的话，时间消耗过大，而且引用类时没必要立即编译类中的所有方法，因为其中的方法有可能一个都不会被调用。此外，Java 程序的控制流在执行的时候有可能会选择一条不同的执行路径。很明显，这对使用混合编译模式的 JVM 来说不是个问题，因为其中的所有方法都是先解释执行的，无须提前编译。

1. 跳板

针对上面提到的问题，JRockit 的解决方案是，被调用的方法在还没有生成本地代码之前，先生成一份存根代码（stub code），即**跳板**（trampoline），其中包含了几行临时代码。当该方法首次被调用时，会跳转到跳板处执行，而它的任务就是通知 JRockit 要为该方法生成本地代码。代码生成器处理该请求，并返回生成的代码的起始地址，然后跳板再跳转到具体地址开始执行。对用户来说，看起来就像是直接调用 Java 方法，但实际上它是在首次调用时才生成的。

```
0x1000: method A                      0x3000: method C
  call method  B @ 0x2000               call method B @ 0x2000

0x2000: method B (trampoline)         0x4000: The "real" method B
  call JVM.Generate(B) -> start         ...
  write trap @ 0x2000
  goto start @ 0x4000
```

在上面的例子中，`method A` 的起始地址在 `0x1000`，它在调用 `method B` 时以为其起始地址是 `0x2000`，这时 `method B` 第一次被调用。`0x2000` 位置处的存根代码就是跳板，它会发起一个本地调用，告知 JVM 要为 `method B` 生成代码。此时，程序会一直等待，直到代码生成器完成工作，并返回 `method B` 的真正地址，假设是 `0x4000`，再跳转到该地址开始执行。

注意，对 `method B` 的调用可能会有多处，即都指向跳板的地址 `0x2000`。例如上面例子中 `method C`。这些对 `method B` 的调用应该修改为真正的 `method B` 的地址，而不是每次都重新生成一遍 `method B`。JRockit 的解决办法是，当跳板运行过一次之后，在 `0x2000` 处写入一个陷阱指令，如果跳板再被调用，JRockit 中一个特殊的异常处理器会捕获到该事件，并将调用指向真正的 `method B`，使对 `method B` 的调用从原地址 `0x2000` 指向其新的地址 `0x4000`。这个过程称为**回填**（back patching）。

不仅是方法生成，回填技术常用于虚拟机的各种代码替换操作。例如，当某个热方法被重新编译为更高效的版本时，就是在该方法的之前版本的起始位置上设置一个陷阱（trap），当再次调用该方法时会触发异常，虚拟机捕获到该异常后会将调用指向新生成的代码的位置。

注意，这只是个不得已的办法，因为我们没有足够的时间遍历所有已经编译过的代码去查找所有需要更新的调用。

当没有任何引用指向某个方法的老的编译版本时，该版本就可以由运行时系统回收掉，释放内存资源。这对于使用完全 JIT 编译策略的 JVM 来说非常重要，因为编译后的代码量非常大，要避免出现内存耗尽的情况。

2. 代码生成请求

在 JRockit 中，当某个方法需要执行 JIT 编译时，运行时系统会向代码生成器发出**代码生成请求**（code generation request），这种请求分为同步和异步两种类型。

同步代码生成请求包括：

- 以指定的优化等级，为执行 JIT 编译而生成方法
- 以指定的优化等级，编译已经生成的方法

异步代码生成请求是指：

- 当某些前提假设失效时重新生成代码，例如强制为某个方法重新生成代码，或者为某个方法的本地代码打补丁

从内部实现上讲，JRockit 按照不同的请求类型，将同步代码生成请求保存在**代码生成队列**（code generation queue）或**代码优化队列**（code optimization queue）中。根据不同的系统配置，可能会使用一个或多个线程来完成代码生成或代码优化的请求。

代码生成队列中的请求除了一些特殊情况（例如在启动 JVM 时有些方法要直接生成本地代码），剩下的都是跳板发起的代码生成请求。这些代码生成请求会阻塞应用程序的执行，直到完成代码生成，并返回生成的代码在内存中的位置，以便调用方法跳转到新生成的代码的正确位置。

3. 代码优化请求

当 JVM 发现某个方法够热时，也就是运行时系统发现已经用了足够多的时间来运行某个方法，应该优化时，会发起一个优化请求，添加到优化队列中。

相比于代码生成队列来说，优化队列的运行优先级较低，因为对于代码执行来说，它并不是必需的，只是为提高性能而存在的。通常来说，代码优化请求的执行时间会比代码生成请求高几个数量级，但是代码优化请求会生成执行效率更高的代码。

4. 栈上替换

当完成某个方法的优化请求后，需要替换掉该方法的现存版本。正如前面提到的，会使用陷阱指令（trap instruction）覆盖现存版本的方法入口点，于是再次调用该方法时会通过回填技术指向新的、优化过的版本。

当 JVM 发现应用程序花费了大量时间来执行某个方法时，就会将该方法标记为热方法，准备优化。但是，当某个方法中包含了需要执行很长时间的循环时，尽管仍会优化该方法，并在该方法的老版本的方法入口点上写入陷阱指令，该方法的老版本却仍会继续执行下去。很显然，在这种情况下，JVM 为该方法所做的优化想生效就只能等待对该方法的下一次调用，而对于那些无限循环来说，则永远不会生效。

有些优化器会在方法执行过程中，使用优化后的版本替换掉现有的版本，这就是所谓的**栈上替换**（on-stack replacement，OSR）。实现 OSR 需要额外记录大量信息。此外，尽管在完全 JIT 编译策略下可以实现 OSR，但在有解释器辅助的环境中，实现起来更容易。因为可以退化为解释执行，替换后再执行编译后的代码。

不过，JRockit 中并没有实现 OSR，因为复杂性太高。因此，即使已经生成了优化后的方法，

还是要等下一次调用才会生效。

对实际使用情况的调研表明，舍弃 OSR 并没对性能有很大影响，唯一出问题的场景是一些写得比较烂的基准测试程序，这些程序将主方法里所有的计算都放在了一个大循环中。针对这种问题，其实只要将其中的计算操作提出来放到一个单独的方法中，循环调用就可以了。在第 5 章中将会详细讨论有关基准测试最重要的方面。

5. 簿记

JVM 中的代码生成器需要做很多与运行时系统相关的簿记任务。

- **GC 所需的对象信息**

出于多种目的，垃圾回收器都需要在程序运行的任意时刻清楚地知道 Java 对象分布在哪些寄存器和栈帧中。这些信息由 JIT 编译器生成，存储在运行时系统的数据库中。之所以由 JIT 编译器生成这些信息，是因为在生成代码时可以轻松获得类型信息。无论如何，编译器都要处理类型。在 JRockit 中，对象元信息被称为存活对象图，第 3 章将详细介绍代码生成系统如何与垃圾回收器配合工作。

- **源代码与变量信息**

簿记系统的另一个任务是要始终保存源代码信息，即使这些代码已经被编译成本地代码。JVM 必须能够从正在执行的任意指令回溯到对应的 Java 源代码的具体位置。为了能够完成调试任务，支持对栈中的内容进行跟踪，甚至是包含了已经优化过的代码的调用栈。这种需求使实现更加复杂，因为优化器可能会将方法变得面目全非，而且由于**内联**（inlining）的存在，一个方法中可能还包含着另一个方法。即使某个高度优化的方法中抛出了异常，那么输出的调用栈信息中也必须包含正确的行号信息。

问题本身并不难解决，簿记系统其实就是一种数据库，只不过比较大、比较复杂而已。JRockit 在运行时保存了绝大多数本地指令与 Java 源代码的映射关系，显然，相比于解释执行，在完全 JIT 编译策略下需要做更多的工作。在 Java 字节码格式中，局部变量信息和行号信息都被映射存储到不同的结构中，JRockit 所做的就是在整个运行过程中保存住这些映射信息。最终，每个字节码指令都会被转化为 0 个或多个本地代码指令，这些指令可能会顺序或乱序执行。

- **代码生成所涉及的前提假设**

正如前面讨论的，JVM 中的一些前提假设在生成代码时非常重要。如果某个假设条件被打破，就需要发送异步请求，重新为相关方法生成代码。因此，这些前提假设也是 JRockit 运行时的一部分，与代码生成器密切相关。

2.6.4 代码生成概述

下面来看一看 JRockit JIT 编译器如何将 Java 方法编译为本地代码，在这个过程中，编译器所做的大部分工作与其他 JIT 编译类似（其实和其他静态编译器也是类似的），其他部分则略有不同。不过最后结果，生成的本地代码是相同的。

下面的示例代码是一个计算 MD5 值的哈希函数，本节会通过将该函数编译为本地代码来说明代码生成的整个过程。

```
public static int md5_F(int x, int y, int z) {
  return (x & y) | ((~x) & z);
}
```

1. 代码的中间表示

代码生成的第一步是将字节码转换为 IR（intermediate representation，中间表示），这样做的目的是为了便于优化器使用，而且其他语言也可以用同一种编译器前端处理，为了方便，优化器也倾向于使用通用的内部中间格式。

JRockit 中使用的中间表示与字节码略有不同，有点像经典的编译器教材中使用的格式。大部分编译器都这么干，只不过使用的中间表示的具体格式有些许差别，这取决于具体实现和要编译的目标语言。

除了前面提到的可移植性问题外，还有两个问题使 JRockit 在这一阶段不会对字节码的内容做修改，就是非结构化控制流和运行栈模型，尤其是运行栈模型，它与任何现代的硬件寄存器模型都不相同。

由于缺少重构 AST 的完整信息，在 JRockit 中，方法被表示为一个有向的**控制流图**（control flow graph），其节点是**基本块**（basic block）。在这里，基本块的定义是，如果基本块中的一条指令得以执行，那么该基本块中的其他指令也会被执行。由于示例方法 `md5_F` 中不存在分支语句，所以，`md5_F` 可以被转换为一个基本块。

- **数据流**

基本块中包含 0 个或多个带有操作数的操作。操作数可以是其他操作（形成表达式树，formingexpression tree）、变量（虚拟寄存器或原子操作数）、常量或地址等，具体内容视中间表示与硬件表示的紧密程度而定。

- **控制流**

基本块可以有多个入口和出口，控制流图中的边表示控制流。任何控制流，例如直接进入下一个基本块、`goto` 指令、一个条件跳转、`switch` 指令或异常，都会在控制流图中产生一条或多条边。

当控制流遇到方法时，会生成一个指定的**起始基本块**（start basic block）。没有出口的基本块用于结束方法执行，这样的基本块使用 `return` 指令或 `throw` 指令结束。

- **异常处理**

控制流图中对异常的表示稍微复杂一点，需要生成从每个可能出错的字节码操作到对应的 `catch` 语句块的条件跳转。

这样做的结果是，使控制流图中基本块和边的数量呈爆发性的增长，遍历图的算法的复杂度 O(|V||E|)大大增加。因此，需要特殊对待基本块中的异常。

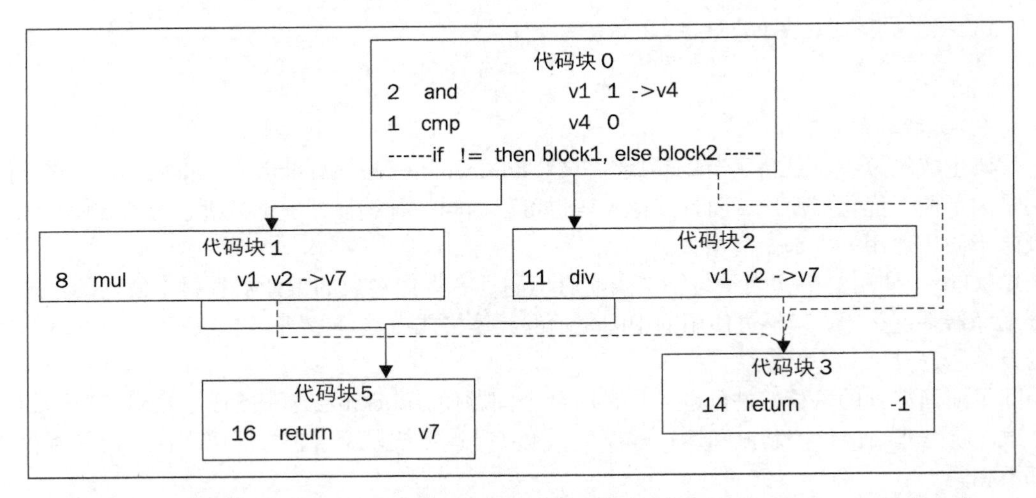

上图展示了一个稍微复杂一点的控制流图。方法的入口位于 `Block 0`，出口有 3 个，2 个正常出口（条件分支）和 1 个异常处理。这就是说，`Block 0` 实际上是一个 `try` 语句块的一部分，其对应的 `catch` 语句块是 `Block 3`，而 `Block 1` 和 `Block 2` 也是这个 `try` 语句块的一部分。退出方法可以通过触发异常结束于 `Block 3`，或者一直正常执行结束于 `Block 5`，最终都以 `return` 指令作为结束。即使在这个方法中可能会触发异常指令只有 `Block 2` 中的 `div`（除 0 触发异常），`try` 语句块仍会跨越多个节点，因为字节码就是这么写的，也有可能源代码就写成这样。优化器可以在后续的动作中对此优化。

1. JIT 编译

下图展示了源代码经过 JRockit 代码流水线处理的几个不同阶段。

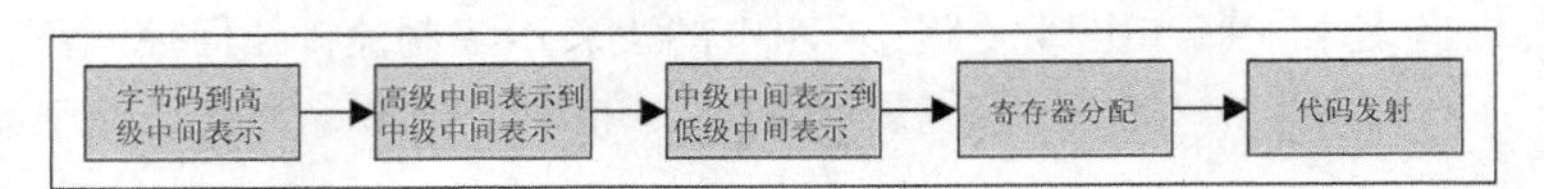

- **高级中间表示（HIR）**

上图中的第一个模块 `BC2HIR` 是处理字节码的编译器前端，用于快速将字节码转换为 IR。这里，HIR 是指高级中间表示（high-level intermediate representation）。示例函数 `md5_F` 中不存在条件跳转或非条件跳转，因此只需一个基本块就可以完整表示出来。

下面的代码是编译为字节码形式的 `md5_F`：

```
public static int md5_F(int, int, int);
      Code:        Stack contents:                Emitted code:
   0:  iload_0     v0
   1:  iload_1     v1
   2:  iand        (v0&v1)
   3:  iload_0     (v0&v1), v0
   4:  iconst_m1   (v0&v1), v0, -1
   5:  ixor        (v0&v1), (v0^-1)
   6:  iload_2     (v0&v1), (v0^-1), v2
```

```
7:  iand        (v0&v1), ((v0^-1) & v2)
8:  ior         ((v0&v1) | ((v0^-1) & v2))
9:  ireturn                                   return ((v0&v1) |
                                              ((v0^-1) & v2));
```

JIT 编译器首先处理 IR，查找代码中是否存在跳转，确定基本块，生成控制流图，并使用代码填充基本块。这些代码是通过模拟程序运行时操作数栈中的内容生成的。通过上面的示例代码可以看到，随着 JVM 对不同字节码指令的执行，操作数栈的内容不断变化，并最终影响到生成的代码。

由于字节码中没有位操作符，所以 javac 在实现取反~操作时，是通过与 -1(0xffffffff)做异或（xor）操作完成的。

从上面可以看到，通过使用变量句柄表示操作数栈中变量的值，可以从源代码中重构出表达式。例如，指令 iload_0，其含义是“将局部变量 0 中的值压入操作数栈”，会生成模拟栈中的表达式 v0。在示例代码中，模拟器逐步形成了越来越复杂的表达式，当需要将其从栈中弹出并返回时，该表达式就可用于生成最终的代码。

下面的代码就是 BC2HIR 的输出，即 HIR：

```
params: v1 v2 v3
   block0: [first] [id=0]
    10 @9:49    (i32)    return {or {and v1 v2} {and {xor v1 -1} v3}}
```

在 JRockit 的 IR 中，每条语句前的注解@表示了从源代码到汇编语言的映射。@后面的第一个数字表示表达式在字节码中的偏移位置，其后的数字是对应源代码的行号。JRockit 中就是使用这种复杂的元信息结构将本地指令映射到 Java 源代码的。

局部变量的索引位置是由 JRockit 分配的，在字节码中各不相同，从而与其他变量相区别。需要注意的是，字节码操作可能以其他操作作为操作数，形成了嵌套的表达式，作为将字节码操作数栈的内容转换为表达式的过程中所产生的副产品，这实际上是很有用的。通过这种方式，我们得到的是 HIR，而不是由典型的、扁平化的、使用临时变量赋值的代码，而在这些代码中，操作指令的操作数中可能并不包含其他操作。相比于其他格式，HIR 更适合做某些优化，例如检查同一子表达式（其表示形式是一棵子树）是否出现了多次，如果是的话，可以将子表达式合成一个临时变量以避免重复计算。

但在模拟操作数栈的变化以构造 HIR 的过程中还会遇到一些其他问题，产生这些问题的根本原因在于编译时只能知道栈中的表达式是什么，而无法计算出其确切的值。在某些场景下，栈中对内存的使用就可能会由于上述的不确定性而产生问题，例如假设编译源代码 result = x ? a : b 后得到的字节码如下：

```
/* bytecode for: "return x ? a : b" */
static int test(boolean x, int a, int b);
```

```
0: iload_0      //push x
1: ifeq     8   //if x == false then goto 8
4: iload_1      //push a
5: goto  9
8: iload_2      //push b
9: ireturn      //return pop
```

当模拟器执行到 ireturn 指令时，从栈中弹出的值可能是 a（局部变量 1）或者 b（局部变量 2）。由于无法使用一个变量来表示 "a 或者 b"，所以就需要在偏移位置 4 和 8 处，将要返回的值压入到栈中，并通过跳转指令的配合完成对弹出的返回值的控制。

BC2HIR 模块将字节码转换为控制流图，其中的表达式计算起来并不复杂。但是这个过程中可能会包含其他一些比较少见的、超出了本书讨论范围的内容，其中的大部分实例都与字节码结构缺失和操作数栈相关。另一个例子跟 monitorenter 指令和对应的 monitorexit 指令相关，这部分内容将在第 4 章详细阐述。

- **中级中间表示（MIR）**

MIR，即中级中间表示（middle-level intermediate representation），介于 HIR 和 LIR（低级中间表示）之间的过渡形式。大部分代码优化工作都是在 MIR 这个阶段完成的，原因在于大部分优化工作都适用于**三地址代码**（three address code），确切地说是只包含了原子操作的具体指令。从 HIR 转换到 MIR 的过程其实只需对表达式树执行中序遍历并创建临时变量即可。由于表达式树不涉及硬件，可以对代码做很多优化，使代码变得更简练些。

如果将表达式树拉平的话，那么对于 JIT 编译器来说，md5_F 函数应该类似于下面的示例代码。注意，已经不存在嵌套操作了，操作结果都会被写入到临时变量中，供后续操作使用。

```
params: v1 v2 v3
block0: [first] [id=0]
   2 @2:49*         (i32)  and         v1 v2 -> v4
   5 @5:49*         (i32)  xor         v1 -1 -> v5
   7 @7:49*         (i32)  and         v5 v3 -> v5
   8 @8:49*         (i32)  or          v4 v5 -> v4
  10 @9:49*         (i32)  return      v4
```

对于来自优化器的代码生成请求，大部分代码优化工作都会在 MIR 阶段完成。这部分内容将在后文中详细讨论。

- **低级中间表示（LIR）**

经过 MIR 阶段的处理后，就需要将代码转换为平台相关的本地代码，依赖于不同的硬件架构，生成不同的 LIR（lower-level IR，低级中间表示）。

由于大部分 JRockit 都运行在 x86 平台上，所以下面以 x86 平台为例说明 LIR。早在 20 世纪 80 年代初期，x86 平台就已经出现，那时候使用的是 CISC 格式的指令，而上一节中介绍的 MIR 使用的指令类似于 RISC 的格式，两者不甚匹配。例如，在 x86 平台上，and 操作的第一个源地址与目标地址必须相同，这也是在转换为更适合 x86 平台模型的代码时要引入一些临时变量的原因。

如果目标平台是 SPARC，转换工作就会少很多，因为 SPARC 平台的本地代码格式与 JRockit IR 类似。

下面的代码是函数 md5_F 在 32 位 x86 平台的 LIR：

```
params: v1 v2 v3
block0: [first] [id=0]
   2 @2:49*         (i32)  x86_and     v2 v1 -> v2
  11 @2:49          (i32)  x86_mov     v2 -> v4
   5 @5:49*         (i32)  x86_xor     v1 -1 -> v1
  12 @5:49          (i32)  x86_mov     v1 -> v5
   7 @7:49*         (i32)  x86_and     v5 v3 -> v5
   8 @8:49*         (i32)  x86_or      v4 v5 -> v4
  14 @9:49          (i32)  x86_mov     v4 -> eax
  13 @9:49*         (i32)  x86_ret     eax
```

从上面的代码可以看出，为了正确表达代码的语义，这一步中，在原先的代码中插入了一些平台无关的 mov 指令。注意，and，xor 和 or 操作，这些操作的第一个操作数与目标结果的位置相同，这是 x86 平台本身要求的。另外值得注意的是，在这里以硬编码方式指定了对寄存器的使用。按照 JRockit 调用规范的要求，待返回的整数结果要放到寄存器 eax 中，所以，寄存器分配器就直接以硬编码的方式指明 eax 作为存储返回值的寄存器。

- **寄存器分配**

生成的中间代码可能需要使用多个虚拟寄存器（变量），但现实中，寄存器的数量有限，可能会不够用。因此，在生成本地代码时，JIT 编译器需要规划**寄存器分配**（register allocation），才能将虚拟寄存器映射到真实的寄存器。例如在程序运行中的某个时间点上，如果用到的变量数比可用的物理寄存器多，则需要使用栈帧作为临时存储。这种方式称为**溢出**（spilling），其具体实现是插入移动指令将数据存储到主存中，使用的时候再从主存中取出。**溢出**方式本身会产生性能损耗，因此如何使用**溢出**对生成的代码的执行效率影响很大。

如果寄存器分配过程实现得比较粗糙，则可以很快完成，例如在 JIT 编译的第一个阶段，但如果想要实现得好一些，就需要经过大量的计算和规划才行，尤其是在需要同时使用多个变量的场景下。不过，在示例代码中，由于只用到了较少的变量，做优化时不需要花太多力气，只需要合并或剔除几个 mov 指令即可。

示例函数 md5_F 中并没有使用**溢出**技术，因为 x86 平台有 7 个寄存器可用（在 64 位平台上有 15 个寄存器），而这里只用到了 3 个：

```
params: ecx eax edx
block0: [first] [id=0]
   2 @2:49*         (i32)  x86_and     eax ecx -> eax
   5 @5:49*         (i32)  x86_xor     ecx -1 -> ecx
   7 @7:49*         (i32)  x86_and     ecx edx -> ecx
   8 @8:49*         (i32)  x86_or      eax ecx -> eax
  13 @9:49*         (void) x86_ret     eax
```

上面代码中的每一个指令都与具有相同功能的本地平台指令相对应，也就是最终要生成的本地代码。

下面借助一个稍微复杂一点的示例来深入了解**溢出**技术。在 Spill 类的 main 方法中会同时用到 8 个变量，计算乘积：

```
public class Spill {
  static int aField, bField, cField, dField;
  static int eField, fField, gField, hField;
  static int answer;

  public static void main(String args[]) {
    int a = aField;
    int b = bField;
    int c = cField;
    int d = dField;
    int e = eField;
    int f = fField;
    int g = gField;
    int h = hField;
    answer = a*b*c*d*e*f*g*h;
  }
}
```

本例使用 32 位 x86 作为实验平台，是因为 32 位 x86 平台只有 7 个寄存器可用，而需要用到的变量有 8 个，因此会将其中一个中间值存储到栈上。下面的代码片段显示了经过寄存器分配处理的 LIR。

> 使用汇编或 LIR 指令从内存中取值时，通常都是使用方括号将指针括起来，以此表示读取该指针所指的内存位置上的值。例如，在 x86 平台上，`[esp + 8]` 表示要读取从栈指针起偏移 8 字节的位置的值。

```
block0: [first] [id=0]
  68          (i32)  x86_push  ebx             //store callee save reg
  69          (i32)  x86_push  ebp             //store callee save reg
  70          (i32)  x86_sub   esp 4 -> esp //alloc stack for 1 spill
  43 @0:7*    (i32)  x86_mov   [0xf56bd7f8] -> esi    //*aField->esi (a)
  44 @4:8*    (i32)  x86_mov   [0xf56bd7fc] -> edx    //*bField->edx (b)
  67 @4:8     (i32)  x86_mov   edx -> [esp+0x0]       //spill b to stack
  45 @8:9*    (i32)  x86_mov   [0xf56bd800] -> edi    //*cField->edi (c)
  46 @12:10*  (i32)  x86_mov   [0xf56bd804] -> ecx    //*dField->ecx (d)
  47 @17:11*  (i32)  x86_mov   [0xf56bd808] -> edx    //*eField->edx (e)
  48 @22:12*  (i32)  x86_mov   [0xf56bd80c] -> eax    //*fField->eax (f)
  49 @27:13*  (i32)  x86_mov   [0xf56bd810] -> ebx    //*gField->ebx (g)
  50 @32:14*  (i32)  x86_mov   [0xf56bd814] -> ebp    //*hField->ebp (h)
  26 @39:16   (i32)  x86_imul  esi [esp+0x0] -> esi  //a *= b
  28 @41:16   (i32)  x86_imul  esi edi -> esi         //a *= c
  30 @44:16   (i32)  x86_imul  esi ecx -> esi         //a *= d
  32 @47:16   (i32)  x86_imul  esi edx -> esi         //a *= e
  34 @50:16   (i32)  x86_imul  esi eax -> esi         //a *= f
  36 @53:16   (i32)  x86_imul  esi ebx -> esi         //a *= g
  38 @56:16   (i32)  x86_imul  esi ebp -> esi         //a *= h
  65 @57:16*  (i32)  x86_mov   esi -> [0xf56bd818]    //*answer = a
  71 @60:18*  (i32)  x86_add   esp, 4 -> esp          //free stack slot
  72 @60:18   (i32)  x86_pop   -> ebp          //restore used callee save
  73 @60:18   (i32)  x86_pop   -> ebx          //restore used callee save
  66 @60:18   (void) x86_ret                   //return
```

从上面的代码中可以看到，寄存器分配器将方法的开头和结尾处添加了对栈操作的相关代码，这是因为在临时存储中间结果时需要知道栈的位置，而且为了存储结果并返回还需要两个**由被调用者保存**（callee-save）的寄存器。**由被调用者保存的寄存器**是指寄存器的值由被调用者负责维护。如果方法在执行过程中需要覆盖**由被调用者保存的寄存器**中的值，就必须将寄存器中的值临时存储到栈帧中，并在方法返回之前恢复寄存器中的值。按照 x86 平台上 JRockit 的调用约定，Java 中使用的**由被调用者保存的寄存器**是 ebp 和 ebx。一般情况下，任何调用约定都会包含一些**由被调用者保存的寄存器**，因为每个寄存器的值在使用过之后都有可能会被销毁，从而导致使用更多的**溢出**代码来存储数据，进而影响程序的执行效率。

- **生成本地代码**

经过寄存器分配后，IR 中的每个操作就都可以与 x86 平台上机器语言的某个本地操作一一对应上了。现在，JIT 编译器的工作就只剩下在 LIR 中插入一些 mov 指令来分配参数（在示例代码中，程序会将传入参数的值按照调用约定移动到预先定义好的位置，即之前分配的寄存器中）。有时候，尽管寄存器分配器经过计算认为可以直接将第一个参数存入到 ecx 中，但编译器并不理会这些，仍会按照调用约定工作，将第一个参数存入到 eax 中，此时需要额外的 mov 指令。在示例代码中，按照 JRockit 调用约定，参数 x、y 和 z 分别被存储到 eax、edx 和 esi 中。

在 x86 平台上，从 JRockit 中转储出的汇编代码使用的是 Intel 风格的语法，将第一个操作数作为目的操作数，例如 and ebx eax 的意思是 ebx = ebx & eax。

下面的代码展示了存储于代码缓冲区中的最终的本地代码：

```
[method is md5_F(III)I [02DB2FF0 - 02DB3002]]
  02DB2FF0:  mov    ecx,eax
  02DB2FF2:  mov    eax,edx
  02DB2FF4:  and    eax,ecx
  02DB2FF6:  xor    ecx,0xffffffff
  02DB2FF9:  and    ecx,esi
  02DB2FFC:  or     eax,ecx
  02DB2FFF:  ret
```

2. 代码优化

相比于普通的 JIT 编译，优化热方法并重新生成代码在执行时略有不同。其实，优化编译器作用于代码流水线的整个过程，围绕着代码生成，在各个阶段中插入相应的优化模块，见下图。

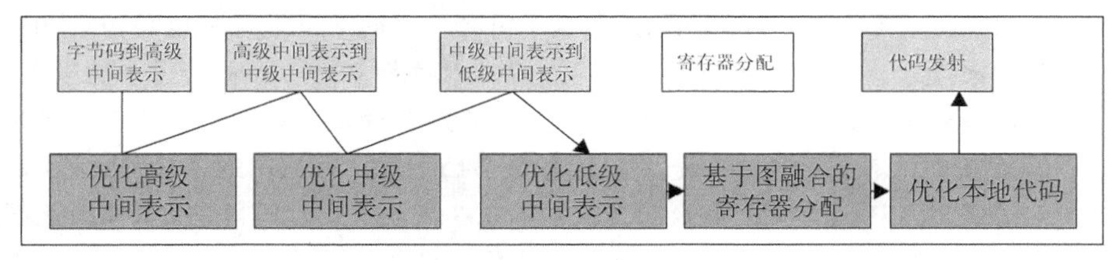

- **概述**

不同的优化方法适用于不同层级的 IR，例如，对于 HIR，常用的优化方法有**全局数值编号**

（global value numbering），使用一棵子树替换某个表达式的两棵相同子树，以及**临时变量赋值**（temporary variable assignment）等。

在 MIR 中常用的一种优化是转换为 **SSA 形式**（single static assignment form，**静态单赋值形式**），即确保任意变量只有一种定义。SSA 转换几乎已成为现代商用编译器的必备优化手段之一，因为在其基础上可以有效地实现多种代码优化技术，而且优化效果也比未使用 SSA 转换的代码更好。

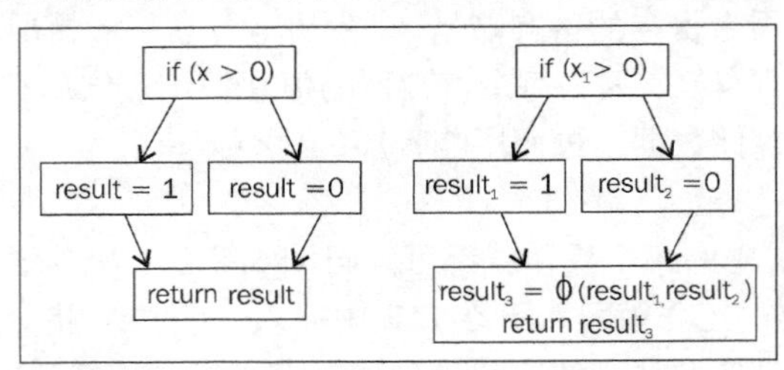

上面的流图展示了 SSA 转换前后的区别。程序返回的变量 `result` 的值依赖于变量 `x` 的值和分支目的，可能是 `0` 或者 `1`。由于 SSA 形式要求每个变量只能有一种赋值，变量 `result` 被表示为 3 个不同的变量。可以看到，在 `return` 语句中，变量 `result` 可以是 $resul_1$ 或 $resul_2$，为了表示出**或**的意思，特意使用了一个**连接符**（join operator）Φ（这是个希腊字母，读音为 phi）。但实际上，目前的硬件平台都不支持这样的操作，所以，最终生成本地代码之前还需要转换回普通的形式。这种反向转换一般是使用提前赋值来替换连接符，连接（`join`）操作的每个来源都会产生一条流路径。

很多经典的代码优化方法，例如**常量传播**（constant propagation）和**复制传播**（copy propagation），应用于经过 SSA 转换的代码时都能运行得更有效率，很大程度上是因为经过处理后，变量的定义都不再有任何歧义。有关 SSA 的内容超出了本书的范围，而且已经有很多文献做了介绍，这里不再赘述。

LIR 是平台相关的，且没有经过寄存器分配这个过程，所以可以在这里做一些指令转换，使生成的本地操作序列更有效率。例如，在 x86 平台上，为了加快复制数组的速度，可以用 Intel 特有的 `SSE4` 指令替换普通的循环复制操作。

在生成优化代码时，如何分配寄存器非常重要。编译器教材上都将寄存器分配问题作为**图的着色问题**处理，这是因为同时用到的两个变量不能共享同一个寄存器，从这点上讲，与着色问题相同。同时使用的多个变量可以用图中相连接的节点来表示，这样，寄存器分配问题就可以被抽象为“如何为图中的节点着色，才能使相连节点有不同的颜色”。这里可用颜色的数量等于指定平台上可用寄存器的数量。不过，遗憾的是，从计算复杂性上讲，着色问题是 NP-hard 的，也就是说现在还没有一个高效的算法（指可以在多项式时间内完成计算）能解决这个问题。但是，着色问题可以在线性对数时间内给出近似解，因此大多数编译器都使用着色算法的某个变种来处理寄存器分配问题。

JRockit 优化编译器中的高级寄存器分配器基于**图融合**（graph fusion）技术，该技术作用于IR，是对标准的图着色近似算法的扩展。图融合技术的一大特点的是，会提前处理流图中的边，这样可以产生更少的**溢出**代码。因此，如果能在处理之前找出代码的热点区域，生成的代码在运行时就能更加高效。这种方法的代价是，在融合代码时，为了生成完整的方法，需要插入一些**洗牌代码**（shuffle code），洗牌代码包含了一系列移动指令，用于将一个寄存器中的内容复制到另一个寄存器。

最后，优化编译器可以对生成的本地代码执行各种**窥孔优化**（peephole optimization），将生成代码中的部分指令替换为更高效的本地指令，然后再提交给 JRockit 供其调用。

一般来说，清空寄存器是通过其对自身做异或操作完成的。相比于执行指令 `mov eax, 0`，与自身做异或操作的执行效率更高一些。这就是窥孔优化的一种，作用于确切的某条指令。再举一个例子，在 x86 平台上，如果某项计算需要先乘以 2 的 *n* 次方，后跟与某数相加的 `add` 指令，那么就可以使用 `lea` 指令作为代替直接完成。

- **优化器工作原理**

本书的主旨是介绍 JRcokit 代码流水线相关的算法和优化策略，在这一节，先简单谈谈 JVM 如何利用运行时提供的反馈信息来优化代码。

一般情况下，相比于那些对执行速度没什么要求的 JIT 编译来说，JRockit 对一个方法执行优化编译需要花费 10 到 100 倍的时间，因此，只优化那些热方法就显得很必要了。

简单来说，插入到代码流水线各个阶段的优化模块是以下面的方式工作的。

```
do {
  (1) 舍弃方法调用，以内联的方式将控制流展开
  (2) 对内联后生成的大块代码做各种优化，使其精简
} while ("有足够的时间" && "有足够的精力(即需要优化的代码的数量不会增长得太快)");
```

Java 是面向对象的语言，会用到很多 `getter`、`setter` 和其他细碎的方法调用，而编译器在开始优化的时候却不得不假设这些方法是很复杂的，因为它不知道这些方法实际上是干什么的，由此产生诸多不必要的麻烦。所以，为了简单起见，小方法通常会被**内联**。相对来说，JRockit 比较激进，会根据运行时采集到的信息，按照适当的优先级，尽可能地将热点执行路径中所有调用做内联处理。

对于静态编译环境来说，过于激进的内联往往适得其反，生成的方法过大的话，会增加指令缓冲区的负担，降低执行效率；而在动态运行时环境中，可以对运行时数据采样，从而更准确地判断出应该对哪些方法做内联处理。

经过内联这一步之后，包含了内联代码的方法通常会变得很大，这时 JIT 优化编译器会使用各种优化方法来精简代码，例如，**常量折叠**（fold constant），基于**逃逸分析**剔除某些表达式，剔除永远不会执行的**死代码**（dead code）等。此外，在特定条件下，对统一内存区域的重复存取也会被剔除。

经过上述重重优化后的代码，往往会比内联之前的原始代码更小，这就是优化编译的威力。

事实上，即使要处理的代码量很少，优化编译系统仍然需要做很多优化工作。以下面的代码为例，类 Circle 可以根据半径计算出面积。

```
public class Circle {

  private double radius;

  public Circle(int radius) {
    this.radius = radius;
  }

  public double getArea() {
    return 3.1415 * radius * radius;
  }

  public static double getAreaFromRadius(int radius) {
    Circle c = new Circle(radius);
    return c.getArea();
  }

  static int areas[] = new int[0x10000];
  static int radii[] = new int[0x10000];
  static java.util.Random r = new java.util.Random();
  static int MAX_ITERATIONS = 1000;

  public static void gen() {
    for (int i = 0; i < areas.length; i++) {
      areas[i] = (int)getAreaFromRadius(radii[i]);
    }
  }

  public static void main(String args[]) {
    for (int i = 0; i < radii.length; i++) {
      radii[i] = r.nextInt();
    }
    for (int i = 0; i < MAX_ITERATIONS; i++) {
      gen(); //避免使用栈上替换
    }
  }
}
```

运行上面的程序，并附加命令行参数-Xverbose:opt,gc 以便 JRockit 打印出垃圾回收和代码优化信息，如下所示。

```
hastur:material marcus$ java -Xverbose:opt,gc Circle
[INFO ][memory ] [YC#1] 0.584-0.587: YC 33280KB->8962KB (65536KB),
  0.003 s, sum of pauses 2.546 ms, longest pause 2.546 ms
[INFO ][memory ] [YC#2] 0.665-0.666: YC 33536KB->9026KB (65536KB),
  0.001 s, sum of pauses 0.533 ms, longest pause 0.533 ms
[INFO ][memory ] [YC#3] 0.743-0.743: YC 33600KB->9026KB (65536KB),
  0.001 s, sum of pauses 0.462 ms, longest pause 0.462 ms
```

```
[INFO ][memory ] [YC#4] 0.821-0.821: YC 33600KB->9026KB (65536KB),
  0.001 s, sum of pauses 0.462 ms, longest pause 0.462 ms
[INFO ][memory ] [YC#5] 0.898-0.899: YC 33600KB->9026KB (65536KB),
  0.001 s, sum of pauses 0.463 ms, longest pause 0.463 ms
[INFO ][memory ] [YC#6] 0.975-0.976: YC 33600KB->9026KB (65536KB),
  0.001 s, sum of pauses 0.448 ms, longest pause 0.448 ms
[INFO ][memory ] [YC#7] 1.055-1.055: YC 33600KB->9026KB (65536KB),
  0.001 s, sum of pauses 0.461 ms, longest pause 0.461 ms
[INFO ][memory ] [YC#8] 1.132-1.133: YC 33600KB->9026KB (65536KB),
  0.001 s, sum of pauses 0.448 ms, longest pause 0.448 ms
[INFO ][memory ] [YC#9] 1.210-1.210: YC 33600KB->9026KB (65536KB),
  0.001 s, sum of pauses 0.480 ms, longest pause 0.480 ms
[INFO ][opt    ][00020] #1 (Opt)
  jrockit/vm/Allocator.allocObjectOrArray(IIIZ)Ljava/lang/Object;
[INFO ][opt    ][00020] #1 1.575-1.581 0x9e04c000-0x9e04c1ad 5
  .72 ms 192KB 49274 bc/s (5.72 ms 49274 bc/s)
[INFO ][memory ] [YC#10] 1.607-1.608: YC 33600KB->9090KB
  (65536KB), 0.001 s, sum of pauses 0.650 ms, longest pause 0.650 ms
[INFO ][memory ] [YC#11] 1.671-1.672: YC 33664KB->9090KB (65536KB),
  0.001 s, sum of pauses 0.453 ms, longest pause 0.453 ms.
[INFO ][opt    ][00020] #2 (Opt)
  jrockit/vm/Allocator.allocObject(I)Ljava/lang/Object;
[INFO ][opt    ][00020] #2 1.685-1.689 0x9e04c1c0-0x9e04c30d 3
  .88 ms 192KB 83078 bc/s (9.60 ms 62923 bc/s)
[INFO ][memory ] [YC#12] 1.733-1.734: YC 33664KB->9090KB
  (65536KB), 0.001 s, sum of pauses 0.459 ms, longest pause 0.459 ms.
[INFO ][opt    ][00020] #3 (Opt) Circle.gen()V
[INFO ][opt    ][00020] #3 1.741-1.743 0x9e04c320-0x9e04c3f2 2
  .43 ms 128KB 44937 bc/s (12.02 ms 59295 bc/s)
[INFO ][opt    ][00020] #4 (Opt) Circle.main([Ljava/lang/String;)V
[INFO ][opt    ][00020] #4 1.818-1.829 0x9e04c400-0x9e04c7af 11
  .04 ms 384KB 27364 bc/s (23.06 ms 44013 bc/s)
hastur:material marcus$
```

打印这些内容，然后程序就结束运行了。

本章的末尾会详细介绍代码生成器打印的各种日志，第 3 章会介绍内存管理器打印的相关日志。

在这里，除了优化编译器对 4 个热方法（其中两个是 JRockit 的内部方法）做了优化编译之外，更需要注意的是，在优化编译完成之后，垃圾回收也不再执行了。这是因为，经过对代码的分析后，优化编译器发现 `getAreaFromRadius` 方法创建的 `Circle` 对象只是用来计算面积的，只存活于该方法内，尤其是在将方法调用 `c.getArea` 内联进来之后，这一点更加明显。此外，`Circle` 对象中只包含一个 `double` 类型的成员变量 `radius`，在明确了该对象的存活范围后，就可以使用 `double` 类型的变量来表示该对象了。在剔除了用于创建对象的内存分配操作后，也就不会再有垃圾回收的操作了。

当然，这只是个小实验，其中所表达的避免重复创建 `Circle` 对象的意思也很容易理解。不过，如果能够合理实现优化算法的话，它对于大型面向对象应用程序也是适用的。

其实，在检测程序的某些运行模式方面，运行时确实比人工更可靠，总能够发现人工难以发现的优化点。除此之外，优化编译器为应用各种优化方法设定的假设条件也很少失效。从这些方面讲，自适应运行时确实是威力惊人。

未经优化的 Java 代码执行效率较差，javac 需要在将源代码编译为字节码时做一些基本优化，以实现相关语言特性。例如，使用+操作符连接字符串是一个语法糖，编译器需要创建 `StringBuilder` 对象，并调用其 `append` 方法来完成字符串连接的操作。类似这种将语法糖转换为优化程度更高的代码的操作，对于优化编译器来说不算什么问题。例如，由于 `StringBuilder` 的实现是已知的，所以我们可以告知编译器其方法是没有任何副作用的，即使编译器还没有生成对这些方法的调用。

类似的操作也适用于**装箱类型**（boxed type）。在字节码层面，装箱类型会被隐式地转换为对象（例如 `java.lang.Integer` 类）。应用一些传统的优化方法，例如**逃逸分析**，可以将操作对象转换为操作原生类型，这样就可以剔除实现装箱类型所需的内存分配操作。

2.7　控制代码生成

相比于其他 JVM，JRockit 的设计颇为不同，它不鼓励过多地使用命令行参数，即使要改变代码生成和优化策略也不例外。本节的内容以介绍说明为主，读者在使用相关命令行参数时应小心可能产生的副作用。

本节的内容主要适用于 JRockit R28 及其后的版本。如果读者使用的是早期的版本，那么请查询相关文档以确定与本节内容相对应的部分。注意，R28 版本的部分功能可能与之前的版本略有不同。

命令行选项与指令文件

在 JRockit 中，很少会因代码生成器故障而导致问题、应用程序行为异常，或是花费很长时间去优化某个方法，这是因为代码生成器的行为是可控的，读者可以根据具体需求而修改代码生成器的行为。当然，这样的前提是，读者清楚地知道自己在做什么。

1. 命令行参数

JRockit 支持使用命令行选项对代码生成器的行为做粗粒度的控制。本节仅对其中一部分标志做介绍。

- **打印日志**

选项`-Xverbose:codegen`（或者`-xverbose:opt`）用于让 JRockit 在每次执行 JIT 编译（或优化）时向标准错误（即 `stderr`）打印两行编译相关信息。

以常见的 HelloWorld 程序为例，每次生成代码时都会打印两行日志，在开始和结束时各一行。

```
hastur:material marcus$ java -Xverbose:codegen HelloWorld
[INFO ][codegen][00004] #1 (Normal) jrockit/vm/RNI.transitToJava(I)V
[INFO ][codegen][00004] #1 0.027-0.027 0x9e5c0000-0x9e5c0023 0
  .14 ms (0.00 ms)
[INFO ][codegen][00004] #2 (Normal)
  jrockit/vm/RNI.transitToJavaFromDbgEvent(I)V
[INFO ][codegen][00004] #2 0.027-0.027 0x9e5c0040-0x9e5c0063 0
  .03 ms (0.00 ms)
[INFO ][codegen][00004] #3 (Normal) jrockit/vm/RNI.debuggerEvent()V
[INFO ][codegen][00004] #3 0.027-0.027 0x9e5c0080-0x9e5c0131 0
  .40 ms 64KB 0 bc/s (0.40 ms 0 bc/s)
[INFO ][codegen][00004] #4 (Normal)
  jrockit/vm/ExceptionHandler.enterExceptionHandler()
    Ljava/lang/Throwable;
[INFO ][codegen][00004] #4 0.027-0.028 0x9e5c0140-0x9e5c01ff 0
  .34 ms 64KB 0 bc/s (0.74 ms 0 bc/s)
[INFO ][codegen][00004] #5 (Normal)
  jrockit/vm/ExceptionHandler.gotoHandler()V
[INFO ][codegen][00004] #5 0.028-0.028 0x9e5c0200-0x9e5c025c 0
  .02 ms (0.74 ms)
...
[INFO ][codegen][00044] #1149 (Normal) java/lang/Shutdown.runHooks()V
[INFO ][codegen][00044] #1149 0.347-0.348 0x9e3b4040-0x9e3b4106 0
  .26 ms 128KB 219584 bc/s (270.77 ms 215775 bc/s)


hastur:material marcus$
```

这两行日志中的第一行包含以下信息。

- **Info 标签和日志模块标识符**（代码生成器）。
- **当前生成代码所使用的线程的 ID**。视具体的系统配置，这里可能会有多个代码生成线程和代码优化线程。
- **生成的代码的索引值**。第一个生成的代码的索引值是 1。值得注意的是，在整个日志的开始部分，生成代码只使用了一个线程，因此代码生成日志中开始和结束日志的顺序还是正常的，是连续的，但当使用多个线程来处理代码时，就有可能会出现开始和结束日志交错的现象。
- **代码生成策略**。代码生成策略指明了该方法的生成方式。由于在刚开始运行程序时，还无法收集到足够多的运行时反馈信息，所以在生成代码的时候，或是使用普通生成策略，或是粗略地生成一个立等可用的代码。这种快速生成代码的策略，主要应用于那些对运行时性能没什么影响的方法，例如像静态初始化方法这种只会运行一次的，对于这类方法，花费大力气为其做寄存器分配之类的优化是毫无意义的。
- **待生成的方法**。具体内容包括类名、方法名和方法描述符。

日志的第二行包括以下信息。

- **Info 标签和日志模块标识符**（代码生成器）。
- **当前生成代码所使用的线程的 ID。**
- **生成的代码的索引值。**
- **代码生成事件的开始和结束时间**。该事件是自 JVM 启动之后的时间偏移值，单位是秒。
- **地址范围**。这是生成的本地代码要放置的内存空间。
- **代码生成时间**。根据该方法生成对应的本地代码所花费的时间（这里指的是从字节码开始），单位是毫秒。
- **生成代码所消耗的线程局部内存的最大值**。这个值是代码生成线程为编译代码所分配的内存空间的最大值。
- **每秒处理的字节码数量的平均值**。这个值是编译该方法时每秒编译的字节码数量的平均值。注意，0 表示无穷大，这是因为精度不足。
- **生成代码所花费的总时间**。这部分内容包括自 JVM 启动后，该线程在代码生成上所花费的总时间（单位是毫秒），以及每秒编译的字节码数量的平均值。

● **关闭优化**

命令行选项 `-XnoOpt` 和 `-XX:DisableOptsAfter=<time>` 用于关闭优化编译器的所有优化操作，区别在于选项 `-XX:DisableOptsAfter=<time>` 可以指定在 JVM 启动多少秒之后再禁用优化。应用选项 `-XnoOpt` 可以加快应用程序的编译速度，但运行效率会降低。如果怀疑是由于 JRockit 优化编译器而导致某个问题的出现，或者优化编译的时间很长，则可以应用 `-XnoOpt` 选项。

● **设置优化线程数**

改变 JVM 编译代码所用的线程数在某种程度上可以使应用程序运行得更好，但实际情况与具体的机器配置有关。除了将本地代码放入到代码缓冲区和类载入的某些步骤之外，代码的生成和优化是可以并行的。应用命令行选项 `-XX:JITThreads=<n>` 可以指定 JIT 编译器线程的数量，选项 `-XX:OptThreads=<n>` 可以指定优化线程的数量。注意，优化操作需要大量的内存和 CPU 资源，即使机器中 CPU 的核很多，也不要将优化线程设置得过多。

2. 指令文件

要想细粒度地控制 JRockit 的代码生成，可以使用**指令文件**（directive file）。在指令文件中，可以使用通配符来表示多个目标方法，并指明代码生成器的具体行为。事实上，可以指定的行为非常多，本节重在介绍指令文件的相关概念，因此不会详述所有的行为。

> **警告**：JRockit 并未对指令文件提供完整支持，也没有发布过正式的说明文档，将来也有可能会修改其内容。Oracle 也不会提供使用指令文件控制 JRockit 配置的功能。

命令行参数 `-XX:OptFile=<filename>` 用于指定要使用的指令文件，此外，也可以在 JVM 运行过程中，使用 JRCMD 或 JRockit JavaAPI 来添加或移除指令文件（关于 JRCMD 和 JRockit

Java API 的内容会在本书的后续章节中介绍)。不过，要想使用指令文件，还需要应用命令行参数 -XX:+UnlockDiagnosticVMOptions。JVM 诊断选项在将来的 JVM 版本中可能会修改，直接使用有风险。

其实，指令文件就是以 JSON（JavaScript object notation）格式编写的指令集合，如下所示。


```
{
  //模式匹配的方式，类 + 方法 + 签名
  match: "java.dingo.Dango.*",
  enable: jit
}
```

在上面的例子中，禁用了对 java.dingo.Dango.*类中所有方法的优化，只保留的 JIT 编译，这是因为 enable 指令的值只有 jit，而没有指定 hotspot。

如果想要在第一次代码生成时强制执行优化，可以使用如下的配置。

```
{
  match: "java.dingo.Dango.*",
  //启用代码生成的几种原因
  enable: jit,
  jit: {
    preset : opt
  }
}
```

上面配置的意思是，java.dingo.Dango 类中所有的方法只能执行 JIT 编译，但在编译的时候要应用预设的优化策略。JRcokit 中包含有一些预设的优化策略，其中 opt 的意思是**立即全面优化该方法**。

> 相比于运行一段时间之后，由运行时根据收集到的信息优化该方法，通过使用 opt 选项在系统第一次编译方法时就做全面优化的效果未必更好，所生成的本地代码可能有所差别，性能也不尽相同。过早地优化方法，会因为收集到的运行时信息不足而难以做到位。事实上，运行时可能已经将这个方法放到了优化队列中，只不过还未执行而已。强行提早优化代码不仅会浪费宝贵的 CPU 资源，还可能会生成性能不太高的优化代码。

代码生成策略可以用更精细的方式加以覆盖，例如像下面的示例一样单独关闭某个方法的优化，或禁止对某个方法做内联操作。

```
//要使用多条指令，应该使用数组形式'['.
[
  //指令 1
  {
    match: "java.dingo.Dango.*",
    enable: [ jit, hotspot ], //启用 JIT 和优化
    hotspot: {
      fusion_regalloc : false; //禁用图融合优化
```

```
        },
        jit_inline : false, //禁用JIT内联
      },

      //指令 2
      {
        match: [ "java.lang.*", "com.sun.*" ],
        enable: jit ,
        jit: {
          //复制 opt 选项的preset 值，例如强制 JIT 执行优化，但禁用内联
          preset : opt,
          opt_inline : false,
          },
        },

        //指令 3
        {
          match: "com.oracle.*",
          //强制优化器对java.util 包下类的方法做内联优化
          //强制优化禁止对com.sun 包下的类的方法做内联优化
          inline: [ "+java.util.*", "-com.sun.*" ],
      }
    ]
```

在实际操作方面，可以通过指令文件来控制 JRockit 代码生成策略的每个部分，以及单独的优化，但对于指令文件的名字和指令的名字，却没有相关的说明文档。因此指令文件是追踪问题的好帮手，但千万不要滥用。

建议在使用指令文件时附加 `-Xverbose:opt` 选项以确保 JVM 读取并应用了该文件。

2.8　小结

本章简要介绍了运行时环境的代码生成，以常见问题引入代码生成的主题，比较了自适应编译和静态编译的优劣，并详细阐述了 JVM 中的代码生成。

本章还介绍了 Java 字节码的各个方面以及优缺点，讲解了相关技术是如何加速 Java 程序运行的，并比较了解释运行和编译运行的优劣。

此外，本章还阐述了自适应运行时所遇到的一些问题，包括如何启用新生成的代码以及 JVM 如何“赌”性能。本章提到了编译速度和执行速度的等式，它取决于方法是否够热，并讲解了 JVM 做各种优化的前提假设，以及优化编译器如何工作等。

本章最后介绍了 JRockit 虚拟机的代码流水线及其优化过程，并用一个综合例子来说明方法是如何编译为本地代码的。本章的末尾介绍了如何通过指令文件和命令行参数来控制 JRockit 的代码生成行为。

下一章将介绍自适应运行时的另一个重要组成部分——内存管理系统和垃圾回收相关技术。

第 3 章

自适应内存管理

本章介绍了 Java 运行时中的自动自适应内存管理，回顾了垃圾回收的技术背景和自动内存管理发展史，此外还对比了自动内存管理和静态内存管理的优劣。

本章主要内容如下：

- 自动自适应内存管理的概念及相关问题
- 垃圾回收器的工作原理（算法与实现）
- 如何实现一个高效、可伸缩的垃圾回收器
- 吞吐量与延迟
- 为对象分配内存时的问题，以及高效分配内存的算法
- 最重要的内存管理相关的 Java API，例如 `java.lang.ref` 包中的相关类
- JRockit Real Time 产品与确定式垃圾回收
- 编写 GC 友好的 Java 代码的要点，以及相关的陷阱和伪优化
- 如何使用最基础的命令行参数控制内存子系统

3.1 自动内存管理

自动内存管理（automatic memory management）是指无须使用老式的内存释放操作，例如 `free` 操作符，就可以自动回收废弃对象占用的内存的垃圾回收技术。其实，自动内存管理并不是什么新生事物，其发展史几乎与现代计算机科学一样长，最早出现于早期 Lisp Machine 中使用的引用计数方法。自那之后，在引用计数方法之外，又发展出几种不同的堆管理策略。到目前为止，大部分自动内存管理系统使用的都是引用跟踪技术，即执行垃圾回收时沿着对象的引用关系遍历堆中对象，以确定哪些需要回收，哪些需要保留。

在本章中，**堆**（heap）特指在使用垃圾回收的环境中，所有用于存储对象的、非线程局部的内存空间（non-thread local memory）。

3.1.1　自适应内存管理

正如前一章介绍的，从优化的角度讲，程序运行过程中 JVM 的具体行为和运行时反馈信息是非常重要的，而 JRockit 的一大创举就是将基于运行时反馈的自适应优化从代码生成推广到所有的运行时子系统，本章所要介绍的内存管理系统就是自适应优化的受益者之一。

自适应内存管理（adaptive memory menagement）是指主要通过运行时反馈来调整内存管理系统的行为。自适应内存管理是**自动内存管理**的一个特例，而自动内存管理是指使用某些垃圾回收技术来管理内存，使用户无须再显式地清理无用对象，内存管理系统会自动检测并释放这些无用对象所占用的资源。

出于性能考虑，自适应内存管理必须要正确利用运行时反馈，这其中包括修正垃圾回收策略，自动缩放堆大小，以适当的时间间隔整理内存碎片，以及判断何时 stop the world（STW）等。STW 是指暂停正在执行的 Java 应用程序，转而执行垃圾回收的某些操作。

3.1.2　自动内存管理的优点

自动内存管理最大的优点就是可以加快软件开发的速度。众所周知，进行多线程编程时常常会出现内存分配错误、缓冲区溢出和内存泄漏等问题，而它们偏偏又很难调试排查。当因为这种问题而导致崩溃时，程序往往在生产环境已经运行了很久，而造成崩溃的原因可能只是内存分配时一个字节的偏差，造成了另一个无关的对象被错误地释放掉。

Java 编程语言的内建机制保证了使用 Java 编程时不会出现内存分配和缓冲区溢出问题，其中自动内存管理解决了内存分配问题，Java 运行时系统则解决了缓冲区溢出的问题，例如，当发生数组越界的问题时会抛出 `ArrayIndexOutOfBoundsException` 异常。

不过，即使使用了垃圾回收技术，也难以彻底根除内存泄漏，所以现代 JVM 都提供几种方法来检测是否存在内存泄漏，而 Java 本身也可以帮助程序员解决这个问题。就 JRockit 来说，JRockit Mission Control 套件中包含了一个可以以较小的开销检测内存泄漏的工具，这是因为 JVM 在执行垃圾回收的时候就会收集到很多有用的信息，可以用于检测内存泄漏。第 10 章会详细介绍**内存泄漏检测工具**（memory leak detector tool）的相关内容。

> 我们认为，内建的自动内存管理系统及更短的软件开发周期，是 Java 得以广泛推广的主要原因之一，而使用了自动内存管理后，复杂的服务器端应用程序也的确可以减少崩溃的次数。

此外，自适应内存管理可以根据应用程序的具体运行状态，适时地修正垃圾回收策略，例如改变执行垃圾回收任务的线程数量或其他与垃圾回收相关的参数。相比之下，第 2 章介绍的自适应代码生成也会利用运行时反馈，例如只优化热方法，对冷方法置之不理，直到它们变热。

3.1.3 自动内存管理的缺点

对自动内存管理的争议主要集中在它会降低应用程序的执行效率，这对某些类型的应用程序来说是无法接受的。之所以会降低执行效率，是因为自动内存管理使得应用程序的响应时间带有高度的不确定性。为了避免这个问题，JVM 做了大量的优化工作以达到期望的性能。

事实上，将内存管理的任务交由运行时负责确实会降低效率，但现在这已经不是什么大问题了，至少对那些写得好的程序来说的确是这样。

其实，影响垃圾回收器工作时间长短的主要因素是堆中**存活对象**（live object）的总数量，而不是堆的大小。如果存活对象特别多的话，无论使用哪种算法都会有较长的执行时间。如果程序员手动管理内存，处理大量存活对象时可能问题会少些，但实际编码的时候，难以保证绝不犯错，况且在存在大量存活对象时，手动执行垃圾回收未必就比内存管理系统干得好。

确实，使用垃圾回收系统仍然可能会产生内存泄漏。如果应用程序错误地保存了很多本应被回收掉的对象的引用，这些对象就会被认为是**存活对象**，也就不会被回收。常见的内存泄漏的例子就是对缓存的错误实现，例如 `java.util.HashMap`，即便将所有对象都放到 `HashMap` 中，它也不会抛出异常，但会造成内存泄漏，因为系统无法判断出 `HashMap` 中持有的某个键值对对象其实已经没用了，只是被错误地保存了引用而已。

3.2 堆管理基础

在介绍垃圾回收算法之前，还需要讲解一下对象分配和释放，我们需要清楚地知道堆中的哪些对象会被回收掉。此外，本节会简要介绍对象是如何分配以及如何回收的。

3.2.1 对象的分配与释放

一般来说，为对象分配内存时，并不会直接在堆上划分内存，而是先在**线程局部缓冲**（thread local buffer）或其他类似的结构中找地方放置对象，然后随着应用程序的运行、新对象的不断分配，垃圾回收逐次执行，这些对象可能最终会被提升到堆中保存，也有可能会当作垃圾被释放掉。

为了能够在堆中给新创建的对象找一个合适的位置，内存管理系统必须知道堆中有哪些地方是空闲的，即还没有存活对象占用。内存管理系统使用**空闲列表**（free list）——串联起内存中可用内存块的链表，来管理内存中可用的空闲区域，并按照某个维度的优先级排序。

在空闲列表中搜索足够存储新对象的空闲块时，可以选择大小最适合的空闲块，也可以选择第一个放得下的空闲块。这其中会用到几种不同的算法去实现，各有优劣，后文会详细讨论。

3.2.2 碎片与整理

在实际应用中，仅仅跟踪空闲空间是不够的，还有一些其他问题要处理，**碎片化**（fragmentation）就是内存管理器要面对的一大难题。当**死对象**（dead object）被垃圾回收器清除后，就会在堆上留下一个个的**孔洞**（hole）。

碎片化问题大大制约了垃圾回收的伸缩性，严重的时候，即便堆中还有大量空闲空间可用，却无法为新对象找到合适的存储位置。因为没有足够大的连续空间，也就是说孔洞不够大，放不下新对象。这时，为了能够清理出足够大的空间来放置新对象，运行时系统一般会频繁 GC，却仍旧无法为新对象腾出足够大的连续空间，于是运行时系统陷入了死循环。

下图展示了堆中几个对象的分布。

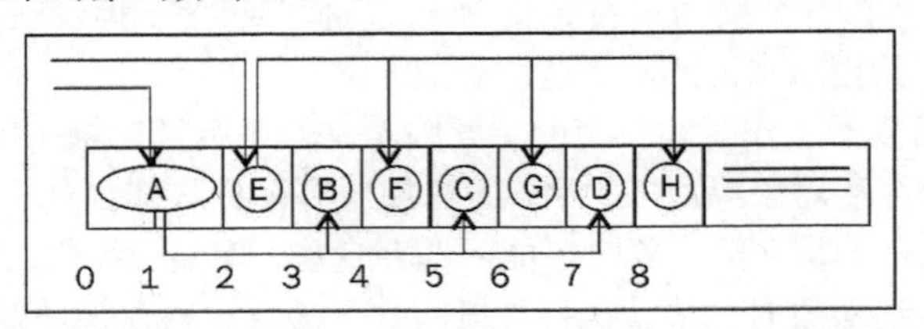

上图中，堆中空间已被存活对象占满，对象 A 占据了 2 个存储单元，其他对象各占一个。当垃圾回收开始的时候，有两个对象 A 和 E 是**可达的**（reachable），依据其引用关系，各自形成了独立的对象关系图，分别是 ABCD 和 EFGH。

此时，如果将指向对象 E 的引用赋值为 null，则 E 及其所指向的对象 FGH 都会被当作垃圾回收掉。然后，堆上的对象分布如下所示。

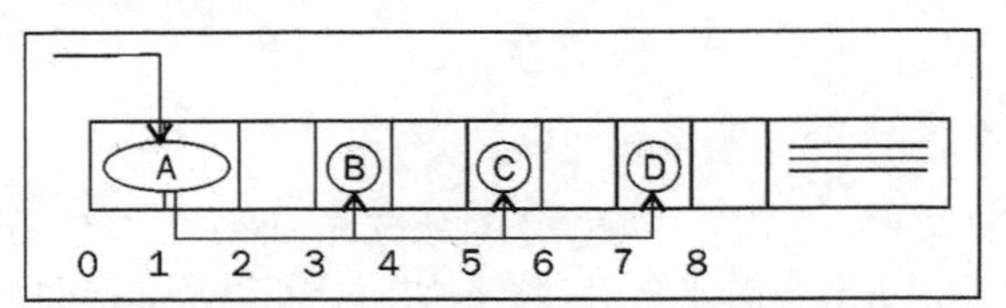

经过垃圾回收后，堆上总共有 4 个空闲的存储单元，但即便如此，还是无法放下一个体积大于 1 的对象。此时，如果内存管理器还试图为体积为 2 的对象分配内存，就会抛出 `OutOfMemoryError` 错误，这就是内存碎片的问题。

因此，内存管理系统为了能够腾出足够大的连续内存空间，就会采取一些特殊措施，这个过程称为**整理**（compaction）。在垃圾回收周期中，整理是一个独立的阶段，在该阶段中会将经过垃圾回收后的存活对象移到一起。

下图是经过整理之后的堆。

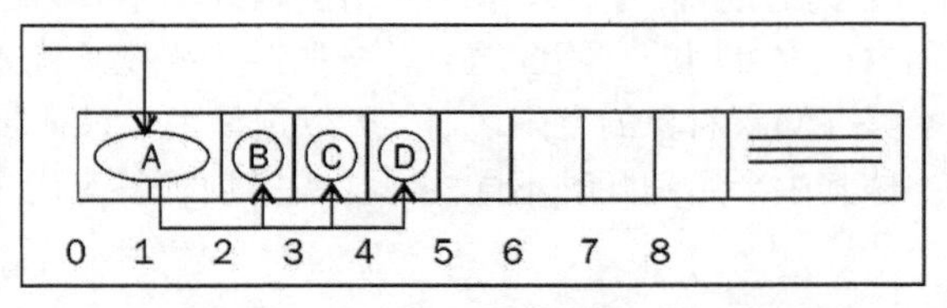

现在，堆上已经有了一个大小为 4 的连续存储空间，可以存放以往因内存不足而无法存放的对象了。

但遗憾的是，一般情况下，**整理**是一个 STW（stop the world）式的操作，并发执行困难较大，本章会在后面介绍一些可以提升效率的办法（第 5 章和第 13 章将做一些扩展介绍）。

执行整理操作时，会遍历对象的引用关系图，并假设互相引用的对象很有可能会被依次访问到，所以垃圾回收器会尽量将有引用关系的对象紧挨着放在一起，这样做是为了可以更好地利用缓存。同时，如果对象的生命周期差不多的话，就可以在垃圾回收后得到更大的连续空间。

各种垃圾回收算法可以不同程度上抑制内存碎片化的进程（例如使用分代垃圾回收），或者实现自动整理（例如暂停并复制），这些内容将在后文详细介绍。

3.3　垃圾回收算法

实际上，自动内存管理就是持续跟踪应用程序中的存活对象，即有哪些对象被其他正在使用的对象所引用，没有被使用的对象会被垃圾回收器回收掉。在本文中，**存活**对象和**正在使用**的对象会交替使用，它们是一个意思。

但事实上，给垃圾回收技术划分类型并不容易，因此，为了避免在学术界挑起争执，在这里，**引用计数垃圾回收**（reference counting garbage collection）之外的技术都被归为**引用跟踪垃圾回收**（tracing garbage collection）。**引用跟踪垃圾回收**是指，当执行垃圾回收时，为存活对象建立一个引用关系图，并回收掉那些**不可达**（unreachable）对象。除此之外的另一种垃圾回收技术，就是引用计数垃圾回收。

3.3.1　引用计数

在引用计数算法中，运行时会记录下某个时刻有多少存活对象引用了某个指定对象。

当某个对象引用计数降为0时，即没有存活对象引用这个对象时，就可以将其回收了。该方法最初应用于Lisp语言的实现，从当时的情况看效率不错，只不过该方法有一个显著缺陷，那就是无法回收带有循环引用结构的对象，即如果两个对象都引用了对方，却没有其他对象引用它们，则尽管它们已经是不可达对象了，但由于引用计数始终不为0却不会被回收掉，从而造成内存泄漏。

通过上面的描述可以看到，引用计数的实现简单明了，除此之外，还有一大优点就是，垃圾回收器可以立即回收掉引用计数为0的对象。

但是，实时更新对象的引用计数却代价不菲，尤其是在需要使用同步操作的并行运行环境中。目前，市面上还没有以引用计数作为主要垃圾回收方法的商用JVM实现，不过，将来可以将引用计数应用于JVM的子系统或应用层简单协议的实现。

3.3.2　引用跟踪

引用跟踪垃圾回收的概念其实很简单。首先，将应用程序中所有可见对象标记为**存活**，然后递归标记可以通过存活对象访问的对象。

当然，在某些情况下，这个过程可能会无穷无尽。

在后文中，**根集合**（root set）专指上述搜索算法的初始输入集合，即开始执行引用跟踪时的存活对象集合。一般情况下，根集合中包括了因为执行垃圾回收而暂停的应用程序的当前栈帧中所有的对象，包含了可以从当前线程上下文的用户栈和寄存器中能得到的所有信息。此外，根集合中还包含全局数据，例如类的静态属性。简单来说就是，根集合中包含了所有无须跟踪引用就可以得到的对象。

后文会详细介绍如何标识出根集合的内容。

1. 标记–清理

标记–清理算法是目前商用 JVM 中垃圾回收器的实现基础，实现该算法时可以选择是否复制或移动存活对象（参见 3.3.4 和 3.3.6 两节中的内容）。这其中的难点在于如何实现得效率高，扩展性又好。下面是标记–清理算法的伪代码。

```
标记
  将根集合中的一个对象添加到队列中
    遍历队列中的对象，对每个对象 X：
      将 X 标记为可达的
      将 X 所持有的引用添加到队列中
清理
  遍历堆中每个对象 X：
    如果 X 没有被标记为可达的，就将其回收
```

通过前面对算法和引用跟踪技术的介绍，可以知道标记–清理算法的计算复杂度是以堆中存活对象（标记）和堆的实际大小（清理）为自变量的函数。

下图是执行标记之前堆中对象。

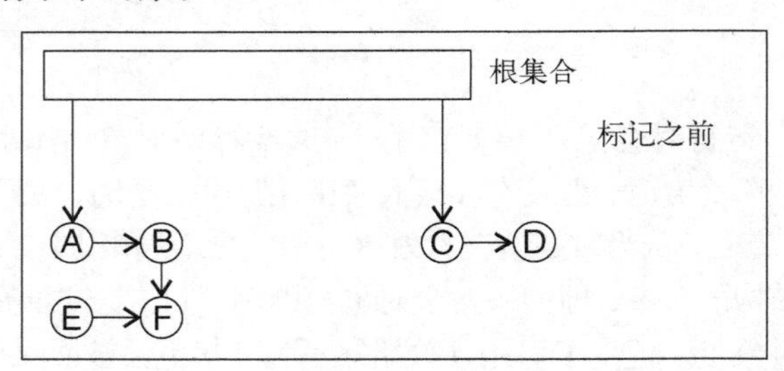

执行标记操作时，首先要遍历**存活对象图**（live object graph），然后遍历所有堆中对象，识别出未标记的对象。但实际操作的时候，并不一定非要这样。近年来研究人员已经想出了一些办法来加速这个过程，并尽量使之可以并行。

下面的示意图展示了标记阶段结束之后的情况，所有从根集合开始的可达对象都已经被标记了，而对象 E 由于无法从根集合访问到所以没有被标记。

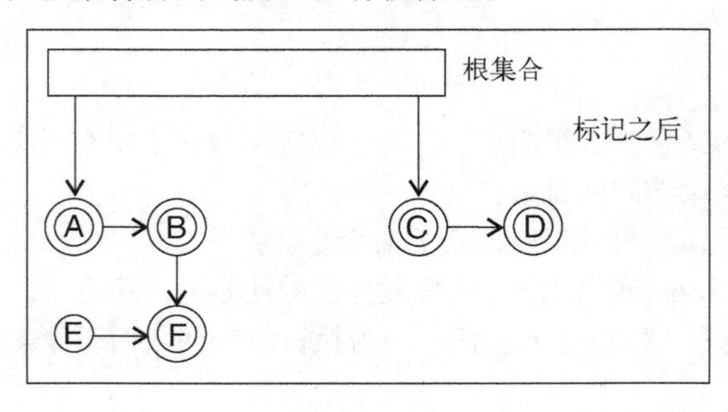

标记–清理算法的基本假设是，对象关系图中，对象间的引用关系不会在标记阶段发生变化。这就是说，在执行标记操作时，需要暂停所有可能修改对象引用关系的应用程序代码，例如为属性重新赋值。但对于现今的应用程序来说，使用大量数据对象的情况非常常见，所以只靠这样的假设是难以实现高效 JVM 的。

在下面的示意图中，对象 E 已经被回收掉了。

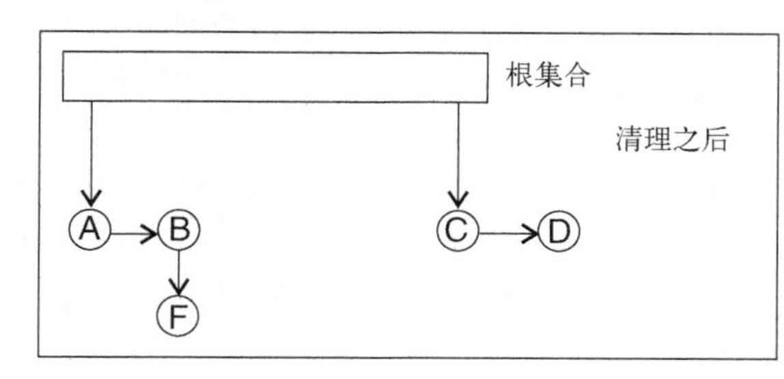

简单实现标记–清理算法时，对于每个可达对象，一般都会使用一个**标记位**（mark bit）来表示该对象是否已经被标记过。为对象分配内存时，为了满足对齐要求，其起始地址一般都是偶数，因此，对象指针的最低位总是 0，正适合用来做标记位。

标记–清理算法的一个变种是可以并行运行的**三色标记–清理**（tri-coloring mark and sweep）。简单来说就是，不再为每个对象设置一个二进制的标记位，而是使用一个带有 3 个可选值的变量来表示对象的标记状态，具体值为**白色**、**灰色**、**黑色**。其中，标记为白色的对象表示是已死对象，将会被回收掉，那些不包含指向白色对象的引用的对象被标记为黑色，最初没有黑色对象存在，标记算法需要找到它们。黑色对象不可以引用白色对象。灰色对象是存活对象，但其所指向的对象的状态未知。在标记阶段开始的时候，根集合中的对象被标记为灰色，以便通过遍历对象引用找到所有存活对象。其他所有的对象被标记为白色。

三色标记算法的伪代码实现如下。

```
标记
  默认将所有对象标记为白色
  将根集合中的对象标记为灰色
  if 灰色对象 exists:
    for x in 灰色对象:
        for y in (x引用的白色对象):将y标记为灰色
        if x所有的引用都指向另一个灰色对象:
    将x标记为黑色
清理
  回收所有白色对象
```

这里的主体思想就是，即使在标记过程中对象的引用关系发生了改变，例如分配内存并修改对象属性的值，只要黑色对象不引用白色对象，垃圾回收器就可以继续正常工作。一般情况下，标记操作是跟应用程序源代码无关的，所以内存管理器可以在运行应用程序时帮助完成颜色标记的工作，例如，在为对象分配内存后，立即对其标记颜色。

除上述算法外，还有一些并行标记–清理算法变种，这部分内容超出了本书范畴，不再赘述。

2. 暂停–复制

暂停–复制（stop-copy）是一种特殊的引用跟踪垃圾回收技术，其运行方式简单有效，但对于现实生产环境中普遍使用的大内存容量来说，不太实用。

使用暂停–复制算法需要将堆划分成两个同样大小的分区，而在应用程序运行时只能使用其中一个分区，这样才能保证有足够大的空间来存储从垃圾回收中存活下来的对象，但这种方式实在太浪费内存。该算法的最简实现是从根集合的对象开始遍历正在使用的分区中的全部存活对象，将标记为存活的对象复制至另一个未使用的分区。在垃圾回收结束后，交换两个分区的角色，等待下次垃圾回收开始。

该算法的优点是解决了内存碎片化可能带来的问题。执行垃圾回收过程中，将存活对象复制到另一个分区时，会将其放在找到的第一个大小合适的位置。由于对象是按照遍历对象引用关系图的顺序摆放的，所以包含引用关系的对象的位置往往离得较近，这在很大程度上缓解了垃圾回收给系统缓存带来的负面影响。

该算法的显著缺点是，每次垃圾回收时都必须将所有存活对象复制到另一个未使用的分区。当存活对象很多时，开销很大，而且垃圾回收本身就会对系统缓存带来很大的负面影响。更为重要的是，运行应用程序时只能使用堆的一半，造成了严重浪费。

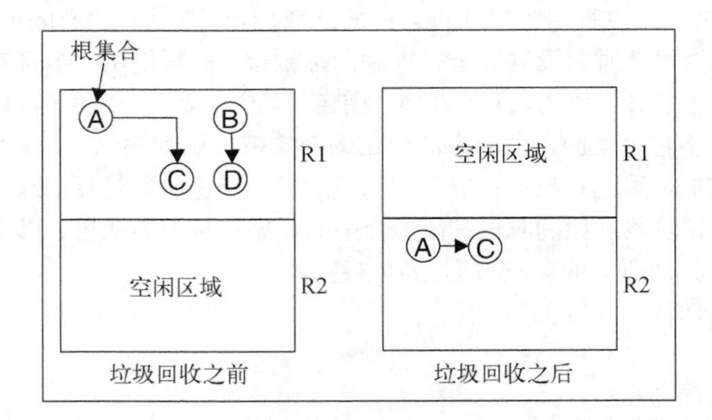

上图展示了暂停–复制垃圾回收的过程。堆被划为两个分区，在垃圾回收开始的时候，根集合中只包含对象A，对象A引用了对象C。在标记阶段，垃圾回收器判断出只有对象A和对象C是存活对象，于是将其复制到分区R2，而对象B和对象D作为已死对象被回收掉。对象A和对象C在分区R1中并不相邻，由于复制对象时按照对象引用关系和**先到先得**（first-come-first-serve）的策略被放到了一起。

3.3.3 STW

STW（stop-the-world），顾名思义，为便于执行垃圾回收而暂停所有应用程序的所有Java线程，堪称垃圾回收的阿克琉斯之踵。即使是像标记–清理这种几乎可以完全并行运行的算法，仍然难以处理垃圾回收时对象引用关系发生变化的情况。如果想要在执行垃圾回收的同时，还可以执行 Java 应用程序，并允许随意给对象引用赋值，那么垃圾回收器和应用程序之间就需要某种交互并记录相应的信息，这样才能正确完成垃圾回收的工作。这就涉及同步，也就是说需要 STW。对于所有涉及垃圾回收和内存管理的编程语言来说，STW 时间的长短非常重要，这也是以这些语言所编写的程序在运行过程所遇到的延迟和不确定性问题的主要原因之一。

垃圾回收可能会移动堆上的对象，例如执行内存整理操作。但原先指向这些对象的对象指针的值却并没有发生变化，那么应用程序再次运行的时候就会出现错误，所以垃圾回收器必须更新这些对象指针的值，将之指向对象的新位置，而更新操作需要同步进行，防止对象位置再次发生改变。

简单实现的话，就是暂停应用程序运行，使用尽可能多的线程执行垃圾回收。在恢复应用程序线程之前，更新对象指针的值。但是，这种方法并不现实，因为现代服务器端应用程序都对响应时间有一定要求，像这种需要暂停应用程序数百毫秒来执行垃圾回收的方法令人无法接受。因此，对于那些对系统延迟有较高要求的应用程序来说，为了能将响应时间降到最小，垃圾回收器就需要与应用程序并发执行，而且还要能正确处理执行垃圾回收时对象指针发生变化的问题。这很难，除非应用程序非常特殊，否则没办法完全绕过 STW，因此在实际生产环境下，工作重心是尽可能缩短应用程序的暂停时间。

1. 保守式与准确式

正如前面提到的，虚拟机需要使用一些额外的信息来记录栈帧中对象的存储位置，这样才能在执行垃圾回收时正确构建根集合的初始值，此外，如果某个应用程序线程因垃圾回收而暂停了，还需要明确该线程当前的上下文。

其实，要想知道对象间的引用关系并不难，因为在为对象分配内存时，垃圾回收器会记录相关信息。如果类 X 中包含有对类 Y 的引用，则在类 X 的所有实例中，指向类型 Y 的对象的属性具有相同的位置偏移。对于 JVM 来说，对象和 C 语言中的结构体没什么区别，但是垃圾回收器却没法自动判断出栈帧中对象的位置。

查找某个线程暂停时的上下文信息并不复杂，只需要使用**检索表**（lookup table）或**搜索树**（search tree）来查找当前指令寄存器的指令是属于哪个 Java 方法的即可。方法涉及的对象，一般是作为传入参数、方法的返回值，或是对引用变量赋值操作，此外，移动指令也会在寄存器之间复制对象引用。应用程序暂停时，运行时系统无法根据当前的上下文回溯到对象创建时的上下文，但是，为了能够正确地构建根集合，垃圾回收器却必须清楚地知道对象的存储位置。

简单实现的话，可以规定编译器必须将对象数据和非对象数据（例如整数）分别存储到指定的寄存器或内存位置中。以 x86 平台为例，可以强迫代码生成器只使用 `esi` 或 `edi` 存储对象的引用地址，整数则只能存储于其他寄存器；或者规定将对象存储于栈帧时，其位置的偏移地址必须是指针大小的偶数倍（例如`[esp + 0 * 4]`或`[esp + 2 * 4]`等），而存储整数时，偏移地址就必须是整数类型长度的奇数倍（例如`[esp + 1 * 4]`或`[esp + 3 * 4]`等）。类似这样的规定保证了在可以存储对象的地方只可能存在有效对象或 `null` 两种值，而内存中的其他地方因为不存储对象而根本不需要动用垃圾回收器，从而大大简化了垃圾回收器的工作。但是，受限于 CPU 中通用寄存器的数量，寄存器分配器不得不使用大量 Spill 技术来生成相关代码，这会对程序的执行性能造成较大影响，对于像x86这种通用寄存器数量不多的平台来说，影响尤甚，因此这种方法并不实用。

使用**保守式垃圾回收器**（conservative garbage collection）可以绕过这个问题，这种类型的垃圾回收器会将所有看起来像是对象指针的数据都当作对象指针处理。例如，像`17`和`4711`这样的值可以简单地认为是整数类型的值，但是那些看起来像是指针地址的值就必须要检查，查看堆中对应位置的内容。这个过程有较大的性能损耗，但对于像C语言这样的弱类型编程语言来说，要想实现自动内存管理就必须要有这个过程。此外，保守式垃圾回收器还存在意外持有垃圾对象和无意义移动对象的问题。

Java使用的是**准确式垃圾回收器**（exact garbage collector），可以将对象指针类型数据和其他类型的数据区分开，只需要将元数据信息告知垃圾回收器即可，这些元数据信息，一般可以从Java方法的代码中得到。

2. 存活对象图

JRockit JVM使用了称为**存活对象图**（livemap）的数据结构来保存一些元数据，例如对象保存在哪些寄存器和栈帧中。此外，每个对象指针中都使用了一个标志位来表示该对象指针的值是**内部指针**（internal pointer），还是真实对象的起始位置。由于内部指针指向对象的内部数据，指向的是堆中的位置，而不是**对象头**（object header）。当内部指针的**基对象**（base object）在内存中的位置发生变化时，必须要更新内部指针，但对象指针不是对象，因此不需要移动它们的位置。

内部指针的典型用途是遍历数组。在Java编程语言中，不存在内部指针，但编译器可以为相关代码生成内部指针以加速程序运行。以下面的代码为例：

```
for (int i = 0; i < array.length; i++) {
  sum += array[i];
}
```

将其编译为如下形式的代码：

```
for (int ptr = array.getData();
  ptr < sizeof(int) * array.length;
  ptr += sizeof(int)) {
    sum += *ptr;
}
```

在上面的示例中，由于数组对象`array`的位置可能会因垃圾回收而移动，所以为了保证程序的正确运行，垃圾回收器需要知道`ptr`是一个指向数组元素的内部指针，当数组对象`array`被移动时，需要更新内部指针`ptr`的值。由于无须在每次迭代中获取数组元素的指针值，程序的运行效率会更高一些。

因此，将对象指针和内部指针存储在元数据（即存活对象图）中，有助于执行垃圾回收。下面以计算数组元素之和的函数来说明对象指针和内部指针的使用方式。

```
public static Integer sum(Integer array[]) {
  Integer sum = 0;
  for (int i = 0; i < array.length; i++) {
    sum += array[i];
```

```
}
return sum;
}
```

在 x86-64 平台上，JRockit 会生成类似下列汇编代码。

```
[SumArray.sum([Ljava/lang/Integer;)Ljava/lang/Integer;
7a8c90: push   rbx
7a8c91: push   rbp
7a8c92: sub    rsp,8
7a8c96: mov    rbx,rsi
  *----- [rsib, rbxb]
7a8c99: test  eax,[0x7fffe000]
  *--B-- [rsib, rbxb]
7a8ca0: mov    ebp,[rsi+8]
7a8ca3: test   ebp,ebp
7a8ca5: jg     7a8cb1
  *----- [nothing live]
7a8ca7: xor    rax,rax
  *----- [nothing live]
7a8caa: call Integer.valueOf(I)
  *C---- [rsib]
7a8caf: jmp    0x7a8cf7
  *--B-- [rsib, rbxb]
7a8cb1: mov    r9d,[rsi+16]
  *----- [r9b, rbxb]
7a8cb5: mov    eax,[r9+8]
  *----- [rbxb]
7a8cb9: call Integer.valueOf(I)
  *C---- [rsib, rbxb]
7a8cbe: mov    r9d,1
7a8cc4: cmp    rbp,1
7a8cc7: jle    0x7a8cf7
  *----- [rsib, rbxb]
7a8cc9: mov    [rsp+0],rbx
7a8ccd: mov    ebx,r9d
  *----- [rsib, [rsp+0]b]
7a8cd0: mov    r9d,[rsi+8]
  *--B-- [[rsp+0]b]
7a8cd4: test   eax,[0x7fffe000]
7a8cdb: mov    r11,[rsp+0]
  *----- [r11b, [rsp+0]b]
7a8cdf: mov ecx,[r11+4*rbx+16]
  *--B-- [rcxb, [rsp+0]b]
7a8ce4: add    r9d,[rcx+8]
7a8ce8: mov    eax,r9d
  *----- [[rsp+0]b]
7a8ceb: call Integer.valueOf(I)
  *C-B-- [rsib, [rsp+0]b]
7a8cf0: add    ebx,1
7a8cf3: cmp    ebx,ebp
7a8cf5: jl     7a8cd0
  *--B-- [rsib]
7a8cf7: pop    rcx
7a8cf8: pop    rbp
7a8cf9: pop    rbx
7a8cfa: ret
```

以上汇编代码中已经加入了存活对象图信息来帮助理解代码的整体含义，因此读者无须弄清每一行汇编代码的具体含义。在这个示例中，代码的优化程度并不高，因此没有生成之前所描述的内部指针，此外，`Integer.valueOf` 方法也没有被内联进来。

汇编代码中的存活对象图信息可以告知垃圾回收器在某个时间点上，对象存储在哪些寄存器和栈帧中。例如，调用 `Integer.valueOf` 方法时会返回一个整数对象，按照调用约定，这个对象会存储在 `rsi` 寄存器中。（其中，`rsi` 后面的 `b` 表示是一个基指针，而不是内部指针。）

此外，进入一个方法的调用栈帧后，存活对象图信息中还指明了 `rsi` 和 `rbx` 寄存器中包含对象。这个信息紧跟在地址为 `7a8c96` 的代码 `mov rbx, rsi` 后面，这条指令会将入参从 `rsi` 放到 `rbx`。

按照 JRockit 的调用约定，寄存器 `rbx` 是**被调用者保存**的，在调用结束后仍然有效。出于性能上的考虑，编译器会将调用 `Integer.valueOf` 方法的结果保存在寄存器中，使之保持存活状态，这样就避免了使用 Spill 技术来调配寄存器。

那么，垃圾回收器会在何时开始执行 STW 式的垃圾回收呢？垃圾回收可能发生在任意时间点，即每个本地指令都可能成为挂起点，但给每个本地指令标记对象存活信息又有很高的成本。正如上面的示例代码，这不太现实。

就 JRockit 来说，只会在某些指令上标记对象存活信息，例如在循环体头部或有多个入口的基本块的头部，因为在这些地方无法得知控制流的走向。此外，在 `call` 指令处也会标记对象存活信息，这是因为在计算栈信息时必须立即获取对象的存活信息才能保证执行效率。

第 2 章曾提到过，JRockit 是以类似**回填**的方式执行代码生成任务的，因此 JVM 必须能够理解并反编译本地代码，而最初设定这个机制时，是为了方便虚拟机可以在某个操作系统线程中，从某个指令地址开始模拟本地指令的运行。在此机制下，若无法从某个已暂停的线程的上下文中得到存活对象图信息，JRockit 就会模拟指令运行，直到发现可用的存活对象图信息。这种运行方式就称为**向前滚动**（rollforwarding）。

在 JRcokit R28 版本中，向前滚动机制已被废除，现在使用的是传统的、基于**安全点**（safepoint）的方式。

这种方式的优点在于，应用程序线程的暂停位置不受限制，使用相关操作系统的信号机制即可实现，而且无须在生成的代码中添加额外的指令。

其缺点在于，模拟指令运行也是要花时间的，还需要兼顾到所有支持的硬件平台，且难以测试。因为输入是个无限集合，而且模拟运行本身就易出错。此外，支持新硬件架构也颇为麻烦，需要针对新平台实现完整的模拟运行框架。通常情况下，模拟器中出现的错误都很细微，不易复现，难以查找。

近些年，使用信号来暂停线程的方式受到颇多争议。实践发现，在某些操作系统上，尤以 Linux 为例，应用程序对信号的使用和测试很不到位，还有一些第三方的本地库不遵守信号约定，导致信号冲突等事件的发生。因此，与信号相关的外部依赖已经不再可靠。

新版本的 JRockit 使用了传统的**安全点**来处理应用程序暂停操作。这种方式会在代码中插入用于解引用某个**保护页**（guard page）的**安全点指令**（safepoint instruction），这些指令指针中都包含了完整的存活对象图信息。将要暂停 Java 应用程序线程时，运行时系统负责保证保护页是不可访问的，这使得执行安全点指令时会触发一个错误处理。就目前来看，所有的商用 JVM 都使用了这种方法或是其变种。循环结构是个典型例子，一般都会在循环头中插入安全点指令。在没有解引用保护页之前就继续执行应用程序是绝不允许发生的，因此，像无限循环这样的结构就必须使用安全点指令。

使用安全点的缺陷在于，它需要在生成的代码中额外插入显式解引用保护页的代码，因此造成一点性能消耗，但相对于它的优点来说，这点牺牲还是值得的。

到目前为止，我们介绍了垃圾回收的基本概念和算法，并讲解了执行垃圾回收时所面临的问题，例如如何生成根集合。接下来，将联系实际介绍如何优化垃圾回收，以及如何使垃圾回收更具伸缩性。

3.3.4 分代垃圾回收

经过大量实际观察得知，在面向对象编程语言中，大多数对象的生命周期都非常短。

理论上讲，对于那些临时对象来说，编译阶段的逃逸分析可以使其避免在堆上分配内存，但在现实世界中，有时却行不通，尤其对于像 Java 这样的语言来说，编译阶段的逃逸分析难以做得非常充分。

事实上，将堆划分为两个或多个称为**代**（generation）的空间，并分别存放具有不同长度生命周期的对象，可以提升垃圾回收的执行效率。在 JRockit 中，新创建（young）的对象存放在称为**新生代**（nursry）的空间中，一般来说，它的大小会比**老年代**（old collections）小很多，随着垃圾回收的重复执行，生命周期较长的对象会被**提升**（promote）到老年代中。因此，新生代垃圾回收和老年代垃圾回收两种不同的垃圾回收方式应运而生，分别用于对各自空间中的对象执行垃圾回收。

新生代垃圾回收的速度比老年代快几个数量级，即使新生代垃圾回收的频率更高，执行效率也仍然比老年代垃圾回收强，这是因为大多数对象的生命周期都很短，根本无须提升到老年代。理想情况下，新生代垃圾回收可以大大提升系统的吞吐量，并消除潜在的内存碎片。

1. 多个新生代的内存排布

一般情况下，分代式垃圾回收默认只使用一个新生代，而在某些情况下，使用多个小的新生代来分级存储不同年龄的对象（即从多少次垃圾回收中存活下来）会更有效率。相比于普通的一个新生代和一个老年代的分布，多个新生代的分布将对象移动到不同级别的新生代中，最后提升到老年代，减少了老年代中对象的数量。

当需要分配大对象时，这种方法尤其有用。

这里，假设大部分对象的生命周期都很短。如果它们的存活时间稍长一点，例如能活过一次垃圾回收，那么使用单一新生代时，这些对象就会被提升到老年代，当他们在某个时刻被回收掉时，就会在老年代中产生内存碎片。相比之下，使用多个新生代来存储不同年龄的对象则可以减少这种现象的发生。

当然，使用多个新生代会带来一些对象复制的开销，因此在设置新生代分区时需要做好权衡。

2. 写屏障

在分代式垃圾回收中，执行垃圾回收时，引用的双方可能不在同一个代中。例如，老年代中的对象可能包含有指向新生代对象的引用，或者有反向的引用关系。因此，如果在执行垃圾回收时将所有这样的引用关系都更新一遍，这种操作带来的性能损耗就完全抵消了分代式垃圾回收所带来的性能提升。由于分代式垃圾回收的关键点就是将堆划分成不同的空间，并分别处理其中的对象，因此，需要代码生成器提供一些辅助信息来帮助完成垃圾回收。

在实现分代式垃圾回收时，大部分 JVM 都是用名为**写屏障**（write barrier）的技术来记录执行垃圾回收时需要遍历堆的哪些部分。当对象 A 指向对象 B 时，即对象 B 成为对象 A 的属性的值时，就会触发写屏障，在完成属性域赋值后执行一些辅助操作。

写屏障的传统实现方式是将堆划分成多个小的连续空间（例如每块 512 字节），每块空间称为**卡片**（card），于是，堆被映射为一个粗粒度的**卡表**（card table）。当 Java 应用程序将某个对象赋值给对象引用时，会通过写屏障设置**脏标志位**（dirty bit），将该对象所在的卡片标记为**脏**。

这样，遍历从老年代指向新生代的引用时间得以缩短，垃圾回收器在做新生代垃圾回收时，只需要检查老年代中被标记为**脏**的卡片所对应的内存区域即可。

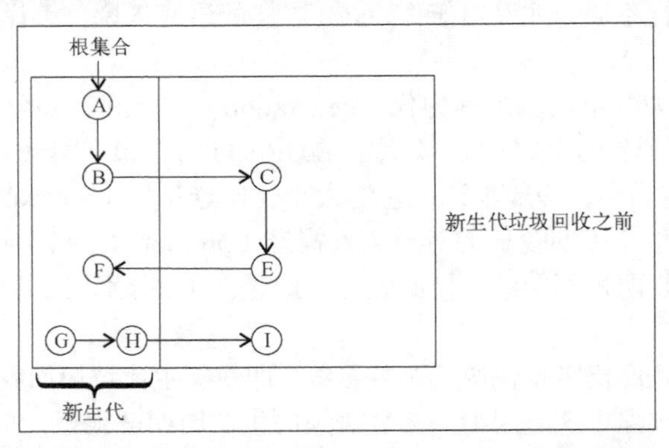

上图是运行时将要开始执行新生代垃圾回收时的情况。如果此时根集合中只包含对象 A，从图中的引用关系可知，对象 A 和对象 B 是存活的。这里会忽略掉对象 B 与对象 C 的引用关系，因为对象 C 位于老年代中。但是，执行垃圾回收时，却必须要将位于老年代的对象 E 添加到根集合中，因为它含有一个指向新生代对象的引用。在写屏障的作用下，垃圾回收器无须遍历整个老年代来查找对象 E，只需要检查老年代中那些被标记为**脏**的卡片即可。在这个例子中，通过写屏障将对象 E 中的引用指向对象 F 后，对象 E 所在的卡片会被标记为**脏**，因此，新生代垃圾回收器可以将对象 F 添加到可跟踪对象集合中。

对象 A 和对象 B 是从根集合可达（reachable）的，存活过新生代垃圾回收后，会被提升到老年代中；而对象 G 和对象 H 无法从根集合达到，会被垃圾回收器回收掉；对象 E 和对象 F 从根集合可达，因此对象 F 在新生代垃圾回收后会被提升到老年代。尽管对象 I 已经死亡，但是它所占用的内存空间只能等到下次老年代垃圾回收时才会被回收掉。下图展示了经过新生代垃圾回收和对象提升之后的对象分布情况，由于执行的是新生代垃圾回收，所以原本在老年代中的对象未受影响。

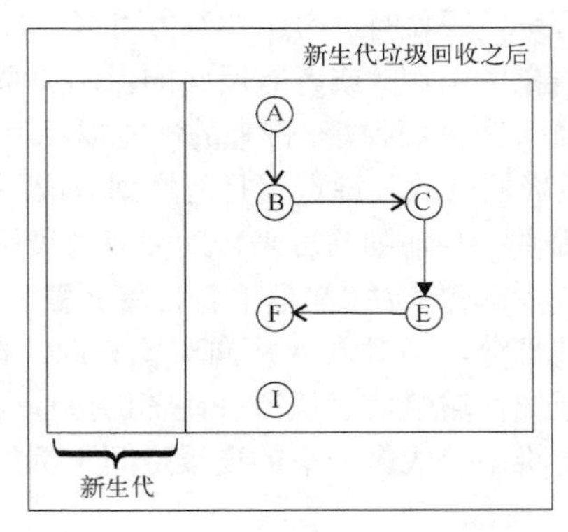

3.3.5 吞吐量与延迟

回顾一下第 2 章的内容，JVM 优化的主要方向是缩短总体运行时间。就代码生成来说，总体运行时间等于代码编译时间与代码执行时间之和，正如前面介绍的，针对优化其中一方可能会延长另一方的时间。

就内存管理来说，等式相对简单一点。为了降低总体运行时间，缩短垃圾回收所花费的时间似乎是唯一合适的方案。

但问题在于垃圾回收是 STW 式的，会在某个时间点暂停所有应用程序线程，而如果想要使垃圾回收线程和应用程序并发运行的话，就需要记录很多额外的信息，从而延长垃圾回收的时间。如果应用程序重点关注吞吐量，那么 STW 式的垃圾回收就不是问题了，直接暂停应用程序线程，动用所有的 CPU 全力执行垃圾回收即可。但实际上，对于大多数应用程序来说，低延迟是很重要的，而导致延迟高的一个原因就是 CPU 将部分时间放在了非应用程序线程上。

因此，在内存管理中需要权衡的就是最大化吞吐量和保持低延迟。在实际场景中，二者难以兼得。

1. 优化吞吐量

对于某些应用程序来说，延迟大小根本不是问题，例如那些需要操作大量对象的离线任务。那些需要运行整晚的批处理任务不像 C/S 架构的应用程序那样对响应时间有什么要求。

如果应用程序允许暂停时间长达数秒的话，那么就可以尽全力优化以达到最大化吞吐量的目标。

以最大化吞吐量为目标的垃圾回收方法有很多种，最简单的就是暂停应用程序线程，以尽可能多（线程数至少会与当前平台的 CPU 核数相同）的线程并行执行垃圾回收，每个线程负责堆的一部分区域。当然，还需要在不同的垃圾回收线程之间做一些同步处理，以避免不同区域中有引用关系存在时可能会出现的种种问题。在 JRockit 中，这种方式称为**并行垃圾回收**（parallel garbage collection）。

其实，在保持低延迟的水平下，仍可以通过对并行垃圾回收做一些调整来满足不同等级的吞吐量要求，例如在堆中使用分代式管理。

2. 优化延迟

低延迟优化基本的重点是避免 STW 式的操作，尽可能让应用程序线程多工作。但是，如果垃圾回收器得到的 CPU 资源过少，无法跟上内存分配的速度，则堆会被填满，JVM 会抛出 `OutOfMemoryError` 错误。因此，理想的垃圾回收器应该是可以伴随着应用程序运行完成大部分垃圾回收工作的。

在 JRockit 中，这种方式称为**并发垃圾回收**（concurrent garbage collection），Boehm 和相关研究者的论文中首先使用了这个词来介绍这种技术。后来，使用**近并发**（mostly concurrent）来指代该算法的改进版。

并发和**并行**两个词的含义容易引起误会。就垃圾回收来说，**并行**一词指的是垃圾回收线程不与应用程序线程同时运行，之所以称之为**并行**是因为在执行垃圾回收时会使用尽可能多的线程同时工作。而垃圾回收线程和应用程序线程同时工作的垃圾回收方式称为**并发垃圾回收**。

其实，**并发垃圾回收**是**并行垃圾回收**一种特例，因为它也会使用多线程同时执行垃圾回收操作。**并发**与**并行**这两个词并非专指 JRockit 中的垃圾回收，在学术研究领域和商业实现中已成为标准名词。

标记–清理垃圾回收算法中的很多步骤都可以以并发的方式与应用程序线程同时进行，其中，标记是最重要的步骤，执行时间也最长，大约占总体垃圾回收时间的 90%。幸运的是，标记操作可以采用并行实现，而且其中很大一部分工作可以与应用程序线程并发执行。尽管清理和整理操作相对麻烦一些，但也可以对不同的堆区域分别执行清理和整理操作来提升 JVM 的吞吐量。

近并发垃圾回收的主体思路是想办法在应用程序线程执行的时候，尽可能多地完成垃圾回收工作。整个垃圾回收周期仍然包含了几个较短的、需要 STW 操作的环节，需要同步修改对象关系图，因为在其他环节中，应用程序线程仍在运行，可能会修改对象间的引用关系。就目前来看，在所有 JVM 的商业实现版本中，为了达到低延迟的目标，都是用了类似的算法。

3.5 节将会对 JRockit 如何实现高性能和低延迟做更详细的介绍。

3.3.6　JRockit 中的垃圾回收

JRockit 中垃圾回收算法的基础是三色标记清理算法，其中加入了一些改进优化以提升并行性，优化了垃圾回收的线程数，并且使其可以与应用程序线程并发运行。而在新生代垃圾回收中，该算法做了大量的调整。

根据优化目标的不同，JRockit 中的垃圾回收可以分代执行，也可以不分代执行。本章后续将会介绍相关的垃圾回收策略和自适应实现。

在 JRockit 中，垃圾回收器可以选择为堆中的对象打一个长期或短期的**钉住的**（pinned）标签。该标签的使用可以使并发垃圾回收算法更具灵活性，还可以提升 I/O 性能，例如在整个 I/O 操作中，始终保持缓冲区在同一个位置。对于那些需要频繁操作内容的应用程序来说，这个特性可以大幅提升整体性能。其实在垃圾回收算法中，**钉住的**标签是个相对简单的概念，但只有少数几种 JVM 商业实现，例如 JRockit。

1. 老年代垃圾回收

标记清理算法是 JRockit 中并行或并发垃圾回收的基础，在实际实现中，使用的是双色标记算法而不是三色，虽然与 3.3.2 节中所介绍的不太一样，但仍保持了足够的并行性。在 JRockit 中，使用**灰色标记位**来标记堆中的存活对象，从语义上讲，这些对象等同于传统三色标记算法中灰色对象和黑色对象的合集。区别在于，JRockit 中的存活对象会被放入到垃圾回收线程的**线程局部队列**（thread local queue）中。这样做有两个好处，一是并行运行的垃圾回收线程可以使用各自的线程局部数据，而不需要同步操作公共数据，二是可以使用**预抓取**（prefetch）方式，按照先入先出的顺序来访问队列中的元素，这样可以提升整体的执行性能。后文会详细介绍使用预抓取的优势。

此外，在 JRockit 的并发垃圾回收中还是用**存活标记位**（live bit）来标记系统中所有的存活对象（包括新创建的对象），这样就可以快速找出应用程序在并发标记阶段新创建了哪些对象。

JRockit 不仅将**卡表**应用于分代式垃圾回收，还用在并发标记阶段结束时的清理工作，避免搜索整个**存活对象图**。这是因为 JRockit 需要找出在执行并发标记操作时，应用程序又创建了哪些对象。修改引用关系时通过写屏障可以更新卡表，存活对象图中的每个区域使用卡表中的一个卡片表示，卡片的状态可以是**干净**或者**脏**，有新对象创建或者对象引用关系修改了的卡片会被标记为**脏**。在并发标记阶段结束时，垃圾回收器只需要检查那些标记为**脏**的卡片所对应的堆中区域即可，这样就可以找到在并发标记期间新创建的和被更新过引用关系的对象。

2. 新生代垃圾回收

JRockit 在新生代中使用了暂停–复制算法的变种，大致过程是暂停应用程序线程，复制存活对象到堆中的另一个区域或提升到老年代。

复制对象时是按照引用关系层次结构，以广度优先的方式进行的，这样可以增加缓存的局部性，即为了尽可能高效地利用缓存，互相引用的对象在存储时应该放在一起。为了达到较好的执行效率，可以采用广度优先算法的并行实现。

垃圾回收周期结束后，存活对象会被复制到老年代中。在查找年轻代存活对象时，并不需要搜索整个堆，只需要借助前面章节中介绍的**存活标记位**和**卡表**，查找那些存活对象和在并发标记阶段被修改的内存区域即可。最开始的时候，新生代中是空的，而所有的对象在更新引用时都会通过写屏障将对应的卡片设置为**脏**，所以查找新生代中的存活对象时，只需要扫描标记为**脏**的卡片，在其中查找含有存活标记位的对象即可。

在 JRockit 中，新生代垃圾回收是以并行方式执行的，而非并发，但出于执行效率方面的考虑，新生代垃圾回收可能会穿插在老年代并发垃圾回收期间执行，这增加了程序的复杂性，当老年代垃圾回收和新生代垃圾回收需要对同一数据结构操作时尤甚。

但事实证明，在使用这些数据结构、位集合和卡表时，只要老年代垃圾回收时可以知晓哪些卡片在并发标记阶段被标记为**脏**即可，因此在实现中使用了一个额外的卡表来记录原始卡表中有哪些卡片被标记为**脏**。在 JRockit 中，这些改变的卡片的集合称为**修改集**（modified union set），只要修改集中的卡片在执行老年代垃圾回收时完整无缺，新生代垃圾回收就可以放心执行并清除卡片的**脏**标记。因此，老年代垃圾回收和新生代垃圾回收可以同时执行而不会互相干扰。

在 JRockit 中，还有一个**保留区**（keep area）的概念，它是新生代中的一块内存，用于存储那些在新生代垃圾回收之后没有被复制到老年代的对象。通过将新创建的对象存储于保留区中，使新创建的对象在被复制到老年代之前有更大的机会被回收掉。其具体实现采用了与多代式垃圾回收相似的内存划分，使得对象会在新生代中逗留更长的时间。

3. 永生代垃圾回收

JRockit与HotSpot的一个主要区别就是没有**永生代**（permanent generation）。在HotSpot中，一部分内存被用作永生代，用于存储一些元数据，例如类对象等。从一般意义上讲，处于永生代中的对象不会被回收掉（具体情况与不同的垃圾回收策略有关），因此，如果应用程序需要载入大量的类，那么永生代可能会被填满而导致JVM抛出`OutOfMemoryError`错误。这样的问题曾经在一些客户那里出现过，不得不定期重启整个Java进程。

在JRockit中，元数据信息存储在堆外的本地内存中。代码缓冲区中存储的编译过的方法和已经无用的类加载器所引用的元数据信息，会持续不断地被垃圾回收器清理。在JRockit中，因元数据导致的`OutOfMemoryError`错误与HotSpot中差别不大，只不过是JRockit使用本地内存存储，HotSpot使用堆内存存储。除此之外，还有两个重要区别。一是在JRockit中总是默认启用对无用元数据的清理，二是存储元数据的空间没有固定大小限制。事实上，也很难为元数据区确定一个准确的大小限制。128 MB够不够？不够，那256 MB呢？对于目标应用程序来说，这个数值确实难以确定。因此在这方面，JRockit采用了动态分配内存的策略，无须考虑大小限制。当然，如果任意分配而不做回收的话，最终还是可能会超过本地内存大小的限制，从而使虚拟机抛出错误。

4. 内存整理

JRockit是以单线程、非并发的方式执行内存整理的工作，但对于并行垃圾回收器来说，内存整理是在**清理阶段**进行的。由于内存整理是单线程运行的，运行速度和时间可控就显得非常重要。JRockit在每次执行垃圾回收时只会对堆的某一部分做内存整理工作，以此来控制内存整理的运行时间。大部分时间里，会使用**启发式算法**（heuristics algorithm）来选择到底对哪部分内存做整理，以及整理到何种程度；此外，还会用于确定到底使用何种类型的内存整理，即是选择只会在堆中的一个分区内的**内部整理**（internal compaction），还是选择会在堆中的几个分区之间的**外部整理**（external compaction），也称为**清理**（evacuation）。

为了更高效地更新那些指向被移动了的对象的引用，在标记阶段，如果堆中某个分区中的对象将来会被整理移动位置的话，JRockit会记录下所有指向该对象的引用。这部分信息可以用来判断是否应该对某部分区域做内存整理，还可以判断是否因为有太多其他对象引用了某个对象而不宜移动它的位置。

3.4　性能与伸缩性

本节将理论联系实际，看看现代运行时系统是如何提升内存管理的执行性能的。

3.4.1　线程局部分配

在JRockit中，使用了名为**线程局部分配**（thread local allocation）的技术来大幅加速对象的分配过程。正常情况下，在线程内的缓冲区中为对象分配内存要比直接在需要同步操作的堆上分配内存快得多。垃圾回收器在堆上直接分配内存时是需要对整个堆加锁的，对于多线程竞争激烈的应用程序来说，这将会是一场灾难。因此，如果每个 Java 线程能够有一块局部对象缓冲区，那么绝大部分的对象分配操作只需要移动一下指针即可完成，在大多数硬件平台上，只需要一条汇编指令就行了。这块专为分配对象而保留的区域，就称为**线程局部缓冲区**（thread local area，TLA）。

为了更好地利用缓存，达到更高的性能，一般情况下，TLA 的大小介于 16 KB 到 128 KB 之间，当然，也可以通过命令行参数显式指定。当 TLA 被填满时，垃圾回收器会将 TLA 中的内容提升到堆中。因此，可以将 TLA 看作是线程中的新生代内存空间。

当 Java 源代码中有 new 操作符，并且 JIT 编译器对内存分配执行高级优化之后，内存分配的伪代码如下所示。

```
Object allocateNewObject(Class objectClass) {
  Thread current = getCurrentThread();
  int objectSize = alignedSize(objectClass);
  if (current.nextTLAOffset + objectSize > TLA_SIZE) {
    current.promoteTLAToHeap(); //慢，而且是同步操作
    current.nextTLAOffset = 0;
  }
  Object ptr = current.TLAStart + current.nextTLAOffset;
  current.nextTLAOffset += objectSize;

  return ptr;
}
```

为了说明内存分配问题，在上面的伪代码中省略了很多其他关联操作。例如，如果待分配的对象非常大，超过了某个阈值，或对象太大导致无法存放在 TLA 中，则会直接在堆中为对象分配内存。JRockit R28 引入了 **TLA 浪费限额**（TLA waste limit）来衡量 TLA 的使用情况，详细情况参见第 5 章。

在某些包含大量寄存器的架构中，为了达到更高的性能，会将 nextTLAOffset 的值，甚至是指向 TLA 的指针的值始终保存在当前线程的寄存器中，而对于像 x86 这种寄存器数量不多的架构来说，这样做的成本无法接受。

3.4.2 更大的堆内存

垃圾回收的复杂度通常与存活对象集合的大小相关，与堆的大小没什么关系。因此，在存活对象集合不变的情况下，可以让垃圾回收器使用更大的堆内存，这样做能够减缓内存碎片化的趋势，并且能够存储更多的存活对象。

1. 32 位架构下的 4 GB 内存限制

在 32 位系统中，内存的最大寻址范围是 4 GB。4 GB 是理论上堆内存的最大值。但实际上，还有一些其他东西会占用内存，例如操作系统自身。某些操作系统，对于内核和程序库在内存中

的排布有非常严格的要求，以 Windows 为例，它要求内核要位于内存地址空间的中段，这样就没办法将剩余可用内存作为一个完整的连续空间使用。大部分 JVM 只能将连续内存空间作为堆使用，因此大大限制了堆的大小。

就目前所知，JRockit 是目前唯一支持以非连续内存空间作为堆使用的 JVM，因此可以充分利用内存空间中被内核和其他程序库分隔开的内存。

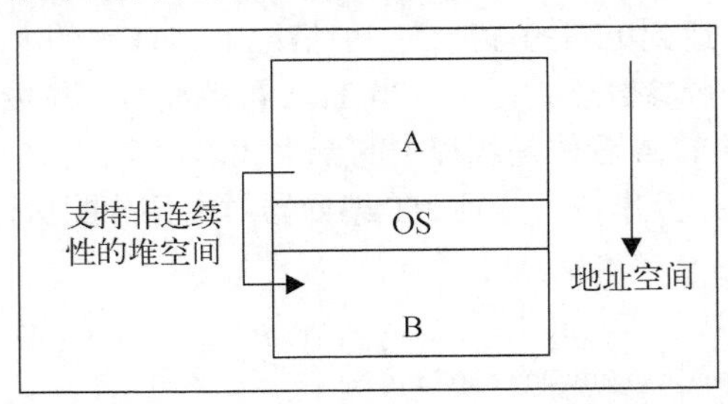

在上图中，操作系统内核位于内存地址空间的中段，限制了进程的最大虚拟地址空间。内存区域 A 和 B 分别位于操作系统所处区域的两边，A 比 B 的空间稍大一些，因此，对于那些只能使用连续空间作为堆的虚拟机来说，内存区域 A 就是堆的最大容量。而通过记录一些额外的信息，支持使用非连续堆空间的虚拟机就可以将区域 A 和 B 合并为一个整体使用，虽然会带来一些额外的开销，但提升可用堆空间的容量。当然，这种实现的前提假设是内核区域在程序运行时不会发生变动。

随着 64 位架构的出现，32 位架构的使用正逐步减少，但还是有一些场景在大量使用 32 位架构。例如目前的虚拟化运行环境，在有限的内存中，针对 32 位平台做大量的性能优化还是很有意义的。

2. 64 位架构

在 64 位系统中，由于有了更大的虚拟地址空间可用（即使是运行 32 位 JVM），开发人员无须再耗费精力去思考内存空间被非应用程序的内容占用的问题了。

大部分现代处理器已经是 64 位架构了，内存寻址范围理论上达到了 16 EB，这是非常惊人的，目前来看，因成本太高，还没有装备如此巨大内存的机器出现。

对于自动内存管理来说，64 位架构是把双刃剑，有利有弊。相比之下，代码生成则从 64 位架构中获利，例如更多的寄存器，位宽更大的寄存器和更大的数据带宽。

在 64 位机器上，指针的长度不再是 4 字节，而是 8 字节，这需要消耗更多的 CPU 缓存空间。简单来说就是，解引用一个 32 位指针的速度会比解引用 64 位指针快，所以，对于操作同样大小的堆来说，64 位版本程序的运行速度会慢很多。

- **压缩指针**

针对前面提到的问题，一个折中的解决方案是**压缩指针**（compressed reference）。JRockit 首先实现了这个优化策略。如果 JVM 运行在 64 位系统上，配置的堆小于 4 GB，这时候再使用 64 位指针表示对象地址实在没什么意义，32 位指针已经够用，而且还可以加快对象的访问速度。

64 位系统中，堆外的本地指针是系统运行时的一部分，仍然是 64 位的，例如 JNI 中用于引用 Java 对象的句柄。在代码中可能需要通过 JNI 转换，将压缩过的指针地址转换为普通的、系统长度的地址，或是做反向转换。例如垃圾回收器和本地代码可能会在内部使用本地指针，需要有相应的方法将压缩的指针转换普通的系统指针，以及反向转换的方法。这个转换过程就称为**指针压缩**（reference compression）和**指针解压缩**（reference decompression）。

下面是 64 位平台上压缩和解压缩指针的伪代码，其中堆的基地址可能会在内存空间的任何位置：

```
CompRef compress(Ref ref) {
  return (uint32_t)ref; //截取 32 位引用地址
}

Ref decompress(CompRef ref) {
  return globalHeapBase | ref;
}
```

压缩过的指针是 32 位的，通过与堆的基地址做 `or` 运算可以得出 64 位的系统指针。这种操作的好处是解压缩操作不会改变指针的值，可以执行任意次数。但是，根据压缩指针中二进制位数的不同，这种表示方式并不总是有效，且必须严格维持状态机，以便运行时系统能够知晓什么时候该压缩指针，什么时候需要解压缩指针，例如从存根代码跳转本地代码，或从本地代码跳转到存根代码，又或者是代码中解引用一个指向对象的 64 位句柄。

其实，压缩指针并不仅仅可以用于处理 4 GB 堆的限制问题，还有其他用途。例如，现在堆的大小是 64 GB，在表示对象指针长度时，不需要使用 64 位，只用 `4 + 32` 位就可以了，具体方法是将 64 GB 的堆划分为 16 个 4 GB 的分区，然后用 4 位标明对象处于哪个分区中，再用 32 位标明对象的偏移地址。这种方式需要额外使用 4 位来标记对象的分区位置，导致对象的地址只能按 16 字节对齐，这会浪费一些堆空间，但在执行性能上会有所提升。

```
CompRef compress(Ref ref) {
  return (uint32_t)(ref >> log2(objectAlignment));
}

Ref decompress(CompRef ref) {
  return globalHeapBase | (ref << log2(objectAlignment));
}
```

其实，如果对象是以 16 字节对齐的，并且地址空间从 0 开始，到 64 GB 结束的话，那么在具体实现指针压缩的时候还有更简单的方法。例如，解压缩指针时将指针的值左移 4 位即可，相对地，压缩指针时右移 4 位即可，无须使用堆的基地址参与计算。普通场景下，JRockit 采用的就是这种实现方式来维护压缩过的、长度为 32 位的指针。为了便于实现，JRcokit 以地址 0 作为空指针的值，因此，堆中起始的 4 GB（即低地址方向的 4 GB）将无法使用，可用的堆空间实际上是 60 GB，虽然有些浪费，但相对于获得的性能提升，这不算什么。但如果对于应用程序来说，这 4 GB 是不可或缺的话，那么就需要考虑使用其他方法了。

上述的实现方式适用于那些堆大于或等于 4 GB 的场景，但这种方式有一个缺点，压缩或解压缩的使用顺序和使用次数不再像以前一样不受限制了。

当然，64 GB并不是理论上的限制值，只是举例而已，因为已经有基准测试和应用程序实例证明了，对于64 GB大小的堆来说，启用指针压缩会获得更高的性能。但其实真正重要的是，启用压缩指针会浪费多少位，以及在此代价下，到底能获得多少性能方面的提升。在某些案例中，使用未经压缩的指针效果更好。

在JRockit R28中，不同配置下，理论上，压缩指针可以支持最大64 GB的堆，部分压缩指针框架可以自适应处理。

如果启动JVM时没有指定堆的大小，或者指定的堆小于或等于64 GB，则会默认启用指针压缩的某个变种。对象对齐的字节数取决于堆的大小。当然，也可以通过命令行参数显式地禁用指针压缩。

就JRockit来说，压缩指针之后的主要努力方向是最大化可用堆内存的大小和可存放在L1缓存中的对象数量。为了避免在某些特殊场景下可能出现问题，JRockit不会压缩局部栈帧中的指针，一般来说，代码生成器会在载入对象域后插入解压缩指针的代码，在存储对象域之前插入压缩指针的代码。尽管这么做会有一些性能损耗，但非常小，几乎可以忽略不计。

3.4.3　缓存友好性

除了内存使用外，垃圾回收器还有其他很多方面要照顾到，其中最重要的就是缓存友好性。因为当出现缓存大量丢失的情况时，应用程序的性能会大幅下降。

CPU中含有指令缓存和数据缓存（还有其他一些专用缓存），本节将着重介绍数据缓存的问题。缓存中包含有多个**缓存行**（cache-line），缓存行是CPU可访问的最小缓存单元。当CPU从内存中获取数据后，会将数据放入到缓存行中，以便将来使用时可以更快获取，这样会比从内存中再读取一次快上几个数量级。

CPU的缓存结构通常具有几个层级，第一级速度最快，容量最小，距离CPU最近。在现代处理器架构中，每个CPU核心都有自己的L1缓存，更高层级的缓存就未必是核心独有的了，有可能会被所有的核心共享。L1缓存的容量通常是KB级，L2缓存的容量是MB级。访问L2缓存会比访问L1缓存耗费更多的时间，但仍然会比直接访问内存快得多。

如果能够在CPU使用数据之前，预先将需要的数据从内存抓取到缓存中，就能够减少缓存丢失的情况，但如果抓取到的是无用数据，就会非常影响执行性能。因此，自适应运行时系统在收集了必要的信息后，能够很好地完成这项工作。

在代码生成阶段，收集运行时的返回信息可以判断出在访问哪些Java对象时会导致缓存丢失，以此来修正**预抓取**的准确性。在内存管理系统中，需要关注的主要问题包括对象存放、对齐和内存分配策略。

1. 预抓取

使用预抓取策略把即将使用到的数据预先载入到缓存中，这样，当真正需要用到这些数据的时候，就可以直接从缓存中获取，效率大大提高，不会再出现缓存丢失的问题，而且预抓取的操作可以在 CPU 做其他工作时并行完成。

通过代码显式地完成预抓取工作称为**软件预抓取**（software prefetching）。需要注意的是，现代硬件架构中一般内建有更高级的**硬件预抓取**（hardware prefetching），如果内存访问具有符合某种模式或者满足较高的可预测性，硬件自身可以很好地完成自动预抓取工作。

在 JRockit 中，垃圾回收器的实现也使用了预抓取技术。在使用 TLA 分配内存时，TLA 实际上是被划分成很多小内存块的，当使用某个内存块时，会预抓取与其相邻的内存块，这样当使用相邻内存块时就可以快速获取到所需数据。

如果能够准确地预抓取到即将使用的数据，就可以使缓存命中，极大提升整体的执行效率。

这种实现方式的缺点在于，每次将数据载入到缓存时，原先缓存中存储的数据就全被废弃了，太过频繁地预抓取会抵消缓存原有的功能。此外，预抓取会读取数据填满缓存行，这需要花费一定的时间，因此，除非预抓取能够以**流水线**（pipeline）方式执行，或者能够与其他操作并行，否则预抓取操作可能并不会带来性能提升，有时候甚至会降低执行性能。

2. 数据存放

如果能够预知在某段时间内，访问数据是按顺序或近似按顺序的，那么预先将可能会访问到的数据放到同一个缓存行中，根据局部性原理，可以获得更好的性能。例如，`java.lang.String` 类中使用字符数组来存储字符串的内容，使用的时候几乎都是按顺序访问的，这种情况就很适合提前将可能会使用到的数据预先抓取到缓存行中。随着应用程序的运行，内存管理系统获得更多的运行时反馈信息，预抓取数据的准确性也会越来越高。

除了通过运行时反馈信息外，还可以通过获取其他静态信息来预测可能会使用到的数据，例如可以预先抓取某个对象引用到的其他对象，或者某个数组对象中所包含的元素。

3.4.4 NUMA 架构

NUMA（non-uniform memory access，非统一内存访问模型）架构的出现为垃圾回收带来了更多挑战。在 NUMA 架构下，不同的处理器核心通常访问各自的内存地址空间，这是为了避免因多个 CPU 核心访问同一内存地址造成的总线延迟。每个 CPU 核心都配有专用的内存和总线，因此 CPU 核心在访问其专有内存时速度很快，而要访问相邻 CPU 核心的内存时就会相对慢一些，CPU 核心相距越远，访问速度越慢（也依赖于具体配置）。传统上，多核 CPU 是按照 UMA（uniform memory access，统一内存访问模型）架构运行的，所有的 CPU 核心按照统一的模式，无差别地访问所有内存。

目前，高端服务器所使用的两种 NUMA 架构分别是 AMD Opteron 系列和 Intel Nehalem 系列。

下图展示了 NUMA 架构下 CPU 核心的配置示例。

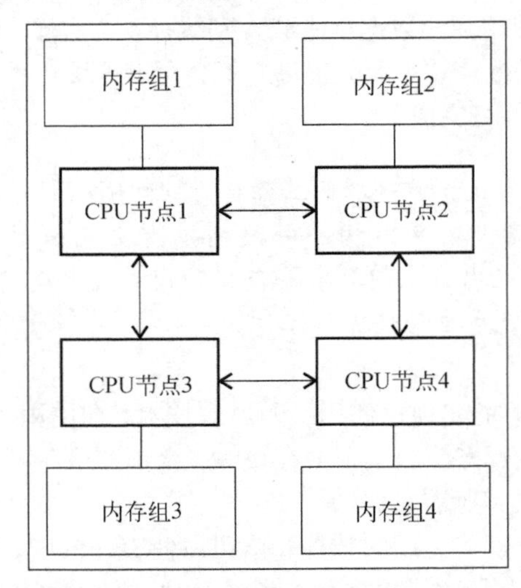

上图中，CPU 核心，或称 NUMA 节点，与访问其他 NUMA 节点的内存最多需要两步才能完成操作，理想情况下，能够直接访问到自己独有的内存则不需要中转。但事实上，这只是 CPU 核心一对一映射的情况，在某些配置中，一个 NUMA 节点可能会包含多个 CPU 核心，共享一块专属本地内存。

所以，为了更好地利用 NUMA 架构，垃圾回收器线程的组织结构应该做相应的调整。如果某个 CPU 核心正在运行标记线程，那么该线程所要访问的那部分堆内存最好能够放置在该 CPU 的专有内存中，这样才能发挥 NUMA 架构的最大威力。在最坏情况下，如果标记线程所要访问的对象位于其他 NUMA 节点的专有内存中，这时垃圾回收器通常需要一个启发式对象移动算法。这是为了保证使用时间上相近的对象在存储位置上也能相近，如果这个算法能够正确工作，还是可以带来不小的性能提升的。这里所面临的主要问题是如何避免对象在不同 NUMA 节点的专有内存中重复移动。理论上，自适应运行时系统应该可以很好地处理这个问题。

这可以算作自适应运行时优化的又一个示例，在静态环境中想这么做就比较难了。第 5 章会详细介绍可用于指定 JVM 内存分配方式和修改 NUMA 架构下节点亲和性的命令行参数。

NUMA 架构对于内存管理是一大挑战。然而对 JRockit 的研究表明，即便不针对 NUMA 架构做定制优化，如果能很好地完成预抓取并充分利用缓存的话，同样可以使应用程序达到很好的性能。

3.4.5　大内存页

内存分配是通过操作系统及其所使用的页表完成的。操作系统将物理内存划分成多个页来管理，从操作系统层面讲，页是实际分配内存的最小单位。传统上，页的大小是以 4 KB 为基本单位划分的，页操作对进程来说是透明的，进程所使用的是虚拟地址空间，并非真正的物理地址。为了便于将虚拟页面转换为实际的物理内存地址，可使用名为**旁路转换缓冲**（translation lookaside buffer，TLB）的缓存来加速地址的转换操作。从实现上看，如果页面的容量非常小的话，会导致频繁出现旁路转换缓冲丢失的情况。

修复这个问题的一种方法就是将页面的容量调大几个数量级，例如以 MB 为基本单位。现代操作系统普遍倾向于支持这种大内存页机制。

很明显，当多个进程分别在各自的寻址空间中分配内存，而页面的容量又比较大时，随着使用的页面数量越来越多，碎片化的问题就愈发严重，像进程要分配的内存比页面容量稍微大一点的情况，就会浪费很多存储空间。对于在进程内自己管理内存分配回收、并有大量内存空间可用的运行时来说，这不算什么问题，因为运行时可以通过抽象出不同大小的虚拟页面来解决。

通常情况下，对于那些内存分配和回收频繁的应用程序来说，使用大内存页，可以使系统的整体性能至少提升 10%。JRockit 对大内存页有很好的支持。

在大多数操作系统中，启用大内存页需要较高的管理权限。

3.4.6　自适应

正如第 2 章介绍的，对于像 Java 这样的可移植性很好的编程语言来说，自适应是其成功的关键。传统上，自适应只应用于代码的自适应重优化和针对热代码的分析上，但 JRockit 的设计者从设计之初就尽其所能将自适应的应用范围扩展到 JRockit 的各个功能模块。

因此，JRockit 可以在应用程序运行过程中，基于内存管理系统的反馈信息来调整垃圾回收的具体行为和相关参数，例如堆的大小、代的划分，甚至调整垃圾回收的整体策略。

下面是在运行 JRockit 时使用命令行参数`-Xverbose:gc`打印出的内存使用情况。

```
marcusl@nyarlathotep:$ java -Xmx1024M -Xms1024M -Xverbose:gc
  -cp dist/bmbm.jar com.oracle.jrpg.bmbm.minisjas.server.Server
[memory] Running with 32 bit heap and compressed references.
[memory] GC mode: Garbage collection optimized for throughput,
  initial strategy: Generational Parallel Mark & Sweep.
[memory] Heap size: 1048576KB, maximal heap size: 1048576KB,
  nursery size: 524288KB.
[memory] <s>-<end>: GC <before>KB-><after>KB (<heap>KB), <pause>ms.
[memory] <s/start> - start time of collection (seconds since jvm start).
[memory] <end>     - end time of collection (seconds since jvm start).
[memory] <before>  - memory used by objects before collection (KB).
[memory] <after>   - memory used by objects after collection (KB).
[memory] <heap>    - size of heap after collection (KB).
[memory] <pause>   - total sum of pauses
  during collection (milliseconds).
[memory]             run with -Xverbose:gcpause to see
  individual pauses.
```

```
[memory] [YC#1] 28.298-28.431: YC 831035KB->449198KB
  (1048576KB), 132.7 ms
[memory] [OC#1] 32.142-32.182: OC 978105KB->83709KB
  (1048576KB), 40.9 ms
[memory] [OC#2] Changing GC strategy to Parallel Mark & Sweep
[memory] [OC#2] 39.103-39.177: OC 1044486KB->146959KB
  (1048576KB), 73.0 ms
[memory] [OC#3] Changing GC strategy to Generational
  Parallel Mark & Sweep
[memory] [OC#3] 45.433-45.495: OC 1048576KB->146996KB
  (1048576KB), 61.8 ms
[memory] [YC#2] 50.547-50.671: YC 968200KB->644988KB
  (1048576KB), 124.4 ms
[memory] [OC#4] 51.504-51.524: OC 785815KB->21012KB
  (1048576KB), 20.2 ms
[memory] [YC#3] 56.230-56.338: YC 741361KB->413781KB
  (1048576KB), 108.2 ms
...
[memory] [YC#8] 87.853-87.972: YC 867172KB->505900KB
  (1048576KB), 119.4 ms
[memory] [OC#9] 90.206-90.234: OC 875693KB->67591KB
  (1048576KB), 27.4 ms
[memory] [YC#9] 95.532-95.665: YC 954972KB->591713KB
  (1048576KB), 133.2 ms
[memory] [OC#10] 96.740-96.757: OC 746168KB->29846KB
  (1048576KB), 17.8 ms
[memory] [YC#10] 101.498-101.617: YC 823790KB->466860KB
  (1048576KB), 118.8 ms
[memory] [OC#11] 104.832-104.866: OC 1000505KB->94669KB
  (1048576KB), 34.5 ms
[memory] [OC#12] Changing GC strategy to Parallel Mark & Sweep
[memory] [OC#12] 110.680-110.742: OC 1027768KB->151658KB
  (1048576KB), 61.9 ms
[memory] [OC#13] Changing GC strategy to Generational
  Parallel Mark & Sweep
[memory] [OC#13] 116.236-116.296: OC 1048576KB->163430KB
  (1048576KB), 59.1 ms.
[memory] [YC#11] 121.084-121.205: YC 944063KB->623389KB
  (1048576KB), 120.1 ms
```

从 R28 版本起，JRockit 已经不倾向于在运行时修改垃圾回收策略了，而是根据具体配置选择相关策略和参数。对于用户来说，这大大提升了应用程序的确定性。

上面的命令行输出是运行 JRockit R27 版本所得，对于 R28 版本，若想使用非标准的垃圾回收策略需要在命令行中显式指定。R28 版本中默认使用分代式并行标记清理垃圾回收策略（以最大化吞吐量为主要目标）。此外，在 R28 版本中，内存管理系统仍会根据运行时反馈信息，自适应地调整垃圾回收器的各种行为，但调整程度低于 R27 版本。

前面例子中的垃圾回收器都是用了并行标记清理算法，目标在于最大化吞吐量。但在应用程序运行过程中，JVM 仍可基于运行时反馈信息，自行判断是否需要使用新生代区域。应用程序刚开始运行的时候，这种改变可能会比较频繁，经过 JVM 热身，并不断收集反馈信息后，JVM 会逐步找到一个比较合理的运行策略使运行状态趋于稳定。如果收集到足够多的反馈信息，JVM 找到另一个更优的运行策略后，JVM 会随之切换到相应的策略继续运行。

3.5 近实时垃圾回收

对于垃圾回收来说，契合实时系统是个美好的愿望。无论垃圾回收器把任务完成得多漂亮，只要有垃圾回收存在，运行时就包含了不确定性。即使由垃圾回收引入的延迟可以降低，还可以通过算法减少 STW 式的操作，但运行时行为的不确定性仍无法彻底消除。

那么，到底什么是实时系统？事实上，这个词存在一定程度的误用。为了避免产生误解，这里将实时分成**软实时**（soft real-time）和**硬实时**（hard real-time）两个概念分别阐述。

3.5.1 软实时与硬实时

硬实时一般指更加传统的实时系统，类似合成器或心脏起搏器之类的，要求能够 100%确定系统的行为，而目前使用自动内存管理的运行时还没有几个能做到 100%的确定性，至少在不大量修改应用程序和编程语言的构造以控制垃圾回收的情况下，还做不到。

例如，为了在 Java 中实现实时系统，JSR1 中指定了用于与运行时交互的 API（`javax.realtime` 包中的类），以便控制垃圾回收的运行。如果是开发新系统，这还是比较好办的，但对那些现存的系统来说，引入新的 API 和语义可能会带来巨大的风险，有时甚至根本无法完成。即使技术上是可行的，修改已有系统的关键模块仍然代价不菲。因此，软实时的概念应运而生。

软实时是指运行时系统可以接受一定程度的延迟，并控制暂停时间，这样即使应用程序的行为仍然存在不确定性，单次的暂停时间也不会超过某个阈值。这也是 JRockit Real Time 的实现基础。

3.5.2 JRockit Real Time

事实证明，对于大多数要求有一定程度确定性的复杂系统来说，能够保证将暂停时间限制在某个阈值之内就足够了。如果这种保证顺利实现的话，就可以在不修改已有系统的情况下，提升系统的确定性，并降低系统延迟。

JRockit Real Time 的主要卖点就是可以在不修改已有系统的情况下保证系统有稳定的延迟，即插即用，用户只需在命令行参数中指定期望的暂停时间。对当前运行在现代 CPU 架构的 JRockit 发行版来说，维持毫秒级别的暂停时间根本不是什么问题。

但事情并没有这么简单，正如 3.3 节中介绍的，低延迟的代价是垃圾回收整体时间的延长。相比于并行垃圾回收，在程序运行的同时并发垃圾回收的难度更大，而频繁中断垃圾回收则可能带来更多的麻烦。事实上，这并非什么大问题，因为大多数使用 JRockit Real Time 的用户更关心系统的可预测性，而不是减少垃圾回收的总体时间。大多数用户认为暂停时间的突然增长比垃圾回收总体时间的延长更具危害性。

下面是应用程序的响应时间的变化图，是在 WebLogic SIP Server 上运行一个电信系统得出的结果，这里并没有启用 JRockit Real Time。从图中可以看出，平均响应时间的方差比较大。

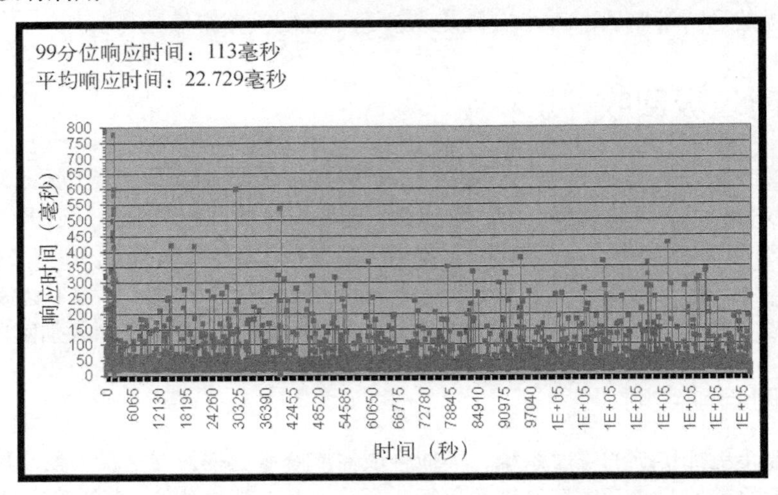

1. 软实时的有效性

软实时是 JRockit Real Time 的核心机制。但非确定性系统如何提供指定程度的确定性，例如像垃圾回收器这样的系统如何保证应用程序的暂停时间不会超过某个阈值？严格来说，无法提供这样的保证，但由于这样的极端案例很少，所以也就无关紧要了。

当然，没有什么万全之策，确实存在无法保证暂停时间的场景。但实践证明，对于那些堆中存活对象约占 30% ~ 50%的应用程序来说，JRockit Real Time 的表现可以满足服务需要，而且随着 JRockit Real Time 各个版本的发行，30% ~ 50%这个阈值在不断提升，可支持的暂停时间阈值则不断降低。

如果实现应用程序时无法使用 JRockit Real Time，那么还可以通过其他一些方法调优垃圾回收器。在排查应用程序延迟过高的问题时，除了垃圾回收器的相关因素外，还要注意用户应用程序自身实现的问题，很多时候应用程序中对锁的不当使用是造成延迟过高的主要原因。JRockit Mission Control 中包含了一些诊断工具，有助于排查相关问题。

我们常可以听到某交易系统由于更低的延迟和更快的响应时间，每天可以多赚几万美元的成功案例。该系统使用同一硬件就可以使交易量明显提升，因为他们要做的唯一改变就是，使用 JRockit Real Time。

下图与之前的统计图运行的是同一个程序，唯一的区别在于启用了 JRockit Real Time，通过命令行参数`-XpauseTarget` 将期望暂停时间的最大值设置为 10 毫秒。从图中可以看到，热身阶段后，JVM 的行为就趋于稳定了。

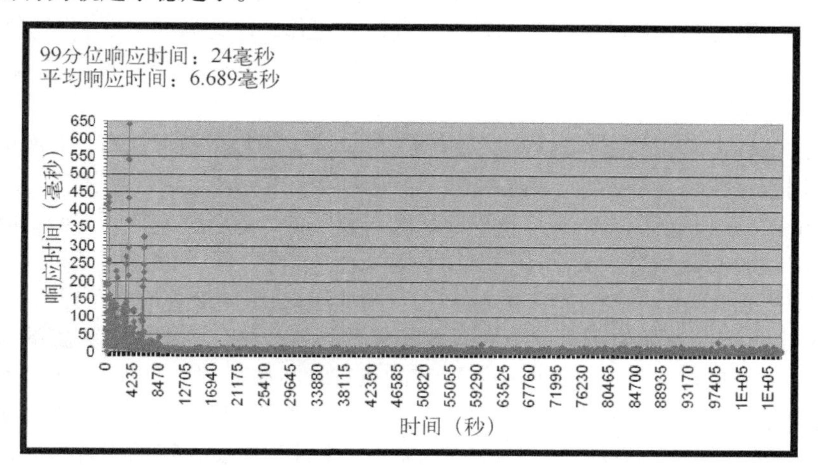

人们可能会认为，上图中开始部分的抖动是 JVM 为努力达到稳定状态所做的各种尝试所致，例如在这阶段可能做了大量的代码优化工作。事实上，确实是这样，但单就这个基准测试来说，最开始那部分延迟的抖动是因为 Java 应用程序中隐藏的错误而导致，与垃圾回收和自适应优化无关。这个问题后来已被修复。

而且我们注意到，对于设定的 10 毫秒响应时间的目标，JRockit Real Time 毫无压力，只不过是垃圾回收的总体时间稍稍延长而已。

2. 工作原理

那么 JRockit 如何实现如此高性能的垃圾回收呢？关键点有三个：

- 高效的并行执行
- 细分垃圾回收过程，将之变成几个可回滚、可中断的**子任务**（work packet）
- 高效的启发式算法

高效的并行执行（efficient parallelization）并不是什么新概念。并发垃圾回收器早已出现了，JRockit Real Time 在处理并发问题时几乎没有概念的改变或技术飞跃，更多的是对细节的处理，例如确保同步操作高效完成，尽可能避免锁操作，确保已有的锁操作不会饱和，以及高效的工作线程调度算法。

事实上，实现低延迟的关键仍是尽可能多让 Java 应用程序运行，保持堆的使用率和碎片化程度在一个较低的水平。在这一点上，JRockit Real Time 使用的是贪心策略，即尽可能推迟 STW 式的垃圾回收操作，希望问题能够由应用程序自身解决，或者能够减少不得不执行 STW 式操作的情况，最好在具体执行的时候需要处理的对象也尽可能少一些。

JRockit Real Time 中，垃圾回收器的工作被划分为几个子任务。如果在执行其中某个子任务时（例如整理堆中的某一部分内存），应用程序的暂停时间超过了阈值，那么就放弃该子任务，恢复应用程序的执行。用户根据业务需要指定可用于完成垃圾回收的总体时间，有些时候，某些子任务已经完成，但没有足够的时间完成整个垃圾回收工作，这时为了保证应用程序的运行，不得不废弃还未完成的子任务，待到下次垃圾回收的时候再重新执行，指定的响应时间越短，则废弃的子任务可能越多。

前面介绍过的标记阶段的工作比较容易调整，可以与应用程序并发执行。但清理和整理阶段则需要暂停应用程序线程（STW）。幸运的是，标记阶段会占到垃圾回收总体时间的90%。如果暂停应用程序的时间过长，则不得不终止当前垃圾回收任务，重新并发执行，期望问题可以自动解决。之所以将垃圾回收划分为几个子任务就是为了便于这一目标的实现。

当然，这其中还涉及几种启发式算法的使用，对运行时系统的简单改造可以帮助 JRockit Real Time 更好地制定决策，例如使用更复杂的写屏障来跟踪每个线程中被标记为**脏**的卡片数量。因此代码的执行时间会比传统的垃圾回收中写屏障的执行时间稍长，但可以为分析垃圾回收的行为提供更详细的数据。如果某个线程的写操作明显多于其他线程，那么就需要运行时系统对该线程特别注意，做一些相关优化。此外，JRockit 还统计单个线程中所执行的所有写屏障操作，以便优化相关性能。

3.6 内存操作相关的 API

本节将介绍 Java 编程语言中与内存管理相关的内容。

在 Java 中，妄图自己操作内存，脱离垃圾回收器的管理（例如即使对象已经变成垃圾，但坚持不回收），绝对是自讨苦吃。但 Java 也提供了相应的机制来**提醒**（hint）垃圾回收器工作，这些机制有利有弊，在使用的时候需要特别注意。

3.6.1 析构方法

从 Java 1.0 起，每个 Java 对象都包含一个 `finalize` 方法，用户可以覆盖该方法以完成自定义析构操作。按照说明文档，`finalize` 方法会在该对象被当作垃圾回收之前调用，单纯这样看的话，将之作为对象的析构函数来执行一些清理操作（例如关闭已经打开的文件句柄）是个不错的主意。

但事实上没这样简单，由于 `finalize` 方法中可能会包含任何代码，可能会造成系统故障，例如在 `finalize` 方法中将已经成为垃圾的对象**复活**，或者依照垃圾对象克隆了一个新对象，于是垃圾回收器就不会再将之回收了。此外，如果在 `finalize` 方法中释放系统资源（例如释放文件句柄），则可能会导致资源无法被充分利用，因为无法保证析构函数会在何时被执行。因此，对系统资源的释放应该由程序员显式控制。

进一步讲，`finalize` 方法可能会被任意线程在任意时间调用，无论该线程当前持有哪个对象的锁，都可以正常执行。这非常危险，可能会导致死锁的出现，还有可能会违反 Java 自身的语义。

"Java 中的析构函数的设计就是一个失误，应避免使用。"这不仅仅是我们的意见，也是 Java 社区的一致意见。

3.6.2 Java 中的引用

很多人以为 Java 中只有一种引用，对象只分为可达和不可达两种，而后一种会被垃圾回收器处理掉。但事实上，Java 中存在多种引用，可以认为是"对处于不同存活程度的对象的描述"。普通对象的引用称为**强引用**。

几种对象引用类型位于 `java.lang.ref` 包下，均继承自 `java.lang.ref.Reference` 类。所有的 `Reference` 类型的实例都有一个 `get` 方法用于获取当前引用所指向的实际对象，如果对象是不可达的，例如已经被回收了，则 `get` 方法返回 `null`。

当对象的可达性发生变化时会被放入到 `java.lang.ref.ReferenceQueue` 类的实例中，例如引用对象要被回收掉的时候。在创建引用对象时，可以将之与某个 `java.lang.ref.ReferenceQueue` 的实例绑定，通过对 `ReferenceQueue` 实例的轮询，可以得知对象会在何时被回收掉。

Java 中有 4 类主要的引用，除了**强引用**（strong reference），还有**弱引用**（weak reference）、**软引用**（soft reference）和**虚引用**（phantom reference）。

1. 弱引用

弱引用是指那些不足以使对象保留在内存中的引用，实际上，`java.lang.ref.WeakReference` 类是对强引用的一个包装器，将其标明为弱引用：

```
WeakReference weak = new WeakReference(object);
```

在上面的示例中，弱引用实际指向的对象可以用 `weak.get()` 得到，由于 `object` 可能会在任意时刻被回收掉，所以 `weak.get()` 方法可能返回 `null`。

弱引用常作为缓存的 key 用于 `java.util.WeakHashMap` 实例中。当 JVM 执行垃圾回收时，弱引用所指向的对象会被释放掉，这样可以防止无意识的内存泄漏。弱引用可以看做是 Java 中可用于防止内存泄漏的一种内建机制。

2. 软引用

作为一种弱引用，**软引用**所指向的对象，垃圾回收器会尽可能将之保存在内存中，但当内存不足时，会首先将之回收掉。

软引用到底比弱引用"强"多少，取决于 JVM 的具体实现。理论上，软引用可以实现得与弱引用一样，并不违反 Java 的语义。

3. 虚引用

虚引用更常用于实现析构函数，用于取代 `finalize` 方法。与弱引用和软引用类似，它也是对普通对象的包装，只不过其 `get` 方法永远都返回 `null`。

访问虚引用需要以定期的间隔（或执行阻塞 `remove` 操作）轮询 `java.lang.ref.ReferenceQueue` 实例，以便得知目标对象是否要被回收掉了。由于虚引用的 `get` 只会返回 `null`，所以无法获取到其所指向的真正对象的句柄并使其复活，也就避免了 finalize 方法存在的问题，又具有了它的优点。

下面为使用 finalize 方法做析构函数的示例代码。

```
/**
  * 打印被回收的对象的数量
  */
public class Finalize {
  static class TestObject {
    static int nObjectsFinalized = 0;

    protected void finalize() throws Throwable {
      System.err.println(++nObjectsFinalized);
    }
  }
  public static void main(String[] args) {
    for (;;) {
      TestObject o = new TestObject();
      doStuff(o);
      o = null;     //清除指向对象o的引用
      System.gc(); //尝试强制执行垃圾回收
    }
  }
}
```

下面为使用虚引用实现同样的功能的示例代码。

```
/**
 * 使用PhantomReferences打印被回收的对象的数量
 */
import java.lang.ref.*;

public class Finalize {
  static class TestObject {
    static int nObjectsFinalized = 0;
  }

  static ReferenceQueue<TestObject> q =
    new ReferenceQueue<TestObject>();

  public static void main(String[] args) {
    Thread finalizerThread = new Thread() {
      public void run() {
        for (;;) {
          try {
            //调用remove方法会被阻塞，直到有对象被回收
            Reference ref = q.remove();
            System.err.println(++TestObject.nObjectsFinalized);
          } catch (InterruptedException e) {
          }
        }
      }
    };
```

```
        finalizerThread.start();

        for (;;) {
          TestObject o = new TestObject();
          PhantomReference<TestObject> pr =
            new PhantomReference<TestObject>(o, q);
          doStuff(o);
          o = null; //清除指向对象 o 的引用
          System.gc(); //尝试强制执行垃圾回收
        }
      }
    }
```


3.6.3 JVM 的行为差异

对于 JVM 来说，一定谨记，编程语言只能**提醒**垃圾回收器工作。就 Java 而言，在设计上它本身并不能精确控制内存系统。例如，假设两个 JVM 厂商所实现软引用在缓存中具有相同的存活时间，这本就是不切实际的。

另外一个问题就是大量用户对 `System.gc()`方法的错误使用。`System.gc()`方法仅仅是**提醒**运行时“现在可以做垃圾回收了”。在某些 JVM 实现中，频繁调用该方法导致了频繁的垃圾回收操作，而在某些 JVM 实现中，大部分时间忽略了该调用。

我过去任职为性能顾问期间，多次看到该方法被滥用。很多时候，只是去掉对 `System.gc` 方法的几次调用就可以大幅提升性能，这也是 JRockit 中会有命令行参数`-XX:AllowSystemGC=False` 来禁用 `System.gc` 方法的原因。

3.7 陷阱与伪优化

部分开发人员在写代码时，有时会写一些“经过优化的”的代码，期望可以帮助完成垃圾回收的工作，但实际上，这只是他们的错觉。记住，过早优化是万恶之源。就 Java 来说，很难在语言层面控制垃圾回收的行为。这里的主要问题是，开发人员误以为垃圾回收器有固定的运行模式，并妄图去控制它。

正如在前面章节中介绍的，`System.gc()`只是一个提醒，可能会对整个堆执行 STW 式的垃圾回收，也有可能介于二者之间。

除了垃圾回收外，**对象池**（object pool）也是 Java 中常见的**伪优化**（false optimization）。有人认为，保留一个存活对象池来重新使用已创建的对象可以提升垃圾回收的性能，但实际上，对象池不仅增加了应用程序的复杂度，还很容易出错。对于现代垃圾收集器来说，使用 `java.lang.ref.Reference` 系列类实现缓存，或者直接将无用对象的引用置为 `null` 就好了，不用多操心。此外，长期持有无用的对象其实是个大麻烦，分代式垃圾回收器可以很好地处理临时对象，但如果这些临时对象被人为保存下来，无法被回收掉的话，最终就会被提升到老年代，并将其挤满。

Java 不是 C++

近来，人们认为，应该添加控制 Java 垃圾回收的方法，添加 free 或 delete 操作符，以及打开和关闭垃圾回收的方法，另外一个例子是想直接访问或修改 JVM 中的本地指针。不得不说，如果真的在 Java 中引入了这些“特性”，对于编写 Java 程序来说将会是非常危险的，想要用好这些“特性”实在太难。

自动内存管理有利有弊，为人诟病的地方主要在于其不确定性，JRockit Real Time 试图在不修改应用程序，不操作垃圾回收器的前提下，通过其他的方式来绕过这个问题。

> 我们仍能充满恐惧地回忆起在 JavaOne 1999 年的会议上，有关“Java 应该有 free 操作符”的讨论攻陷了整个 HotSpot 议题。发起这个讨论的家伙，第一句的经典台词就是“我有很多从事 C++开发的朋友……”

事实上，基于现代 JVM，如果能够合理利用书本上的技巧，例如正确使用 java.lang.ref.Reference 系列类，注意 Java 的动态特性，完全可以写出运行良好的应用程序。如果应用程序真的有实时性要求，那么一开始就不该用 Java 编写，而应该使用那些由程序员手动控制内存的静态编程语言来实现应用程序。

作为一个强有力的辅助特性，自动内存管理可以缩短开发周期，降低应用程序复杂度，但它并不能解决所有问题。

3.8　JRockit 中的内存管理

本节将简单介绍 JRockit 垃圾回收相关的命令行开关，更多高级的内存操作请参见第 5 章。

3.8.1　基本参数

本节将介绍与 JRockit 内存管理相关的基本命令行开关。

1. 打印垃圾回收日志

运行 JRockit 时，附加命令行参数-Xverbose:gc 会打印出很多 JVM 内存管理相关的信息，其中包含了垃圾回收的发生地点（新生代或老年代）、垃圾回收策略的变更以及执行垃圾回收所消耗的时间。

除了使用 JRockit Mission Control 外，命令行参数-Xverbose:gc（或者-Xverbose:memory）也可算是学习垃圾回收器具体行为的一种工具。

下面是使用-Xverbose:gc 参数运行示例应用程序时打印的日志。

```
hastur:material marcus$ java -Xverbose:gc GarbageDemo
[INFO ][memory ] GC mode: Garbage collection optimized for
  throughput, strategy: Generational Parallel Mark & Sweep.
[INFO ][memory ] Heap size: 65536KB, maximal heap size:
  382140KB, nursery size: 32768KB.
```

```
[INFO ][memory ] [YC#1] 1.028-1.077: YC 33232KB->16133KB
  (65536KB), 0.049 s, sum of pauses 48.474 ms, longest pause 48.474 ms.
[INFO ][memory ] [YC#2] 1.195-1.272: YC 41091KB->34565KB
  (65536KB), 0.077 s, sum of pauses 76.850 ms, longest pause 76.850 ms.
[INFO ][memory ] [YC#3] 1.857-1.902: YC 59587KB->65536KB
  (65536KB), 0.045 s, sum of pauses 45.122 ms, longest pause 45.122 ms.
[INFO ][memory ] [OC#1] 1.902-1.912: OC 65536KB->15561KB
  (78644KB), 0.010 s, sum of pauses 9.078 ms, longest pause 9.078 ms.
[INFO ][memory ] [YC#4] 2.073-2.117: YC 48711KB->39530KB
  (78644KB), 0.044 s, sum of pauses 44.435 ms, longest pause 44.435 ms.
```


一般情况下，日志中会包含垃圾回收策略变更信息，堆容量调整信息，以及垃圾回收的执行开始时间和执行时长。

其中，`OC` 和 `YC` 分别表示**老年代垃圾回收**（old collection）和**新生代垃圾回收**（nursery collection），后跟垃圾回收操作的序号，起始值为 `1`。

再之后，是本次垃圾回收的起始和截止时间，其具体值是从 JVM 启动之后的时间偏移，单位为秒。

接下来是，垃圾回收前后，相关区域的内存占用情况，分别是回收前、回收后和总容量。在此之后是对该区域垃圾回收所消耗的时间。

最后，是本次垃圾回收的暂停总时间，以及在本次垃圾回收中最长单次暂停时间。通过上面的示例可以推断出，垃圾回收是完全 STW 式的，即并行垃圾回收，其执行过程只有一个长暂停。

正如之前章节介绍的，垃圾回收周期中实际上包含了几个阶段，如果想要获取更多详细信息，请使用`-Xverbose:gcpause` 参数。此外，在 JRockit Mission Control 中可以以图形化的方式查看垃圾回收的具体细节，以及更多应用程序相关的信息。

2. 设置堆的初始值和最大值

参数`-Xmx` 和`-Xms` 是所有 JVM 通用的标准参数，分别用于指定堆的最大值和初始值。如果没有设置，则堆的大小可能会在应用程序运行过程中，依据运行时反馈信息增大或缩小。以下面的配置为例：

```
java -Xms1024M -Xmx2048M <application>
```

上面的配置将堆的初始值设置为 1 GB，最大值为 2 GB，如果应用程序所使用的内存超过 2 GB，则 JVM 会抛出 `OutOfMemoryError` 错误。

3. 设置垃圾回收器的执行目标

除非你明确知道自己在做什么，否则最好使用`-XgcPrio` 参数来设置垃圾回收器的优化目标。相对于固定的垃圾回收策略，JRockit 中的垃圾回收器会根据优化目标和运行时反馈信息来调整垃圾回收策略。

- `-XgcPrio:throughput`：主要优化吞吐量，不关心响应时间。
- `-XgcPrio:pausetime`：主要优化低延迟。
- `-XgcPrio:deterministic`：该参数会启用 JRockit Real Time，以消耗额外的系统资源换取极短的暂停时间。

如果以暂停时间为优化目标的话（不适用于-XgcPrio:throughput），可以设置参数-XpauseTarget。根据堆中存活对象的数量和系统配置，JRockit会尽量达到这个期望的暂停时间，但无法确定会满足要求，需要针对具体应用程序做大量测试来确认。

以下配置启用了Jrockit Real Time，并设置了暂停时间的上限。

```
java -XgcPrio:deterministic -XpauseTarget:5ms <application>
```

4. 指定垃圾回收策略

要想进一步控制垃圾回收的行为，可以使用-Xgc相关的参数做详细的配置。该系列参数用于指定垃圾回收策略，避免在应用程序运行过程中发生改变。相比于使用-XgcPrio系列参数，-Xgc系列参数可以更细粒度地控制垃圾回收策略。再强调一次，并发和并行分别用于描述低延迟垃圾回收和高吞吐垃圾回收。-Xgc系列参数如下，其中，分代（generational）和不分代（single generational）的区别在于是否启用了新生代。

- -Xgc:singlecon：不分代的并发垃圾回收（single generational concurrent）。
- -Xgc:gencon：分代式并发垃圾回收（generational concurrent）。
- -Xgc:singlepar：不分代的并行垃圾回收（single generational parallel）。
- -Xgc:genpar：分代式并行垃圾回收（generational parallel）。

3.8.2　压缩引用

正如前面章节介绍的，当堆的最大值小于64 GB时，JRockit默认会使用某种形式的引用压缩，但也可以通过命令行参数-XxcompressedRefs来显式指定，该命令行参数有两个可选参数，分别用于指定是否启用引用压缩和所支持的堆的大小。

下面的配置禁用了引用压缩，并强制JRockit使用原始本地指针来表示对象地址：

```
java -XXcompressedRefs:enable=false <application>
```

下面的配置启用了引用压缩，并指定所支持的堆的大小是64 GB：

```
java -XXcompressedRefs:enable=true,size=64GB <application>
```

3.8.3　高级选项

需要注意的是，花大力气鼓捣JVM参数并不一定会使应用程序性能有多么大的提升，而且反而可能会干扰JVM的正常运行。

如果排查到应用程序的性能瓶颈在于内存管理，建议使用JRockit Mission Control来探查具体原因。本书后面的章节会详细介绍如何记录、分析JRockit的运行信息。强烈建议在动手修改JVM的非标准参数之前，尽可能多地收集应用程序的运行信息。

垃圾回收器每一个部分，从旁路转换缓冲到堆的整理策略，几乎都可以通过命令行参数加以控制。

第5章会介绍一些高级内存管理参数，更多与内存管理相关的详细信息参见JRockit相关文档。

3.9 小结

本章详细介绍了自动内存管理中的自适应内存管理，以及自适应内存管理如何根据运行时反馈信息优化垃圾回收器的性能。

此外，简单介绍了标记–清理算法、暂停–复制垃圾回收算法及其在 JRockit 中的变种和具体应用方式，并讨论了如何实现一个具有较强伸缩性的垃圾回收器。

每个垃圾回收器都会在某个时间点执行 STW 式的操作，例如清理阶段或整理阶段。STW 式的操作导致应用程序出现延迟，在最大化吞吐量和最小化延迟时间的选择上，需要根据应用程序的目标仔细权衡，二者难以兼得。

然后简单介绍了 JRockit Real Time，该产品在某种程度上实现了确定性的垃圾回收和对暂停时间的控制，可以在不修改应用程序的情况下大幅缩短应用程序的响应时间，并保持较高的稳定性。

Java 编程语言中的某些部分貌似有助于控制垃圾回收和内存管理，但带来的往往是伪优化。在非确定性系统中，例如使用了垃圾回收器这样的系统，暴露出确定性操作是非常危险的，切记。千万不要以为确定性操作可以使像垃圾回收这样的非确定性系统产生确定性行为。

最后，介绍了 JRockit 中常用来控制内存管理的命令行参数。

至此，本书已经介绍了自适应运行时环境中的代码生成和内存管理，下一章将会介绍组成 Java 运行时的线程和同步。

第4章 线程与同步

本章将详细介绍Java与JVM中的线程和同步。**线程**用于在单进程中实现多任务的并行执行，**锁**用于控制对临界区（critical section）的同步访问，这些是实现并行化任务执行的基本要素。

在本章中，你将学到如下内容。

- Java中线程与同步的基本概念，如何利用Java API实现同步，一些关键字，包括`wait`、`notify`、常被误用的`volatile`以及`java.util.concurrent`包。
- Java内存模型及其存在的必要性。理解Java内存模型，是编写多线程应用程序的关键。
- JVM如何高效实现多线程与同步操作。本章将讲解几种不同的线程模型。
- 在自适应运行时反馈的基础上，JVM如何使用不同类型的锁、锁策略和代码优化策略优化线程和同步操作。
- 避开并行编程陷阱和伪优化，以及`java.lang.Thread`类中已废弃的方法和双检查锁缺陷。
- 如何调整JRockit中线程与同步的运行行为，以及如何分析锁的运行情况。

4.1 基本概念

Java从诞生之初起就在语言级别支持并行编程，例如内建的`java.lang.Thread`类是对操作系统中线程的抽象，还有用于同步操作的关键字`synchronized`，以及`wait`和`notify`方法。这在当时是独一无二的，至少在学术界以外是这样的。那时，商界编程语言还依赖于操作系统提供的支持库来使用线程，而Java提供了与平台无关的方式来操作线程，与以往相比，这可谓是一大突破。

就同步操作来说，Java做得非常好，这不仅是因为它显式地支持线程、锁和信号量，而且其内建机制使每个对象都可以作为监视器使用。Java 1.5引入了`java.util.concurrent`包，其中包含了很多设计精巧、可用于并行编程的数据结构。

> **监视器**用于对需要同步的资源加锁，每次只能有一个线程持有该监视器，因此可以实现对资源的排他性访问。

这种设计的优势很明显：同步操作无须涉及第三方库的调用，而且可以使锁具有完整的语义，在编程的时候便于使用。

硬要说缺点的话，就是使用起来太容易了，有些人可能会滥用同步操作，结果导致应用程序的整体性能大幅下降。

当然，在具体实现上面还有一些可优化的地方。由于每个对象都可以作为监视器使用，每个对象都持有与同步操作相关的信息，例如当前对象是否作为锁使用，以及锁的具体实现等。一般情况下，为了便于快速访问，这些信息被保存在每个对象的对象头的**锁字**（lock word）中。与自动内存管理类似，性能优化的问题在多线程操作中同样存在。因此，必须能够快速获取目标对象的垃圾回收信息，例如其垃圾回收状态。第 3 章介绍引用跟踪垃圾回收时提到的**标记位**就记录了这类信息。JRockit 使用锁字中的一些位来存储垃圾回收状态信息，虽然其中包含了垃圾回收信息，但是本书还是称之为**锁字**。

如果将对象头中存储的信息过度编码的话，那么在使用的时候，就不得不花额外的力气去解码；如果不经编码直接存储，又会消耗大量的内存。因此，在存储每个对象的锁信息和垃圾回收信息时，需要仔细权衡。

对象头还包含了指向类型信息的指针，在 JRockit 中，这称为**类块**（class block）。

下图是 JRockit 中 Java 对象在不同的 CPU 平台上的内存布局。为了节省内存，并加速解引用操作，对象头中所有字的长度是 32 位。类块是一个 32 位的指针，指向另一个外部结构，该结构包含了当前对象的类型信息和**虚分派表**（virtual dispatch table）等信息。

X86，IA64	SPARC
类块	锁字
锁字	类块
对象数据 ⋮	对象数据 ⋮

就目前来看，在绝大部分 JVM（包括 JRockit）中，对象头是使用两个 32 位长的字来表示的。在 JRockit 中，偏移为 0 的对象指针指向当前对象的类型信息，接下来是 4 字节的锁字。在 SPARC 平台上，对象头的布局刚好反过来，因为在使用原子指令操作指针时，如果没有偏移的话，效率会更高。与锁字不同，类块并不为原子操作所使用，因此在 SPARC 平台上，类块被放在锁字后面。

原子操作（atomic operation）是指全部执行或全部不执行的本地指令。当原子指令全部执行时，其操作结果需要对所有潜在访问者可见。

原子操作用于读写锁字，具有排他性，这是实现 JVM 中同步块的基础。

研究表明，在目前的基础上，再压缩对象头（例如将之压缩为单个 32 位的字）已经没什么意义了。即使这样做可以节省出更多的内存，但在使用的时候需要额外的解码操作，得不偿失。

4.1.1　难以调试

对于大多数平台和编程语言来说，并发问题可能会以多种形式表现出来，例如**死锁**（deadlock）、**活锁**（livelock）和系统崩溃等，它们彼此之间没什么共性。这个问题可谓是老生常谈了。由于并发问题往往与时序相关，即便是连接了调试器也可能无法重现问题。附加的调试器会增加额外的开销，导致时序变更。

死锁是指两个线程都在等待对方释放自己所需的资源，结果导致两个线程都进入休眠状态。很明显，它们再也醒不过来了。**活锁**的概念与死锁类似，区别在于线程在竞争时会采取主动操作，但无法获取锁。这就像两个人面对面前进，在一个很窄的走廊相遇，为了能继续前进，他们都向侧面移动，但由于移动的方向相反导致还是无法前进。

由于存在上述问题，调试并行系统是一件非常困难的任务，而一些可视化工具和调试器可以帮助解开线程间的锁依赖，这对于并发程序调试来说，已经是巨大的帮助了。

像其他主流 JVM 一样，JRockit 可以在控制台里输出当前应用程序中所有线程的调用栈，并打印锁的持有者信息。对于简单的死锁问题来说，这些信息已经足够用来解决问题，可以确定哪些互相依赖的线程在等待同一资源。本章会对此做举例说明。

JRockit Mission Control 套件提供了可视化组件来显示线程的锁信息。

4.1.2　难以优化

除了难以调试外，在并行编程中使用锁还会极大地降低应用程序的整体性能。每个锁都是一个性能瓶颈，它保证了对临界区的排他性访问，却使得没有获取锁的线程不得不排队等待。如果锁放置错位，或者控制的临界区过大，就会导致应用程序的性能大幅下降。

不幸的是，很多商业软件的延迟问题就是一两个锁使用不当导致的，我们调试第三方应用程序时曾多次遇到这种情况，开发人员自己也没有意识到对锁的错误使用。幸运的是，若使用不当的锁不多，而且可以识别出来的话，延迟问题还比较容易解决。再次强调，使用 JRockit Mission Control 可以很容易找到竞争最激烈的锁，以便排查问题。

锁**竞争激烈**是指多个线程花费大量时间试图获取某个锁。

延迟分析

JRockit Mission Control 套件附带了延迟分析组件，可以记录 Java 应用程序的运行信息，提供可视化的延迟分析数据。在优化大量使用同步操作的应用程序时，延迟分析可以给程序员带来很大的帮助。以往的分析工具只是展示了应用程序将时间花在了什么地方，而延迟分析仪则可以给出应用程序**没有**花时间在什么地方。当应用程序线程没有执行 Java 代码时，就将之记录到线程图中，这样就可以判断出，线程是在等待 I/O，还是在等待获取锁。

第 8 章和第 9 章将详细介绍如何使用 JRockit Mission Control 进行延迟分析。

下图是 JRockit 运行时分析仪中延迟分析标签页的内容，其数据来自于一个正在运行的服务器端应用程序，用于做离线分析。图中的横条标明了应用程序线程都将时间花在了何处，每当出现新类型的延迟时，就使用一种不同的颜色来标明。时间轴的顺序是最左到右。在图中，线程绝大部分都是红色的，表明线程“阻塞在 Java 中”，这很糟，它表明应用程序将时间都花在了等待 Java 锁上，例如获取同步块的锁。更准确地说，所有非绿色的横条都表示“没有在执行 Java 代码”，即正在等待 I/O、网络通信等资源的本地线程。

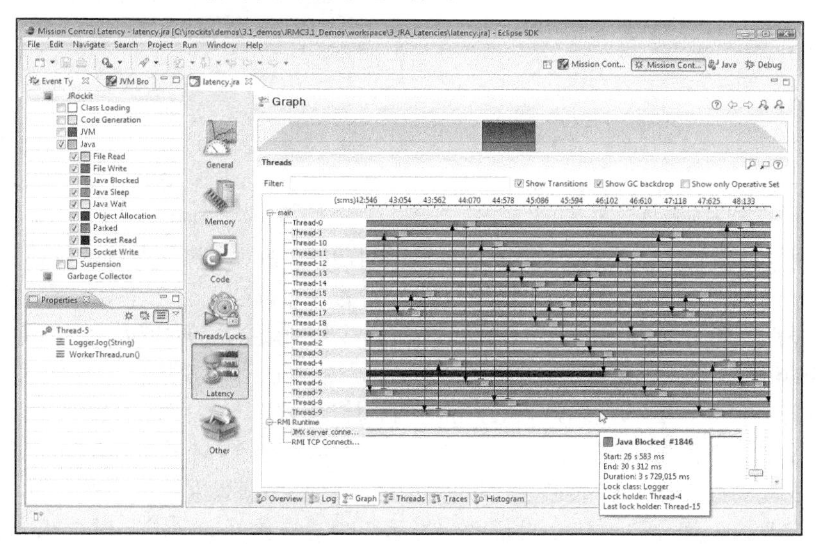

回忆一下第 3 章对延迟的讨论，如果 JVM 将时间都花在垃圾回收上，就无法执行 Java 代码了。类似地，如果 CPU 资源都浪费在等待 I/O 或 Java 锁上，就会出现延迟。这也是大部分性能问题产生的根本原因。

JRockit Flight Recorder 套件可以帮助定位 Java 程序中造成延迟的问题点。在上面的例子中，延迟的根源在于日志模块中存在对锁的不当使用。

4.2 Java API

本节将会介绍 Java 中内置的同步机制，作为固有机制，它们使用起来很方便，但是如果滥用的话，也会引发不小的问题。

4.2.1 synchronized 关键字

在 Java 中，关键字 synchronized 用于定义一个临界区，既可以是一段代码块，也可以是一个完整的方法，如下所示。

```
public synchronized void setGadget(Gadget g) {
  this.gadget = g;
}
```

上面的方法定义中包含 synchronized 关键字，因此每次只能有一个线程修改给定对象的 gadget 域。

在同步方法中，监视器对象是隐式的，即当前对象 this，而对静态同步方法来说，监视器对象是当前对象的类对象。上面的示例代码与下面的代码是等效的。

```
public void setGadget(Gadget g) {
  synchronized(this) {
    this.gadget = g;
  }
}
```

4.2.2 java.lang.Thread 类

Java 中使用 java.lang.Thread 类表示对线程的抽象。相对于操作系统的具体实现，Thread 类更具通用性，包含了启动线程和插入线程执行代码的基本方法，与之相似的是，操作系统的线程实现中，由线程创建者通过函数指针的形式指定新线程所要执行的代码。Java 以面向对象的方式实现了相同的语义，任何类，只要实现了 java.lang.Runnable 接口，或继承 java.lang.Thread 类，均都可以成为一个线程，run 方法的具体实现将是新线程的具体执行代码。

Java 中的线程也有优先级概念，但是否真的起作用取决于 JVM 的具体实现。setPriority 方法用于设置线程的优先级，提示 JVM 该线程更加重要或不怎么重要。当然，对于大多数 JVM 来说，显式地修改线程优先级没什么大帮助。当运行时“有更好的方案”时，JRockit JVM 甚至会忽略 Java 线程的优先级。

正在运行的线程可以通过调用 yield 方法主动放弃剩余的时间片，以便其他线程运行，自身休眠（调用 wait 方法）或等待其他线程结束再运行（调用 join 方法）。

java.lang.ThreadGroup 类（线程组）有点像类 Unix 系统中的进程，其中会包含多个线程，对线程组的操作会被应用到其中所有的线程上。

线程中使用 java.lang.ThreadLocal 来表示线程局部数据，每个线程都有一份属于自己的数据。该类自 Java 1.2 起引入，是一个非常有用的机制。对于不能在栈上分配局部对象的编程语言来说，这可谓是个笨拙的改进，但的确可以提升应用程序的整体性能。如果程序员头脑清醒的话，善用 ThreadLocal 还是很有帮助的。

自诞生以来，java.lang.Thread 类发生了很多变化，废弃了一些 API，修改了一些方法实现。最初，Thread 类中包含了用于终止、挂起和恢复线程的方法，但实践表明，使用这些方法有风险，但仍有人在使用这些方法。4.5 节会详细介绍它们的危险性。

4.2.3 java.util.concurrent 包

JDK 1.5 中引入的 java.util.concurrent 包中提供了一些对并发编程非常有用的数据结构和工具类，例如 BlockingQueue 类，该类是经典的生产者及消费者实现，当队列中空间不足时，就阻塞插入操作，当队列中没有元素时，就阻塞获取操作。

java.util.concurrent 包使程序员无须再花费精力去“重新发明”做并发编程所需的基础数据结构，而且优化包中的类，使其具有良好的伸缩性和可用性。

此外，在其子包 java.util.concurrent.atomic 中包含了一些与原子操作相关的工具类，例如 java.util.concurrent.atomic.AtomicInteger 类和 java.util.concurrent.atomic.AtomicLong 类，可以以原子操作的形式计算整型和长整型数据。使用 java.util.concurrent.atomic 包可以避免在 Java 代码中显式地使用重量级锁。

最后，java.util.concurrent.locks 包中有一些对常用锁的实现，例如读写锁，这样程序员就无须再花费精力去从头实现了。

读写锁不限制读操作，但写操作具有排他性。

4.2.4 信号量

信号量（semaphore）作为一种同步机制适用于以下场景，当一个线程试图获取某个资源时，却发现该资源已被其他线程持有，这时试图获取资源的线程会被挂起，直到资源持有者线程释放相关资源。信号量是锁的抽象，普遍存在于现代操作系统中，Java 编程语言也对其提供了完整的支持。

在 Java 中，每个对象都继承自 java.lang.Object 类，有 wait notify 和 notifyAll 这几个方法，可以用于实现信号量的语义，只不过它们需要用在监视器对象上下文中，例如用在 synchronized 代码块中，否则 JVM 会抛出 IllegalMonitorStateException 异常。

调用 wait 方法会将当前线程挂起，当它接收到监视器的通知时会被唤醒。当调用 notify 方法时，会根据 JVM 中的线程调度算法，从阻塞在对应监视器上的线程中选择一个，将之唤醒，使其继续执行。当调用 notifyAll 方法时，所有阻塞在监视器上的线程都会被唤醒，但只有一个会成功得到锁，其余的线程会再次被挂起。相对于 notify 方法来说，notifyAll 方法更安全，更易避免死锁，但执行开销更大一些。所以，除非有把握，应尽量避免使用 notifyAll 方法。

调用 wait 方法时，可以附加一个时间参数，用于指定线程被挂起的超时时间，超过该时间后，线程会自动醒来。

下面的代码是一个生产者及消费者模型示例，作为**消息端口**（message port）用于展示如何在 Java 中使用隐式监视器 this 来同步控制。

```
public class Mailbox {
  private String message;
  private boolean messagePending;

  /**
   * 将消息放入到收件箱
   */
  public synchronized void putMessage(String message) {
    while (messagePending) { //等待消费者消费消息
      try {
        wait(); //阻塞，直到收到通知
      } catch (InterruptedException e) {
      }
    }

    this.message = message;        //将消息保存在收件箱中
    messagePending = true;         //设置收件箱标志
    notifyAll();                   //通知消费者消费消息
  }

  /**
   * 从收件箱中取出一条消息
   */
  public synchronized String getMessage() {
    while (!messagePending) { //等待生产者生产消息
      try {
        wait(); //阻塞，直到收到通知
      } catch (InterruptedException e) {
      }
    }

    messagePending = false; //设置邮件箱标志
    notifyAll();            //通知生产者生产消息

    return message;
  }
}
```

在上面的代码中，多个生产者线程和消费者线程可以使用同一个 Mailbox 对象来同步控制消息的发送和接收。当消费者线程调用 getMessage 方法时，如果 Mailbox 中没有消息存在，则调用线程会被挂起，直到生产者线程调用 putMessage 方法填入一个消息。同样地，当生产者线程调用 putMessage 方法时，若邮箱已满，则会被挂起，直到消费者线程取走消息。

上面是简化过的生产者及消费者模型，信号量的选择可以是二值的也可以是计数的。在 Mailbox 类中，信号量就是一个二值的，只能为 true 或 false，用于控制对单个资源的访问，计数信号量可用于控制对多个资源的访问。具体实现可以参考 java.util.concurrent.Semaphore 类，该类可以很好地同步对多个资源的访问。

4.2.5 volatile 关键字

在多线程环境下，对某个属性域或内存地址进行写操作后，其他正在运行的线程未必能立即看到这个结果。4.3.1 节将针对这个问题做详细介绍。在某些场景中，要求所有线程在执行时需要得知某个属性最新的值，为此，Java 提供了关键字 volatile 来解决此问题。

使用 volatile 修饰属性后，可以保证对该属性域的写操作会直接作用到内存中。原本，数据操作仅仅将数据写到 CPU 缓存中，过一会再写到内存中，正因如此，在同一个属性域上，不同的线程可能看到不同的值。目前，JVM 在实现 volatile 关键字时，是通过 JIT 在写属性操作后插入**内存屏障**代码来实现的，只不过这种方法有一点性能损耗。

人们常常难以理解“为什么不同的线程会在同一个属性域上看到不同的值”。一般来说，目前的机器的内存模型已经足够强，或者应用程序的本身结构就不容易使非 volatile 属性出现这个问题。但是，考虑到 JIT 优化编译器可能会对程序做较大改动，如果开发人员不留心的话，还是会出现问题的。下面的示例代码解释了在 Java 程序中，为什么内存语义如此重要，尤其是当问题还没表现出来的时候。

```
public class MyThread extends Thread {
  private volatile boolean finished;

  public void run() {
    while (!finished) {
      //
    }
  }

  public void signalDone() {
    this.finished = true;
  }
}
```

如果定义变量 finished 时没有加上 volatile 关键字，那么在理论上，JIT 编译器在优化时，可能会将之修改为只在循环开始前加载一次 finished 的值，但这就改变了代码原本的含义。如果 finished 的值是 false，那么程序就会陷入无限循环，即使其他线程调用了 signalDone 方法也没用。 Java 语言规范指明，如果编译器认为合适的话，可以为非 volatile 变量在线程内创建副本以便后续使用。

下面的代码进一步描述了 volatile 关键字的含义。

```
public class Test {
  volatile int a = 1;
  volatile int b = 1;

  void add() {
    a++;
    b++;
  }

  void print() {
    System.out.println(a + " " + b);
  }
}
```

上面的代码中，关键字 volatile 隐式地保证了即使在多线程环境下，变量 b 永远不会比变量 a 大。如果给 add 方法定义加上 synchronized 关键字的话，那么在调用 print 方法时，打印出的 a 和 b 永远都是相等的（都从 1 开始）。如果变量都没有使用 volatile 声明，add 方法也没有使用 synchronized 声明，那么按照 Java 语言规范来说，变量 a 和变量 b 就无关。

由于一般会使用内存屏障来实现 volatile 关键字的语义，会导致 CPU 缓存失效，降低应用程序整体性能，使用的时候要谨慎。

一般来说，同步操作的开销会比非同步操作大，因此，程序员应该在不违反内存语义的前提下，考虑使用其他可以传递数据的方法，而不是动不动就把 volatile 和 synchronized 搬出来。

4.3　Java 中线程与同步机制的实现

本节将介绍 Java 运行时中线程和同步机制的实现以及相关背景知识，以便读者可以更好地处理并行结构，理解如何使用同步机制而不会造成较大的性能损耗。

4.3.1　Java 内存模型

现在 CPU 架构中，普遍使用了数据缓存机制以大幅提升 CPU 对数据的读写速度，减轻处理器总线的竞争程度。正如所有的缓存系统一样，这里也存在一致性问题，对于多处理器系统来说尤其重要，因为多个处理器有可能同时访问内存中同一位置的数据。

内存模型定义了不同的 CPU，在同时访问内存中同一位置时，是否会看到相同的值的情况。强内存模型（例如 x86 平台）是指，当某个 CPU 修改了某个内存位置的值后，其他的 CPU 几乎自动就可以看到这个刚刚保存的值。在这种内存模型之下，内存写操作的执行顺序与代码中的排列顺序相同。弱内存模型（例如 IA-64 平台）是指，当某个 CPU 修改了某个内存位置的值后，其他的 CPU 不一定可以看到这个刚刚保存的值（除非 CPU 在执行写操作时附有特殊的内存屏障类指令），更普遍的说，所有由 Java 程序引起的内存访问都应该对其他所有 CPU 可见，但事实上却不能保证立即可见。

不同硬件平台上对于“读–写”“写–读”“写–写”操作的处理有细微区别。Java 为了屏蔽硬件区别定义了 JVM 对这些操作的具体处理方式。对于像 C++这样会编译为平台相关代码，而且缺少内存模型的的静态编程语言来说，在操作读写时就需要仔细考虑不同平台之间的区别。尽管 C++中也有 volatile 关键字，但应用程序的具体行为还无法独立于其所在的系统平台。此外，在 C++中，部分“实际的”内存模型并不属于编程语言自身，而是由线程库和操作系统调用决定的。在 Intel IA-64 这种弱内存模型的 CPU 架构上，程序员有时甚至会在代码中显式使用内存屏障。总之，一旦 C++源代码在某个系统平台上完成编译，应用程序的行为就不会再发生改变了。

Java 是如何保证在所有支持的平台上具有相同的行为呢？在 Java 编程语言中并不存在内存屏障这东西，而且考虑到 Java 所追求的平台无关性，也不应该存在。

1. 早期内存模型中的问题

自诞生之初，Java 就明确了要有一个统一的内存模型，以便在不同的硬件平台上能够有一致的行为。从 Java 的 1.0 版本到 1.4 版本，在实现内存模型的时候都是按照原始的 Java 语言规范做的。但是，第一版的 Java 内存模型中存在着严重的问题，实际使用时，会导致无法达到预期效果，而且有时还会使编译器的优化失效。

原始内存模型允许编译器对操作 volatile 变量和非 volatile 变量重新排序。以下面的代码为例。

```
volatile int x;
int y;
volatile boolean finished;

/*线程 1 执行的代码*/
x = 17;
y = 4711;
finished = true;
/*到这里线程 1 会进入休眠状态*/

/*线程 2 执行的代码*/
if (finished) {
  System.err.println(x):
  System.err.println(y);
}
```

按照旧版的内存模型，上面的代码会打印出 17，但未必会打印 4711，一旦线程 2 被唤醒，这个结果与 volatitle 关键字的语义有关。虽然 volatitle 关键字有明确的定义，但与非 volatitle 变量的读写操作却无关。对那些常年与底层硬件打交道的程序员来说，这没什么可惊讶的，但大多数 Java 程序员可能认为，对变量 finished 的赋值操作应该会将其之前的赋值操作都刷入到内存中，其中包括非 volatitle 变量 y。新的内存模型强制使用了更加严格的内存屏障来限制对 volatitle 变量和非 volatitle 变量的优化行为。

之前提到的无限循环的那个例子中，JIT 编译器可能会为非 volatitle 变量在每个线程中创建一份局部副本。

考虑下面的代码：

```
int operation(Item a, Item b) {
  return (a.value + b.value) * a.value;
}
```

编译器可能会将上面的代码优化为下面的样子：

```
int operation(Item a, Item b) {
  int tmp = a.value;
  return (tmp + b.value) * tmp;
}
```

注意，上面的代码中，两次访问 `a.value` 的操作被合并为一次操作。在不同的 CPU 平台上，这种优化方式所带来的性能提升不尽相同。但是，对 JIT 编译器来说，尽可能减少从内存载入数据的操作肯定是有好处的，因为访问内存会比访问寄存器慢上几个数量级。静态编译语言几乎都会做这种优化，相比之下，若是无法在 Java 中做这类优化的话，会带来较大的性能损耗。

原始的 Java 内存模型存在缺陷，因此若编译器不能证明变量 `a` 和变量 `b` 是同一个对象的话，就不一定会执行上述优化。幸运的是，新版的 Java 内存模型中指定了只要定义属性 `value` 时没有附加 `volatitle` 关键字，就可以执行上述优化。新版的内存模型允许线程为非 `volatile` 变量保存线程内副本，这也说明了前面小节中的示例代码为什么可能会产生无限循环。

- **不变性**

旧版 Java 内存模型的一大问题是，在某些情况下，被声明为 `final`（不变性）的变量的值会发生变化。按照定义来说，被声明为 `final` 的变量因其不变性本来是不需要使用同步操作的，但在旧版内存模型中，却不是这样。在 Java 中，对被声明为 `final` 的成员变量的赋值只能在构造函数中进行，并且只能赋值一次，但在构造函数运行之前，未初始化的成员变量会有一个默认值，可以是 `0` 或者 `null`。在旧版内存模型中，如果不显式使用同步操作的话，其他的线程可能在执行赋值操作将值提交到内存之前临时看到这个默认值。

上述问题的典型事例就是 `String` 对象的使用。`String` 类中所有成员变量都是加了 `final` 声明的，因此保证了 `String` 的实例是不可变对象。此外，为节省内存占用，多个 `String` 对象可能会使用一个共享字符数组 `char` 来保存具体字符，并使用起始偏移位置和长度来定位具体的字符串。例如，字符 cat（`offset` 为 `5`）和字符串 housecat（`offset` 为 `0`）共享同一个字符数组，按照旧版内存模型，在字符串 cat 对象的构造函数执行之前，其起始偏移位置 `offset` 字段和长度 `length` 字段（默认值均为 `0`）可能会被其他线程看到，使其认为该字符串对象的内容是 housecat（`offset` 为 `0`）。当构造函数执行结束后，该字符串对象的内容又会被解读为 cat（`offset` 为 `5`）。从实际效果看，这违反了“字符串是不可变的”这一原则。

新版本的内存模型修复了这个问题，声明为 `final` 的成员变量无须使用同步操作就可以保证不变性。但需要注意的是，即便是使用 `final` 关键字来声明成员变量，但如果在构造函数完成之前就将该成员变量暴露给其他线程的话（`this` 引用），仍然可能会出现上述问题。

2. JSR-133

重新设计 Java 内存模型是由 JCP（Java comunity process）组织完成的，具体内容在 JSR133

中，并在 2004 年发布的 Java 1.5 中成为 Sun 公司的参考实现。JSR 以及 JLS 本身的内容都挺复杂，充满了精确的、形式化的描述内容。对 JSR-133 的详细介绍超出了本书的范畴，如果读者想要进一步提升自己的编程水平，详细研读一下相关内容是很有帮助的。

网上有一些不错的解读 JSR-133 的资料，例如由 Jeremy Manson 和 Brian Goetz 编写的 *JSR-133 FAQ*，以及由 Brian Goetz 编写的 *Fixing the Java memory Model*。

JSR-133 解决了 `volatitle` 重排序的问题，明确了 `final` 关键字的语义，保证了其不变性，还修复了一些从 JDK 1.0 到 JDK 1.4 始终存在的可见性问题。`volatitle` 的语义更严格，相应地，执行效率略有下降。

对于 Java 来说，JSR-133 和新版的内存模型是一大进步，同步的语义更简单，更直观，直接使用 `volatitle` 关键字就可以实现简单的同步访问。当然，在多线程环境下，即便是有了新版的内存模型，操作内存仍然可能会出现各种问题，但因语义不明而导致的不可预测性问题已经一去不复返了。因此，谨慎使用同步机制，深入理解锁和 `volatitle` 就能生产出优质代码。

4.3.2　同步的实现

下面的内容将介绍 Java 字节码和 JVM 中是如何实现同步的。

1. 原生机制

从计算机最底层 CPU 结构来说，同步是使用原子指令实现的，各个平台的具体实现可能有所不同。以 x86 平台为例，它使用了专门的**锁前缀**（lock prefix）来实现多处理器环境中指令的原子性。

在大多数 CPU 架构中，标准指令（例如加法和减法指令）都可以实现为原子指令。

为了实现原子的条件的载入和存储数据，另一个常用的方案是**比较–交换**（compare-exchange）指令。比较–交换指令会对内存中指定位置的值和一个输入值做比较，如果相同，则将第二个输入值写入到内存的指定位置。通过比较–交换指令，如果交换成功的话，可以将旧的内存内容写入到目标操作数中，或是设置条件标记。因此，比较–交换指令可以用于实现分支执行。此外，在后文中还会讲到，比较–交换指令可作为实现锁的基础组件。

此外，**内存屏障**（memory fence）指令也可用来保证所有的 CPU 都可以看到对内存中数据的最新修改，因此可用来实现 `volatitle` 关键字的语义。编译器会在每个对 `volatitle` 变量赋值的语句后面，插入一条内存屏障指令，以便其他的 CPU 可以看到本次修改。

内存屏障强制执行内存有序，使 CPU 缓存失效，无法并行执行指令，因此使用原子指令是有性能损耗的，即使原子指令是实现同步的基础，在使用的时候也需要多加小心。

对调用原子指令的常用优化是将之作为 JVM 的**内建函数**（intrinsic call）使用，例如，当运行时发现调用了 `java.util.concurrent.atomic` 包中某些函数，可以将之简单地实现为内联的汇编指令。以下面的代码为例：

```
import java.util.concurrent.atomic.*;

public class AtomicAdder {
  AtomicInteger counter = new AtomicInteger(17);

  public int add() {
    return counter.incrementAndGet();
  }
}

public class AtomicAdder {
  int counter = 17;

  public int add() {
    synchronized(this) {
      return ++counter;
    }
  }
}
```

在第一个 `AtomicAdder` 类中，如果运行时能够识别出 `add` 方法的具体功能，就无须关心 `AtomicInteger.incrementAndGet` 方法的具体实现，在生成代码时直接插入原子的加法指令即可。之所以可以使用这种优化方法，是因为 `java.util.concurrent.AtomicInteger` 类是 JDK 的一部分，具有良好的语义定义。如果没有原子指令的话，虽然可以实现相同的功能，但会更麻烦一些。

实践中，使用同步操作可以实现排他性访问，但失去并行性会带来不小的性能损耗。除了一次只有一个线程可以访问临界区之外，同步操作本身也会带来性能损耗。

在微架构（micro-architecture）层面，原子指令的执行方式在各个平台上不尽相同。一般情况下，它会暂停 CPU 流水线的指令分派，直到所有已有的指令都完成执行，并将操作结果刷入到内存中。此外，该 CPU 还会阻止其他 CPU 对相关缓存行的访问，直到该原子指令结束执行。在现代 x86 硬件平台上，如果屏障指令（fence instruction）中断了比较复杂的指令执行，则该原子指令可能需要等上很多个时钟周期才能完成执行。因此，不仅是过多的临界区会影响系统性能，锁的具体实现也会影响性能，当频繁对较小的临界区执行加锁、解锁操作时，性能损耗更是巨大。

2. 锁

虽然操作系统提供了同步机制，实现锁的时候根据业务需要调用操作系统的具体函数即可，包括将未得到锁的线程放入等待队列。但这种通用的方式并不理想。

如果某个锁从未有竞争出现，而且加锁的次数也非常有限，而某个锁的竞争非常激烈，这两种情况下如何处理？这是自适应运行时的又一个用武之地。在介绍自适应运行时如何根据反馈信息选择锁实现之前，这里需要先介绍两种基本锁实现，**胖锁**（fat lock）和**瘦锁**（thin lock）。

瘦锁通常用于锁的持有时间很短的场景中，胖锁则用于更复杂一些的场景中。运行时可以根据锁的竞争情况，在两种类型之间做切换。

- **瘦锁**

自旋锁（spinlock）是瘦锁的最简实现。当线程无法获取到锁监视器对象时，该线程将进入循环，重复执行下一次获取监视器对象的操作。一般情况下，自旋锁使用原子的比较–交换指令来实现排他性写操作，如果无法获取到锁，则重复执行比较–交换指令。

下面的代码是一个非常简单的自旋锁实现。

```
public class PseudoSpinlock {
  private static final int LOCK_FREE = 0;
  private static final int LOCK_TAKEN = 1;

  //表示锁的状态，被释放或是被持有
  static int lock;

  /**
   * 尝试将锁状态修改为
   * LOCK_TAKEN.
   *
   * cmpxchg 返回锁状态的旧值
   * 如果已经获取到了锁，则该操作是空操作
    *
    *若设置锁状态失败，则自选等待
    */
  public void lock() {
    //burn cycles, or do a yield
    while (cmpxchg(LOCK_TAKEN, [lock]) == LOCK_TAKEN);
  }

  /**
   *尝试将锁状态设置为 LOCK_FREE
   */
  public void unlock() {
    int old = cmpxchg(LOCK_FREE, [lock]);
    //避免递归加锁，例如同一个锁加锁两次
    assert(old == LOCK_TAKEN);
  }
}
```

自旋锁实现简单，进入成本低，但维持自旋状态却代价高昂，因此自旋锁只适用于锁的持有时间非常短的场景。自旋锁并不适用于竞争激烈的场景，否则大部分时间都会被浪费在循环中。此外，频繁调用 cmpxchg 指令的开销也不小，它会使 CPU 缓存失效，影响程序的并行性。

之所以说自旋锁是瘦锁，是因为它实现简单，而且在没什么竞争的场景下不会带来太多性能损耗。在较少干扰的场景，使用自旋锁可以实现复杂一点的功能，例如为自旋功锁加上属性或 CPU 暂停，但基本原理是一致的。

由于自旋锁只包含循环中的原子检查，无法满足 Java 对同步的要求，例如，当调用 wait 方法或 notify 方法时，需要与系统中的其他线程通信，使其挂起或恢复工作，而这无法通过自旋锁完成。

- **胖锁**

相比于瘦锁，胖锁在获取或释放时会慢上几个数量级，可以表达更复杂的含义，并且在竞争激烈的场景下仍提供良好的性能。例如，胖锁的实现可能会回退到操作系统层面的锁机制和线程控制机制。

等待获取锁时，线程会被挂起，放入到由该胖锁维护的**锁队列**（lock queue）中。锁队列中线程通常是按照**先入先出**（first-in-first-out，FIFO）的顺序恢复执行，但运行时也可能会按照线程的优先级来重新调度。对监视器对象来说，JVM 还会维护一个**等待队列**（wait queue），用于保存那些调用了 `wait` 方法的线程，当调用 `notify` 方法时，会从该队列中拿出一个线程恢复执行。

- **公平性**

就线程调度来说，**公平性**（fairness）是指为每个线程安排同等执行时间的调度策略。如果某个线程用完了其时间片，就轮到另一个线程执行。

如果不关心公平性的话，例如当不需要平衡各个 CPU 核心的使用率，而且各个线程执行相同的任务时，通常情况下，使让正在运行的线程继续执行下去可以提升整体性能。简单来说就是，如果只关心应用程序的吞吐量的话，让刚刚释放锁的线程重新获取锁是个不错的办法，因为这样可以避免上下文切换，也不会使 CPU 缓存失效。事实上，这种不公平的调度策略的确可以提升执行效率。

从设计上讲，瘦锁不涉及公平性，当试图获取锁时，相关线程需要再竞争一次。

胖锁与之类似，锁队列是有序的，但如果同时有多个线程被唤醒，那么仍旧需要再竞争一次。

- **JRockit 中的锁字**

之前曾经介绍过，JRockit 中每个对象的头部都有 2 个 32 位的标记字（mark word），其中一个是指向对象类型信息的类块，另一个则包含了锁和垃圾回收的信息（8 位为垃圾回收，24 位为锁）。

> 本节介绍的锁字和对象头的布局是基于 JRockit R28 版本的实现，在将来的发行版本中可能会做改变，在此只是为了帮助说明锁的状态和实现。

在 JRockit 中，当首次使用某个锁时，默认将之作为瘦锁对待。瘦锁对象中的位信息包含了持有该锁的线程，以及与优化相关的一些额外的信息，例如会记录该锁在不同线程间的传递次数，用于判断该锁是否在大部分时间只在某个线程内用到。

使用胖锁时，则需要为该锁以及信号量队列分配一个 JVM 内部的监视器，因此，在胖锁中，锁字的大部分空间用来存储监视器的索引。

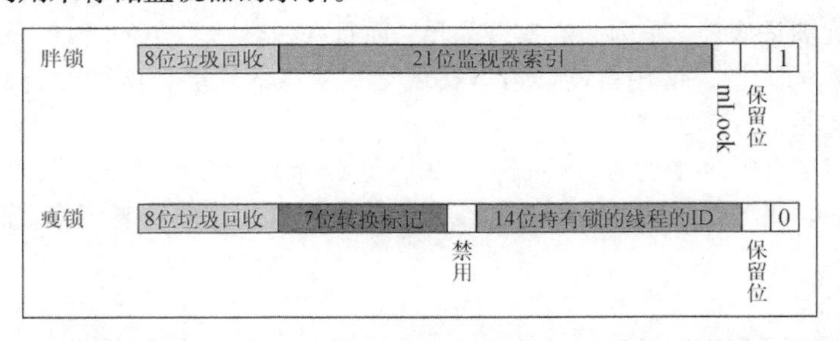

上图只是 JRockit 里锁字的布局，展示了用于实现胖锁和瘦锁的辅助数据结构，不同的虚拟机厂商通常有各自的实现，下面的状态图展示了胖锁和瘦锁的相互转换，以及锁字在状态转换中的作用。

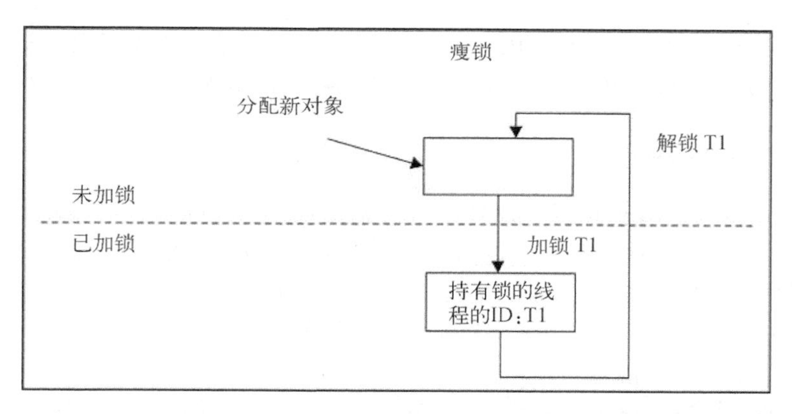

上图展示了瘦锁在加锁和未加锁两种状态间的转换。当线程 T1 在某个对象上加锁成功后，对象头中的锁字会记录下该线程的 ID 值，并将该对象标记为使用了瘦锁。当线程 T1 释放掉锁时，对象将恢复到未加锁状态，清空锁的持有者标记位。

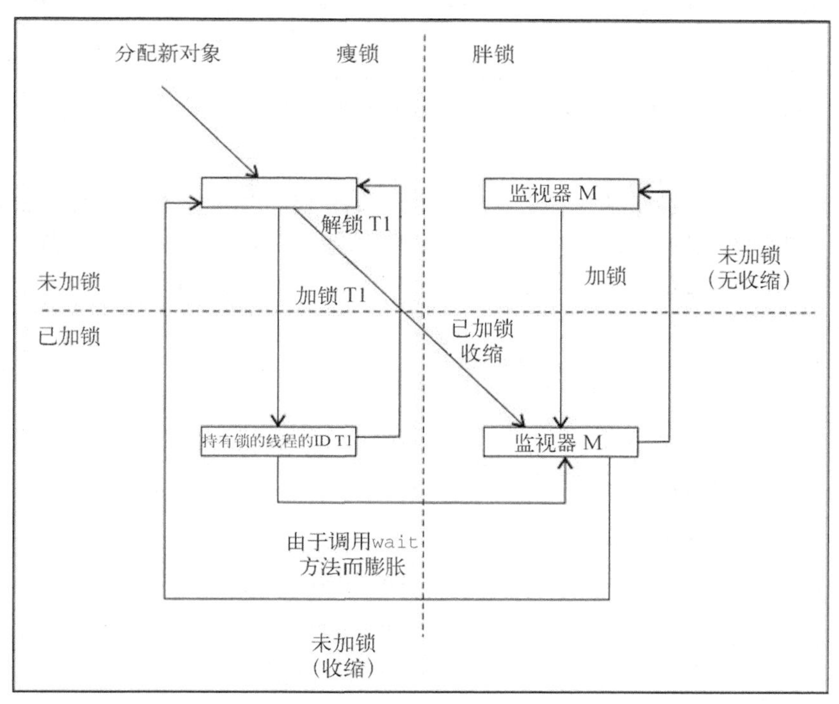

但当涉及胖锁时，事情会复杂一些。当运行时发现某个锁的竞争非常激烈，或者调用了类似 `wait` 的方法时，会将瘦锁膨胀为胖锁。如果已知某个锁的竞争非常激烈，则当线程 T1 试图获取锁时，会直接使用胖锁，此外，在调用 `wait` 方法时，也含有从瘦锁转换为胖锁的执行路径。由于胖锁的锁字中包含了 JVM 内部监视器的索引，所以在将胖锁转换为瘦锁之前就执行释放锁的操作，会在锁字中留下监视器的索引 ID，以便重用监视器对象，如上图所示。

4.5 节会详细介绍运行时根据竞争情况来转换瘦锁和胖锁的场景。

4.3.3 同步在字节码中的实现

Java 字节码中有两条用于实现同步的指令，分别是 monitorenter 和 monitorexit，它们都会从执行栈中弹出一个对象作为其操作数。使用 javac 编译源代码时，若遇到显式使用监视器对象的同步代码，则为之生成相应的 monitorenter 指令和 monitorexit 指令。以下面的代码为例，作为一个实例方法，其使用了隐式的监视器对象 this。

```
public synchronized int multiply(int something) {
  return something * this.somethingElse;
}
```

上面的代码会编译为如下形式。

```
public synchronized int multiply(int);
  Code:
    0:  iload_1
    1:  aload_0
    2:  getfield     #2; //获取实例属性 somethingElse 的值
    5:  imul
    6:  ireturn
```

在这里，运行时或 JIT 编译器，会在.class 文件检查该访问的**访问标志集合**（access flag set），以此来判断该方法是否为同步方法。实例方法可以将当前对象作为隐式监视器，静态方法则可以将当前类的类对象作为隐式监视器。因此，上面的代码有如下的等价形式。

```
public int multiply(int something) {
  synchronized(this) {
    return something * this.somethingElse;
  }
}
```

但上面的代码，在编译之后会稍微复杂一些。

```
public int multiply(int);
  Code:
    0:  aload_0
    1:  dup
    2:  astore_2
    3:  monitorenter
    4:  iload_1
    5:  aload_0
    6:  getfield     #2; //获取实例属性 somethingElse 的值
    9:  imul
    10:  aload_2
    11:  monitorexit
    12:  ireturn
    13:  astore_3
```

```
      14:  aload_2
      15:  monitorexit
      16:  aload_3
      17:  athrow
    Exception table:
      from    to  target type
       4     12    13    any
      13     16    13    any
```

在上面的示例代码中，javac 除了生成 monitorenter 指令和 monitorexit 指令外，还将 synchronized 代码块置于 try...catch 代码块中（从字节码偏移位置 4 到偏移位置 9）。当发生异常时，控制流转到 catch 代码块（即偏移位置 13 处）继续执行，会在抛出所捕获的异常之前先释放已持有的锁。

之所以编译器会如此处理代码，是为了保证即使 synchronized 代码块发生异常，代码也能够正确释放掉锁。此外，注意一下异常表中的内容，假设 catch 代码块中发生了异常，仍会跳转到自身 catch 块中处理，形成循环，只不过这种处理方式在 Java 源代码中是不可能出现的。参见第 2 章中对这个问题的阐述。

对于上述的 catch 块的结构，一般是作为非结构化控制流处理的，但作为一种递归的 catch 结构，它会增加控制流分析的复杂性，因此在 JRcokit 中，编译器会对其做特殊处理，否则就会因为代码太复杂而使很多优化策略无法应用。

在 JRockit 内部处理处理方法时，会执行与上面的示例代码相似的处理，将隐式监视器转化为显式监视器，以避免使用同步标志的特殊情况。

锁匹配

字节码中除了对隐式监视器的转换外，还存在着一个更严重的问题，就是 monitorenter 指令和 monitorexit 指令可能不匹配，例如可以在字节码中对一个未加锁的对象执行 monitorexit 指令，而该指令在执行时会抛出 IllegalMonitorStateException 异常。此外，可以在字节码中一个方法内对某个对象加锁，却在另一个方法内释放该锁。同样的问题还有，在同一个对象上重复执行的 monitorenter 指令和 monitorexit 指令有可能不是正确配对的。这些字节码结构在 Java 中都是不合法的，但在字节码中都是合法的，而实际运行的时候又会使运行时抛出异常。

出于性能方面的考虑，JIT 编译器需要能辨识出加锁和解锁操作是否匹配。锁的类型决定了是否需要执行解锁操作，这点非常重要，尤其是当不只有胖锁和瘦锁两种类型时。但不幸的是，由于字节码和 Java 源代码的语义不完全相同，所以虚拟机不能假设字节码中的锁操作都是正确匹配的，而且不匹配的锁操作确实可能存在，因此 JRockit 必须能够正确处理这种不匹配的锁操作代码。

JRockit 代码生成器会在生成代码时执行控制流分析，将 monitorenter 指令和 monitorexit 指令相匹配，对于由 Java 源代码编译而得的字节码来说，是可以完成匹配的（在 catch 块中捕获同步块代码抛出的异常并释放锁，可以看作是一种特例）。匹配工作是在将基于栈的代码转换为基于寄存器的代码过程中完成的，即在 BC2HIR 阶段执行控制流分析时完成。

JRockit使用名为**锁符号**（lock token）的机制来判断哪两条`monitorenter`指令和`monitorexit`指令应该匹配在一起。每条`monitorenter`指令都会被转换为一个带有目的锁符号的指令，与之相匹配的`monitorexit`指令则会转换为使用该目的锁符号作为源操作数的指令。

下面的伪代码展示了Java中的同步是如何转换为JRockit中相匹配的锁操作的。

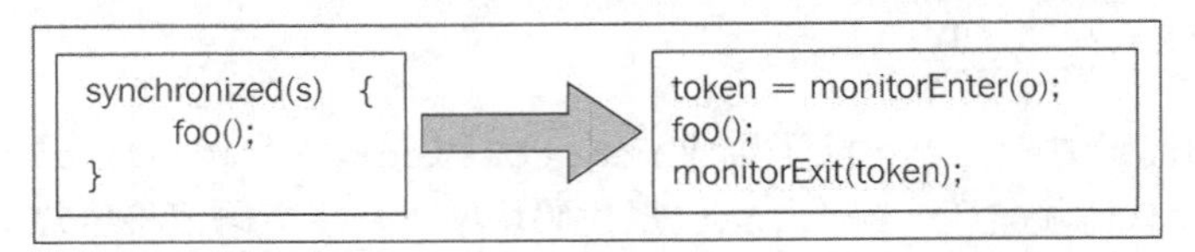

特殊情况下，可能会出现存在`monitorenter`指令，却没有与之匹配的`monitorexit`指令的情况，JRockit将这种指令标记为**未匹配的**（unmatched）。尽管运行时可以支持这种情况，而且这样符合字节码规范，但运行时处理这种不匹配的锁操作时会比正常情况下慢上几个数量级，后续将会对此做详细介绍。

事实上，正常编译的字节码中不会锁操作不匹配的情况，但在经过混淆的代码中，或者经过字节码分析器处理过的字节码中可能会出现这种极端情况。运行JRockit时，指定`-Xverbose:codegen`参数可以让代码生成器打印出检测到了哪些不匹配的锁。在JRockit R28版本中，JRockit Flight Recorder套件使用了专门的事件来记录检测到了不匹配的锁，可作为性能分析的一个指标。如果应用程序代码中出现了不匹配的锁，其所带来的恶劣影响会完全抵消掉之前做的性能优化，因此要将之解决。

当涉及本地代码时，根本无法完成锁操作的配对工作。以JNI的方式从本地代码中执行同步操作时，由于运行时无法控制本地代码的执行栈，所以会将之作为不匹配的锁来处理。在JNI中通过存根代码来操作锁的开销比没有锁的情况会慢上几个数量级。所以，如果应用程序需要频繁调用本地代码，而其中又涉及同步操作，那就很难会有好的执行性能了。

那么，什么是**锁符号**呢？在JRockit中，锁符号是指向监视器对象（`monitorenter`指令的操作数）的引用，并额外附加了几个二进制位记录相关信息。正如在第3章中介绍的，对象一般都是以偶数地址对齐的，从实践来看，是按8字节对齐（如果是对更大的堆执行引用压缩的话，可能会按更大的字节数对齐），因此锁符号对象地址的低位被用来存储了一些其他信息。以对象地址按8字节对齐为例，如果对象地址的低3位不是0，就表示JRockit已经将该对象作为监视器使用了，已经与某个锁符号关联起来了。非0的低三位可以表示7种锁信息，例如瘦锁、胖锁、递归地使用同一个线程、不匹配的锁等。锁符号只存在于局部栈帧中，不在堆中，而JRockit并不对局部栈帧中的引用执行压缩，所以锁符号对象的低三位肯定都是0，可以通过对象地址的低位获取锁相关信息。

之前的章节曾经介绍过，在任意时间，活动寄存器的内容是由编译器来显式指定的，作为**存活对象图**供代码生成器使用。与之类似，锁符号也是这样的。

由于Java源代码中可以隐式使用监视器对象，因此若在其中嵌套了另一个同步代码块，则释放隐式监视器对象的操作必须要放在释放嵌套锁之后。要查看存活对象图中的某个对象是否为锁符号并不困难，但想按顺序释放锁符号，就需要记录一些嵌套信息，例如当发生异常时，运行时需要知道各个锁的嵌套关系，这部分信息就存储在存活对象图中。

对于那些不匹配的锁来说，释放锁时为了能够找到与之相匹配的加锁操作，就必须要遍历执行栈，在之前的所有栈帧中查找对应的加锁操作，并更新锁符号中的信息。这个操作需要暂停所有应用程序线程，比处理匹配的锁操作会慢上几个数量级，因为处理正确匹配的锁操作只需要修改部栈帧中锁符号即可。幸好，这种锁操作不匹配的情况很少见，使用 javac 编译出的字节码不会出现这种情况。

4.3.4 线程的实现

本节将会简要介绍几种不同的线程实现。目前的主流实现方式是直接应用操作系统自身的线程。

1. 绿色线程

绿色线程一般指使用**多路复用算法**（multiplexing algorithm）实现的线程，通常会用一个操作系统线程对应 JVM 的多个或所有 Java 线程。这样，就需要由运行时负责调度与该操作系统线程对应的所有 Java 线程。使用绿色线程的好处是，在处理线程上下文切换和创建新线程时，其执行开销会比操作系统线程小得多。早期，在很多 JVM 实现中都不同程度地使用了绿色线程。

但是，使用绿色线程会增加线程调度和管理生命周期的复杂度，此外，如果绿色线程调用本地代码时被阻塞住，则该操作系统线程所对应的所有 Java 线程都会被挂起，这很有可能会导致死锁。因此，使用绿色线程时就需要有相应的机制来防止这种情况的出现。JRockit 的早期版本中使用了绿色线程，并配以名为**叛徒线程**（renegade thread）的机制来解决操作系统线程挂起的问题，该机制会在原操作系统线程执行本地代码时，创建一个新的操作系统线程来执行。如果绿色线程频繁调用本地代码，那么最终会变成 Java 线程和操作系统线程的一对一映射模型。

- **多对多映射模型**

实现绿色线程的一种变通方式是，使用多个操作系统线程轮流执行多个绿色线程的任务，称为**多对多映射模型**（$n \times m$ thread model），这样可以在某种程度上缓解绿色线程在执行本地代码时被挂起而可能导致的死锁问题。

这种模型很适合早期的 Java 服务器端程序的开发，因为那时更看重的是线程的扩展性和启动开销。JRockit 最早一批付费用户的需求是支持大量线程并发执行，并且创建线程的开销要低，典型场景是用于网络聊天室的服务器端开发。JRockit 1.0 版本使用了多对多映射模型，在这种场景下可以使应用程序性能大幅提升。

随着时间的发展，Java 应用程序也变得更加复杂，多路复用操作系统线程的复杂度增加，线程执行本地代码变得更加可靠，其他技术（例如同步的具体实现）不断进步，这些都使多对多映射模型愈发跟不上时代的发展。

就目前来看，现代服务器端的 JVM 实现中已经不再使用绿色线程，而是直接将 Java 线程映射为操作系统线程来执行。

2. 操作系统线程

自然地，使用操作系统线程（例如类 Unix 系统中的 POSIX 线程）来对应 `java.lang.Thread` 类的实例是实现线程最直观的方法，即所谓的**一对一映射模型**（one-to-one mapped）。使用这种映射模型的好处是两种线程的语义基本相同，不需要做太多额外的准备工作，线程的调度也可以交给操作系统完成。

就目前来看，所有现代 JVM 实现都使用了这种方式，其他实现方式都通常因其复杂性而遭弃用，至少在实现服务器端应用程序方面是这样。在嵌入式环境中，使用其他方式实现线程还是可行的，但同时，这种环境对实现者的其他限制也很多。

- **线程池**

如果虚拟机中线程是基于操作系统线程实现的，那么就可以使用一些原本不太适用的技术了，例如线程池。创建和启动操作系统线程的开销远比操作绿色线程大，因此使用线程池可以大幅提升性能。如果 `java.lang.Thread` 的实例是基于操作系统线程实现的，那么在 Java 程序中重用已有线程，可以节省不少执行开销，例如保持有 n 个线程存在，每次有新任务时，取出一个线程来执行，无须每次都创建新线程。我们认为，不要自以为比 JVM 聪明，但也取决于不同情况。而是否使用线程池，应该经过严谨的性能测试之后，再做决定。

此外，如果 Java 线程不是纯粹基于操作系统线程实现的，使用线程池可能会适得其反。使用绿色线程时，线程的启动开销非常小，尽管目前 JVM 实现都是基于操作系统线程的，但既然 Java 是跨平台的语言，所以就不能太过迷信线程池，使用时需谨慎。

4.4　对于线程与同步的优化

本节将会介绍自适应运行时环境中线程和同步操作方面的优化。

4.4.1　锁膨胀与锁收缩

正如之前介绍锁时提到的，自适应运行时系统需要根据当前系统负载和线程竞争情况，在胖锁和瘦锁之间切换，这里就涉及代码生成器和锁的具体实现。

在自适应环境中可以得到锁的运行信息（如果要做完整的锁分析则会有一些性能开销），当线程获取或释放某个锁时，运行时系统可以记录下是哪个线程获得了锁，获取锁时的竞争情况。所以，如果某个线程尝试了很多次还无法获取到锁，运行时就可以考虑将该瘦锁调整为胖锁。胖锁更适合竞争激烈的场景，挂起被阻塞住的线程，不再让其自旋，这样可以节省对 CPU 资源的浪费。这种瘦锁到胖锁的转换称为**锁膨胀**（lock inflation）。

> 默认情况下，JRockit 使用一个小的自旋锁来实现刚膨胀的胖锁，只持续很短的时间。乍看之下，这不太符合常理，但这么做确实是很有益处的。如果锁的竞争确实非常激烈，而导致线程长时间自旋的话，可以使用命令行参数 `-XX:UseFatSpin=false` 禁用此方式。作为胖锁的一部分，自旋锁也可以利用自适应运行时获取到的反馈信息，这部分功能默认是禁用的，可以使用命令行参数 `-XX:UseAdaptiveFatSpin=true` 来开启。

类似地，在完成了一系列解锁操作之后，如果锁队列和等待队列中都是空的，这时就可以考虑将胖锁再转换为瘦锁了，这称为**锁收缩**（lock deflation）。

4

JRockit 使用了启发式算法来执行锁膨胀和锁收缩，因此对于某个应用程序来说，锁的行为会根据线程对锁的竞争情况而改变。

如果需要的话，可以通过命令行参数来改变用于切换胖锁和瘦锁的启发式算法，但通常不建议这样做。第 5 章会对此做简要介绍。

4.4.2 递归锁

同一个线程可以对同一个对象加锁数次，这就是所谓的**递归锁**（recursive lock），尽管没必要，但这么做确实是合法的。例如，当某个会执行加锁操作的方法被内联到对同一个对象加锁的方法中，或者某个同步方法被递归调用，这时就会出现递归锁。如果临界区代码中没有危险代码（例如在内部锁和外部锁之间访问 `volatile` 变量，或发生对象逃逸），则代码生成器可以考虑将内部的锁彻底移除。

JRockit 使用了一个专门的**锁符号位**（lock token bit）来标识递归锁。当某个锁被某个线程获取到至少两次以上，而且没有释放最外层的锁，则该锁会被标记为递归锁。当发生异常时，运行时会重置递归标记，正确抛出异常，不会带来什么额外的同步操作的开销。

4.4.3 锁融合

在 JRockit 中，JIT 优化编译器还使用了一种名为**锁融合**（lock fusion）的代码优化技术，在某些文档中也称为**锁粗化**（lock coarsening）。当编译器将很多方法内联到一起后，尤其是多个同步方法，可能会出现多个代码块按顺序对同一个监视器对象重复执行加锁和解锁操作，这种场景下可以应用锁融合优化。

以下面的代码为例：

```
synchronized(x) {
  //执行业务逻辑
}

//执行一些短代码
x = y;
```

```
synchronized(y) {
  //执行其他业务逻辑
}
```

编译器通过**别名分析**（alias analysis）可以判断出 `x` 和 `y` 实际上是同一个对象。如果两个同步代码块之间代码的执行开销比释放锁再获取锁的开销还小的话，则代码生成器就可以考虑将两个同步代码块合并到一起，如下所示。

```
synchronized(x) {
  //执行业务逻辑
  //执行一些短代码
  x = y;
  //执行其他业务逻辑
}
```

当然，执行锁融合的前提是两个同步代码块之间的代码中不能有对 `volatile` 变量的访问，也不能发生对象逃逸，更不能使融合后的代码违反 Java 内存模型的语义。除了上述问题之外，还有一些其他可能因优化产生的问题需要处理，例如锁融合后对异常的处理需要考虑之间的兼容性，因其超出本章范围，这里不再赘述。

将所有的代码块都融合到一起显然不是什么好主意，但如果能够正确挑选必要的代码块融合的话，还是很有裨益的。如果能获得足够多的采样信息，就能够更准确地判断是否要执行锁融合操作。

总归一句话，上述代码优化的主要目的是避免不必要的锁释放操作。其实，不借助代码生成器，线程系统本身可以通过状态机来实现类似的优化，即所谓的**延迟解锁**（lazy unlocking）。

4.4.4　延迟解锁

如何分析很多线程局部的解锁，以及重新加锁的操作只会降低程序执行效率？这是否是程序运行的常态？运行时是否可以假设每个单独的解锁操作实际上都是不必要的？

如果某个锁每次被释放后又立刻都被同一个线程获取，则运行时可以做上述假设。但只要有另外某个线程试图获取这个看起来像是未被加锁的监视器对象（这种情况是符合语义的），这种假设就不再成立了。这时为了使这个监视器对象看起来像是一切正常，原本持有该监视器对象的线程需要强行释放该锁。这种实现方式称为**延迟解锁**，在某些描述中也称为**偏向锁**（biased locking）。

即使某个锁完全没有竞争，执行加锁和解锁操作的开销仍旧比什么都不做要大。而使用原子指令会使该指令周围的 Java 代码都产生额外的执行开销。

在 Java 环境中，有时确实可以假设大部分锁都只在线程局部内起作用。第三方库的作者无法知晓其代码是否会被用在并行环境中，除非显式地指定代码不是线程安全的，否则为了完成线程局部内的操作，就不得不使用不必要的同步操作。JDK 本身也有很多这样的例子，典型的就是 `java.util.Vector` 类的实现。如果程序员要在线程局部环境中使用向量，但没有考虑清楚的话，就有可能会使用 `java.util.Vector` 类，事实上，`java.util.ArrayList` 类可以完成同样的任务，还不会有同步操作带来的额外的开销。

从以上可以看出，假设大部分锁都只在线程局部起作用而不会出现竞争情况，是有道理的。在这种情况下，使用延迟解锁的优化方式可以提升系统性能。当然，天下没有免费的午餐，如果某个线程试图获取某个已经延迟解锁优化的监视器对象，这时的执行开销会被直接获取普通监视器对象大得多，因为这个看似未加锁的监视器对象必须要先被强行释放掉。

因此，不能一直假设解锁操作是不必要的，需要对不同的运行时行为做针对性的优化。

1. 实现

实现延迟解锁的语义其实很简单。

实现 `monitorenter` 指令。

- 如果对象是未锁定的，则加锁成功的线程将继续持有该锁，并标记该对象为延迟加锁的。
- 如果对象已经被标记为延迟加锁的：
  - 如果对象是被同一个线程加锁的，则什么也不做（大体上是一个递归锁）
  - 如果对象是被另一个线程加锁的，则暂停该线程对锁的持有状态，检查该对象**真实**的加锁状态，即是已加锁的还是未加锁的，这一步操作代价高昂，需要遍历调用栈。如果对象是已加锁的，则将该锁转换为瘦锁，否则强制释放该锁，以便可以被新线程获取到。

实现 `monitorexit` 指令：如果是延迟加锁的对象，则什么也不做，保留其已加锁状态，即执行延迟解锁。

为了能解除线程对锁的持有状态，必须要先暂停该线程的执行，这个操作有不小的开销。在释放锁之后，锁的实际状态会通过检查线程栈中的锁符号来确定，这种处理方式与之前介绍的处理不匹配的锁相同。延迟解锁使用自己的锁符号，以表示“该对象是被延迟锁定的”。

如果延迟锁定的对象从来也没有被撤销过，即所有的锁都只在线程局部内发挥作用，那么使用延迟锁定就可以大幅提升系统性能。但在实际应用中，如果我们的假设不成立，运行时就不得不一遍又一遍地释放已经被延迟加锁的对象，这种性能消耗实在承受不起。因此，运行时需要记录下监视器对象被不同线程获取到的次数，这部分信息存储在监视器对象的锁字中，称为**转移位**（transfer bit）。

如果监视器对象在不同的线程之间转移的次数过多，那么该对象、其类对象或者其类的所有实例都可能会被禁用延迟加锁，只会使用标准的胖锁和瘦锁来处理加锁或解锁操作。

2. 禁用对象

当监视器对象在不同的线程之间转移的次数达到某个阈值后，运行时会设置该对象锁字中的**禁用标记位**（forbid bit）。该标记位用于标记该对象是否可以用于延迟解锁。如果置位，则该对象不可再用于延迟解锁。

此外，如果锁会被其他线程所竞争，则不管其他属性如何设置，都会立刻禁用该对象的延迟解锁。

对于设置了禁用标记位的对象，加锁操作会按照胖锁或瘦锁处理。

3. 禁用类

仅仅禁止某个对象用于延迟解锁有时还不太够，同一类型的实例作为锁使用时通常具有类似的使用模式，因此，直接禁止该类使用延迟解锁就可以把它所有的实例都禁用了。如果某个类的实例作为锁使用时在不同线程之间转移的次数太多，或者某类有太多的实例被禁用于延迟解锁，则该类会被禁用。

运行时会记录类和某个实例被设置禁用标记位的时间，当禁用时间超过某个阈值后，会重新尝试启用延迟解锁。如果此后，发现该类或该对象又被禁用了，则重新开始计时，但这次阈值可能会变得更大一些，也可能会被永久禁用。

下图展示了不同锁状态之间的转换。

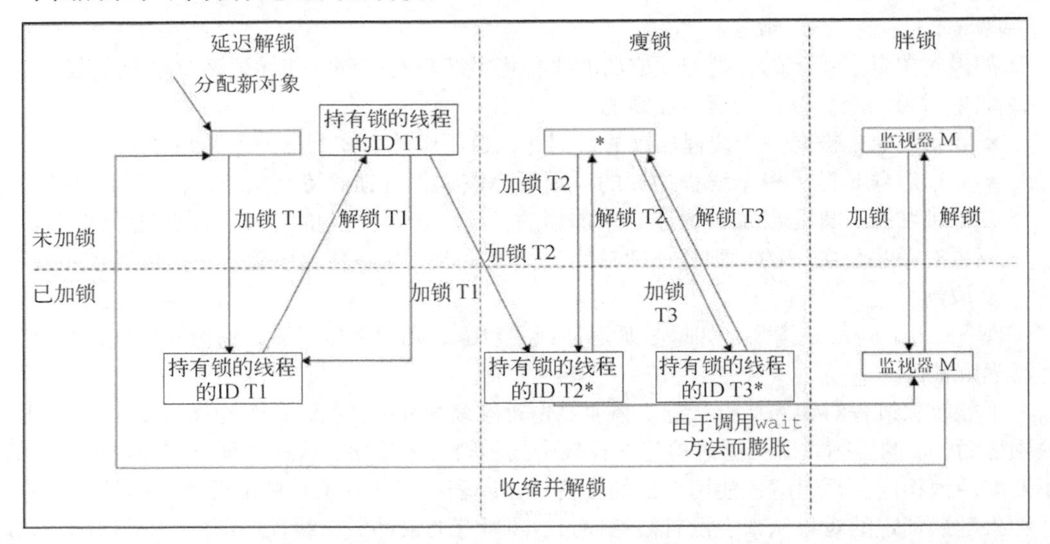

在上图中，有三种锁类型，其中胖锁和瘦锁在之前中介绍过，这里新增了延迟锁，用来解释锁在大部分情况下都只作用于线程局部场景下的情况。

正如之前介绍过的，对象首先是未加锁状态的，然后线程 T1 执行 monitorenter 指令，使之进入延迟加锁状态。但如果线程 T1 在该对象上执行了 monitorexit 指令，这时系统会假装已经解锁了，但实际上仍是锁定状态，锁对象的锁字中仍记录着线程 T1 的线程 ID。在此之后，线程 T1 如果再执行加锁操作，就不用再执行相关操作了。

如果另一个线程 T2 试图获取同一个锁，则之前所做“该锁绝大部分被线 T1 程使用”的假设不再成立，会受到性能惩罚，将锁字中的线程 ID 由线程 T1 的 ID 替换为线程 T2 的。如果这种情况经常出现，那么可能会禁用该对象作为延迟锁，并将该对象作为普通的瘦锁使用。假设这是线程 T2 第一次在该对象上调用 monitorenter 指令，则程序会进入瘦锁控制流程。在上图中，被禁用于延迟解锁的对象用星号（*）做了标记。此时，当线程 T3 试图在某个已被禁用于延迟解锁的对象上加锁，如果该对象还未被锁定，则此时仍会使用瘦锁。

使用瘦锁时，如果竞争激烈，或者在锁对象上调用了 wait 方法或 notify 方法，则瘦锁会膨胀为胖锁，需要等待队列来处理。从图中可以看到，处于延迟解锁状态的对象直接调用 wait 方法或 notify 方法的话，也会膨胀为胖锁。

4. 结论

大部分商业 JVM 实现都在不同程度上使用了延迟解锁机制。有些讽刺的是，之所以会这样，可能是因为常用的 SPECjbb2005 基准测试中包含大量线程局部的锁，为了能在性能测试中取得良好的成绩，而特意做了很多优化。

SPEC（standard performance evaluation corporation）是该组织的注册商标，而 SPECjbb2005 则是其推出的性能测试工具。

但事实上，在很多应用程序中，使用延迟解锁是会有可能提升系统性能的。这是因为应用程序的复杂性和各种抽象层的存在，使开发人员难以判断是否真的有必要使用同步操作。

在 JRockit 的某些版本中，例如在 x86 平台上为 JDK 1.6.0 实现的版本，默认开启了延迟解锁和根据启发式算法禁用对象（或类）的功能，用户可以通过命令行参数关闭这两个功能。想查看某个 JRockit 版本是否默认启用了延迟解锁，请查看 JRockit 的相关文档。

4.5 陷阱与伪优化

本节会介绍 Java 中与线程和同步相关的陷阱。

4.5.1 `Thread.stop`、`Thread.resume` 和 `Thread.suspend`

Java 线程相关 API 中最严重的问题是对 `java.lang.Thread` 类中 `stop`，`resume` 和 `suspend` 方法的调用。这些方法从 Java 1.0 版本中就存在，但很快就被发现存在问题，并且不推荐再使用。尽管如此，还是为时已晚，虽然已经发出警告，对这些方法的调用至今仍散落在世界各地的历史遗留代码中，而且不少新近的应用程序也仍在使用，我们曾见到过 2008 年开发的代码中还在使用这些方法。

`stop` 方法用于终止线程的执行，但并不安全，这是因为如果该线程正在修改全局数据，那么终止线程可能会使数据不一致，破坏应有状态。接收到终止信号的线程会释放其持有的锁，使正在被修改的数据对其他线程可见，这违反了 Java 的沙箱模型。

因此，普遍建议使用 `wait` 方法、`notify` 方法或 `volatile` 变量来做线程间的同步处理。

使用 `suspend` 方法挂起一个线程可能会产生死锁，即如果线程 T1 获取了锁对象 L1，却被挂起了，此时另一个线程 T2 试图获取锁 L1 就会被阻塞住，直到线程 T1 重新恢复执行并释放该锁。但如果负责调用 `resume` 方法来唤醒线程 T1 的线程 T3 也想获取锁 L1，于是线程 T3 也会被阻塞住，这时就形成了死锁。因此，`Thread.resume` 方法和 `Thread.suspend` 方法也因为过于危险而被弃用。

因此，永远不要使用 `Thread.stop` 方法、`Thread.resume` 方法或 `Thread.syspend` 方法，并小心处理使用这些方法的历史遗留代码。

4.5.2　双检查锁

如果对内存模型和 CPU 架构缺乏理解的话，即使使用平台独立性很高的 Java 做开发一样会遇到问题。以下面的代码为例，其目的是实现单例模式。

```
public class GadgetHolder {

  private Gadget theGadget;

  public synchronized Gadget getGadget() {
    if (this.theGadget == null) {
      this.theGadget = new Gadget();
    }
    return this.theGadget;
  }
}
```

上面的代码是线程安全的，因为 getGadget 方法是同步的，以自身实例作为隐式监视器。但当 Gadget 类的构造函数已经执行过一次之后，再执行同步操作看起来有些浪费，因此，为了优化性能，将之改造为下面的代码。

```
public Gadget getGadget() {
  if (this.theGadget == null) {
    synchronized(this) {
      if (this.theGadget == null) {
        this.theGadget = new Gadget();
      }
    }
  }
  return this.theGadget;
}
```

上面的代码使用了一个看起来很“聪明”的技巧，如果对象已经存在，则将之返回，不再执行同步操作，而是直接返回已有的对象；如果对象还未创建，则进入同步代码块，创建对象并赋值。这样可以保证“线程安全”。

上述代码就是所谓的**双检查锁**（double checked locking），下面分析一下这段代码的问题。假设某个线程经过内层的空值检查，开始初始化 theGadget 字段的值，该线程需要为新对象分配内存，并对 theGadget 字段赋值。可是，这一系列操作并不是原子的，且执行顺序无法保证。如果在此时正好发生线程上下文切换，则另一个线程看到的 theGadget 字段的值可能是未经完整初始化的，有可能会导致外层的控制检查失效，并返回这个未经完整初始化的对象。不仅仅是创建对象可能会出问题，处理其他类型数据时也要小心。例如，在 32 位平台上，写入一个 long 型数据通常需要执行两次 32 位数据的写操作，而写入 int 数据则无此顾虑。

上述问题可以通过将 theGadget 字段声明为 volatile 来解决（注意，只在新版本的内存模型下才有效），增加的执行开销尽管比使用 synchronized 方法的小，但还是有的。如果不确定当前版本的内存模型是否实现正确，不要使用双检查锁。网上有很多文章介绍了为什么不应该使用双检查锁，不仅限于 Java，其他语言也是。

双检查锁的危险之处在于，在强内存模型下，它很少会使程序崩溃。Intel IA-64 平台就是个典型示例，其弱内存模型臭名远扬，原本好好运行的 Java 应用程序却出现故障。如果某个应用程序在 x86 平台运行良好，在 x64 平台却出问题，人们很容易怀疑是 JVM 的 bug，却忽视了有可能是 Java 应用程序自身的问题。

使用静态属性来实现单例模式可以实现同样的语义，而无须使用双检查锁，如下所示：

```
public class GadgetMaker {
  public static Gadget theGadget = new Gadget();
}
```

Java 语言保证类的初始化是原子操作，GadgetMaker 类中没有其他的域，因此，在首次主动使用该类时会自动创建 Gadget 类的实例。并赋值给 theGadget 字段。这种方法在新旧两种内存模型下均可正常工作。

总之，使用 Java 做并行程序开发有很多需要小心的地方，如果能够正确理解 Java 内存模型，那么是可以避开这些陷阱的。开发人员往往不太关心当前的硬件架构，但如果不能理解 Java 内存模型，迟早会搬起石头砸自己的脚。

4.6　相关命令行参数

本节将会介绍最重要的与控制、分析 JRockit 中锁的行为相关的命令行参数。

尽管使用这些参数后可以从相关的日志文件中得到大量信息，但同步操作还是比较复杂的，推荐使用 JRockit Mission Control 套件来进行可视化的分析。

4.6.1　检查锁与延迟解锁

本节将会介绍控制相关锁的行为的命令行参数。

1. 使用-Xverbose:locks 标志分析锁的行为

使用参数-Xverbose:locks 可以让 JRockit 打印出与同步操作相关的信息，其中大部分信息与延迟解锁相关，例如可以看到哪个类或哪些对象被临时或永久禁用了，还可以看到延迟解锁是否一直按照最初设想正常运转。

下面使用参数-Xverbose:locks 打印出了一些示例内容，在其中可以看到，某些类不适和使用延迟解锁，因此在后续的执行中会被禁用。

```
hastur:SPECjbb2005 marcus$ java -Xverbose:locks -cp jbb.jar:check.
  jar spec.jbb.JBBmain -propfile SPECjbb.props >/dev/null

[INFO ][locks   ] Lazy unlocking enabled
[INFO ][locks   ] No of CPUs: 8
[INFO ][locks   ] Banning spec/jbb/Customer for lazy unlocking.
  (forbidden 6 times, limit is 5)
```

```
[INFO ][locks  ] Banning spec/jbb/Address for lazy unlocking.
  (forbidden 6 times, limit is 5)
[INFO ][locks  ] Banning java/lang/Object for lazy unlocking.
  (forbidden 5 times, limit is 5)
[INFO ][locks  ] Banning spec/jbb/TimerData for lazy unlocking.
  (forbidden 6 times, limit is 5)
[INFO ][locks  ] Banning spec/jbb/District for lazy unlocking.
  (forbidden 6 times, limit is 5)
```

2. 使用标志**-XX:UseLazyUnlocking** 控制延迟解锁

在不同的平台和不同 JRockit 版本中，默认是否启用延迟解锁的设定不尽相同，请依据 JRockit 文档或根据-Xverbose:locks 标志的输出来判断。虽然延迟解锁有时会自行退化为普通的锁操作，但大部分情况下，启用延迟解锁确实是可以提升系统性能的。

可以使用命令行参数-XX:UseLazyUnlocking=false 或-XX:UseLazyUnlocking=true 来显式控制是否启用延迟解锁。

最后，使用命令行参数-Xverbose:codegen 可以打印出有哪些方法出现了锁操作不匹配的情况。

4.6.2　输出调用栈信息

向 JRockit 进程发送 SIGQUIT 信号可以使 JRockit 打印出 JVM 中所有线程（包括 Java 线程和本地线程）的完整调用栈信息，在类 Unix 系统上可以使用 kill -QIUT <PID>命令或 kill -3 <PID>命令发送 SIGQUIT 信号，在 Windows 系统上可以在控制台中通过 Ctrl-Break 组合键发送 SIGQUIT 信号。在打印出的线程调用栈信息中，会带有相关锁的锁符号及类型信息，可作为一个简陋方法快速判断是否出现了死锁。

下面是线程调用栈的示例内容，其中包括了锁的持有者、锁的类型以及锁在何处被获得等信息。

```
===== FULL THREAD DUMP ===============
Tue Jun 02 14:36:39 2009
BEA JRockit(R) R27.6.3-40_o-112056-1.6.0_11-20090318-2104-windows-ia32

"Main Thread" id=1 idx=0x4 tid=4220 prio=5 alive,
  in native, sleeping, native_waiting
    at java/lang/Thread.sleep(J)V(Native Method)
    at spec/jbb/JBButil.SecondsToSleep(J)V(Unknown Source)
    at spec/jbb/Company.displayResultTotals(Z)V(Unknown Source)
    at spec/jbb/JBBmain.DoARun(Lspec/jbb/Company;SII)V(Unknown Source)
    at spec/jbb/JBBmain.runWarehouse(IIF)Z(Unknown Source)
    at spec/jbb/JBBmain.doIt()V(Unknown Source)
    at spec/jbb/JBBmain.main([Ljava/lang/String;)V(Unknown Source)
    at jrockit/vm/RNI.c2java(IIIII)V(Native Method)
    -- end of trace
"(Signal Handler)" id=2 idx=0x8 tid=1236 prio=5 alive, in native, daemon
"(GC Main Thread)" id=3 idx=0xc tid=5956 prio=5 alive,
  in native, native_waiting, daemon
"(GC Worker Thread 1)" id=? idx=0x10 tid=5884 prio=5 alive,
  in native, daemon
"(GC Worker Thread 2)" id=? idx=0x14 tid=3440 prio=5 alive,
```

```
  in native, daemon
"(GC Worker Thread 3)" id=? idx=0x18 tid=4744 prio=5 alive,
  in native, daemon
"(GC Worker Thread 4)" id=? idx=0x1c tid=5304 prio=5 alive,
  in native, daemon
"(GC Worker Thread 5)" id=? idx=0x20 tid=5024 prio=5 alive,
  in native, daemon
"(GC Worker Thread 6)" id=? idx=0x24 tid=3632 prio=5 alive,
  in native, daemon
"(GC Worker Thread 7)" id=? idx=0x28 tid=1924 prio=5 alive,
  in native, daemon
"(GC Worker Thread 8)" id=? idx=0x2c tid=5144 prio=5 alive,
  in native, daemon
"(Code Generation Thread 1)" id=4 idx=0x30 tid=3956 prio=5 alive,
  in native, native_waiting, daemon
"(Code Optimization Thread 1)" id=5 idx=0x34 tid=4268 prio=5 alive,
  in native, native_waiting, daemon
"(VM Periodic Task)" id=6 idx=0x38 tid=6068 prio=10 alive,
  in native, native_blocked, daemon
"(Attach Listener)" id=7 idx=0x3c tid=6076 prio=5 alive,
  in native, daemon
...
"Thread-7" id=18 idx=0x64 tid=4428 prio=5 alive
  at spec/jbb/infra/Util/TransactionLogBuffer.privText
    (Ljava/lang/String;IIIS)V(UnknownSource)[optimized]
  at spec/jbb/infra/Util/TransactionLogBuffer.putText
    (Ljava/lang/String;IIIS)V(Unknown Source)[inlined]
  at spec/jbb/infra/Util/TransactionLogBuffer.putDollars
    (Ljava/math/BigDecimal;III)V(Unknown Source)[optimized]
  at spec/jbb/NewOrderTransaction.processTransactionLog()
    V(Unknown Source)[optimized]
  ^-- Holding lock: spec/jbb/NewOrderTransaction@0x0D674030[biased lock]
  at spec/jbb/TransactionManager.runTxn(Lspec/jbb/Transaction;JJD)
    J(Unknown Source)[inlined]
  at spec/jbb/TransactionManager.goManual(ILspec/jbb/TimerData;)
    J(Unknown Source)[optimized]
  at spec/jbb/TransactionManager.go()V(Unknown Source)[optimized]
  at spec/jbb/JBBmain.run()V(Unknown Source)[optimized]
  at java/lang/Thread.run(Thread.java:619)[optimized]
  at jrockit/vm/RNI.c2java(IIIII)V(Native Method)
  -- end of trace

"Thread-8" id=19 idx=0x68 tid=5784 prio=5 alive,
  in native, native_blocked
  at jrockit/vm/Locks.checkLazyLocked(Ljava/lang/Object;)
    I(Native Method)
  at jrockit/vm/Locks.monitorEnterSecondStage(Locks.java:1225)
  at spec/jbb/Stock.getQuantity()I(Unknown Source)[inlined]
  at spec/jbb/Orderline.process(Lspec/jbb/Item;Lspec/jbb/Stock;)
    V(Unknown Source)[optimized]
  at spec/jbb/Orderline.validateAndProcess(Lspec/jbb/Warehouse;)
    Z(Unknown Source)[inlined]
  at spec/jbb/Order.processLines(Lspec/jbb/Warehouse;SZ)
    Z(Unknown Source)[inlined]
  at spec/jbb/NewOrderTransaction.process()Z(Unknown Source)[optimized]
  ^-- Holding lock: spec/jbb/Orderline@0x09575D00[biased lock]
```

```
    ^-- Holding lock: spec/jbb/Order@0x05DDB4E8[biased lock]
    at spec/jbb/TransactionManager.runTxn(Lspec/jbb/Transaction;JJD)
      J(Unknown Source)[inlined]
    at spec/jbb/TransactionManager.goManual(ILspec/jbb/TimerData;)
      J(Unknown Source)[optimized]
    at spec/jbb/TransactionManager.go()V(Unknown Source)[optimized]
    at spec/jbb/JBBmain.run()V(Unknown Source)[optimized]
    at java/lang/Thread.run(Thread.java:619)[optimized]
    at jrockit/vm/RNI.c2java(IIIII)V(Native Method)
    -- end of trace

"Thread-9" id=20 idx=0x6c tid=3296 prio=5 alive,
    in native, native_blocked
    at jrockit/vm/Locks.checkLazyLocked(Ljava/lang/Object;)
      I(Native Method)
    at jrockit/vm/Locks.monitorEnterSecondStage(Locks.java:1225)
    at spec/jbb/Stock.getQuantity()I(Unknown Source)[inlined]
    at spec/jbb/Orderline.process(Lspec/jbb/Item;Lspec/jbb/Stock;)
      V(Unknown Source)[optimized]
    at spec/jbb/Orderline.validateAndProcess(Lspec/jbb/Warehouse;)
      Z(Unknown Source)[inlined]
    at spec/jbb/Order.processLines(Lspec/jbb/Warehouse;SZ)
      Z(Unknown Source)[inlined]
    at spec/jbb/NewOrderTransaction.process()Z(Unknown Source)[optimized]
    ^-- Holding lock: spec/jbb/Orderline@0x09736E10[biased lock]
    ^-- Holding lock: spec/jbb/Order@0x09736958[biased lock]
    at spec/jbb/TransactionManager.runTxn(Lspec/jbb/Transaction;JJD)
      J(Unknown Source)[inlined]
    at spec/jbb/TransactionManager.goManual(ILspec/jbb/TimerData;)
J(Unknown Source)[optimized]
    at spec/jbb/TransactionManager.go()V(Unknown Source)[optimized]
    at spec/jbb/JBBmain.run()V(Unknown Source)[optimized]
    at java/lang/Thread.run(Thread.java:619)[optimized]

===== END OF THREAD DUMP ===============
```

4.6.3　锁分析

JRockit 可以对运行中程序内的锁做详细的分析，但会产生一些性能开销，根据应用程序的具体情况不同，一般会增加 3%或更多的开销。

更多有关分析锁信息的详细内容，请参见第 6 章。

使用标志`-XX:UseLockProfiling`进行锁分析

使用命令行参数`-XX:UseLockProfiling=true`可以让 JRockit 打印出 Java 应用程序将时间都花在了哪里，JRockit 会监控 Java 应用程序中的加锁和解锁操作，记录下何种条件下发生，以及发生的次数。使用命令行参数`-XX:UseNativeLockProfiling=true`可以打印出 JVM 内对本地锁的使用情况，例如代码缓冲区的锁和垃圾回收器锁获取到的锁。

JRockit Mission Control 可以用来分析应用程序运行过程中锁的使用情况，Java 应用程序和 JVM 内部的锁都会有记录，记录内容包括作为瘦锁或胖锁使用的次数、被不同线程竞争的情况、延迟解锁的使用情况等。

- **JRCMD**

作为 JRockit JDK 的一部分，命令行工具 JRCMD 也可以用来控制锁的分析行为。当启用了 -XX:UseLockProfiling=true 参数后，JRCMD 可以对 lockprofile_reset 和 lock-profile_print 命令做出响应，分来用来清空锁性能计数器和打印锁性能计数器到控制台。

更多有关如何使用 JRCMD 的内容请参见第 11 章。

4.6.4 设置线程栈的大小

命令行参数 -Xss 可用于指定线程栈的大小，例如参数 -Xss:256k 用于将栈的大小设置为 256 KB。线程栈是每个 Java 线程内部专用的内存区域，线程可在其中存储程序执行状态。增加线程栈的大小没什么实际意义，除非是程序中有递归调用或者有大量的栈内局部信息存在。

不同的平台上，线程栈的默认大小不尽相同，具体值请参见 JRockit 文档说明。

当程序运行时抛出 StackOverflowError 错误时，除非是程序中存在无限递归，否则一般情况下可以通过调大线程栈来解决。

4.6.5 使用命令行参数控制锁的行为

在 JRockit 中，可以使用命令行参数来控制锁的启发式算法。例如，使用标志-XX:UseFatSpin=false 可以禁止在胖锁中使用自旋锁，否则默认是启用的；使用标志-XX:UseAdaptiveFatSpin=true 可以启用自适应运行时反馈，以便调节胖锁中自旋锁的行为，否则默认是禁用的。

还有一些标志可用来调整延迟解锁、锁膨胀和锁收缩的行为，通常来说不必使用这些标志，为满足读者的好奇心，第 5 章会详细介绍 JRockit 中调节锁的小技巧。JRockit 文档中也包含了所有可用的命令行参数。

4.7 小结

在并行环境下，编码和调试都不是件轻松的事，在 Java 内建的同步机制和 JDK 自带的相关数据结构的帮助下，工作会稍微轻松一点。Java 在语言级支持同步操作，每个对象都可以作为监视器对象来实现同步。要说缺点的话，恐怕就是同步操作太容易使用，可能会被滥用。

本章简单介绍了 Java 内存模型和旧版内存模型的问题，内存模型的存在使 Java 在各个硬件平台的行为得以统一。

此外，本章简单讲解了虚拟机中同步和线程的实现，并用瘦锁和胖锁来介绍自适应锁的常见实现。在自适应环境中，运行时系统会根据收集到的反馈信息来调节锁的行为，引发锁的膨胀或收缩。

本章简单介绍了锁的一些基本优化方法，其中效果最显著的优化是延迟解锁，以及代码生成器为执行锁融合而做的优化。

4.5 节介绍了并行编程中常见的一些陷阱，包括 `Thread.stop` 方法、`Thread.suspend` 方法和 `Thread.resume` 方法，以及双检查锁存在的问题。当然，并行编程中最大的陷阱就是不理解 Java 内存模型。

最后，本章简要介绍了 JRockit 中与线程和同步相关的命令行参数，以及一些可用于控制 JVM 中锁行为的参数。

下一章将会介绍应用程序的基准测试。使用基准测试可以避免应用程序在开发过程中出现性能退步的情况，还可以为性能优化提供有用的数据。只有深入理解 JVM 的内部原理和运行机制，才能做好基准测试和性能测量。到目前为止，本书已经简单讲解了代码生成、内存管理和线程同步的基础知识，希望读者能有所收获。

第5章 基准测试与性能调优

本章将介绍如何通过基准测试来衡量应用程序的性能，以及如何对 JVM 进行调优，以便 Java 应用程序可以运行得更快。

基准测试可以而且也应该用来在开发过程中对应用程序进行回归测试，以确保对应用程序的新近修改不会降低原有的性能。我在职业生涯中已经见过多次因无心的修改而导致性能下降的案例，应用持续的、自动化的基准测试可以避免这种情况的发生。每个软件项目都有期望的性能目标，而基准测试就是为此保驾护航的。

在讨论为何以及如何做好基准测试时，还会介绍如何通过基准测试给出的性能指标得出相关结论，以及为达到期望的目标，何时需要修改应用程序或者 JVM 参数配置。调优方面的内容会以 JRockit 为例进行讲解。

本章的主要内容如下。

- 使用基准测试找出应用程序的性能瓶颈，防止应用程序在开发过程中出现性能下降的情况，确保达到预期的性能目标。
- 如何针对特定的问题建立基准测试，这其中包括确定基准测试所要测量的指标，以及如何从应用程序中抽取待测试功能。
- 介绍几种可测试 Java 应用程序的、具有工业标准的基准测试工具。
- 如何根据基准测试的结果对应用程序和 JVM 进行性能调优。
- 如何识别及规避 Java 应用程序中的性能瓶颈，其中包括常见陷阱、错误以及伪优化。

本章还会介绍 SPEC 基准测试。SPEC 是一个非营利性组织，其宗旨是建立、维护和推广用于评估新一代计算机系统性能的基准测试程序。对于本章中所提到的 SPEC 的产品和服务，SPCE 组织拥有知识产权，受法律保护。

5.1 为何要进行基准测试

对于复杂系统来说，基准测试是必不可少的，具体原因有很多，例如确保应用程序在生产环境中可用，或者新添加的代码不会降低系统性能。此外，还可以使应用程序定向崩溃，暴露出潜在问题，以便进行优化。最后要提醒的是，使用基准测试并不是为了迎合市场。

5.1.1　制定性能目标

基准测试涉及软件开发的方方面面，从OEM或JVM厂商到独立Java应用程序的开发者等。很多时候，软件的功能性目标有清楚的定义，却没有明确性能目标，当然也就没有对应的基准测试，这样做出的产品往往是不具有可用性的。在笔者的职业生涯中，这样的案例已经见过太多，甚至一些商业的关键系统也缺乏明确的性能目标。如果系统的性能问题在开发周期的末尾才被发现，那么有可能整个应用程序都不得不推倒重来。

在任何软件的开发过程中，性能方面的基准测试是基础环节之一。要明确性能目标，建立对应的基准测试，检验测试结果，调整应用程序，并且重复这个过程直到开发结束。

一般情况下，为了避免产品上线后出现尴尬的问题，在软件开发过程中，达到指定的性能目标是基础要求，而且在开发过程中也应不断检验产品的性能。不要低估产品性能的重要性，应与其他bug同等对待。

5.1.2　对性能进行回归测试

如果应用程序在开发过程中没有良好的质量保证（QA）框架来把关，那么在上线后就很有可能会出现各种错误，以及运行不稳定等情况。更具体一点说，在添加新代码后没有经过完整的功能性单元测试，那么无论代码评审如何良好，这些代码都有可能会使应用程序崩溃。

使用**回归测试**的首要目标是保持应用程序的**稳定性**。当发现故障并修复时，最好能在调试系统时留下的代码的基础上写一个可以使问题**复现**（reproducer）的程序，理想的复现程序是能够解决系统出现的任何问题且只包含几行代码的`main`函数，不过即使它更复杂，花时间将其集成到回归测试中也是值得的，提交新代码后执行回归测试可以防止同样的问题再次发生。当然，功能测试并不容易集成到回归测试或自包含的复现程序中。对于那些难以安装又需要长时间运行的应用程序来说，用回归测试来验证稳定性仍然很有必要。

执行回归测试的另一个目的是保持应用程序的执行性能。出于某些原因，人们对性能测试的重视程度远比不上功能测试，但实际上，它们都非常重要。新增代码很有可能因性能问题而使系统的功能衰退，相比于功能问题，性能问题更难以定位，因为系统一般不会因性能问题而崩溃。因此，将性能测试集成到质量保证框架中是很有必要的。性能问题隐藏得越久，定位问题的难度就越大，这可能会涉及新近提交的一大批源代码，而开发人员为了定位性能，有可能需要针对每次修改重新编译并行应用程序，这将耗费大量的时间。

完善的质量保证框架中应该包含功能测试模块和性能测试模块，性能问题和功能问题具有相同的重要性。

性能回归测试还可以用来探究性能的异常变化。不明原因的性能提升看似不错，但实际上可能是引入了某些故障，例如某些关键代码没有被执行。一般来说，当出现性能异常时，应该深入探究其原因，不论性能是提升还是降低，都应该可以通过性能回归测试得到警告信息。

在做性能回归测试时，为了尽快定位问题，应测量尽可能多的性能指标。如果可以的话，代码中的每个修改都应该有回归测试。

现在暂时把复杂系统的回归测试放在一边，先来谈谈可作为单元测试的小程序。针对性能方面的单元测试称为**微基准测试**（micro benchmark）。微基准测试应该易于配置，一般运行时间不长，可以快速判断出是否达到了预定的性能要求。后续章节会详细介绍微基准测试。

5.1.3 确定优化方向

使用基准测试的另一个原因是，衡量系统性能是很困难的，例如，“性能好”既可以是高吞吐量，也可以是低延迟，二者难以兼得。因此谈性能就要先确定到底谈的是哪个方面，否则如何说应用程序的性能是好还是坏呢？

从通用的质量保证框架的角度看，尽管让应用程序处于高工作负载状态更便于测试，但这样做却可能会使测试程序过于复杂，因而无法定位具体问题。

如果应用程序可以划分为多个小的子系统，然后对每个子系统分别进行基准测试，那么就可以避免很多麻烦，不仅更易于测试应用程序的各个方面，也更容易针对某一方面的性能进行调优。进一步说，划分为小的子系统也更容易验证代码优化方面的工作是否真正有用。开发工程师们应该认识到，优化工作所涉及的因素越少，越容易判定优化工作是否有效。

此外，如果简单的、自包含的基准测试能够正确反映应用程序的运行行为，则针对该基准测试所做的性能优化就更具有适用性。因此，优化基准测试而不是整个应用程序可以大大加快开发进度。

5.1.4 商业应用

最后要提到的是，目前互联网上已有大量针对不同类型应用程序和不同运行环境的工业级基准测试工具，其中一些很适合用于检验、测量某个特定领域的程序性能，例如处理 XML 文件、解码 MP3 文件、处理数据库事务等。

工业级基准测试还给出了业界同类产品普遍关注的一些性能指标。本章后面会介绍一些常见的、针对 JVM 和 Java 应用程序的工业级基准测试工具。

基于标准基准测试的评分来做市场营销是以 OEM（或 JVM）为中心的做法，对于存在很多竞争厂商的市场领域来说，借助基准测试可以开发出更有竞争力的产品。

产品能够在公认的基准测试中取得极佳的成绩，对于市场营销来说是一项极大的优势。

5.2　如何构建基准测试

如果不清楚应用程序的行为，就无法创建有效的基准测试，无论大或小。要想弄清哪些基准测试与应用程序性能相关，就需要先对应用程序做全面的分析。

有不少工具可用来检测 Java 应用程序，有些通过修改字节码来创建一个应用程序的特别版本来检测，有些则可以在不修改原有程序的基础上进行在线分析，JRockit Mission Control 套件使用的是后者的方法。在本书的下一个部分会详细介绍 JRockit Mission Control。

对应用程序的详细分析可以揭示出运行时把时间都花在哪些方法上了，垃圾回收工作是什么运行模式，以及哪些锁竞争激烈，哪些锁没什么竞争等信息。

其实，分析应用程序并不一定非得要用什么神奇的工具，一切从简的话，直接用 `System.out.println` 方法在控制台打印出相关信息即可。

当收集到了足够的信息后，可以开始将应用程序划分为具体的子程序以分别进行基准测试。在创建基准测试之前，还需要仔细确认一下选定的子程序和基准测试是否聚焦于同一个性能问题。

在对应用程序正式进行基准测试之前，要注意先让应用程序**热身**（warm-up），以使其达到稳定运行的状态。此外，思考以下问题。

- 为了简便起见，是否可以将应用程序调整为一个具有较短启动时间的、自包含的基准测试程序？
- 如果基准测试时间从 1 小时缩水到 5 分钟（其中还包括了热身时间），那么这种比较还有意义吗？或者说，测试时间缩水的话能得到正确的测试结果吗？
- 基准测试是否会改变应用程序原有的行为？

服务器端应用程序通常有多个功能子模块，适合对每个特定领域做基准测试。

理想的基准测试是一个模拟运行应用程序某一部分的、自包含的小程序。如果某个目标应用程序不易安装，而且要处理的输入数据太多，因而不易编写基准测试程序的话，那么可以尝试继续细分该应用程序，将之分解为一些可以处理有限输入数据的**黑盒**，然后对这些黑盒做基准测试，以此为基准对整个应用程序做出判断。

5.2.1　置身事外

除了一些非常小的基准测试和验证某些概念的代码外，在做基准测试时，最好能够"**置身事外**"（outside the system）。所谓"置身事外"是指通过一些**外部驱动程序**（external driver）来运行基准测试。在测试系统性能时，驱动程序独立于基准测试代码之外运行。

驱动程序通常会增加基准测试的工作量，例如运行基准测试的话会增加网络传输开销。因此如果基准测试要测量应用程序的响应时间，得到的测试结果中会包括这部分通信时间。

使用驱动程序的好处是可以精确测量应用程序的响应时间，且不会受到数据生成或工作负载的影响。为了进一步保证测量的准确性，可以将驱动程序放置在另一台服务器上，确保数据生成或工作负载不会成为基准测试中的瓶颈，使驱动程序可以保持在较低的工作负载下运行。

下面的示例代码中，使用随机数据测试 MD5 算法，这个例子很好地说明了为什么执行基准测试时要置身事外。

```
import java.util.Random;
import java.security.*;

public class Md5ThruPut {
  static MessageDigest algorithm;
  static Random r = new Random();
  static int ops;

  public static void main(String args[]) throws Exception {
    algorithm = MessageDigest.getInstance("MD5");
    algorithm.reset();
    long t0 = System.currentTimeMillis();
    test(100000);
    long t1 = System.currentTimeMillis();
    System.out.println((long)ops / (t1 - t0) + " ops/ms");
  }

  public static void test(int size) {
    for (int i = 0; i < size; i++) {
      byte b[] = new byte[1024];
      r.nextBytes(b);
      digest(b);
    }
  }

  public static void digest(byte [] data) {
    algorithm.update(data);
    algorithm.digest();
    ops++;
  }
}
```

如果基准测试的目标是衡量 MD5 算法的性能，那么上面的测试示例就可算是个反面教材了。由于生产随机数据的时间也被统计在内，所以基准测试的结果反映的是 MD5 算法和随机数生成算法两者结合之后的性能。虽然这可能是无心的，却使测试结果不再可靠。下面是更加合理的基准测试代码。

```
import java.util.Random;
import java.security.*;

public class Md5ThruPutBetter {
  static MessageDigest algorithm;
  static Random r = new Random();
  static int ops;
```

5

```
    static byte[][] input;

    public static void main(String args[]) throws Exception {
      algorithm = MessageDigest.getInstance("MD5");
      algorithm.reset();
      generateInput(100000);
      long t0 = System.currentTimeMillis();
      test();
      long t1 = System.currentTimeMillis();
      System.out.println((long)ops / (t1 - t0) + " ops/ms");
    }

    public static void generateInput(int size) {
      input = new byte[size];
      for (int i = 0; i < size; i++) {
        input[i] = new byte[1024];
        r.nextBytes(input[i]);
      }
    }

    public static void test() {
      for (int i = 0; i < input.length; i++) {
        digest(input[i]);
      }
    }

    public static void digest(byte [] data) {
      algorithm.update(data);
      algorithm.digest();
      ops++;
    }
  }
```

5.2.2　多次测量

在根据基准测试的结果做出结论之前，大量统计应用程序的各个时间指标是非常重要的。最简便的方法是重复多次执行测试程序，得到多次测量结果的标准差，只有当标准差在预定范围之内时，基准测试的结果才是真实有效的。

应尽可能在多个同类机器上多次运行基准测试程序，这样有助于发现无心的配置错误，例如忘记了配置负载生成器，导致基准测试的结果较低等。如果所有的基准测试都在同一台机器上执行，就难以发现这种因配置而产生的错误。

5.2.3　微基准测试

微基准测试只包含很少量的代码，只测试整个应用程序的很少一部分功能，例如 JVM 对 `java.math.BigInteger` 实例做乘法的速度，或者 JVM 执行 AES 加密算法的速度。微基准测试易于编写，只需要包含目标功能或算法即可。

> 微基准测试易写好用，在验证大型应用程序的性能瓶颈时往往可以提供重要线索，因而成为优化已知问题代码和完善性能回归测试的中坚力量。
>
> 强烈建议应用程序的开发者在做回归测试时使用微基准测试，在修复故障时要进行单元测试，这样可以保证已解决过的问题不会再带来麻烦。

如果大型应用程序可以简化为多个微基准测试，或者是“小基准测试”，事情会简单很多。但遗憾的是，现在应用程序都太复杂，很难这样处理。不过，通过分析系统行为，在掌握基本原理的基础上，还是可以创建很多微基准测试的。例如，下面的示例代码被用来对 JRockit JVM 做性能回归测试。

```
public Result testArrayClear(Loop loop, boolean validate) {
  long count = 0;

  OpsPerMillis t = new OpsPerMillis("testArrayClear");
  t.start();
  loop.start();

  while (!loop.done()) {
    int[] intArray = new int[ARRAYSIZE];
    System.arraycopy(this.sourceIntArray, 0, intArray, 0, ARRAYSIZE);

    //引入副作用：
    //该调用会妨碍死代码提出优化，也就无法移除整个内存分配操作
    //from removing the entire allocation.
    escape(intArray);
    count++;
  }
  t.end();
  return new OpsPerMillis(count, t.elapsed());
}
```

Java 编程要求在为对象分配内存后，要将相应的内存区域清零，这样对象的成员变量会初始化为默认值。不过，就上面的代码来说，JRockit 中的代码优化器应该可以检测出数组对象 `initArray` 在创建之后会立即被其他数据完全填充，而且由于 `initArray` 不是 `volatile` 变量，在分配内存后没必要执行清零操作。如果因为某种原因而使这样优化执行失败，则基准测试的结果会反映出代码运行时间变长，质量保证框架会发出相应的警告。

建立微基准测试应该依据影响应用程序性能的关键因素。例如，如果要测试 XML 解析器，就应该使用各个不同大小的 XML 文件来测试其执行性能；如果应用程序使用了 `java.math.BigDecimal` 类，那么最好能写一些自包含的小程序操作 `BigDecimal` 类来测试一下具体的性能。

如果微基准测试本身是无效的，或者不能针对目标问题生成有用的结果，这就不仅仅是浪费时间和精力了，潜在的危害是这些数据会被误认为是准确的。例如，在测试 `java.util.HashMap` 类的性能时，光是创建 `HashMap` 的实例并用数据填充是不够的，没法真实反映 `HashMap` 类的性能。当 `HashMap` 做扩容时，重新计算已有元素哈希需要多久？获取元素需要多久？不同元素的哈希值冲突时该如何处理？

类似地，在测试 `java.math.BigDecimal` 类的实现时，只执行加法运算显然是不够的。如果除法运算有性能问题该怎么办呢？

> 在建立微基准测试时，关键点是要理解被测试目标，要注意检查基准测试是否有效，以及测试结果是否有用。

上面的两个例子虽是有意为之，但仍说明无效的基准测试会使人误入歧途。更实际一点的例子是对某个类库中的同步方法进行基准测试。如果应用程序中对同步操作的竞争非常激烈，那么在做微基准测试时，显然不应该在单线程环境下进行，大量减少线程数使负载降低会从根本上改变锁的行为，这也是使基准测试失效的主要原因之一。如果要对同步操作进行基准测试，就要确保其中所有的锁都处在被大量线程竞争的环境中。

最后，要尽量剔除与目标问题无关的代码，以防止影响最终的测试结果。如果单纯想测试算法实现的执行性能，那么创建大量对象、增加垃圾回收器的工作量就显得完全没必要了。选择垃圾回收策略时也要选择不会对算法执行产生不良影响的垃圾回收策略（例如很大的堆，没有新生代，以最大化吞吐量为优化目标等）。

1. 微基准测试与栈上替换

在做基准测试时，另一个常见的错误就是以为所有的 JVM 都会做**栈上替换**（on-stack replacement），即方法可以在执行时被优化和替换。在本书第 2 章中曾经提到过，JRockit 是不会做栈上替换的。因此，如果基准测试的主要工作都集中在主函数的某个循环体内，那么即使某些方法已经被标记为热方法并已经过优化编译了，这些优化编译后的代码也可能永远都不会被执行到。

下面的示例代码中，主函数的循环体内包含了一些复杂操作，但在像 JRockit 这种不使用栈上替换的 JVM 中，对主函数的优化编译永远不会起作用。对此的解决方法是将那些复杂操作移到单独的函数中，然后在循环体中调用该函数。

```
public class BadMicro {
  public static void main(String args[]) {
    long t0 = System.currentTimeMillis();
    for (int i = 0; i < 1000000; i++) {
      // 复杂的基准测试
    }
    long t1 = System.currentTimeMillis();
    System.out.println("Time: " + (t1 - t0) + " ms");
  }
}
```

2. 微基准测试与启动时间

在第 2 章中曾经提到过，JVM 的启动时间的长短取决于加载初始类和生成启动代码的时间。如果基准测试的目标只是测量运行时间，那么就要注意从总体运行时间中排除启动时间的干扰。此问题的解决方法之一就是让基准测试执行足够多的操作以降低启动时间带来的影响。

一定要注意，微基准测试的执行时间通常都很短，而在这点时间里，JVM 的启动时间还占去了不少份额。如果在微基准测试中执行 100 个浮点数的乘法操作，那么总体运行时间就几乎都被启动时间占去了；而如果是执行几万亿个浮点数乘法操作，那启动时间那点份额就不算什么了。

当然，这与 JVM 的具体实现有关，像 JRockit 这种没有解释器的 JVM，启动速度会比使用了解释器的 JVM 稍慢一些。

因此，一定要注意只有当目标任务真正开始执行时才开始计时，而不是从执行主函数开始就计时。类似地，使用外部程序来统计 Java 程序的执行时间时，统计结果中也包含了 JVM 的启动时间，分析统计结果时要多加小心。

在微基准测试中，某些情况下启动时间也是需要测量的相关量。

下面的示例代码本意是想测试加法操作的执行效率，但由于加法操作的次数太少，其执行时间远远短于 JVM 的启动时间，测试结果是无效的。

```
import java.util.Random;

public class AnotherBadMicro {

  static Random r = new Random();
  static int sum;

  public static void main(String args[]) {
    long t0 = System.currentTimeMillis();
    int s = 0;
    for (int i = 0; i < 1000; i++) {
      s += r.nextInt();
    }
    sum = s;
    long t1 = System.currentTimeMillis();
    System.out.println("Time: " + (t1 - t0) + " ms");
  }
}
```

5.2.4　测试前热身

不同的 JVM 实现中可能会使用不同的优化策略，因此，在开始实际测试之前，先让代码做做“热身运动”，可以使测试结果更准确。“热身”可以使 JVM 得到试运行目标代码的反馈信息，执行相关优化，从而使 JVM 在真正开始测试时可以处于经过优化的稳定状态。

很多工业级标准的基准测试工具中，例如在本章后面小节中会提到的 SPECjvm2008，都内建了对目标任务“热身”的操作。

5.3 确定测试目标

基准测试的测试目标取决于目标应用程序的具体类型，需要依实际情况来确定。

5.3.1 吞吐量

测试以吞吐量为优化目标的应用程序相对来说会容易一些，测试时需要注意的是在给定的周期内尽可能多地执行应用程序的具体操作。作为回归测试使用时，基准测试需要验证在基线硬件（baselined hardware）上，应用程序是否仍旧可以在 y 秒内执行 x 个操作。如果满足条件，继续测试是否可以维持住吞吐量。

正如第 3 章提到的，吞吐量本身通常不是什么大问题（除非是在批处理任务和离线分析场景下），写一个用来测试吞吐量的基准测试也不是什么难事，一般来说可以直接从主应用程序中抽取出来，无须使用什么技巧。

5.3.2 兼顾吞吐量、响应时间和延迟

一般来说，前面提到的以吞吐量为目标的基准测试可以被改进为，用于测量在给定的响应时间范围内的吞吐量。

如果为基准测试限制了固定的响应时间，那么也就加上了延迟这个限制因素。该基准测试可用来验证应用程序在预设的响应时间范围内，是否可以稳定运行于不同的工作负载下。

JRockit 质量保证团队内部使用的基准测试套件中，包含很多附加了响应时间要求的吞吐量基准测试工具。这些工具用来验证确定式垃圾回收器在不同的工作负载下是否可以满足任务需要。

对大多数用户来说，低延迟通常比高吞吐更重要，至少在 C/S 架构的程序中是这样的，编写以低延迟为目标的基准测试会更具挑战性。

一般情况下，简单的 Web 应用程序的响应时间会在 1 秒左右，而在金融行业，普遍要求应用程序暂停时间要小于 10 毫秒。类似地，在电信行业，通常要求应用程序的暂停时间要小于 50 毫秒。用户和 JVM 厂商为了满足低延迟要求需要做大量细致的基准测试。

5.3.3 伸缩性

针对伸缩性的基准测试主要是测量相关资源的利用率。良好的伸缩性意味着随着工作负载的上升，应用程序依然运行稳定。如果应用程序的伸缩性不好，说明其无法充分利用硬件资源，结

果往往会导致吞吐量下降。理想情况下，线性增长的工作负载最多只会使应用程序的性能和服务质量线性下降。

下图是每个 CPU 核心上伸缩性呈近似线性变化的例子，其中吞吐量是通过在老版本 JRockit JVM 上运行 SPECjbb2005 基准测试得出的。SPECjbb2005 是一个多线程基准测试程序，会在一个事务处理框架中逐步增大工作负载。

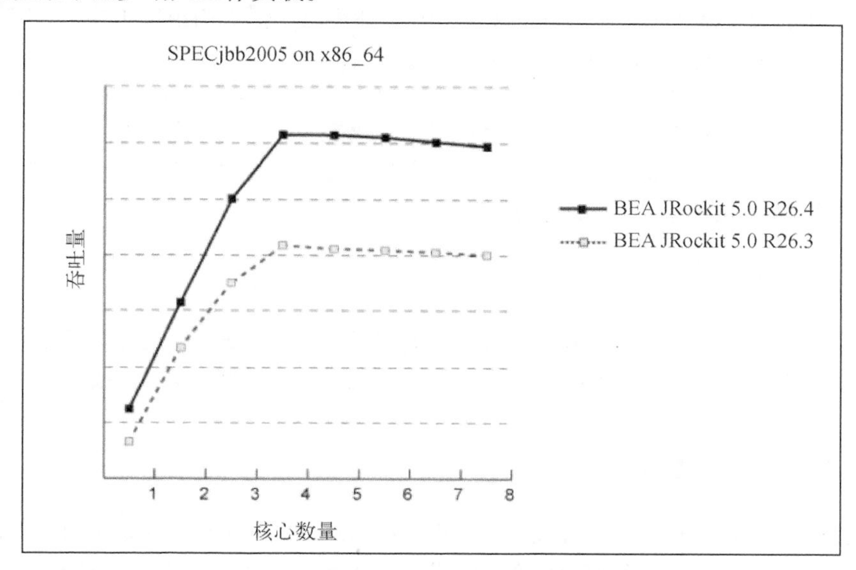

SPECjbb 在进行基准测试时一开始使用的工作线程数会少于 CPU 核心数，然后随着测试的进行增加工作线程的数量，进而增大应用程序的吞吐量。有点像增量式热身。从图中可以看出，开始的时候，增加工作线程数使目标应用程序的吞吐量呈线性增长，直到工作线程的数量等于 CPU 核心数，这时吞吐量已成饱和状态。此后，再继续增加工作线程数，吞吐量也不会继续呈线性提升了，而是保持在某一水平直到测试结束。这就是说，该应用程序在伸缩性方面做得不错。本章后面的小节会详细介绍 SPECjbb。

就上面的测试结果来说，目标应用程序在指定 JVM 上具有不错的伸缩性。简单来说就是，如果数据量增大，只需要增加更多的硬件设备就可以了。保持伸缩性涉及应用程序层面的算法实现，以及 JVM 和操作系统层面如何应对新增的工作负载等方面，具体包括网络拥堵、CPU 周期以及并行执行的线程数等。

尽管良好的伸缩性是最理想的优化目标，它意味着应用程序能够最大化地发挥出硬件的潜能。但从实践应用来看，优化某些理论上具有上千个 CPU 核心的机器只是做无用功而已，对整体伸缩性的过分追求反而可能会有降低应用程序性能的风险。

5.3.4　电力消耗

以往常常被忽视的电力消耗（power consumption）测试现在正变得越来越重要。电力消耗的重要性不仅仅体现在嵌入式领域，当服务器集群足够大时，电力消耗也将成为重要的影响因素。由于存在冷却成本和服务器基础架构等问题，电力消耗愈发凸显其重要性，因为它直接关系到数据中心所需空间的大小。为了更好地利用现有硬件，业界已广泛采用虚拟化技术，即便如此，在应用程序层面对电力消耗做基准测试也还是很有必要的。

降低应用程序的电力消耗会涉及多方面内容，例如用操作系统线程的锁替换自旋锁以节省 CPU 消耗，或者减少操作系统和应用程序之间的数据转移等等。

对此，一个颇具主动性的解决办法是，在开发阶段想办法使应用程序在低主频的 CPU 上，或者只使用部分 CPU 核心时也能满足性能要求。

5.3.5　其他问题

当然，在对应用程序的性能做基准测试时，还有一些其他方面的问题需要考虑，需要根据应用程序自身的特点选择不同类型的测试。有时候，光是量化“性能”就足够让人头疼了。

5.4　工业级基准测试

这些年来，工业界与学术界一直致力于能模拟出 Java 应用程序可能会遇到的各种问题的通用基准测试。对此，JVM 厂商和硬件厂商当然举双手赞成，因为这不但可以提升 JVM 的运行效率，还有利于产品推广。标准化的基准测试通常会涉及与 JVM 调优相关的一些细节。为了能够更好地理解在不同的场景下应如何使用 JVM，建议开发人员查看一下针对相关问题的基准测试报告。

自然地，基准测试延展到了与编程相关的方方面面，很多软件栈都遵循性能测量标准。组织发布了从应用程序服务器到网络库等各种基准测试，对于 Java 开发人员来说，选择并使用相关的基准测试也是一种相关的练习。

本节会以 JVM 为中心介绍基准测试。JVM 的开发者自然希望相关配置运行得更好，所以本节中重点介绍 JVM 厂商常用的几种基准测试套件。在之前的章节中已经介绍了优化 JVM 对不同类型应用程序的影响，良好的基准测试可以准确反映出应用程序在实际运行时的执行性能。本节所提到的一些基准测试套件，例如 SPECjAppServer，同样可以作为通用基准测试应用于更大型的软件栈。

5.4.1　SPEC 基准测试套件

SPEC（standard performance evaluation corporation）是一个非营利性组织，开发并维护着多

种基准测试套件。这些套件可用于测试运行在现代硬件架构上的各类应用程序的性能。本节将简要介绍其中与 Java 相关的几种基准测试套件。

本节提到的几种 SPEC 基准测试套件中，除了 SPECjvm2008 套件之外，其他都是需要付费的。

1. SPECjvm 基准测试套件

SPECjvm 的第一个发行版是 1998 年的 SPECjvm98，其设计初衷是测量 JVM 和 JRE 的执行性能，目前该版本已经下线。SPECjvm98 是一个单线程的、绑定 CPU 的基准测试套件，它确实可以反映出 JVM 代码优化的质量，但也仅此而已。几年之后，SPECjvm98 就因其过小的工作对象集合（object working set）再也无法承担起对现代 JVM 进行基准测试的任务了。SPECjvm98 套件中包含了一些简单的测试用例，例如压缩、MP3 解码，以及对 javac 编译器的性能测试等。

SPECjvm 目前的版本是 SPECjvm2008，是 SPECjvm98 的改进版，在其基础上添加了一些新的基准测试用例，增大了工作负载，并且可应用于多核平台。此外，它还可以测试 JVM 的一些指标，例如 JVM 启动时间和锁的执行性能。

近来，为了更好地测试，SPEC 组织又在 SPECjvm 中添加了一些新的应用程序，例如对 Derby 数据库和加密框架的支持，此外，强调对应用程序热身，在稳定状态下测试性能。

久负盛名的科学计算基准测试套件 SciMark 已被集成到 SPECjvm2008 中。在之前单独发行的 SciMark 套件中，由于并非所有 JVM 实现都支持 OSR，所以不同 JVM 之间的测试结果不具可比性。这个问题在 SPECjvm2008 已经得以解决。

2. SPECjAppServer 套件和 SPECjEnterprise2010 套件

SPECjAppServer 是一个相当复杂的基准测试套件，安装起来也很麻烦，但同时，它也非常出色。它的前身是 ECPerf，经过 SPECjAppServer2001、SPECjAppServer2002 和 SPECjAppServer2004 这几个版本的发展，其最新版本已更名为 SPECjEnterprise2010。

该基准测试套件的基本思想是在尽可能多的软硬件平台上运行一个典型的 J2EE 应用程序，该 J2EE 应用程序会模拟汽车经销商与生产商之间的交互，以 Web 浏览器模拟经销商与生产商之间的对话，库存和交易数据保存在数据库中，生产过程用 RMI 操作来模拟。此外，SPECjEnterprise2010 还在基准测试中引入了 Web Service 和其他一些 Java EE 5.0 版本中的功能。

SPECjAppServer 套件不仅仅可用来对 JVM 进行基准测试，还可以测试服务器硬件、网络交换机和某个具体的应用程序服务器等的性能，会在给出测试分数时提供完整的软硬件调用栈信息。就基准测试套件来说，SPECjAppServer/SPECjEnterprise2010 非常出色，可以对系统的每一个部分进行性能测试，这对每个开发者来都是具有重要意义的。值得注意的是，基准测试的目标对象是 J2EE 应用程序的中间层，而不是数据库或数据生成程序。

该基准测试套件安装复杂（不过理论上只需要安装一次），难以调试，可以在单台机器上以自包含的形式运行，但这么干有点浪费资源，而且所得到的结果也不具说服力。

一般情况下，基准测试需要有一个包含了网络架构、应用程序服务器和数据库服务器等组件的**待测试系统**（system under test），见下图，这些组件分别会位于不同的物理机器上，然后通过位于测试系统外部的驱动器（driver）来添加工作负载。本章前面部分介绍的示例就是以这种方式工作的。相比于之前的版本，SPECjEnterprise2010 套件的一大改进就是大幅降低了数据库负载所带来的影响，以便更准确地测出其他部分的性能指数。

在完整的测试环境中，每一个部分的性能对测试结果都很重要，从网络交换机到 RAID 方案等。对于 JVM 性能测试来说，SPECjAppServer 是非常出色的基准测试套件，它涵盖了大量的 Java 代码，可以跟踪调用栈执行代码分析，而不会产生额外的"热方法"。在这里为了能让 JIT 编译器准确地完成内联操作，SPECjAppServer 对其做了细致的设定。

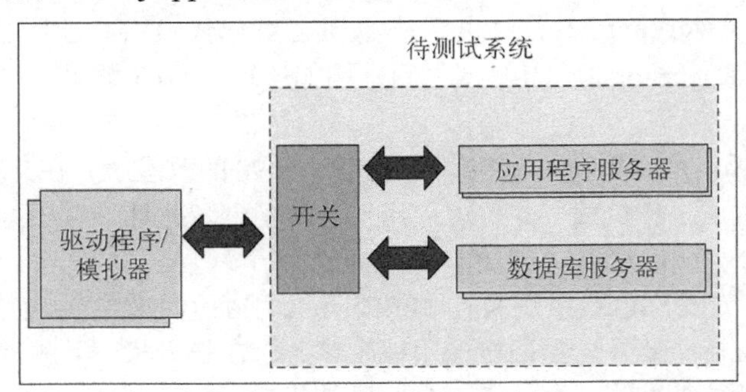

就 SPECjAppServer2004 来说，为了能够成功运行基准测试，使用 **TxRate**（transaction rate）来表示测试过程中可承载的工作量。该数值随测试过程中工作负载的增加而增加，当基准测试程序因工作负载过大而以失败告终时，即可确定出 TxRate 的最大值，该值可用于计算基准测试的最终得分。

新近版本的基准测试套件做了很多改进，应用程序服务器使用了更新的标准，为适应新的硬件架构而增加了工作负载，提供了对多应用程序和多驱动器（multiple driver machine）的支持，性能测试也更加准确。

3. SPECjbb 套件

SPECjbb 可能是现今使用最广泛的 Java 基准测试之一，广泛应用于学术研究领域，并且已经成为三大虚拟机厂商（Oracle、IBM 和 Sun）的一个竞争点，而且这三大厂商还与硬件厂商密切合作，轮流刷新着 SPECjbb 的世界纪录。

SPECjbb 目前已发展出了 2 个版本，分别是 SPECjbb2000（已停用）和 SPECjbb2005（仍在使用）。与 SPECjAppServer 类似，SPECjbb 也是从多个层次来模拟事务处理流程，但只通过一个自包含的、运行在一台物理服务器上的应用程序来执行。

SPECjbb 基准测试套件对 JVM 的性能优化做出了很多贡献，尤其是在代码生成方面推动了很多成果的产出，此外，SPECjbb 打分系统对垃圾回收和锁性能方面的要求也有助于技术进步。

下面是 JRockit JVM 中直接影响 SPECjbb 基准测试得分的几个功能点和优化点，实际上还有一些会影响到系统性能的因素没在这里列出。这些功能点都提升了应用程序的实际执行性能：

- 延迟解锁（偏向锁）
- 对象预抓取算法
- 对大内存页的支持
- 对非连续堆的支持
- 对数组操作的优化，例如对 `System.arraycopy` 方法的具体实现、内存分配时清零、数组赋值等几个方面的优化
- 对逃逸分析的支持

SPECjbb 的一个缺点是硬件依赖性过于严重，受内存限制较大，单单是把运行环境切换到缓存稍大的 L2 硬件上就会使执行性能大幅提升。

SPECjbb 的另一个缺点是测试过程有可能只关注了吞吐量这一方面。在 SPECjbb 基准测试中，偶尔暂停应用程序的执行，并开始执行并行垃圾回收，直到清理完整个堆，这样的运行模式会在测试中得到较高的分数。

SPECjbb2005 还可作为 SPECpower_ssj2008 基准测试的简化版使用，它们使用相同的事务处理代码，区别在于 SPECpower_ssj2008 使用了外部的驱动器来执行。SPECjbb2005 可以量化表示在不同的系统负载下，每瓦特电力所能完成的事务数，算是对电力消耗的简单测试。

这里说说关于基准测试的趣事，有时候，性能优化仅仅是为了讨基准测试的欢心，对应用程序的实际运行没什么帮助。例如，在 JRockit 中，`System.currentTimeMillis` 方法是一个本地方法，调用该方法会返回自 1970 年 1 月 1 日以来的毫秒数。由于这个方法涉及操作系统层面的系统调用或特权操作，频繁调用该方法会降低应用程序性能。

事实上，在 SPCjbb2000 基准测试中包含不少对 `System.currentTimeMillis` 方法的调用。在某些操作系统中（例如 Windows 和 Solaris），可以有其他的方法快速获取系统时间，但在 Linux 上却没有这样的方法。在 Linux 上，JRockit 自己维护了一个基于信号机制的计时器，使用专门的线程来捕获操作系统每隔 10 毫秒产生一次的信号，当捕获到信号后，就将本地的时间计数器增加 10 毫秒。这种实现方式使计时器准确性逊于系统计时器，但只要不出现故障（例如计时器数值变小），就不违反 Java 语义，还可以提升 SPECjbb 基准测试的运行性能。

今天，Linux 平台上的 JRockit 已经禁用了这种计时器实现，如果读者出于某种需要而无法忍受 `System.currentTimeMillis` 方法所带来的性能损耗，可以通过命令行参数 `-XX:UseSafeTimer=true` 来启用它，不过目前还没有看到这样的案例。

5.4.2 SipStone 基准测试

SipStone 包含了一整套完整的基准测试套件，提供了对 SIP 协议（session initiation protocol，会话发起协议）实现的基准测试功能，常用于电信行业。

该基准测试套件模拟了真实电信场景的测试环境。其中 SIP 服务器供应商常用来测试 SIP 应用程序的是 Proxy200，它为测试 SIP 应用程序的性能提供了完整的标准化代理支持。

5.4.3 DaCapo 基准测试

DaCapo 是由名为 DaCapo 的学术组织（该组织专注于 JVM 和运行时的研究）建立的一个免费的基准测试套件，其关注点更多集中在垃圾回收负载和现代 Java 应用程序。

该基准测试套件中包括解析器生成器、字节码优化器、基于 Java 的 Python 解释器，以及一些供 Eclipse 使用的非 GUI 单元测试。DaCapo 使用简单，可对典型 Java 应用程序做性能压力测试。

5.4.4 真实场景下的应用程序

收集一些能够模拟真实场景的应用程序用于基准测试是很有用的。例如，对于 Java Web 服务器的开发者来说，在基准测试中集成多种 Web 服务器软件能使自己的作品保持竞争优势。

我和其他 JVM 开发者在开发 JRockit 时，会在客户的授权下使用可能引起性能问题的应用程序对 JRockit 进行基准测试。这种方式使开发者能够更好地理解性能问题，而且可以避免开发过程中性能下降。这些应用程序已经集成到基准测试中，每天或每周都会执行一次基准测试，更小的基准测试可以执行得更频繁一些。

对于开发团队来说，测试产品的平台适用性很有意思而且也有用，开发者会花好几天将产品部署到所有可支持的平台上，这有助于找出隐藏的故障和性能问题。要找出 JVM 或编译器的适用平台并不困难，但针对特殊平台仍有很多测试工作要做。此外，负载生成器、网络测试工具和其他平台无关的产品可用来对应用程序进行压力测试。

我建议在做基准测试的时候要准备足够多的测试实例，例如，如果是要开发 J2EE 应用程序，就将之部署在多个应用程序服务器上运行；如果是开发一个数学计算库，就在多种 JVM 上调用 `java.lang.math` 包中相关类的实现等。存储空间不值钱，所以一定要留下所有相关日志信息。记住，测试，基准测试，调优，再测试，如此往复。

5.5 基准测试的潜在风险

有时，开发者往往过于注重某项基准测试结果，因而以偏概全，无法根据基准测试的完整结果得出正确的结论。

目前，可供选择的工业级基准测试工具很多，用户群庞大，从硬件厂商到学术研究者都可以用它们提升运行时环境和应用程序的执行性能。给定配置下得到基准测试的结果后，得出的结论会产生广泛的影响。

当然，如果某个主流的基准测试套件使用过于普遍的话，那么就要小心了。典型的例子就是SPECjvm基准测试套件和后来出现的SPECjbb基准测试套件。

如果学生可以在电脑上用简单的命令来运行基准测试的话，那肯定有助于基准测试的推广；但如果运行很麻烦的话，就不太妙了。SPECjbb可以通过简单的命令来运行，而SPECjAppServer就不能这么干。SPECjAppServer本身是非常出色的基准测试套件，几乎可对应用程序的每个部分进行测试，从应用程序服务器到物理网卡，无所不包，但运行SPECjAppServer需要很多硬件支持，而且安装配置也挺复杂，所以在学术领域几乎没人用SPECjAppServer套件，而是普遍使用SPECjbb套件，尽管这样的基准测试结果可能不太全面。

5.6 性能调优

在将基准测试集成到测试框架后，每当应用程序可以在可控环境下稳定运行，或因修改算法实现而构建了一个小版本时，就应该执行回归测试，以保证即使修改了代码，也不会出现性能下降的情况。

执行基准测试的另一个目的是提供一个小的、自包含的沙箱，在这个沙箱中可以对应用程序的某一部分进行性能调优，以期可以达到软件项目预定的性能目标。

在某些案例中，基准测试的结果表明，应用程序某些模块需要彻底重写，以便使用执行效率更高的算法，而在另一些案例中，只需要调整JVM的参数即可满足要求。

5.6.1 非规范化行为

在之前章节中已经提到过，自适应运行时的反馈信息对JVM优化有着至关重要的作用。

理想情况下，使用了自适应运行时的系统应该是根本不需要调优的，自适应运行时应该会根据反馈信息适时地调节应用程序的行为。但可惜的是，机器的推断能力还没有强大到可以和人相比的地步，尽管它在查找热方法和膨胀（收缩）锁等方面比人工操作强，但在其他一些方面就力不从心了。譬如说，如果应用程序可用的堆够大的话，根本就不需要缩放堆内存，或者如果不关心内存碎片问题，那么就不需要执行堆整理的操作等，自适应运行时无法推测出这些内容，需要由开发人员专门对JVM进行配置。另一方面，如果开发人员高估了自己的水平或者没有掌握足够的信息的话，就可能会做出错误的配置。

应用程序的行为应该通过专门的分析器来收集，就JRockit来说，它使用了非侵入性的行为收集器，以较小的性能损耗来记录应用程序的行为，根据这些行为记录可以做离线分析，避免影响应用程序的正常运行。

在调优应用程序之前，首先要明确应用程序的性能瓶颈在哪里，花大力气去优化非瓶颈的代码是不值得的，而且还会增加代码的复杂度。例如，通过 JRockit Flight Recorder 套件发现应用程序的性能瓶颈是网络处理能力不足，这种情况下，匆忙将十几行的算法换成百十来行的"高端算法"是很不明智的。为了避免引入不必要的复杂性，应该优先解决影响最大的问题。

在某些案例中，在做完应用程序分析后发现根本不需要修改应用程序，从分析结果看，调整运行时参数即可解决问题。在介绍相关命令行参数之前，需要强调的一点是，调优所涉及的很多参数和 JVM 的行为都是各大 JVM 厂商自定义的、非规范化的。就 JRockit 来说，每个新版本都会对这些特性进行大量优化，以便更好地满足用户对应用程序执行性能的要求，使用户可以专注于自身的业务逻辑开发。

最后强调一下，通过命令行参数自行配置 JVM 的运行行为可能会产生意料之外的结果，此外，同一款 JVM 的不同版本对同一命令行参数的支持可能也不尽相同，使用应多加小心。在 JRockit 中，以-XX 开头的命令行参数表明其含义可能会在不同的版本之间发生变化，使用时要注意查看相关文档的说明。

5.6.2 调优目标

正如在第 3 章中提到的，无论 JVM 中所运行的是何种应用程序，调优工作都是一样的，调优的基本目标大致可分为高吞吐量、低延迟或近实时，其中，近实时可算作是低延迟的高级特例。

在前几章中已经介绍过这几个优化目标，本节将简单介绍其中所涉及的一些命令行参数，讲解内容只针对 JRockit，其他 JVM 实现内部原理超出本书范围，此处恕不赘述。尽管不同 JVM 版本对同一命令行参数的定义可能有所区别，但其所涉及的基本原理和技术却是相同的。

在使用命令行参数之前，一定要先查询 JRockit 文档，尤其是 JRockit 诊断指南，明确所要使用的命令行参数的具体作用。此外可以通过 JRockit Mission Control 套件记录使用该参数前后应用程序的行为来加深对该参数的理解。

为了避免篇幅过长，本节中并没有提供太多的相关示例，这些内容可以在 JRockit 文档和 JRockit 诊断指南中找到。

本节中所介绍的命令行参数均以 JRockit R28 版本为基准，在其他的版本中，标志的含义可能不尽相同，具体情况请查阅相关文档。

1. 内存管理调优

本节将介绍与内存管理系统和垃圾回收器相关的命令行参数。

● **设置堆的容量**

在第 3 章中曾经介绍过，命令行参数`-Xms`和`-Xmx`分别可以用来设置堆的初始大小的最大容量。

如果应用程序有实时性的要求，则根据当前系统所能支持的资源大小，将`-Xmx`和`-Xms`设置为相同的值，以避免堆在应用程序运行过程中出现伸缩的情况。

下面的示例中，将堆的初始值和最大值均设置为 1 GB。

```
java -Xms1024M -Xmx1024M Application
```

● **设置垃圾回收算法**

针对应用程序的特点选择合适的垃圾回收算法是很重要的。如果对应用程序的响应时间有要求的话，那么不要忘了使用命令行参数`-XpauseTarget`来设置相应的服务级别。

如果应用程序执行的是批处理作业，优化目标一般是最大化吞吐量，那么就可以设置命令行参数`-XgcPrio:throughput`。

下面的示例将 JVM 的优化目标设置为低延迟，并设定期望的最大暂停时间为 250 毫秒。

```
java -XgcPrio:pausetime -XpauseTarget:250ms
```

● **内存整理**

随着应用程序的不断运行，堆中的内存呈现出碎片化的趋势。早期的应用程序对碎片化没什么办法，只能重启应用程序，但这种方式会加大应用程序的整体延迟，浪费 CPU 资源。从已有的经验看，对堆的一部分空间进行整理可以有效应对碎片化的问题。JRockit JVM 中使用的就是这种策略，并在自适应运行时的帮助下，自行调整垃圾回收的行为。

垃圾回收的一大瓶颈就是内存整理，因为这一步操作很难以完全并发的方式执行。如果能够获得有关内存碎片和对象大小相关的信息（例如可以通过 JRockit Flight Recorder 套件得到这些信息），那么在做调优的时候就能更具针对性。就 JRockit 来说，可以使用命令行参数`-XXcompaction`及其相关参数来指定与内存整理相关的行为。

JRockit 中内存整理的算法是将堆划分成多个同样大小的分区，内存整理以分区为单位进行，以便尽可能不去暂停应用程序。默认配置下，会使用 4096 个分区，实际应用时如果执行内存整理的速度跟不上内存碎片化的速度，则需要减少分区的数量；如果内存整理使应用程序暂停过多的话，则可以增大分区的数量。典型情况下，如果优化策略不是针对最大化吞吐量的话，垃圾回收器所整理出的内存空间的大小很大程度上取决于执行内存整理的频率。使用命令行参数`-XXcompaction:heapParts=n`可以用来设定所使用的分区数量。

在 JRockit 中，内存整理分为**内部整理**和**外部整理**两类，其中外部整理也被称为**清理**。内部整理的操作只集中于某个内存分区内部，将对象移动到分区头部，而不会将其移动到其他分区。外部整理会同时作用于多个分区，并尽量将对象移动到整个堆的头部，从而降低整个堆的碎片化程度。因此，相比于内部整理，外部整理的并发性较低，而且会有一个较长时间的、STW 式的操作过程。

内存整理是以滑动窗口的形式完成对整个堆的整理。目前 JRockit 中会交错使用内部整理和外部整理，如果本次垃圾回收使用的是内部整理，则下一次会使用外部整理。

命令行参数 -XXcompcation:internalPercentage 和 -XXcompcation:externalPercentage 分别用于设置执行内存整理时会对多少个分区执行整理操作。

如果已知应用程序的对象分配策略，并且期望降低系统延迟，那么可以使用命令行参数 -XXcompaction:enable=false 来关闭所有的内存整理操作。在启用这个参数之前，应该先通过 JRockit Mission Control 来确认是否有必要处理碎片化问题。关闭内存整理可以大幅减少内存管理中对暂停 Java 应用程序的需求，但对于那些内存较大、运行时间较长的应用程序来说，关闭内存整理很有可能最终会使应用程序因发生 OutOfMemoryError 错误而崩溃。

另一方面，如果应用程序对延迟没什么要求，而是只关心吞吐量的话，那么可以使用命令行参数-XXcompaction:full，该标志会强制垃圾回收器在每次执行垃圾回收时对整个堆做内存整理，尽可能降低内存中碎片化程度，代价是有较长的暂停时间。在某些案例中，对整个堆执行内存整理的速度很慢，导致应用程序暂停时间过长，结果使吞吐量下降，因此使用时要仔细分析应用程序的行为特点。

在 JRockit Mission Control 中，有时也把对整个堆做内存整理的操作称为**异常整理**（exceptional compaction）。

对于那些追求低延迟的应用程序来说，如果内存整理的时间过长，则应该终止当前的内存整理操作。在默认的吞吐量优先垃圾回收器中，中断内存整理默认是被禁用的，可以通过设置命令行参数-XXcompaction:abortable 来强制启用。

还有一些其他命令行参数可用来调整内存整理操作，这些内容超出本书范围，相关内容请查阅 JRockit 诊断指南。最后强调一下，当为了提升应用程序的实时性而调整与内存整理相关的参数时，有可能会使应用程序的整体性能有较大波动，降低应用程序暂停时间的确定性。

以下为几个使用命令行参数调整垃圾回收行为的示例。

禁用内存整理：

```
java -XXcompaction:enable=false <application>
```

对整个堆执行内存整理，最大化吞吐量：

```
java -XXcompaction:full <application>
```

将堆划分为 512 个分区，每次内部整理会处理 1.5 个分区，每次外部整理会处理 2 个分区：

```
java -XXcompaction:internalPercentage=1.5, externalPercentage=2,heapParts=512
<application>
```

以最大化吞吐量为主要优化目标，同时允许中断内存整理操作以兼顾对低延迟的需求：

```
java -XgcPrio:throughput -XXcompaction:abortable=true <application>
```

- **调整 System.gc()方法**

命令行参数-XX:AllowSystemGC 可用来设置是否允许调用 System.gc()方法。设置命令行参数-XX:AllowSystemGC=false 会将 System.gc()方法变为空方法。默认情况下是允许开发人员调用 System.gc()方法的，调用该方法有可能会引起对整个堆的垃圾回收操作，因此频繁调用该方法反而可能会降低应用程序的整体性能。与 System.gc()方法相关的问题及解决方案请参见第 3 章和本章中的介绍。

另一方面，对于追求高吞吐量的应用程序来说，使用命令行参数-XX:FullSystemGC 可以强制 JVM 在调用 System.gc()方法时对整个堆执行垃圾回收操作。使用该参数时要谨慎。

下面的示例中，强制 JVM 在调用 System.gc()方法时对整个堆执行垃圾回收操作。

```
java -XX:FullSystemGC=true <application>
```

- **调整新生代大小**

在第 3 章中曾经介绍过，新生代用来存储短生命周期的对象。JVM 会根据运行时反馈信息动态调整新生代的大小。如果 JVM 使用分代式垃圾回收，并且应用程序在运行过程中会产生大量的临时对象，则可以通过命令行参数-Xns 来设置一个较大的新生代。当以吞吐量为优化目标时，可以跳过分代式垃圾回收的配置，直接使用命令行参数-XgcPrio:throughput。

下面的示例展示了如何将新生代的大小设置为 10 MB。

```
java -Xns:10M <application>
```

- **选择垃圾回收策略**

如果自适应垃圾回收策略由于某些原因而变换得过于频繁，则可以通过命令行参数-XXdisableGCHeuristics 来禁用自适应运行时对垃圾回收策略的切换，此时，内存整理和新生代的大小并不受影响。

注意，这个参数只在 JRockit R28 之前的版本中有效。就 R28 版本来说，垃圾回收策略的切换操作本来就已经禁用了，因此这个参数也就被废弃了。

- **调整 TLA 以适应大对象**

在第 3 章中曾经介绍过，当 TLA 已满时，会将其中的对象提升到堆中。使用命令行参数-XXtlaSize 可以显式设置 TLA 区域的大小。当待分配对象的大小超过了 TLA 剩余容量时，或者在 TLA 中分配内存会导致过多的空间被浪费掉时，JVM 可能会直接在堆中为对象分配内存。这种实现机制可以避免 TLA 被过快填满，进而避免了频繁提升对象到堆中的性能损耗。

对于应用程序来说，对大对象的处理确实是个问题。如果已知应用程序中常用对象的大小，则对 TLA 进行相关设置可以提升执行性能。

下面的示例将 TLA 的理想空间设置为 8 KB，最小可接受空间为 2 KB。

```
java -XXtlaSize:min=2k,preferred=8k <application>
```

> 在 JRockit R28 之前的版本中，并没有启用 TLA，大对象是直接分配在堆中的。命令行参数 -XXlargeObjectLimit 用来指定所谓“大对象”所占空间的最小值，默认值是 2 KB。从 R28 版本起，JRockit 使用了更为灵活的**浪费限额**来替代参数 XXlargeObjectLimit，限制指定了在 TLA 中分配大对象时，可以被浪费掉空间的最大值。
>
> 因此，从 R28 版本起，在 TLA 中分配内存时，如果 TLA 的空闲空间中放不下对象，而且浪费限额的值小于 TLA 中剩余空闲空间的大小，则直接在堆中为对象分配内存；否则，JRockit 会根绝目标对象的大小来决定是“浪费”掉这个 TLA 区域，尝试将在一个新的 TLA 中为对象分配内存，还是直接在堆中为对象分配内存。

下面是与调整 TLA 相关的一些示例。

将大对象的大小限制提高到 16 KB，该参数只在 JRockit R28 之前的版本中有效。

```
java -XXlargeObjectLimit:16k <application>
```

设置 TLA 的大小为 256 KB，最小可收缩到 16 KB，可接受的最大浪费空间是 8 KB。

```
java -XXtlaSize:min=16k,preferred=256k,wasteLimit=8k <application>
```

更多与大对象相关的优化细节请参见本章后续小节中的内容。频繁地将还有不少空闲空间的 TLA 中的对象提升到堆中是很浪费的，而且会抵消掉使用 TLA 所带来的好处，因此开发人员需要在堆碎片化和频繁创建 TLA 所带来的性能损耗之间做权衡。

- **调整垃圾回收线程的数量**

JRockit 倾向于假设自己会独占计算机资源，因此会使用尽可能多的线程来执行垃圾回收，直到达到操作系统和物理硬件的限制。典型情况下，JRockit 使用的垃圾回收线程数与物理机器的 CPU 核数相同。如果出于某些原因而不便于这样做，例如还有其他应用程序也需要大量使用 CPU，则可以通过命令行参数-XXgcThreads 来显式指定垃圾回收的线程数。

如果垃圾回收线程数太少，则可能会导致垃圾回收的速度跟不上垃圾对象的生产速度，在极端情况下，会导致 JVM 抛出 OutOfMemoryError 错误，不过更有可能导致 JVM 频繁对整个堆执行垃圾回收，而这将大大增加应用程序的延迟。

下面的示例设置垃圾回收的线程数为 4。

```
java -XXgcThreads:4 <application>
```

- **NUMA 架构与 CPU 亲和性**

大部分现代操作系统都可以为进程设置 CPU 亲和性，使进程始终运行在某个或某几个 CPU 上。在 NUMA 架构下，CPU 亲和性更重要，可以通过将 JVM 进程绑定在某几个 NUMA 节点上来提高局部性，当然，这样会使动态性和内存访问效率有所降低。因此，在调整 CPU 亲和性之前，一定要清楚掌握应用程序的行为。

命令行参数-XX:BindToCPUs 可强制 JRockit 只使用某几个固定的 CPU 核心。

下面的示例中，JRockit 只使用编号为 0 和 2 的 CPU 核心。

```
java -XX:BindToCPUs=0,2 <application>
```

就 NUMA 架构来说，还可以使用命令行参数-XX:BindToNumaNodes 来控制内存分配策略。该参数用于指定 JRockit 是在所有的 NUMA 节点中平均分配内存页，还是只在本地节点中分配内存，参数值 preferredlocal 表示 JRockit 会尽可能使用本地节点，参数值 interleave 表示 JRockit 会在所有的 NUMA 节点中平均分配内存。

下面的示例中，将强制在分配内存时使用本地节点。其他可选值是 preferredlocal 或 interleave。

```
java -XX:NumaMemoryPolicy=strictlocal <application>
```

2. 代码生成调优

本节将介绍与代码生成相关的命令行参数。

- **调用分析**

使用命令行参数-XX:UseCallProfiling，可以让 JRockit 代码生成器在做 JIT 编译时，添加相应的分析代码来收集代码运行时的相关数据，以便更准确地制定代码优化策略。

当然，为了不影响目标方法的执行性能，不能在做 JIT 编译时随意添加分析代码。但如果应用程序将会运行很长一段时间的话，那么热方法基本上都会被 JIT 优化编译器处理过，之前遗留的分析代码也会被优化去掉，如果优化编译器收集到了足够的调用信息，那么经过优化的方法会比之前运行得更快。

默认情况下，调用分析是被禁用的，不过在将来可能会改为默认启用。该参数尤其适用于那些具有很长调用链的应用程序。

在下面的示例中，会启用调用分析来收集热方法的调用信息。

```
java -XX:UseCallProfiling=true <application>
```

- **调整优化编译器的线程数**

JRockit 中的代码优化算是相当激进的操作，需要耗费大量的 CPU 时间和内存资源，但如果消耗的太多的 CPU 资源就不值得了。在第 2 章中曾经介绍过，可以通过相关的命令行参数来控制 JIT 编译器工作时所使用的线程数。

如果 CPU 的工作负载不高，而且物理机器上存在大量的 CPU 核心，那么增加执行优化编译工作的线程数可以使应用程序更快达到稳定运行的状态。

JRockit 中，命令行参数-XX:OptThreads 和-XX:JITThreads 分别用来设置优化编译器和 JIT 编译器的工作线程的数量。

这两个参数的默认值都是 1，如果想使用更多线程的话，需要做基准测试确认这样更有效率。事实上，即使是只使用 1 个线程，应用程序最终也能达到稳定运行的状态，只不过所需的时间更长一些。

下面的示例分别展示了如何调整 JIT 编译器和优化编译器中线程的数量。

```
java -XX:JITThreads=2 <application>
java -XX:OptThreads=2 <application>
```

- **关闭代码优化**

代码优化是计算密集型操作，需要耗费很多 CPU 资源，因此可能会产生过大的执行消耗，例如可能会使热身周期过长，或者使延迟增大。在这种情况下，可以通过命令行参数`-XnoOpt`来全面禁用代码优化。禁用代码优化之后，JVM 的行为将更具可预测性，但执行性能将受到影响，针对于此，可以使用命令行参数`-XX:DisableOptsAfter`来指定在多少秒之后禁用代码优化操作。

下面的示例展示了如何禁用代码优化。

彻底禁用代码优化：

```
java -XnoOpt <application>
```

十分钟之后禁用代码优化：

```
java -XX:DisableOptsAfter=600
```

3. 锁与线程调优

通常情况下不需要对锁调优，其默认行为就挺不错的，用户自行修改锁的行为通常不会带来什么性能提升，好好调优应用程序才是正途。不过为了保证内容的完整性，本节还是会简单介绍 JRockit 中与控制锁行为相关的命令行参数。

- **延迟解锁**

在第 4 章曾经介绍过，当某个锁对象频繁地被同一个线程加锁（释放）时，启用延迟解锁是可以提升整体性能的。如果某个线程很快会重新获取锁，那么实在没必要在这么短的时间内释放锁。

在 JRockit 中，延迟解锁是默认启用的（除非是在 Java 1.6 版本之前，使用准确式垃圾回收），当然，用户也可以通过命令行参数`-XX:UseLazyUnlocking`来显式指定是否启用延迟解锁。

下面示例展示了如何显式禁用延迟解锁。

```
java -XX:UseLazyUnlocking=false <application>
```

此外，当自适应运行时发现，对于某个类的对象来说，延迟解锁的前提假设总是不成立，则会对该类的所有对象禁止延迟解锁。用户可通过命令行参数`-XX:UseLazyUnlockingClassBan`来显式设置。

- **设置线程的优先级**

`java.lang.Thread`类支持对线程优先级的设置，但通常虚拟机不会提供具体的实现，因而不会有实际作用。这么做是因为在 Java 层面设置线程优先级会扰乱操作系统的线程调度策略，可能会引发意想不到的问题，得不偿失。

默认情况下，JRockit 会忽略对`java.lang.Thread#setPriority(int)`方法的调用，用户可以通过命令行参数`-XX:UseThreadPriorities`来强制其支持对线程优先级的修改操作。如下面的示例所示。

```
java -XX:UseThreadPriorities=true <application>
```

- **调整锁膨胀或锁收缩的阈值**

高端用户可能会发现，调整锁膨胀或锁收缩的阈值（即何时从瘦锁升级为胖锁，或反之），可以提升应用程序的整体性能。

下面的示例指定了在将瘦锁提升为胖锁之前需要在瘦锁中自旋 100 次：

```
java -XX:ThinLockConvertToFatThreshold=100 <application>
```

在 JRockit 中，自旋操作并不是单纯浪费 CPU 资源，因为在每次迭代中都会有短时间的暂停或主动让出当前 CPU 的使用权，所以，在不同的 CPU 平台上，指定相同的循环迭代次数完全可能会导致不同的总体循环时间。

示例，禁用锁收缩操作，默认为 `true`：

```
java -XX:UseFatLockDeflation=false <application>
```

示例，在遇到 10 次非竞争的锁获取操作之后，执行锁收缩操作：

```
java -XX:FatLockDeflationThreshold=10 <application>
```

在第 4 章中曾经提到过，JRockit 中的胖锁实现中使用了自旋周期很短的自旋锁，以便在真正进入胖锁之前还能有一次机会通过瘦锁完成操作。这部分行为可以通过命令行参数来修改。

示例，在胖锁中禁用自旋锁：

```
java -XX:UseFatSpin=false <application>
```

示例，禁用胖锁中自旋锁的自适应调整：

```
java -XX:UseAdaptiveFatSpin=false <application>
```

除了上面提到的命令行参数外，还有一些其他的参数可用于控制锁的行为，更多详细内容请查阅 JRockit 诊断指南。总之，在通过命令行参数调整锁的行为时，为避免出现意外情况，一定要谨慎。

4. 通用调优

本节简单介绍其他一些没有归类的与调优相关的命令行参数。

- **压缩指针**

在第 3 章中曾经介绍过，在 64 位平台上，大部分情况下是默认启用指针压缩的，不需要显式配置。默认情况下，JRockit 会根据当前 JVM 进程中堆的最大值来选择对应的指针压缩方式，不过用户也可以显式指定具体的压缩方式，使用相关参数之前请查阅文档。

示例，禁用指针压缩：

```
java -XXcompressedRefs:enable=false <application>
```

示例，启用引用压缩，所支持的堆最大为 64GB：

```
java -XXcompressedRefs:enable=true,size=64GB <application>
```

- **大内存页支持**

大内存页可应用于代码缓冲区和堆，通过命令行参数 `-XX:UseLargePagesForHeap` 和

-XX:UseLargePagesForCode 来显式指定是否启用，默认情况下，是完全不启用大内存页的。

如果当前操作系统支持大内存页，而且能够合理配置的话，则启用大内存页可以大幅提升旁路转换缓冲的命中率。对于内存密集型应用程序来说，使用大内存页可以使整体性能提升 10% ~ 15%。

对于需要长时间运行的大型应用程序来说，推荐试用大内存页，如果操作系统不支持大内存页的话，JRockit 会打印警告信息，并回归到普通模式运行。

示例，在代码缓冲区中启用大内存页：

```
java -XX:UseLargePagesForCode=true <application>
```

示例，在堆中启用大内存页：

```
java -XX:UseLargePagesForHeap=true <application>
```

5.7 常见性能瓶颈与规避方法

在之前几章中都有与常见陷阱和伪优化相关的内容，在做基准测试时，要规避这些问题，就需要对性能瓶颈和代码中常出现的反模式有深入的理解。

需要注意的是，在做字节码注入时，一定要注意对侵入程度的控制。例如，如果字节码注入工具在应用程序各处代码中都插入了额外的字节码操作，则很有可能会完全改变应用程序的执行时间，从而导致无法根据执行结果对原系统做出准确的分析。尽管有不少简便的字节码注入工具可以通过代码注入来实现一些特殊功能，例如事件计数器等，但实际这些工具很少能够做出真正准确的分析，而且使用字节码注入工具时，应用程序不得不重新编译运行。相比之下，JRockit Mission Control 套件则可以通过插件的形式在应用程序运行过程中完成作业，而且不会产生额外的执行消耗。

一般来说，基准测试或代码注入分析可以帮助找出应用程序的性能瓶颈。这些年来，我们已经处理过很多性能问题，其中一些往往会重复出现，下面将介绍这些常见的问题以及规避方法。

5.7.1 命令行参数-XXaggressive

在以往的工作中，不止一次看到用户在使用 JRockit 时会加上了试验性质的命令行参数 -XXaggressive。该命令行参数是其他命令行参数的包装器，用来通知 JRockit 快速热身，尽可能快地达到稳定运行状态，使用该参数后，JRockit 会在启动时消耗更多的资源。由于该参数是试验性质，并且未记录于文档中，故而在不同的 JRockit 发行版中，该参数所涉及的优化选项不尽相同，我建议不要轻易使用该参数。不过在对应用程序的性能做对比分析时，可以将该参数作为其中一种配置加以分析。最后强调一下，使用该参数时，一定要谨慎。

5.7.2 析构函数

正如在第 3 章中介绍的，就 Java 来说，析构函数 `finalize` 是不安全的，它可以复活对象，从而妨碍垃圾回收的执行。此外，JVM 在执行这些析构函数时也会产生一些开销。

垃圾回收器会分别跟踪每个将要被释放掉的对象，当调用 `finalize` 方法时会产生执行开销，如果存在逻辑非常复杂的 `finalize` 方法，开销更大。因此，最好不要使用这个方法。

5.7.3 引用对象过多

在释放对象时，垃圾回收器会对软引用、弱引用和虚引用对象特殊处理，尽管这些引用对象都有专门的用途（例如实现缓存等），但如果应用程序中使用了太多的引用对象，仍旧会拖慢垃圾回收器的运行。记录它们相关信息的操作开销会比普通对象（强引用对象）高一个数量级。

使用命令行参数`-Xverbose:refobj`可以让 JRockit 打印出垃圾回收器对引用对象的处理信息。示例如下。

```
hastur:material marcus$ java -Xverbose:refobj GarbageCollectionTest
  [INFO ][refobj ] [YC#1] SoftRef: Reach:  25 Act: 0 PrevAct: 0 Null: 0
  [INFO ][refobj ] [YC#1] WeakRef: Reach: 103 Act: 0 PrevAct: 0 Null: 0
  [INFO ][refobj ] [YC#1] Phantom: Reach:   0 Act: 0 PrevAct: 0 Null: 0
  [INFO ][refobj ] [YC#1] ClearPh: Reach:   0 Act: 0 PrevAct: 0 Null: 0
  [INFO ][refobj ] [YC#1] Finaliz: Reach:  12 Act: 3 PrevAct: 0 Null: 0
  [INFO ][refobj ] [YC#1] WeakHnd: Reach: 217 Act: 0 PrevAct: 0 Null: 0
  [INFO ][refobj ] [YC#1] SoftRef: @Mark: 25
    @Preclean: 0 @FinalMark:   0
  [INFO ][refobj ] [YC#1] WeakRef: @Mark: 94
    @Preclean: 0 @FinalMark:   9
  [INFO ][refobj ] [YC#1] Phantom: @Mark: 0
    @Preclean: 0 @FinalMark:   0
  [INFO ][refobj ] [YC#1] ClearPh: @Mark: 0
    @Preclean: 0 @FinalMark:   0
  [INFO ][refobj ] [YC#1] Finaliz: @Mark: 0
    @Preclean: 0 @FinalMark:  15
  [INFO ][refobj ] [YC#1] WeakHnd: @Mark: 0
    @Preclean: 0 @FinalMark: 217
  [INFO ][refobj ] [YC#1] SoftRef: SoftAliveOnly: 24 SoftAliveAndReach:1
  [INFO ][refobj ] [YC#1] NOTE: This count only
    applies to a part of the heap.
```

从上面的示例中可以看出，应用程序中的引用对象并不多，垃圾回收器处理起来并不费劲。不过，当应用程序中存在大量引用对象时，要小心处理。

5.7.4 对象池

正如在第 3 章中介绍的，通常情况下，为了降低内存分配的开销而通过**对象池**来重复使用对象，并不能获得良好的效果。

对象池除了会影响垃圾回收器的工作负载和策略调整之外，还会延长对象的生命周期，最终使这些对象被提升至老年代。这会带来额外的执行开销，并加速堆的碎片化。大量存活对象是影响垃圾回收器执行性能的一大因素，垃圾回收器被优化为主要处理短生命周期对象，而对象池恰恰“贡献”了不少长生命周期的存活对象，不利于垃圾回收工作的执行。

除此之外，从局部性原理来说，使用新对象而不是池化对象能够更有效地利用缓存。

但凡事无绝对，在某些特殊的应用程序中，内存分配，尤其是内存清零的操作，可能会成为应用程序的性能瓶颈。由于 Java 要求每个新对象都以默认值初始化，内存清零的操作必不可少。当应用程序中需要很多大对象时（例如大数组对象），使用对象池可能会提升整体性能。就 JRockit 来说，如果优化编译器能够证明内存清零不是必要操作的话，就会在执行优化编译时，剔除内存清零的操作。

记住，“简单即是美”。

5.7.5　算法与数据结构

从算法与数据结构上讲，哈希表会比链表更适用于快速查找。通常情况下，快速排序的时间复杂度是 $O(n\log n)$，优于冒泡排序的 $O(n^2)$。在讲解下面的内容时，我们假设读者已经具备了为最小化算法复杂度而挑选合适的算法和数据结构的能力。

1. 典型问题

如果某个第三方应用程序写得很烂，很有可能存在滥用数据结构的问题，通过基准测试和审查代码，可以发现并解决性能瓶颈。

```
public List<Node> breadthFirstSearchSlow(Node root) {
  List<Node> order = new LinkedList<Node>();
  List<Node> queue = new LinkedList<Node>();

  queue.add(root);

  while (!queue.isEmpty()) {
    Node node = queue.remove(0);
    order.add(node);
    for (Node succ : node.getSuccessors()) {
      if (!order.contains(succ) && !queue.contains(succ)) {
        queue.add(succ);
      }
    }
  }

  return order;
}
```

上面的代码是图的广度优先遍历实现。给定某个根节点后，算法使用队列来存储其子节点，为了避免重复遍历节点，或陷入无限循环，在将某个节点添加到队列之前会检查该节点是否已经被访问过。

在 JDK 中，`LinkedList` 实例的 `contain` 方法通过线性查找的方式来检查是否包含目标元素，因此在最坏情况下，搜索算法的时间复杂度会是 $O(n^2)$（n 为待搜索节点数量），当数据量很大时，运行效率较低。

```
public List<Node> breadthFirstSearchFast(Node root) {
  List<Node> order   = new LinkedList<Node>();
  List<Node> queue   = new LinkedList<Node>();
  Set<Node>  visited = new HashSet<Node>();

  queue.add(root);
  visited.add(root);

  while (!queue.isEmpty()) {
    Node node = queue.remove(0);
    order.add(node);

    for (Node succ : node.getSuccessors()) {
      if (!visited.contains(succ)) {
        queue.add(succ);
        visited.add(succ);
      }
    }
  }

  return order;
}
```

上面的代码使用了 `HashSet` 来记录已经访问过哪些节点，避免了对节点的线性搜索。当数据量很大时，性能提升明显。

2. 不利的固有特性

滥用数据结构还会导致一些其他问题。例如，链表作为一种通用数据结构，可以很方便地实现队列的入队和出队操作，具有常数时间复杂度，无须其他功能的支持。但事情并不这么简单，首先，即使应用程序中不会遍历整个队列，垃圾回收器在工作时，也必须要遍历。

如果队列中包含了大量元素，而队列的生命周期较长，则会使大量对象保持存活状态。因为链表是通过对象引用来连接对象和数据载荷的，所以链表中的元素可能存在于堆的任意位置。元素在内存中并非紧挨在一起，会降低缓存的局部性。因为队列元素分布在整个堆中，而且缓存的局部性较差，所以垃圾回收器在执行标记操作时，缓存命中率很低，导致应用程序的暂停时间变长。

因此，看似无害又操作简单的数据结构会给自动内存管理系统带来麻烦。

5.7.6　误用 `System.gc()`

Java 语言规范中并未对 `System.gc()` 方法的行为做任何保证，假使语言规范中真的对 `System.gc()` 的功能做了定义，那么该方法的具体行为可能并不只是执行一次垃圾回收这么简单，每次调用该方法可能会产生不同的行为。最后重申，不要期望使用 `System.gc()` 方法来影响垃圾回收的行为，为安全起见，压根别用 `System.gc()` 方法。

5.7.7　线程数太多

将大问题分解为多个独立的小问题，再交给多个线程并行计算，看起来这是个不错的主意，但实际上，线程间的上下文切换也会产生执行开销。第 4 章已经介绍了线程的几种实现，无论是绿色线程还是操作系统线程，在执行线程上下文切换时，都无法执行应用程序的业务逻辑。线程间上下文切换操作的次数正比于参与调度的线程数，因此随着线程数增加，上下文切换操作的执行开销也会随之变大。

这里不得不说一下 Intel IA-64 处理器，它有大量的寄存器，线程上下文内容的大小会达到千字节级，每次上下文切换都需要复制大量内存数据，因此在 Intel IA-64 平台上，多线程并行执行的开销会很大。

5.7.8　锁竞争导致性能瓶颈

有竞争的锁往往是性能瓶颈之一，因为竞争意味着多个线程都需要访问同一个资源或者执行同一段代码。应用程序中所有的竞争都集中于一个锁并不少见，例如使用某个第三方库执行日志记录操作时，每次写日志操作都需要获取全局锁才能完成。当多个线程同时执行写日志的操作时，该全局锁就成为了应用程序的性能瓶颈。

5.7.9　不必要的异常

处理异常需要花时间，而且会打断正常的程序流转。通常情况下，最好不要使用异常来表示执行结果或控制程序流转。

使用异常分析工具找出异常的抛出位置和处理位置是很有用处的，应尽可能移除所有不必要的硬件异常处理，例如空指针异常和除零异常。由于硬件异常一般由操作系统级的硬件中断引起，处理起来开销很大，相比之下，虽然普通的 Java 异常也有一些开销，但由于会在 JVM 内部处理，所以执行开销比硬件异常小得多。

从以往的工作经验来看，有些应用程序会使用 `NullPointerExceptions` 异常作为控制程序的正常流转，而实际上是不必要的，在剔除这些代码后，应用程序的性能大幅提升。

在 JRockit 中，要想找出这些不必要的异常很简单，只需在启动应用程序时加上命令行参数 `-Xverbose:exceptions`，示例如下：

```
hastur:~ marcus$ java -Xverbose:exceptions Jvm98Wrapper _200_check
  [INFO ][excepti][00004] java/io/FileNotFoundException:
    /localhome/jrockits/R28.0.0_R28.0.0-454_1.6.0/jre/classes
  [INFO ][excepti][00004] java/lang/ArrayIndexOutOfBoundsException: 6
  [INFO ][excepti][00004] java/lang/ArithmeticException: / by zero
  [INFO ][excepti][00004] java/lang/ArithmeticException: fisk
  [INFO ][excepti][00004] java/lang/ArrayIndexOutOfBoundsException: 11
  [INFO ][excepti][00004] java/lang/RuntimeException: fisk
```

上面的示例内容中，每行都记录了抛出的异常，若想跟踪异常的抛出轨迹，可以使用命令行参数-Xverbose:exceptions=debug。JRockit Mission Control套件也包含了可以分析异常的框架，而且使用方式更加人性化。示例如下：

```
hastur:~ marcus$ java -Xverbose:exceptions=debug Jvm98Wrapper _200_check
  [DEBUG][excepti][00004] java/lang/ArrayIndexOutOfBoundsException: 6
    at spec/jbb/validity/PepTest.testArray()Ljava/lang/String;
      (Unknown Source)
    at spec/jbb/validity/PepTest.instanceMain()V(Unknown Source)
    at spec/jbb/validity/Check.doCheck()Z(Unknown Source)
    at spec/jbb/JBBmain.main([Ljava/lang/String;)V(Unknown Source)
    at jrockit/vm/RNI.c2java(JJJJJ)V(Native Method)
    --- End of stack trace
  [DEBUG][excepti][00004] java/lang/ArithmeticException: / by zero
    at jrockit/vm/Reflect.fillInStackTrace0(Ljava/lang/Throwable;)
      V(Native Method)
    at java/lang/Throwable.fillInStackTrace()Ljava/lang/Throwable;
      (Native Method)
    at java/lang/Throwable.<init>(Throwable.java:196)
    at java/lang/Exception.<init>(Exception.java:41)
    at java/lang/RuntimeException.<init>(RuntimeException.java:43)
    at java/lang/ArithmeticException.<init>(ArithmeticException.java:36)
    at jrockit/vm/RNI.c2java(JJJJJ)V(Native Method)
    at jrockit/vm/ExceptionHandler.throwPendingType()V(Native Method)
    at spec/jbb/validity/PepTest.testDiv()Ljava/lang/String;
      (Unknown Source)
    at spec/jbb/validity/PepTest.instanceMain()V(Unknown Source)
    at spec/jbb/validity/Check.doCheck()Z(Unknown Source)
    at spec/jbb/JBBmain.main([Ljava/lang/String;)V(Unknown Source)
    at jrockit/vm/RNI.c2java(JJJJJ)V(Native Method)
    --- End of stack trace
  [DEBUG][excepti][00004] java/lang/ArithmeticException: fisk
    at spec/jbb/validity/PepTest.testExc1()Ljava/lang/String;
      (Unknown Source)
    at spec/jbb/validity/PepTest.instanceMain()V(Unknown Source)
    at spec/jbb/validity/Check.doCheck()Z(Unknown Source)
    at spec/jbb/JBBmain.main([Ljava/lang/String;)V(Unknown Source)
    at jrockit/vm/RNI.c2java(JJJJJ)V(Native Method)
    --- End of stack trace
  [DEBUG][excepti][00004] java/lang/ArrayIndexOutOfBoundsException: 11
    at spec/jbb/validity/PepTest.testExc1()Ljava/lang/String;
      (Unknown Source)
    at spec/jbb/validity/PepTest.instanceMain()V(Unknown Source)
    at spec/jbb/validity/Check.doCheck()Z(Unknown Source)
    at spec/jbb/JBBmain.main([Ljava/lang/String;)V(Unknown Source)
    at jrockit/vm/RNI.c2java(JJJJJ)V(Native Method)
    --- End of stack trace
  [DEBUG][excepti][00004] java/lang/RuntimeException: fisk
    at spec/jbb/validity/PepTest.testExc2()Ljava/lang/String;
      (Unknown Source)
    at spec/jbb/validity/PepTest.instanceMain()V(Unknown Source)
    at spec/jbb/validity/Check.doCheck()Z(Unknown Source)
    at spec/jbb/JBBmain.main([Ljava/lang/String;)V(Unknown Source)
    at jrockit/vm/RNI.c2java(JJJJJ)V(Native Method)
    --- End of stack trace
```

5

JRockit Flight Recorder 中也包含了异常分析功能，可以用 JRockit Mission Control 来分析相关内容。

5.7.10 大对象

有时候，为大对象分配内存时，并不使用 TLA，而是直接分配在堆中。这是因为一般情况下 TLA 的容量并不大，在 TLA 分配大对象会导致将对象提升到堆中的操作过于频繁，带来不必要的执行开销。就 JRockit 来说，在 R28 版本之前，会显式设定大对象的阈值，凡是小于此阈值的对象才会分配在 TLA 中。从 R28 版本起，使用浪费限额控制 TLA 中大对象的分配策略。

把大对象分配在堆中其实也不能高枕无忧，它们会加速堆的碎片化，因为大对象可能无法填补**空闲列表**中回收小对象后留下的空隙。

如果堆的碎片化比较严重，为对象分配内存的时间就会大幅增长，而大对象本身又会加速碎片化的进程。此外，由于大对象会跳过 TLA 而直接分配在堆中，分配内存的操作时可能会参与对堆的全局锁的竞争，从而增加了执行开销。

在最坏情况下，滥用大对象会导致垃圾回收器频繁地对整个堆执行垃圾回收，此举破坏性极强，会长时间中断应用程序的运行。

对于给定的应用程序来说，很难找到一个大对象的阈值能适用于所有情况，因此在 JRockit 中，这个阈值（从 R28 版本起改为浪费限额）是会变化的。这种机制非常有用，例如当自适应运行时发现有相当一部分对象的大小比默认值稍大时，或者自适应运行时期望 TLA 中内容能更紧密地排列时，就可以通过修改这个阈值（或浪费限额）来达到目的。

当频繁出现 MB 级别的大对象时，最糟糕的情况发生了，典型场景是在堆中存储了数据库查询结果，或是使用非常大的数组。记住，坚决避免这种用法，即使是专门实现一个本地存储层来放置超大对象，也不要将这么大的对象放在堆中。

5.7.11 本地内存与堆内存

对于 JVM 来说，所有的内存都是来自于操作系统的系统内存，JVM 将其中一部分用来实现堆，堆大小的初始值和最大值可分别通过命令行参数`-Xms`和`-Xmx`来设置。

当系统内存不足以完成 JVM 内部的某些操作，或 JVM 无法为对象在堆中分配到足够的内存时，JVM 会抛出`OutOfMemoryError`错误。

作为一个本地应用程序，JVM 本身也会消耗一些系统内存，例如代码优化操作等。从很大程度上，JVM 内部的内存管理是独立于 Java 堆之外的，通过类似`malloc`的系统调用从系统内存中直接分配，这部分由 JVM 直接分配的、并非作为堆使用的系统内存称为**本地内存**（native memory）。

堆内存可以由 JVM 的垃圾回收器来回收，而本地内存却不行。如果所有的本地内存都由 JVM 自己来管理，而且 JVM 在使用本地内存时又足够聪明的话，那就万事大吉了，但现实是残酷的。

在某些场景中，本地内存可能会被耗尽。例如 JVM 的代码优化是最耗费本地内存的操作之一，即使仅运行 JIT 优化和基于单个方法的代码优化也有可能耗尽本地内存。此外，还有一些其他的机制可以让 Java 操作本地内存，譬如 JNI，如果 JNI 调用 `malloc` 时分配了一块很大的内存，则在其被释放掉之前，JVM 本身是无法使用这块内存的。

JRockit 中包含了跟踪本地内存使用率的机制，可以通过 JRockit Mission Control 或 JRCMD 查看相关信息，其中的直方图显示了本地内存的使用情况。

如果堆设置得太大，有可能会导致 JVM 留给自己用来做簿记或代码优化等操作的本地内存不太够用。此时，JVM 别无他法，只好从本地代码中抛出 `OutOfMemoryError` 错误。就 JRockit 来说，可以通过降低命令行参数`-Xmx` 的值来隐式地增加本地内存的可用量。

5.8 wait 方法、notify 方法与胖锁

第 4 章介绍过，在 JRockit 中，`wait` 和 `notify` 方法总会将瘦锁膨胀为胖锁。如果应用程序频繁对某个锁执行加锁和释放的操作，而且持有锁的时间又很短，则最好将之实现为瘦锁。因此，在新创建的对象上调用 `wait` 和 `notify` 方法会生成一个监视器以及胖锁，从而带来性能损耗。

5

5.8.1 堆的大小设置不当

在设置 JVM 参数时，如果堆的大小设置不当，也会引起性能问题。如果堆设置得太小，就会频繁引发垃圾回收，把时间都花费在执行垃圾回收上了；如果堆设置得太大，则执行垃圾回收的平均时间就会延长，可能会导致 JVM 抛出 `OutOfMemoryError` 错误。因此，分析应用程序的行为，找出最合适的堆大小是很有意义的。JRockit Mission Control 套件可以通过分析应用程序的行为得出与内存使用相关的数据。

5.8.2 存活对象过多

正如在第 3 章介绍的，在自动内存管理系统中，运行时的复杂度主要取决于堆中存活对象的总量，而不是堆本身的大小，大量的存活对象几乎总是会增大垃圾回收的执行开销。内存分析可以帮助找出那些本应该被回收掉的大对象，JRockit Mission Control 套件中的内存泄漏分析工具就可以很好地完成这个任务。

5.8.3 Java 并非万能

Java 是一门强大的通用编程语言，因其友好的语义和内建的内存管理而大大加快了应用程序的开发进度，但 Java 不是万能的，这里来谈谈不宜使用 Java 解决的场景。

- ❑ 要开发一个有近实时性要求的电信应用程序，并且其中会有成千上万个线程并发执行。
- ❑ 应用程序的数据库层所返回的数据经常是 20 MB 的字节数组。

- 应用程序性能和行为的确定性，完全依赖于底层操作系统的调度器，即使调度语义有微小变化也会对应用程序性能产生较大影响。
- 开发设备驱动程序。
- 使用 C/Fortran/COBOL 等语言开发的历史遗留代码太多，目前团队手中还没有好用的工具可以将这些代码转换为 Java 代码。
- 应用程序的并发程度很高，即按照分治策略，在最终融合各个子问题的结果之前，使用成千上万个线程共同计算。

除了上面的示例外，还有其他很多场景不适宜使用 Java。通过 JVM 对底层操作系统的抽象，Java 实现了“一次编写，到处运行”，也因此受到了广泛关注。但夸大一点说，ANSI C 也能做到这一点，只不过在编写源代码时，要花很多精力来应对可移植性问题。因此要结合实际场景选择合适的工具。Java 是好用，但也不要滥用。

5.9　小结

本章主要介绍了基准测试和性能调优的相关内容。这里提到了使用基准测试主要是为了防止应用程序的性能在开发过程中发生衰退，而且相比于处理整个应用程序，分析、测试其中的某一部分问题会方便得多。之后重点强调了在商业软件开发中，制定性能目标的重要性，以及基准测试在这其中所能发挥的重要作用。另外，在基准测试套件中集成一些第三方应用程序也很有帮助。

本章简单介绍了微基准测试及其使用场景，并讨论了确定测试目标的重要性。

为了定位应用程序的性能瓶颈，并确保基准测试确实能解决它们，对应用程序做性能分析是很有必要的。性能分析可以按照复杂度和侵入性划分为不同的级别。就 JRockit 来说，使用 JRockit Mission Control 套件可以以较小的代价分析应用程序的性能。

本章还继续介绍了几种工业基准测试套件，特别是 SPEC 相关套件，及各自特点和使用场景。

在知晓了应用程序的运行行为后，可以根据实际情况决定，是单纯靠调整 JVM 参数来提升性能，还是需要重写应用程序的某些功能模块。本章以 JRockit 为例，介绍了内存系统和代码生成器等 JVM 组件的命令行参数。

最后，介绍了 Java 应用程序中常见的性能瓶颈和反模式，并讨论了规避这些问题的方法。

到这里，本书的第一部分就此完结。在下一部分中，将会详细介绍 JRockit Mission Control 这个强大的工具。期望本章中的内容可以帮助读者理解基准测试的作用，以及如何使用正确的工具解决性能问题。

第 6 章

JRockit Mission Control 套件

6

作为 Java 运行时，人们期望 JRockit 能够持续稳定地监控 Java 应用程序的运行情况。正如之前几章介绍的，在 Java 应用程序运行的过程中，JRockit 有很多事情要做，例如找出哪些方法最耗时间、以及跟踪内存使用情况和应用程序的内存分配行为，否则如果发生内存泄漏的情况就不太妙了。

在对应用程序做性能分析或诊断时，JRockit 所收集到的运行时数据将会是非常宝贵的资料。

在本书的第二部分中，将会详细介绍 JRockit 所提供的套件工具。在接下来的章节中，将介绍 JRockit 发行版中的工具，分别是 JRockit Mission Control Console、JRockit Runtime Analyzer（在 R28 版本中，该工具已被 JRockit Flight Recorder 取代）、JRockit Memory Leak Detector 和 JRCMD。

上述的前 3 个工具均包含在 JRockit Mission Control 套件中，而最后一个，即 JRCMD，是一个命令行工具，随 JRockit JDK 一起发布。这些工具都可以连接到正在运行的 JVM 上完成各自的工作，JVM 或应用程序无须预先配置。此外，它们的执行开销都非常小，可以应用于生产环境。

本章的主要知识点包括：

- JRockit Mission Control 的两种启动方式，即独立启动和作为 Eclipse Ide 的插件启动
- 配置 JRockit JVM 以便通过 JRockit Mission Control 进行远程管理
- 配置 JRockit Mission Control 使其自动发现其他正在运行的远程 JRockit JVM
- 配置 JRockit JVM 中的管理代理（management agent）
- 如何在安全环境中使用 JRockit Mission Control 和 JRockit Management Agent
- 处理 JRockit Mission Control 和 JRockit JVM 的连接问题
- 如何从 JRockit Mission Control 中获取更多调试信息
- 介绍 JRockit Mission Control 的 Experimental Update Site，以及如何扩展 JRockit Mission Control

本章的部分内容涉及 Eclipse IDE，希望读者能预先了解一下相关内容。更多与 Eclipse IDE 相关的内容请参见 Eclipse 主页。

6.1 背景介绍

起初，JRockit Mission Control 只是 JRockit 开发团队用来监控和调试 JRockit JVM 的内部工具集。这些分析工具本身并非为用户而开发，不过在为高端用户解决了不少问题后，顿时威名远

扬。同时开发团队意识到，这些工具对用户分析其应用程序是很有帮助的，于是他们将这些分析工具做得更加易用，更具模块性，并作为 Java 相关工具随 JRockit JDK 一起发布，这就是后来的 JRockit Mission Control。

如今，JRockit Mission Control 套件集监控、管理和分析功能于一身，还可以跟踪分析内存泄漏。它能够以非常小的执行开销获取到应用程序的运行时数据。相比之下，大部分其他的分析工具都会严重拖慢应用程序的运行，进而改变了应用程序原有的行为。正如第 5 章中提到的，如果分析工具的执行开销过大，那么最终观测到的就不是应用程序真实的行为了，而是应用程序和分析工具共同作用的结果。

由于做性能分析而改变应用程序运行行为的现象可以归为**观察者效应**（observer effect），即观察者改变了被观察者的行为。有时，也称观察者效应为**海森堡效应**（heisenberg effect），或统称为**海森堡不确定性原理**（heisenberg uncertainty principle）。

在 BEA 被 Oracle 收购之前，BEA 的性能团队内部测试了不同的性能分析工具。为了使 WebLogic 服务器上 J2EE 应用程序的基准测试更加精确，性能团队一直在寻找执行开销较低的分析工具。他们筛选出几种不同的分析工具，并通过基准测试计算了性能分析工具的执行开销，结果显示 Mission Control 的执行开销是 0.5%，测试结果中排名第二的是另一款比较著名的 Java 分析器，但其执行开销却高达 93.8%。

6.1.1　采样分析与准确分析

一般来说，不同的工具有不同的适用场景。JRockit Mission Control 所收集到的数据只是在统计学意义上，展示出 JRockit JVM 当前的运行状态，虽然并非完全准确，但也可以为解决各种问题提供必要的信息了。这种分析方式即所谓的**采样分析**（sampling-based profiling），适用于周期性记录目标的状态。JRockit Mission Control 套件中最常用的是基于时间的采样（time-based sampling）和基于状态改变子集的采样（sampling based on a subset of state change）。作为一个巨大的状态机，JVM 可以以较低的开销提供大量的采样信息和事件信息供分析人员使用。此外，使用采样分析的另一个好处是可以很容易地评估分析本身的执行开销。

例如，使用 JRockit Flight Recorder 工具排查**热方法列表**（hot method list）可以很容易地确定应用程序主要把时间花在了哪里。通过统计代码分析线程提供的数据，可以给出热方法列表，不过却无法给出每个方法的调用信息及执行该方法的精确时间信息。

除了采样分析外，JRockit Mission Control 还可以执行**准确分析**（exact profiling），但启用准确分析可能会有较大的执行开销。例如，可以使用 JRockit Management Console 连接到正在运行的应用程序（但注意不要在生产环境这么做），对系统中的每个方法启用准确计时和调用计数器，不过执行准确分析会产生额外的运行时开销。对系统的中的每个方法启用准确分析需要 JVM 生成并执行大量额外的分析代码，这不仅会影响系统性能，而且也很难确定分析代码自身对系统产生了哪些影响。JRockit 中有一部分代码是用 Java 写的，如果对所有内存分配和锁操作代码都做分析的话，应用程序肯定就无法正常工作了。如果是为了确定当前最需要对应用程序的哪部分做优化，还是使用采样分析更合适。

人们可能会说，虽然准确分析带来了不小的开销，却可以更好地完成分析任务。例如，在给定准确数据的情况下，可以测量出系统中所有方法的执行时间，将方法的调用次数乘以执行时间，再排个序，不就可以确定出优化目标了吗？

但事实上，在一个足够复杂的系统中，上述测量所得到的数据未必是真实有效的。启用准确采样后，系统中关键路径上方法的执行开销会迅速增大，并导致系统的整体性能下降。此外，对系统中每个方法都做准确详细的分析很可能会严重改变应用程序原有的行为，导致无法得到准确的测量结果。

就 JRockit Mission Control 来说，Management Console 工具算是个特例，因为使用它来获取方法的准确执行时间和调用次数时，难以评估其自身的执行开销。它分析数据的时间可以认为是常数，统计方法调用次数的代码一般会被放置在方法的入口点和出口点，因此测量结果的失真程度正比于方法的执行频率，反比于方法的执行时间。如果方法被频繁调用，测量的额外的开销就是显著的影响因素；如果目标方法已经执行了很长时间了，额外的开销也就显得无足轻重了。在多线程场景下，Management Console 的准确分析所导致的不确定性会更大。

6.1.2 用途广泛

JRockit Mission Control 的适用范围很广，外界往往将其作为一款功能强大的分析工具使用。

有些用户使用 JRockit Mission Control 来追踪应用程序的问题，这也是 Oracle 支持服务的主要工作内容。此外，在开发 JRockit Mission Control 时，还可以使用 JRockit Mission Control 来发现自身潜在的性能问题和故障。

当然，还有一些像作者一样的极客，他们会综合运用 JRockit Mission Control 和基准测试，为特定的应用程序调优 JVM，竭力挖掘出 JRockit JVM 的所有性能。

下面是 JRockit Mission Control 的典型适用场景。

- **找出热点**：优化应用程序时应从哪里入手？应用程序中所出现的问题，是在吞吐量方面还是在响应延迟方面？应用程序中哪个方法的执行次数最多，是否是最需要优化的地方？
- **跟踪延迟**：找出应用程序吞吐量不足或响应延迟过长的原因。如果应用程序的吞吐量问题与延迟相关，则很有可能 CPU 处于不饱和工作状态。过分依赖于同步操作可能会使线程发生死锁。为什么工作线程在大部分时间里都是处于阻塞状态的？为什么在 CPU 使用率只有 20%时，系统就已经无法对请求进行响应了？
- **内存分析**：在查找 JVM 执行垃圾回收的原因时非常有用。内存系统的压力来自哪里？应用程序的哪部分功能最容易导致垃圾回收？JVM 执行垃圾回收花费了多少时间？垃圾回收周期各个阶段的时间消耗是多少？堆中碎片化的情况如何？

- **异常分析**：大量抛出并处理不必要的异常会给系统带来不小的负担。系统到底抛出了多少异常？异常都来自哪里？剔除不必要的异常通常会给系统带来巨大的性能提升。
- **堆分析**：分析应用程序各个运行阶段中，堆里面存储了何种类型的数据，有助于确定应该选择何种垃圾回收策略或内存整理策略。此外，分析堆中的数据还可以发现是否使用了过多的引用对象。"乔治，为什么你的股票报价缓存中有一个 `HashMap` 对象，它占了 96% 的堆内存？顺便说一下，它仍在增大。以这个速度，我预计两个小时之内会宕机。看样子我们需要每礼拜重启两次？噢，没关系，大家都会这样……"
- **调优内存系统**：一般来说，各 JVM 实现中的内存系统本身已经做得很好了，但如果能针对应用程序的特点适当地调优，就能使应用程序获得更高的性能。对于一些特殊的应用程序来说，为了达到指定的性能要求，调优势在必行，这时 JRockit Mission Control 可以快速定位当前的性能瓶颈。

6.2　概述

JRockit Mission Control 的 4.0 版本中包含以下组件。

- **The JRockit Management Console**：通常作为监控 JVM 和应用程序的控制台使用。Management Console 支持自定义图形，触发规则（用户可以自定义触发条件）等特性。
- **JRockit Flight Recorder**：常称为 Flight Recorder 或 JFR，以很低的执行开销记录下 JRockit JVM 的运行状态，并通过 JRockit Mission Control GUI 导出记录数据以便做离线分析。JRockit Flight Recorder 取代老版本的 **JRockit Runtime Analyzer**（在 R27.*x* 和 3.*x* 之前的版本），成为整个套件最主要的分析工具。
- **JRockit Memory Leak Detector**：或简称为 Memleak，是一款功能强大的在线堆分析器，以可视化的形式展现了内存的使用趋势，以及堆中不同类的实例之间的关系等信息。通过分析系统中每种类型的存活对象的运行趋势，即使是很小的内存泄漏问题，Memleak 也可以迅速检测出来。

JRockit Mission Control 包含两个主要模块，一套 API，与一套内建于 JRockit JVM 和 JRockit Mission Control 客户端中的协议和代理。不同的工具使用不同的 API，但都通过 JMX 与 JRockit JVM 通信。

这里简单介绍 JMX 的基本概念，详细内容超出本书的范畴，此处不再赘述。JMX 包含以下层级。

- **设备层**（instrumentation level）：应用程序在这一层暴露出需要通过 **MBean**（managed bean）管理的资源。MBean 是 JavaBean 的一种特例，包含了属性、操作和通知机制。
- **代理层**（agent level）：代理是用于管理 MBean 的组件，最重要的代理层组件是 **MBean 服务器**（MBean server），用于注册和管理 MBean。

- **远程管理层**（remote management level）：该层级提供了可用于 MBean 服务器和远端 JVM 通信的协议适配器。

下面是部署 JRockit 时，不同 JMX 层级的应用示意图。

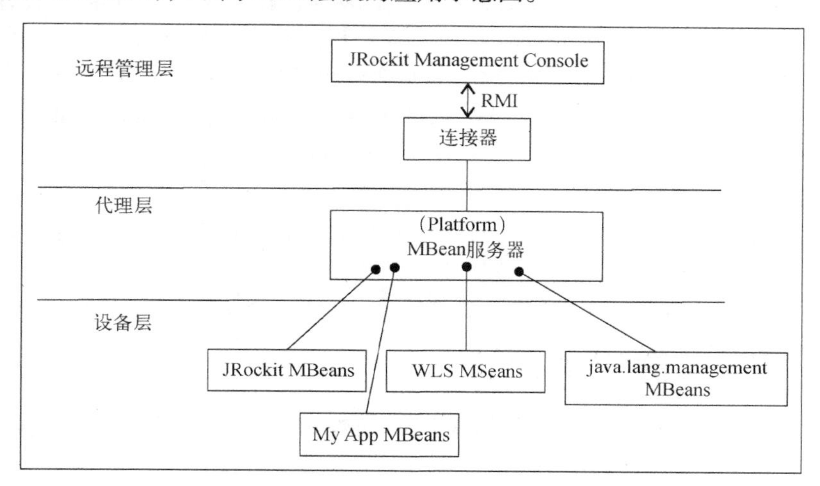

6

6.2.1 JRockit Mission Control 的服务器端组件

从 JRockit Mission Control 的角度看，受监控的 JRockit JVM 主要包含以下几个部分。

- 一套服务器端 API
  - JMXMAPI：JRockit JVM 对 MBean 服务器中 MBean 实现的扩展。有关 MBean 和 MBean 服务器的内容会在第 7 章介绍。
  - JRockit 内部的 JavaAPI：例如 JRockit Management API（JMAPI）。
  - 服务器端的本地 API：一套内建于 JRockit JVM 中的非标准 Java API，例如 Memleak 中所使用的本地 API。
- 提供上述 API 和其他服务的代理
  - 默认的 JMX 代理。
  - Memleak 服务器（memleak server）：一个本地服务器，通过 MemLeak Protocol（MLP）协议对外暴露出 Memleak API 接口。
  - JDP 服务器（JRockit discovery protocol server）：一个可选的服务，用于在网络中广播 JVM 实例的位置。

6.2.2 JRockit Mission Control 的客户端组件

作为 JRockit Mission Control 的 2.0 版本，JRMC 基于 Eclipse RCP（rich client platform）技术开发，本身有很多架构上的优势。例如基于 OSGi 的组件模型，运行 JRockit Mission Control 时，可以作为独立的应用程序运行，也可以嵌入到 Eclipse 中运行。

Mission Control 2.0 内部代号是 "Energy"，意为 $E = mc^2$。就是这么酷！

RCP 是 Eclipse 的基础平台，它包括 SWT（standard widget toolkit）、JFace、Equinox（OSGi 的 Eclipse 实现）和一套交付、更新 RCP 应用程序的内建机制。OSGi 是一套有很多大公司支持的、标准化的动态模块系统，而 RCP 使用户可以像编写本地应用程序一样编写、交付高度模块化的 OSGi 应用程序。

更多有关 RCP 的内容，请参见 http://www.eclipse.org/home/categories/rcp.php，有关 OSGi 的内容，请参见http://www.osgi.org/。

JRockit Mission Control 的客户端程序具有高度的模块化结构，可以非常容易地嵌入新的插件工具，或对自身扩展开发。

从 JRockit Mission Control 的角度看，客户端包含以下几个部分。

- **RCP**：Eclipse Rich Client Platform
- **客户端 API**
  - **RJMX**：扩展的 JMX 服务，例如 MBean 属性的订阅框架、触发器、代理和旧版 RMP 协议（在 JRockit 1.4 版本中使用）。
  - **Memleak API**：一套与 Memleak 服务器通信的 API。
  - **Flight Recorder Model**：用于解析 JRockit Flight Recorder 记录的内容。
  - **JDP Client API**：用于检测网络中正在运行的 JRockit 实例。
- **JRockit Mission Control 核心**：包含了 JRockit Mission Control 客户端的核心框架，定义了核心扩展点。
- **JVM 浏览器**：持续跟踪监测到的或用户自定义的 JVM 连接信息。
- **各种工具**：可以从 JVM 浏览器中启动的各种工具，例如 Management Console，Flight Recorder 和 Memleak。

下图展示了 JRockit Mission Control 4.0.0 版本中各部分的结构。

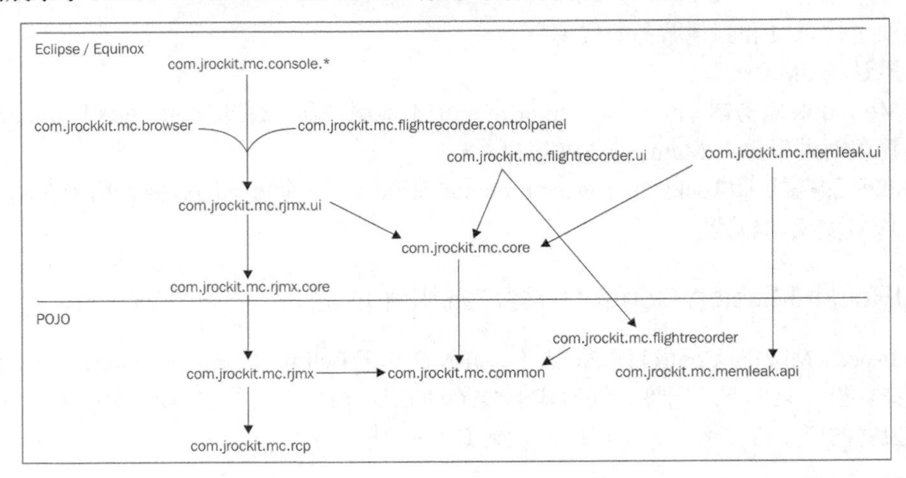

本章后面的内容会主要介绍如何启动和使用 JRockit Mission Control，以及如何处理可能会遇到的问题，有关其内部组件的内容会在后续章节中介绍。

6.2.3 术语介绍

为了更好地介绍 JRockit Mission Control，这里需要先解释一些相关名词的概念，名词的上下文适用于单独使用 JRockit Mission Control，或嵌入 Eclipse 中使用的场景。

在这里，Eclipse 和 Eclipse 工作台（Eclipse workbench）表示相同的意思。

在 Eclipse RCP 应用程序中，称主窗口为“工作台”，在工作台中有两类窗口，分别是**视图**（view）和**编辑器**（editor）。编辑器窗口占据了工作台的主要部分，视图窗口一般就在编辑器窗口附近。

视图常用来展示已选择的某个编辑器的专有内容，可以在其中操作编辑器的内容，或载入新的编辑器。拖动视图，可以将多个视图窗口停靠在一起。

在 Eclipse 中，将显示视图和视图位置的配置信息统称为**透视图**（perspective）。如果不小心关闭了某个视图，或对调整后的视图位置不太满意的话，可以通过菜单 Window | Reset Perspective 来重置当前透视图下的视图窗口。

从 Eclipse 的角度说，JRockit 的各种工具就是编辑器，使用的时候都会在编辑器区域内打开。有时会同时打开多个编辑器，以多标签的形式停靠在编辑器区域，用户可以拖动各编辑器使其按用户的意愿排列。视图（例如 JVM 浏览器）则不能停靠在编辑器区域中，而只能位于编辑器区域的周围。

在 Management Console 的左侧，是一个**标签组工具条**（tab group toolbar），可以选择要在标签页容器中显示哪些内容。其他 JRockit Mission Control 工具中同样存在对应的标签组工具条可供选择。在 JRockit Mission Control 3.1 版本中，打开 ManagementConsole 工具会默认选择**一般信息**（general）标签组，只包含**概览**（overview）一个标签页。

6.2.4 独立运行 JRockit Mission Control

JRockit Mission Control 既可以单独运行，也可以作为插件运行在 Eclipse IDE 中，随 JRockit JDK 一起发行的 JRockit Mission Control 是单独运行的。

单独运行 JRockit Mission Control 非常简单，在 JRockit 发行版的 bin 目录下直接运行命令 jrmc（在 Windows 系统中是 jrmc.exe）即可。

单独运行 JRockit Mission Control 的话，执行 jrmc 命令就好了，不要出“奇招”。有时，客户会自行设置类路径，直接从 jar 文件中启动 JRockit Mission Control。建议不要这样做，因为 jrmc 的启动器会校验 JRockit Mission Control 的版本和设置的类路径，设置不当的话，会无法启动 JRockit Mission Control。

启动 JRockit Mission Control 的命令如下所示：

```
JROCKIT_HOME/bin/jrmc
```

在 Windows 系统中，安装了 JRockit Mission Control 之后，也可以从开始菜单中启动。

启动 JRockit Mission Control 之后，会显示一个空的工作空间（参见 JRockit Mission Control 3.x 版本）或是欢迎界面（参见 JRockit Mission Control 4.0 版本）。如果安装正确的话，JRockit Mission Control 会自动检测到正在本机中运行的 JVM，即使当前没有其他 Java 应用程序正在运行，在 JRockit Mission Control 的 JVM 浏览器视图中也会列出运行当前 JRockit Mission Control 的 JRockit JVM。

在 JVM 浏览器视图中，可以针对已选定的 JVM 启动不同的 JRockit Mission Control 工具。

> 由于大多数工具都依赖于 JRockit JVM 独有的 API，它们都只适用于 JRockit JVM。目前只有 Management Console 不受此限制，它可以通过 JMX 技术与其他 JVM 通信。但如果连接的不是 JRockit JVM 的话，就无法使用某些功能了。

查找并监控本地 JVM 非常简单，无须额外配置，但是把 JRockit Mission Control 客户端和应用程序放在同一个服务器上运行其实并不好，JRockit Mission Control 客户端不得不和应用程序争抢操作系统资源。当然，在开发和测试环境中，这么做没问题。此外，设置信息是基于每个连接的，例如在 JRockit Management Console 的图形展示中添加一个属性，换一个连接后就不起作用了。而对于本地连接来说，这些设置则根本不会存储下来。

添加一个用户自定义的连接非常简单，右键点击 Connectors，选择 Create Connection。

在其中填写相应的连接信息，通常情况下，只填写主机地址和接口即可。其他相关信息如下。

- 若目标 JVM 运行在 JRockit JDK 1.4 版本上，选中 JDK 1.4 单选框。
- 选择 Custom JMX serviceURL 单选框后可以自行输入完整 JMX 服务 URL。JMX 服务 URL 指定了如何连接到 JMX 代理，当需要通过其他协议（默认使用基于 RMI 的 JMX 协议）连接到 JMX 代理时，自定义 JMX 服务 URL 是很有用的。
- 勾选 Store password in settings file (encrypted)就可以将连接密码保存下来。如果启用了密码保存功能，则会使用主密码进行加解密操作。点击菜单**窗口** | Preferences，点击 Reset Master Password 按钮可以重新设置主密码。
- 在关闭新建连接按钮之前，点击 Test connection 按钮，可以测试之前配置的 JMX 连接信息。

6.2.5　在 Eclipse 中运行 JRockit Mission Control

JRockit Mission Control 也可以运行在 Eclipse 中，不仅不会有功能损失，而且还有很多好处。如果应用程序的代码正好是使用 Eclipse 开发的，就可以通过 JRockit Mission Control 客户端直接跳转到指定的类或方法中。

如果读者对 Eclipse 不太熟，或者不打算将其用于 Java 开发，那么就可以直接跳过本节内容了。

若想在 Eclipse 中运行 JRockit Mission Control，就需要先安装相应的插件。最新版的插件可以在 Oracle Technology Network 的主页上找到。

插件的主页上有安装方法说明，这里不再赘述。为了能够充分发挥 JRockit Mission Control 插件的特点，最好能够以 JRockit JVM 来运行 Eclipse。虽说不使用 JRockit JVM 也能使用大部分功能，但是就无法再运用某些特性（例如自动发现本地 JVM）和 Management Console 中的一些 JRockit 专有功能了。

在 Eclipse 中运行 JRockit 还有一些其他好处，使用 JRockit Real Time 工具可以更好地解决交互式应用程序中的响应延迟问题。

Eclipse 的配置文件 eclipse.ini 位于其安装目录下，可以通过修改其命令行参数来启用 JRockit JVM。本书所使用的配置文件如下所示。

```
-showsplash
org.eclipse.platform
-framework
plugins\org.eclipse.osgi_3.4.3.R34x_v20081215-1030.jar
-vm
d:\jrockits\R27.6.3_R27.6.3-16_1.5.0\bin
-vmargs
-Xms512m
-Xmx512m
-XgcPrio:deterministic
-XpauseTarget:20
```

上面的配置文件适用于 Eclipse 3.4 和 JRockit R27，如果要使用 R28 版本，只需要在`-vm` 参数后指定 JRockit R28 JVM 的路径即可，`-vmargs` 后的参数无须修改。

从 R27 版本到 R28 版本，有很多命令行参数发生了变化，在使用这些参数之前，请先查阅相关文档。

安装了 JRockit Mission Control 插件后，就启动 JRockit Mission Control 了，启动之后会打开 **Mission Control 透视图**。在 Eclipse 3.*x* 版本中，有两个透视图可用，分别是 **Mission Control 的主透视图**和 **Mission Control Latency 透视图**，后者用于分析 JRA 记录的延迟数据。到 Eclipse 4.0 版本时，所有的工具就都已经集成到一个透视图中了。

打开 Mission Control 透视图后，其界面内容与单独运行 JRockit Mission Control 类似。正如前面提到的，在 Eclipse 中运行 JRockit Mission Control 更便于与应用程序的源代码关联起来。

6.2.6 远程管理 JRockit

若要启用 JRockit JVM 的远程管理功能，就需要在启动 JVM 时，启动外部管理代理，可以通过命令行参数`-Xmanagement` 或 JRCMD 完成。有关 JRCMD 的内容会在第 11 章详细介绍。

下面的代码展示了如何通过命令行参数来启用远程管理功能，其中，配置的远程管理端口是`4712`，并关闭了对安全认证和 SSL 的支持。

6

```
JROCKIT_HOME/bin/java
  -Xmanagement:ssl=false,authenticate=false,port=4712 -cp . HelloJRMC
```

现在，暂时先忽略与安全相关的参数，着重谈谈端口。在本章后续的小节中会介绍安全方面的内容。

之前曾经提到过，默认的管理代理通过基于 RMI 协议的 JMX 来完成。由于 RMI 通常使用匿名端口通信，所以当通信双方之间存在防火墙时，就会带来些麻烦。针对 RMI 的详细内容超出了本书范围，不再赘述。这里谈一谈在 R28 版本之前是如何解决这个问题的。

- 使用命令行参数`-Xmanagement:port=<port>`会在指定端口上（默认为 7091）打开一个只读的 RMI Registry。
- 打开的 RMI Registry 中只包含一项内容——`jmxrmi`，它是用于与 RMI Server 通信的存根代码（stub）。
- RMI Server 使用一个不会被覆盖掉的匿名端口通信。

到了 R28 版本，事情方便了许多。默认情况下，RMIRegistry 和 RMI Server 端口是相同的，使防火墙的配置更加简单。

JRockit Discovery Protocol

JRockit JVM 中自带了一个网络自动发现的特性，称为 JRockit 自动发现协议（JRockit discovery protocol，JDP）。JDP 服务器会向网络中广播 JRockit 实例的存在，这个特性使 JRockit Mission Control 可以自动发现远程 JRockit JVM 的存在。下面的命令在启动 JRockit JVM 时就启用了 JDP 协议。

```
JROCKIT_HOME/bin/java
  -Xmanagement:ssl=false,authenticate=false,port=4712,
  autodiscovery=true -cp . HelloJRMC
```

下表中列出了在 JRockit R28 版本中可用于控制 JDP 服务器的系统属性，通过命令行启动 JRockit JVM 时，使用参数`-D`来指定相关属性即可。例如：

```
-Dcom.oracle.management.autodiscovery.period=2500
```

属性系统	说　明
com.oracle.management.autodiscovery.period	广播间隔时间，单位毫秒，默认值为 `5000`
com.oracle.management.autodiscovery.ttl	广播数据包的存活期限，默认值为 `1` 次跳跃
com.oracle.management.autodiscovery.address	用于自动发现的广播地址，默认值为 `232.192.1.212`
com.oracle.management.autodiscovery.targetport	用于广播自动发现信息的端口，默认值为 `7095`
com.oracle.management.autodiscovery.name	等级名称，参加下面的示例

当 JDP 服务器向网络中广播了 JRockit JVM 的位置后，在 JRockit Mission Control 客户端的 JVM 浏览器视图中，有以下 3 种方法使用等级名称。

- **简单名称**
  - 示例：-Djrockit.managementserver.discovery.name=MyJVM。
  - 显示：在 JVM 浏览器视图中出现的连接名称为 MyJVM。

- 完整路径
  - 示例：-Djrockit.managementserver.discovery.name=/MyJVMs/MyJVM。
  - 显示：在 JVM 浏览器视图中会有一个名为 MyJVMs 的文件夹，其中有一个名为 MyJVM 的虚拟机连接。
- 以分隔符结尾的路径
  - 示例：-Djrockit.managementserver.discovery.name=/MyJVMs/。
  - 显示：在 JVM 浏览器视图中会有一个名为 MyJVMs 的文件夹，在其中会通过反向 DNS 查找列出 JDP 数据包所指明的主机。

关于插件开发的提示：

JDP 服务器会自动选取以 `com.oracle.management.autodiscovery.property` 开头的系统属性，并将其发送给客户端。从 R28.0.0 开始，客户端无须再使用这些属性，而是将之放在 JRockit Mission Control 客户端的 `IConnectionDescriptor` 接口中供开发者使用。

下表是 R28 版本中可用于命令行参数 `-Xmanagement` 中的属性。

参　数	说　明	默 认 值
`port = <int>`	RMI Registry 所使用的端口	`7091`
`ssl = [true|false]`	启用 SSL。注意，这只是启用了服务器端的 SSL，如果想在客户端也启用 SSL，则需要设置属性 `com.sun.management.jmxremote.ssl.need.client. auth=true`。此外，默认情况下，RMI Registry 并不会启用 SSL，需要手动启用，参见 `registry.ssl` 属性的说明	`true`
`registry.ssl = [true|false]`	将 RMI 连接器绑定到启用了 SSL 的 RMI Registry	`false`
`authenticate = [true|false]`	使用 JMX 时，是否启用密码验证。如果关闭，则任何人都可访问所有资源	`true`
`autodiscovery = [true|false]`	为远程 JMX 连接器启用自动发现服务。启用自动发现服务可以让同一子网其他机器自动发现启用了远程管理的 JVM。注意，只有当启用了远程 JMX 管理后，自动发现服务才会生效	`false`
`local = [true|false]`	是否启用本地管理代理	`true`
`rmiserver.port=<int>`	设置 RMI Server 的端口，默认情况下与 RMI Registry 相同。但如果 RMI Server 启用了 SSL，而 Registry 没有，则使用任意空闲端口	与 `RMI Registry` 端口相同
`remote=[true|false]`	是否启用远程管理代理	`false`
`config.file =<path>`	指定配置文件的地址	`JRE_HOME/lib/management/management. properties`

JRockit R28 版本中还包含了一些可用于控制具体配置的系统属性，如表所示。

<table>
<tr><th>参　数</th><th>说　明</th><th>默 认 值</th></tr>
<tr><td>com.oracle.management.jmxremote = [true|false]</td><td>通过 JMX 连接器启用 JMX 本机监控。该连接器发布在一个私有接口上，JMX 客户端可通过 Attach API 来使用该接口（参见官方文档对 com.sun.tools.attach 的说明）。若该客户端和 JMX 代理是由同一用户启动的，则客户端可以直接使用其提供的连接器，而无须安全校验。如果将该属性值置为 false，则即使指定了 jmxremote.port 的值，也不会启动本地连接器</td><td>true</td></tr>
<tr><td>com.oracle.management.jmxremote.port = <int></td><td>与-Xmanagement:port=<int>配置相同</td><td>7091</td></tr>
<tr><td>com.oracle.management.jmxremote.rmiserver.port = <int></td><td>与-Xmanagement:rmiserver.port=<int>配置相同</td><td>7091</td></tr>
<tr><td>com.oracle.management.jmxremote.ssl = [true|false]</td><td>与-Xmanagement:ssl=[true|false]配置相同</td><td>true</td></tr>
<tr><td>com.oracle.management.jmxremote.registry.ssl = [true|false]</td><td>与-Xmanagement:registry.ssl= [true|false]配置相同</td><td>false</td></tr>
<tr><td>com.oracle.management.jmxremote.ssl.enabled.protocols = <values></td><td>所要使用的 SSL/TSL 协议的版本列表，以逗号分隔</td><td>默认的 SSL/TSL 协议版本</td></tr>
<tr><td>com.sun.management.jmxremote.ssl.enabled.cipher.suites = <values></td><td>所要使用的 SSL/TSL 协议的密码组，以逗号分隔</td><td>默认的 SSL/TSL 密码组</td></tr>
<tr><td>com.oracle.management.jmxremote.ssl. need.client.auth = [true|false]</td><td>配置是否启用 SSL</td><td>false</td></tr>
<tr><td>com.oracle.management.jmxremote.authenticate = [true|false]</td><td>与 Xmanagement:authenticate= [true|false]配置相同</td><td>true</td></tr>
<tr><td>com.oracle.management.jmxremote.password.file = <path></td><td>指定连接所使用的密码文件。如果属性 com.sun.management.jmxremote.authenticate 的值为 false，则会忽略该属性的值，访问的时候也不会做密码校验。否则，就肯定会用到该属性之所指向的文件。若文件内容为空，则禁止访问</td><td>JRE_HOME/lib/management/jmxremote.password</td></tr>
<tr><td>com.oracle.management.jmxremote.access.file = <path></td><td>指定连接所使用的访问文件。如果属性 com.sun.management.jmxremote.authenticate 的值为 false，则会忽略该属性的值，访问的时候也不会对访问做限制。否则，就肯定会用到该属性之所指向的文件。若文件内容为空，则禁止访问</td><td>JRE_HOME/lib/management/jmxremote.access</td></tr>
<tr><td>com.oracle.management.jmxremote.login.config = <config entry></td><td>指定 JMX 代理校验用户身份时所使用的 JAAS 配置。当使用该属性覆盖默认的登录配置时，指定的配置必须存在于 JAAS 所加载的文件中。此外，配置中所指定的登录模块名应该使用用户名和密码来验证用户身份。更多信息请参考 javax. security.auth.callback.NameCallback 和 javax. security.auth.callback.PasswordCallback 的说明文档</td><td>默认使用基于文件的密码校验</td></tr>
<tr><td>com.oracle.management.jmxremote.config.file</td><td>与-Xmanagement:config.file=<file name>配置相同</td><td>JRE_HOME/lib/management/management.properties</td></tr>
<tr><td>com.oracle.management.snmp.port = <int></td><td>在指定端口上启用内置的 SNMP 代理</td><td>无默认值</td></tr>
</table>

（续）

参　　数	说　　明	默 认 值
com.oracle.management.snmp.trap = <int>	指定内置的 SNMP 代理要向哪个的端口发送信号	162
com.oracle.management.snmp.acl = [true|false]	为内置的 SNMP 代理启用 **Access Control Lists**（ACL）	true
com.oracle.management.snmp.acl.file = <path>	指定 ACL 文件。若在启动代理后再修改 ACL 文件，则只会在下一次启动代理时才会生效	JRE_HOME/lib/management/snmp.acl
com.oracle.management.snmp.interface=<inetaddress>	指定本地主机的网络地址，用于强制内置的 SNMP 代理绑定到指定的网络地址上，当主机具有多个网络地址，而用户只想监听其中一个时，可以使用该参数加以控制	无默认值
com.oracle.management.autodiscovery = [true|false]	与-Xmanagement:autodiscovery=true 配置相同	false

6.2.7 安全限制

要想在安全环境下使用 JRockit Mission Control，首先要对网络做相关配置，保证只有某些主机可以连接到管理代理。具体对防火墙和路由器的配置超出了本书范畴，这里不再赘述。

在 JRockit R28 之前的版本中，使用防火墙来限制对管理代理的访问很复杂，因为与 RMI Server 的通信是在匿名端口上进行的，与 RMI Registry 建立连接后，就没办法再对 RMI Server 所使用的端口施加影响了。在 R28 版本中，默认情况下，RMI Registry 和 RMI Server 使用相同的端口，简化了防火墙的配置。

为了安全起见，管理代理应该启用 SSL 加密，而且应该在 RMI Server 和 RMI Registry 两端都启用 SSL。默认情况下，服务器端的 SSL 校验是开启的，而客户端默认没有开启。

在下面的示例中，服务器端和 Registry 端都启用了 SSL，同时开启了对客户端的校验：

```
JROCKIT_HOME\bin\java -Xmanagement:ssl=true,registry.ssl=true,port=4711
  -Dcom.oracle.management.jmxremote.ssl.need.client.auth=true MyApp
```

要想启用 SSL，就需要先设置**证书**信息。在大部分 Java 环境中，都使用 keystore 来存储私钥，并在 truststore 中存储受信证书。

更多有关 keystore 的信息，请参阅 J2SE SDK 文档，特别是 JSSE 小节的相关内容。

接下来，需要配置认证信息和角色，只有经过认证的实体才可以访问特定的功能。访问权限由 jmxremote.password 和 jmxremote.access 两个文件控制，它们均位于 JROCKIT_HOME/jre/lib/management/目录下，jmxremote.password 文件中保存了不同角色所使用的密码，jmxremote.access 文件中保存了每个角色的访问权限。每个角色必须在两个文件中都有一个条目才能工作。

为了便于配置，在 JRockit JRE 中自带了一个 jmxremote.password 模板文件，复制文件 JROCKIT_HOME/jre/lib/management/jmxremote.password.template 为 JROCKIT_HOME/jre/lib/management/jmxremote.password 即可使用。

所有的 JRockit MissionControl 工具都依赖于 JMXMAPI，而用户必须要有创建 `JRockitConsole` 这个 MBean 的权限才能够初始化 JMXMAPI。

在下面的示例中，为角色 `controlRole` 授予了创建 `JRockitConsole` 这个 MBean 的权限：

```
controlRole readwrite \
create oracle.jrockit.management.JRockitConsole
```

`JRockitConsole` 这个 MBean 会初始化 JMXMAPI。

在多用户环境中，即多个不同的用户可能会使用同一套 Java 工具集，则需要将 jmxremote.password 文件复制到用户的主目录下，并设置系统属性 `com.sun.management.jmxremote.password.file` 来指定文件的具体位置。

由于 jmxremote.password 中存储的是未加密的密码，需要依赖当前操作的权限控制保证该文件的安全性。如果密码文件权限控制出现错误，则必须采取措施保证执行 Java 应用程序的用户对密码文件只有读取权限。在类 UNIX 系统上，可以通过命令 `chmod 600 $password_file` 来实现，而在 Windows 系统中，控制权限就稍微复杂一些了。

有关在 Windows 系统中配置文件访问权限的内容请参见 Java 1.5.0 的相关文档。

其实，不必在防火墙上额外打开一个端口，所有的通信都可以经由加密的 SSH 隧道进行。访问 SSH 隧道通常会使用 localhost 上的已有端口。当与 JMX 代理建立连接时，会发送相关存根信息，其中通常会包含目标计算机的地址。通过修改 hosts 文件或 `java.rmi.server.hostname` 系统属性，可以使用回环地址或 localhost 替换掉存根信息中的目标计算机地址。不过，这两种方法都有风险，使用时需要小心，因为它们会对运行在同一操作系统或 JVM 之上的其他应用程序产生影响。

6.2.8　处理连接问题

如果无法自动发现本地的 JRockit JVM，可以从以下几方面着手检查。

- 如果是运行在 Windows 系统上，检查系统临时目录是否支持文件权限控制（例如 NTFS 是支持的）。这是必要的，因为本地连接需要依据文件访问权限创建所需临时文件，而在 FAT 这类文件系统上，是无法进行的。
- 连接目标是否运行在 JRockit JVM 上？JRockit Mission Control 客户端是否运行在 JRockit JVM 上？
- 连接目标和 JRockit Mission Control 客户端使用的是否都是 JDK 1.5 及以上的版本？

- ❑ 是否是以当前用户运行的连接目标？

> 若目标JVM使用的是JDK 1.4版本，则需要在JRockit Mission Control的JVM浏览器视图中手动新建一个连接，然后在目标JRockit JVM上显式开启管理代理。这是因为在JDK 1.4版本中还没有出现MBean服务器的概念，而JRockit 1.4版本中实现了一个私有的管理协议，称为RMP，在客户端会被转换为JMX。若想启动代理，可以通过添加命令行参数，或使用JRCMD工具实现（参见第11章的介绍）。

如果无法连接到外部的管理代理（例如运行在远程机器上的管理代理），可以从以下几方面入手检查。

- ❑ 连接配置是否正确？在连接面板中有一个按钮可用于测试相关选项是否配置正确。如果目标JVM使用的JDK 1.4，则应该使用3.x版本的客户端来连接。
- ❑ 客户端版本是否正确？最简单的办法是，使用和目标JVM相同的版本。如果目标JVM使用的JDK 1.4，则应该使用3.*x*版本的客户端。
- ❑ 在连接面板中，JDK版本是否选择正确？
- ❑ 防火墙是否配置正确？
- ❑ 如果启用了SSL的话，客户端和服务器端的SSL配置是否正确？
- ❑ 如果启用了身份验证的话，jmxremote.access文件是否配置正确？
- ❑ 检查目标机器的hosts文件是否配置正确。

在处理远程管理代理的连接问题时，首先确保开启了SSL，并关闭了身份校验，如果这时可以正常连接，则按照6.2.7节中介绍的内容检查一下校验信息是否配置正确。

如果Management Console提示说找不到某个MBean，例如Profiling MBean，很可能是由于jmxremote.access文件配置错误导致的。为了初始化JMXMAPI，用户必须具有创建`JRockitConsole`这个MBean的权限，参见6.2.7节中的介绍。

主机名解析问题

有时候，无法连接到远程JVM可能是因为解析主机名时发生了错误，这时系统给出的错误信息可能是下面这个样子：

```
Could not open Management Console for sthx6454:7094.
  java.rmi.ConnectException: Connection refused to host:
    127.0.0.1; nested exception is: java.net.ConnectException:
    Connection refused: connect
  at sun.rmi.transport.tcp.TCPEndpoint.newSocket(TCPEndpoint.java:574)
  at sun.rmi.transport.tcp.TCPChannel.createConnection
    (TCPChannel.java:185)
  at sun.rmi.transport.tcp.TCPChannel.newConnection (TCPChannel.java:171)
  at sun.rmi.server.UnicastRef.invoke(UnicastRef.java:94)
  at javax.management.remote.rmi.RMIServerImpl_Stub.newClient
    (Unknown Source)
  at javax.management.remote.rmi.RMIConnector.getConnection
```

```
    (RMIConnector.java:2239)
  at javax.management.remote.rmi.RMIConnector.connect
    (RMIConnector.java:271)
  at javax.management.remote.rmi.RMIConnector.connect
    (RMIConnector.java:229)
  at com.jrockit.console.rjmx.RJMXConnection.setupServer
    (RJMXConnection.java:504)
```

RMI Registry 通过暴露出依赖于主机名的存根信息来建立与 RMI Server 的连接。在之前的示例中，成功地连接到 RMI Registry，获取到连接 RMI Server 的存根。创建存根的默认行为是使用 `InetAddress.getLocalHost().getHostAddress()` 方法找出所使用的主机名，不过当主机使用了多个网卡接口或配置错误时，就无法正确解析出主机名了。在之前的示例中，存根中信息指明要连接到 localhost，而不是 sthx6454。

最常见的连接问题是 hosts 文件（在 Linux 系统上，是/etc/hosts，在 Windows 系统上，是%SYSTEMROOT%\system32\drivers\etc\hosts）配置错误，在 Linux 系统上，可以通过 `hostname -i` 命令查看主机名的解析地址。

除了配置 hosts 文件外，还可以在服务器端设置 `java.rmi.server.hostname` 系统属性来指定客户端连接时使用的主机名。注意，设置该属性会影响到同一台机器上正在运行的其他 JVM。

另一个解决办法是使用 SSH 隧道，该方法只在 JRockit R28 版本中有效，因为在这个版本中可以显式指定 RMI Server 的端口。

6.3　更新点

从 JRockit Mission Control 3.1 版本起，增加了一个 Mission Control 插件更新点。

JRockit 和 J2SE 发行版中都包含了一个名为 JConsole 的 JMX 控制台工具。针对 3.1 版本的更新点中包含了一个可以在 JRockit Mission Control 中运行 JConsole 的插件，此外还带有一个名为 PDE（plug-in development environment）的插件开发环境，以便对 JRockit Mission Control Console 做定制化开发。更多有关 JRockit Mission Control 插件开发的内容，请参见第 7 章、第 9 章和第 10 章的内容。

从 JRockit Mission Control 4.0 起，Oracle 计划在 Mission Control 中增加更多的插件。

6.4　调试 JRockit Mission Control

通过命令 jrmc 启动 JRockit Mission Control 时，附加参数`-debug` 可以以调试模式启动 JRockit Mission Control，这样可以在运行时输出更多信息。启用调试模式会使 JRockit Mission Control 的各子系统的行为有些许改变，例如控制台图表会展示渲染信息，会改变日志等级，记录更详细的输出内容。

若要在 Windows 系统中查看发送给控制台的日志信息，需要将**标准错误**（stderr）重定向到其他地方，这是因为 jrmc 是由加载器 javaw 加载的，默认不会产生控制台输出。要想查看日志信息，可以使用类似如下的命令启动 JRockit Mission Control：

```
D:\>%JROCKIT_HOME%\bin\jrmc -consoleLog -debug 2>&1 | more
```

若只想修改日志等级，可以在 Preferences 菜单中选择一个日志配置文件。日志配置文件需要符合标准的 java.util.logging 格式。在修改日志配置后，需要重新启动 JRockit Mission Control 来使之生效。

下面的示例展示了在启用调试模式时的配置信息：

```
##############################################################
# JRockit Mission Control Logging Configuration File
#
# This file can be overridden by setting the path to another
# settings file in the Mission Control preferences.
##############################################################

##############################################################
# Global properties
##############################################################

# "handlers" specifies a comma separated list of log Handler
# classes. These handlers will be installed during ApplicationPlugin
# startup.
# Note that these classes must be on the system classpath.
handlers= java.util.logging.FileHandler,
  java.util.logging.ConsoleHandler

# Default global logging level.
# This specifies which kinds of events are logged across
# all loggers.  For any given facility this global level
# can be overridden by a facility specific level
# Note that the ConsoleHandler also has a separate level
# setting to limit messages printed to the console.
.level= ALL

##############################################################
# Handler specific properties.
# Describes specific configuration info for Handlers.
##############################################################

# Default file output is in user's home directory.
java.util.logging.FileHandler.pattern = %h/mc_%u.log
java.util.logging.FileHandler.limit = 50000
java.util.logging.FileHandler.count = 1
java.util.logging.FileHandler.formatter =
  java.util.logging.SimpleFormatter
java.util.logging.FileHandler.level = FINE

java.util.logging.ConsoleHandler.formatter =
  java.util.logging.SimpleFormatter
java.util.logging.ConsoleHandler.level = FINE
```

```
################################################################
# Facility specific properties.
# Provides extra control for each logger.
# For example setting the warning level for logging from the
# JRockit Browser, add the following line:
# com.jrockit.mc.browser.level = INFO
################################################################
sun.rmi.level = INFO
javax.management.level = INFO
```

6.5　小结

本章简单介绍了 JRockit Mission Control 套件的背景和其各个子系统，包括 Management Console、Memory Leak Detector 和 Flight Recorder，此外还介绍了 JRockit JDK 的一个命令行工具 JRCMD。

JRockit Mission Control 既可以独立运行，也可以作为插件运行在 Eclipse IDE 中。本章介绍了如何通过 JRockit 管理代理来管理远程 JRockit JVM，如何处理连接问题，以及如何调试 JRockit Mission Control。

本章还介绍了如何对访问服务器端的 Mission Control 组件增加安全限制。最后介绍了 Experimental Update Site，从中可以获得关于 Mission Control 的额外内容。

接下来的几章会介绍 JRockit Mission Control 套件中的各个组件。

第 7 章

Management Console

最先集成到 JRockit Mission Control 套件中的工具是 JRockit Management Console，它可以用来监控 JRockit JVM 以及运行在其中的应用程序，此外还可以修改 JRockit JVM 中某些参数的运行时状态。阅读本章前，请先了解 JMX（Java management extension）的相关术语。

Management Console 基于 JMX 实现，监控通过 JMX 主动暴露出管理接口的应用程序和 JRockit JVM。

本章主要内容如下：

- 如何启动 Management Console
- 如何监控和展示 MBean 的属性
- 如何调用 MBean 的操作
- 如何创建触发规则
- 如何启用死锁检查
- 如何分析线程内存分配情况和 CPU 运行情况
- 诊断命令简介
- 如何扩展 Management Console

7.1 JMX Management Console

JRockit Management Console 的诞生时间要早于 JRockit Mission Control 套件，甚至比 JMX 还要早。

JRockit 最初几个版本的定位是“可以运行 Java 的虚拟机”，而不是 JVM。其中的关键区别在于，只有经过 Sun 公司（现在是 Oracle 公司）认证的、遵循 Java 标准的虚拟机才可以被称为 JVM。进一步来说，如果某款虚拟机未经过认证，则不可以使用 Java 商标。当时，若想获得 Sun 公司的认证，就必须要有与众不同的“增值点”。我们最初的想法是把“超强性能”作为增值点。不过，虽然从技术上讲，JRockit 确实有着超强的性能，但是这算不上真正的增值点。于是，我们改为以 JVM 的在线管理功能作为增值点，并在后来逐步将其发展成为 JRockit Management Console。

Management Console 主要用于监控一个或多个 JRockit JVM 实例，并提供详细信息。由于每个 JVM 都对应其自己的 Management Console 编辑器区域，实际运行时很少会同时监控多个 JRockit JVM 实例。为了能够长时间同时监控大量 JVM 实例，就应该使用更具扩展性的分布式解决方案，例如 Oracle Enterprise Manager。

Management Console 和 JRockit JVM 之间使用标准 JMX 进行通信，从 Java 5.0 开始，某些通过 JMX 暴露出的管理特性已经被写入 JSR-174。

JSR-174 添加了 `java.lang.management` 包和与平台 MBean 服务器相关的工具类，以增强 JVM 的管理功能。更多有关平台 MBean 服务器的内容，请参见 Java API 和相关文档。

在 JSR-174 发布之后，大多数 Java 应用程序和相关框架都将其自有的 MBean 发布到平台 MBean 服务器中，以便使用 Management Console 进行监控和管理。

由于 JRockit 在 JSR-174 发布之前就推出了 Management Console，Management Console 还可以监控 JRockit 1.5 之前的版本，从表面上看，使用的都是 JMX，但其实在实现时使用的是一种私有协议。

本章后面的内容会介绍 JRockit Mission Control Console 及其使用方法。为了便于查询，相关内容的编排与 Management Console 中标签页的设置是相对应的。

7.2　Management Console

启动 JRockit Management Console 非常简单，只需在 **JVM 浏览器**中，选择要连接的目标 JVM，然后在工具栏中点击 **Management Console** 按钮，或者在右键菜单中点击 **Start Console** 即可。

在启动 Management Console 时有一个小技巧：可以直接将建立的连接拖到编辑区，默认情况下会打开与目标 JVM 的连接。第 6 章曾经介绍过，JRockit Mission Control 可以连接到远程和本地的 JVM 实例，区别在于，运行在本地的 JVM 实例会自动被发现，而且也无法利用上述技巧来创建连接。

更多有关不同连接类型的内容，请参见第 6 章。

7.2.1　一般信息标签组

Management Console 中的标签页按功能划分为几个不同的标签组，垂直排列在编辑区的左侧（如图所示），其中第一个标签组是**一般信息**（genaral）。

一般信息标签组中只有一个标签：**Overview**。在编辑区底部可切换显示不同的标签页。

概览（overview）

概览标签页显示了 JVM 和系统环境中的一些关键信息，该标签页中的内容可根据实际需要做定制化处理。

JRockit Mission Control 把标签页中的内容划分为不同的展示区。概览标签页顶部的展示区是**画板**（dashboard），其中的每个面板都展示了所监视相关特性的当前值和峰值，具体数值显示在对应的面板底部。每个面板中有两根指针，浅色的指针表示所达到过的**水位线**（watermark），深色的指针表示当前的数值。

在 Management Console 中，大部分展示区都可以折叠起来（点击展示区左上角的倒三角图标即可），以便留出更大的空间来展示其他数据。此外，展示区还包含了很多其他按钮。

- **访问模式开关**：在图形模式和文字模式之间切换。
- **刷新**：刷新当前展示区的数据。
- **帮助**：提供针对当前展示区的帮助信息。
- **关闭**：关闭当前展示区。
- **添加**：在当前展示区中添加数据展示组件；若是在面板展示区中点击**添加**按钮，则会新增一个面板。
- **删除**：从当前展示区中删除某个数据展示组件。
- **表设置**：打开一个对话框，以配置数据表的展示内容；大部分数据表只显示了一部分内容，可以通过**表设置**来选择要展示的内容。

当然，在修改了标签页中的展示内容后，还可以通过右上角的**重置**按钮恢复为默认配置。

用户可以根据实际需求重新设定面板所显示的内容，添加或删除所要显示的属性，甚至是整体关闭面板展示区。由于面板可以显示目标属性的峰值，当需要监控具有间歇性峰值的系统关键属性时，保留面板还是有必要的。

对自动发现的连接所做的修改是无法保存的。如果想要保留自定义配置，则需要按照第 6 章所介绍的内容来配置**自定义连接**。

面板展示区默认显示 Used Java Heap、JVM CPU Usage 和 Live Set + Fragmentation 属性的当前值和峰值。其中，对 Live Set + Fragmentation 的属性值的统计相对简单，只需要在执行垃圾回收时累加即可。如果该面板中没有显示任何数值，则表明 JVM 还没有过垃圾回收。

点击**运行时**标签组中**内存**标签页 Runtime | Memory 的垃圾桶图标，可以强制 JVM 执行垃圾回收。

CPU 资源很宝贵，最好使其能持续饱和运行。例如，对于密集计算的批处理应用程序来说，为了能够尽快完成计算任务，充分利用 CPU 资源是很重要的。但一般来说，为了使应用程序仍可响应请求，不可使 CPU 工作太过饱和，需要预留一部分缓冲空间。如果 CPU 使用率过高，就需要考虑提升硬件性能，或检查应用程序的实现细节，如它所采用的数据结构和算法。JRockit Flight Recording 可以帮助开发人员找出 CPU 资源都消耗在了哪里。

若堆中存活对象所占的比重非常大，会提升垃圾回收的执行频率，从而增加垃圾回收器的执行开销。如果 Live Set + Fragmentation 面板中的计数保持在一个较高的水平，而垃圾回收器的执行效率又不高，可以考虑增大内存堆的大小来提升运行性能。如果 Live Set + Fragmentation 面板的计数随着时间的推移而稳步增长，则有可能是发生了内存泄漏。第 10 章会详细介绍内存泄漏。

平台 MBean 服务器提供了对 MBean 属性值变化的订阅服务，其中既包括应用程序服务器 MBean 的属性，也包括用户执行注册到平台 MBean 服务器中的 MBean 的属性，例如 WebLogic Server 中的 `OpenSessionsCurrentCount` 属性。

默认情况下，WebLogic Server 并没有使用平台 MBean 服务器。如果想要监控 WebLogic Server MBean 和平台所提供的其他 MBean，对 WebLogic Server 做简单配置即可。详细步骤，请查询 WebLogic Server 的相关文档。

WebLogic Server 官方的建议是，不要使用平台 MBean 服务器，因为这具有安全隐患，尤其是当运行在其中的应用程序不可完全信任时。此时，如果真的要启用平台 MBean 服务器，一定要先弄清楚潜在的安全威胁，因为运行在 JVM 中的所有代码都可以访问 WebLogic MBean。

面板展示区下面的两个图分别展示 CPU 和内存的使用情况。其中，CPU 使用情况展示为一系列百分比的点，每个点都表示将所有核都考虑在内的平均使用率。对于内存使用来说，已使用的堆内存表示当前所使用的内存数量占堆总容量的百分比，已使用的物理内存表示所用内存数量占可用物理内存总量的百分比。

要跟踪存活对象集合和碎片化情况，可以持续跟踪内存展示区中已使用堆内存的曲线变化。

在下面的截图中，参考垃圾回收结束和内存回收之后的内存使用量，可以画出一条假想线，从中可以推测出在垃圾回收过程中存活对象集合容量的变化。

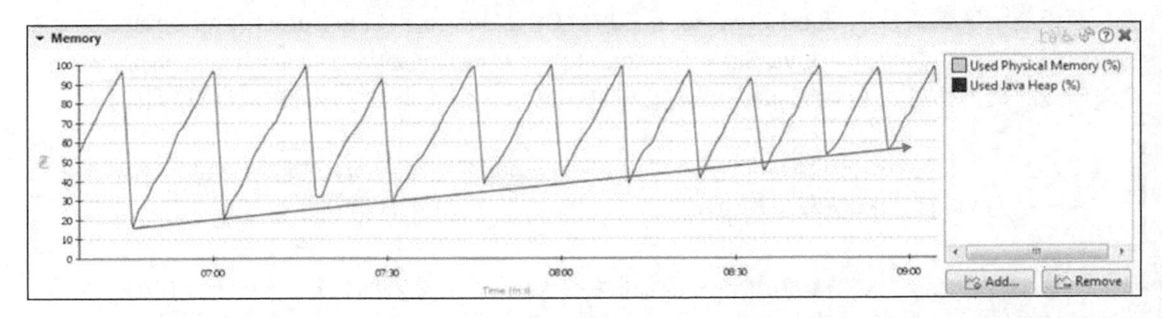

当然，直接在展示区中添加一条显示 Live Set + Fragmentation 数值的线可以更方便地观察其变化趋势。

从下面的截图中可以看到，Live Set + Fragmentation 的数值不断增长，说明很有可能发生了内存泄漏的情况。如果置之不理，最终会使应用程序因 `OutOfMemoryError` 错误而退出。

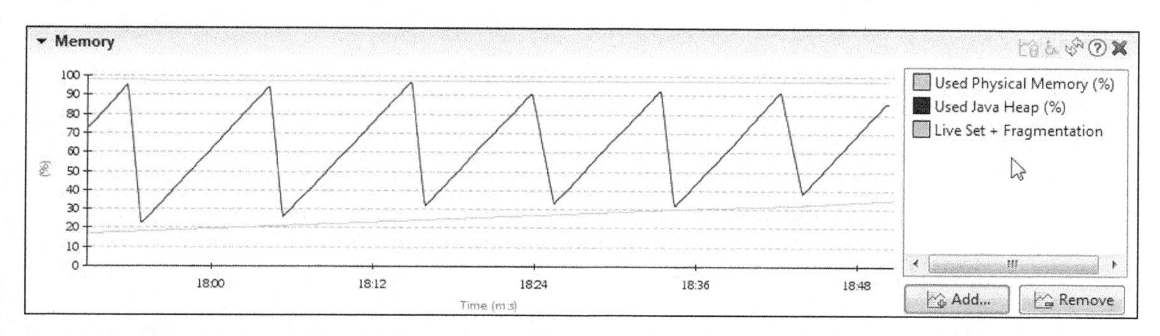

用户可以根据实际需要添加或删除想要观察的属性，为便于与其他已有的属性区分开，用户可以自定义属性的展示颜色。

另一个容易被忽视的特性是，在冻结图表后，可以获取到额外的信息。通过刷新按钮关闭图表中的数据更新后，会在图中指针的旁边显示出当前数据的相关信息，如下图所示。

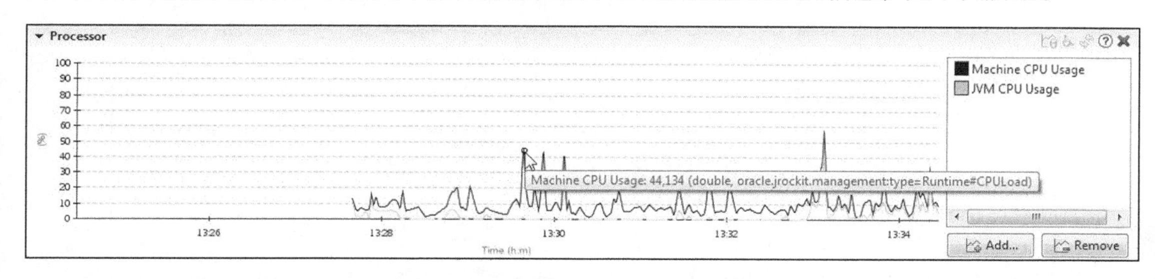

当在曲线图中选择某一区域进行缩放操作时，会自动暂停数据更新。若想在展示区中选择某一区域，只需左键点击展示图图形并在时间轴上拖动即可。点击右键菜单，即可选择具体的缩放操作。

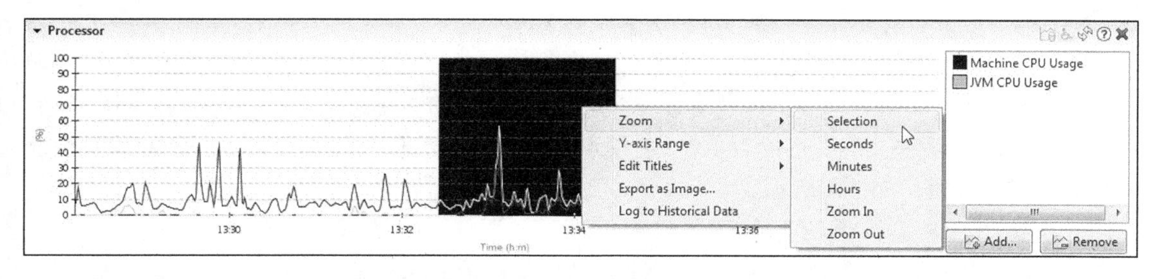

默认情况下，Y 轴显示的数值是 0 到 100。在添加属性时，若属性值超出该范围，则需要重新调整显示区间。下面的截图添加了 Total Loaded Class Count 属性值的显示曲线，该曲线所表示的值会超出默认显示范围。若希望展示区能自动调整 Y 轴的显示范围，可以右键点击展示区，选择菜单中的 Y 轴范围使其自动始终显示零 Y-axis Range | Auto，alwaysshow zero。

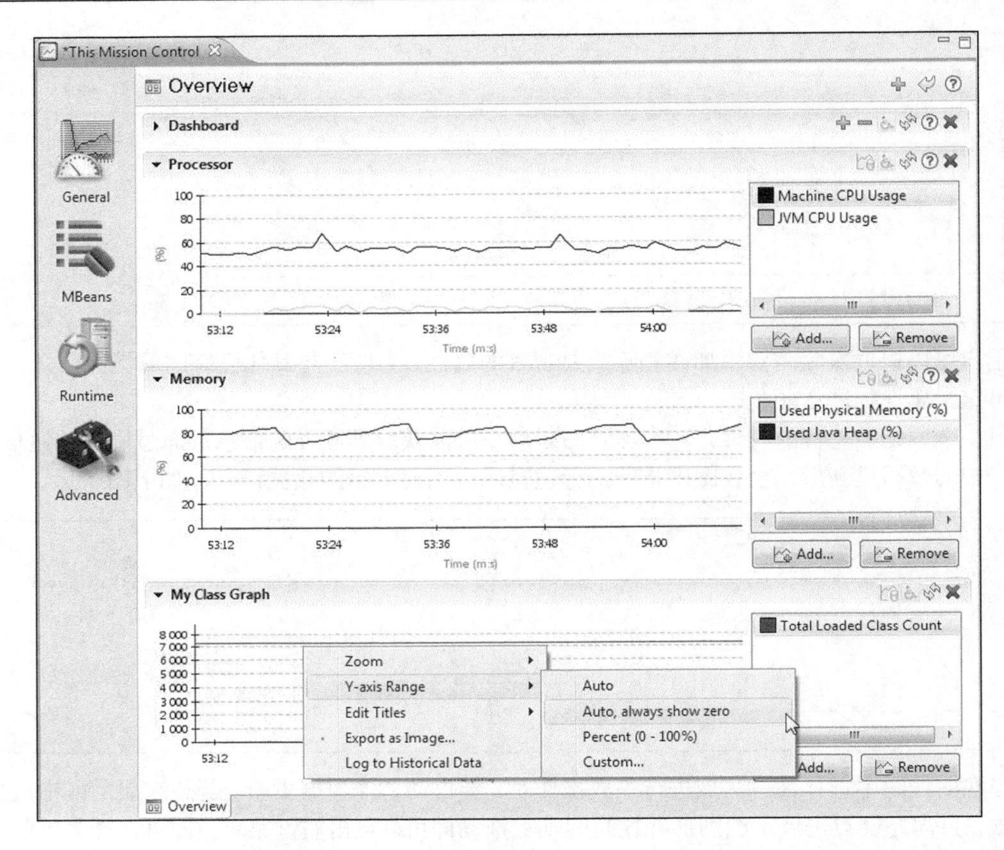

选择显示区间并不会修改原始数据，百分比区间为 0～100%，值得注意的是，当属性值为 1 时，并不会显示为 100%。

若属性值介于 0 和 1 之间，将其乘以一个倍增系数，便可正确显示在百分比展示区中。例如 CPU 使用率统计数据，倍增系数为 100。右键点击属性标签，选择 Edit Pre-multiplier 可对预设倍增系数进行编辑，如下图所示。

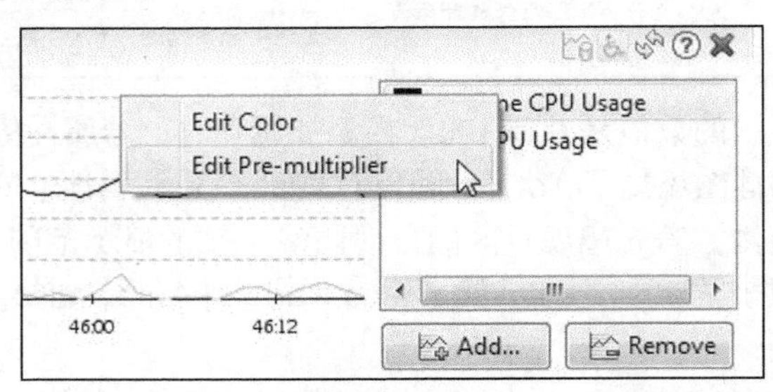

Management Console 中的数据图表包含了很多内容，通过查看上下文菜单可以找到相关信息。

7.2.2 MBean 标签组

MBean 标签组中的内容均与 MBean 的查看、操作、订阅和创建触发器等操作相关，它包含两个标签页，即 MBean 浏览器标签页和触发器标签页。其中，MBean 浏览器标签页用于查看注册在平台 MBean 服务器中的 MBean 及其属性，触发器标签页用于创建针对特定条件的触发器。

1. MBean 浏览器

MBean 标签组的第一个标签页是 **MBean 浏览器**，在这个标签页中可以查看所有注册在平台 MBean 服务器中的 MBean 的属性，属性值的类型包括原生类型、集合类型、数组类型、复合类型和列表类型等。为了方便查看数据，MBean 浏览器会将数据分组显示，分组方式可以在首选项菜单中修改。

在 MBean 浏览器中，如果某个属性以粗体显示，则表明该属性是可写的。普通的 MBean 属性可以直接在 MBean 浏览器中修改。例如，可以通过在 `oracle.jrockit.management` 域下的名为 `GarbageCollector` 的 MBean 来修改已分配的堆的大小，双击 `AllocatedHeapSize-Target` 属性值即可，不必担心属性 `AllocatedHeapSize` 的值没有随之一起变化，因为 JRockit 可能会因为各种原因（例如内存对齐和当前内存使用量）放弃用户设定的堆大小，而自行选择合适的值。

默认情况下，属性值会每秒（即 1000 毫秒）更新一次。若想自定义某个属性的更新时间间隔，可以选中该属性，然后点击 **Updates...** 更新按钮，在弹出的对话框中修改时间间隔即可。

更新间隔有以下几种选择。

- **一次**：被选中的属性只会被更新一次。该选项适用于那些属性值不会发生变化的属性，例如机器的 CPU 数目。
- **默认**：默认的更新间隔设置。一般情况下，默认间隔是 1000 毫秒。该默认值可以在窗口的首选项中修改。
- **定制**：用户自定义以毫秒为单位的更新间隔。

MBean 浏览器还可以动态调用 MBean 的方法。当试用他人的 JMX API 或建立 JMX API 原型时，这个特性会非常有用。

例如，在 MBean 浏览器中，可以直接调用 `oracle.jrockit.management` 域下名为 `DiagnosticCommand` 的 MBean 的方法。有关诊断命令的内容会在本章后续部分和第 11 章中做详细介绍。

打开**操作**标签页，选中 `execute(String p1)`操作，点击**调用**按钮可以打开一个对话框，在其中点击 **p1** 即可设置操作需要的参数，例如 `print_threads`，点击确定后，就会执行相应的操作，在此处则会打印出线程的调用栈信息。当然，要打印线程栈信息还有其他更简便的办法（例如直接使用**高级**标签组中**诊断命令**标签页内容的相关命令），这里只是举个例子加以说明。

JRockit Mission Control Management Console 区别于其他 JMX 控制台的地方在于，它可以订阅多种类型的属性值，甚至是部分属性值。例如，它可以对某个组合数据属性中的某个子属性值做订阅操作。

7

(1) 举例如下。在 MBean 浏览器中，找到 **Old Space MBean**（准确来说是 `java.lang:type=MemoryPool:name=Old Space MBean`）。

(2) 展开 **Usage** 属性，选择组合数据中的某个属性，例如`#used`。

(3) 右键点击该属性，选择**可视化……**。

(4) 在打开的对话框中，点击**添加图表**。

现在回到**一般信息**标签组的**概览**标签页中，将 Y 轴的值改为 **auto**，默认是 **0** 到 **100** 的固定范围。

订阅可以基于 JMX 通知和**合成属性**（synthetic attribute）来完成。一般来说，合成属性都有一个对应的实现类，用于实现获取数据的具体方法，由于实现方法由实现者自行决定，基于合成属性的订阅可以从任何数据源获取数据，甚至没有 JMX 也是可以的。**LiveSet** 就是一个合成属性，其属性值是通过基于通知的垃圾回收属性和一些其他信息计算出来的。如果选中某个定义了**通知**的 MBean，则可以在名为通知的标签页中订阅相关信息。不过，大部分 MBean 都没有定义通知操作。

举例如下。

(1) 在 `oracle.jrockit.management` 域下，选择 `GarbageCollector` 这个 Mbean。

(2) 选择**通知**标签页。

(3) 勾选**订阅**复选框。

(4) 进入**操作**标签页。

(5) 执行**垃圾回收**操作。

(6) 回到**通知**标签页，可以看到订阅信息。

依据垃圾回收器和 JRockit 版本的不同，在**通知**标签页中所显示的订阅信息也不尽相同。

其他有关通知的内容请参见 `java.lang.management.MemoryPoolMXBean` 和 `java.lang:Memory` 这两个 MBean 的说明文档。

通知标签页本身没有特别之处，只不过是执行 JMX API 而已，而它在订阅服务时却非常有用，因此可用于实现属性的可视化展示。

> 不幸的是，目前还没有官方文档对合成属性和基于合成属性的通知做详细说明。现在只能通过在 `attributes.xml` 文件中搜索与 `flavour="synthetic"` 和 `flavour="Notification"` 相关的内容看个大概，该文件位于 `com.jrockit.mc.rjmx` 插件中。如果你想获得这方面内容的官方支持，请联系本书作者。

2. 触发器

在 Management Console 中，用户可以根据业务需要定制触发器的规则，包含以下 3 部分。

(1) **触发条件**：指明在何种情况下触发，例如当 CPU 负载超过 90%时触发。

(2) **动作**：指明满足触发条件时要做的操作，例如发送一封警报邮件。

(3) **约束条件**：指明除了触发条件外，还需要满足哪些限制条件才能执行预定义的**动作**。例如，“只在工作日”和“在 9:00 AM 和 6:00 PM 之间”。

在**触发器**标签页中，可以添加、移除、激活、禁用和编辑触发器规则。从 JRockit Mission Control 3.1 开始，还可以对触发器规则做导入和导出操作。

若要简单修改已有的触发器规则，例如修改要执行的动作或触发阈值，直接在**规则详细资料**（rule detail）中修改即可。在之前的示例中，触发器规则都没有激活。若要激活某个触发器规则，只需在左侧触发器规则的属性菜单中勾选指定触发器的名字即可。

JRockit Mission Control 自带了各种类型的示例规则。为了便于说明，这里创建一个和已有规则相同的触发器规则。

(1) 点击 Add...按钮，弹出添加新规则 Add New Rule 对话框。

(2) 找到名为 `oracle.jrockit.management.Runtime` 的 Mbean。

(3) 选择 CPULoad 属性。该属性名前面的图标指明了该属性值是数值类型。创建触发器规则时，所选择的属性可以是数值类型或字符串类型。

(4) 点击 Next，在**最大触发值**（max trigger value）中设置触发动作的阈值，例如 0.25。触发器对原始值操作，所以预乘数无效。这里的 0.25 是指，当 CPU 负载达到 25%时，就触发指定动作。当 CPU 负载低于 25%时，会恢复。

(5) 除了阈值外，还有一些其他触发选项。

- **持续时间[秒]**：指定属性值达到阈值水平，并保持多久之后，才会触发预定动作。
- **限制时间段[秒]**：指定当达到阈值，过了多久后就不再触发预定动作。触发次数过多的事件会直接被废弃掉。
- **满足条件时触发**：在这个示例中，当属性值从小于 0.25 变化到大于或等于 0.25 时，就会触发预定动作。
- **根据条件恢复时触发**：在这个示例中，当属性值从大于或等于 0.25 变化到小于 0.25 时触发预定动作。

(6) 点击 Next 进入**应用程序预警**（Application alert）对话框。

使用**应用程序预警**无须额外配置。当关联了应用程序预警机制的规则被触发后，会记录被触发的事件，并根据配置来判断是否要在日志窗口中展示。JRockit Mission Control 提供了一些默认的预警操作，用户还可以根据实际需要自定义预警操作。有关自定义预警操作的内容，请参见 7.3 节的介绍。

(7) 点击 Next 选择约束条件。

就这个示例来说，其实并不需要约束条件，这里只是举例加以说明，例如可以选择只在工作日触发。为了更好地配合业务需要，用户也可以自定义约束条件。

(8) 点击 Next 查看规则名称和规则组名称。

为了便于区别不同的规则，可以在**说明**输入框中添加当前规则的说明内容，这里可以使用标准 HTML 标签（例如`<b>`、`</b>`、`<br/>`等）对内容修饰。

(9) 点击 Finish 结束。

7

(10) 在触发器规则展示区中找到刚刚创建的规则，勾选复选框以启用该规则。

(11) 试着增加 CPU 负载以触发自定义的规则。通常情况下，重画 UI 窗口就可以增大 CPU，例如重设窗口大小。

当达到预设的 CPU 负载后，会弹出**触发预警**对话框。

用户可以根据业务需要自定义触发动作和约束条件。这个功能是通过预定义的扩展点创建自定义插件来实现的。详细内容请参见 7.3 节的介绍。

7.2.3 运行时标签组

运行时标签组中对 JRockit 运行时信息做了可视化展示。该标签组中的第一个标签页是**系统**标签页。

1. 系统标签页

该标签页中最有用的功能是可进行过滤操作的**系统属性**表。过滤的时候可以选择是按照属性的名字，还是属性值。例如，若只想查看属性名以 `java.vm` 开头的属性，直接在过滤框中输入 `java.vm` 即可。

在过滤框中可以使用正则表达式，只需在输入内容前添加 `regexp:`前缀即可。例如，若想查看所有属性名以 `sun.`开头，以 `path` 结尾的属性，则可以使用正则表达式 `regexp:sun\..*path`。

默认情况下，在**系统统计信息**展示区中会显示一些常用的属性值。JRockit Mission Control 中的大部分表格都只显示了一部分列，用户可以通过上下文菜单（**可见的列 | <列名>**）或点击**表设置按钮**，在打开的对话框中选择要显示的列。在上面的截图中，通过**表设置**新增了**更新时间**这一列，用来展示属性值的更新时间。注意，不同的表格可能会展示不同的列。

从示例中可以看出，不同属性有不同的更新策略。例如，`JVM Version` 的值就根本不会发生变化，而在应用程序运行过程中，CPU 数量也基本不会发生变化。用户可以在 **MBean 浏览器**视图中修改属性的更新策略。

2. 内存标签页

该标签页用于展示与内存相关的信息。在标签页顶部，是与**概览**标签页中相类似的数据展示区，下面是两个属性表。第一个包含了一些内存统计信息，第二个包含了与垃圾回收相关的属性信息，其中的一些值会在应用程序运行过程中发生改变，例如已分配的堆的大小、垃圾回收策略和垃圾回收器的相关信息等。

垃圾回收器会根据预设的优化目标使用启发式算法来动态调整垃圾回收策略及相关参数，其优化目标包括最大化系统吞吐量和最小化暂停时间。

不同版本的 JRockit 可能使用了不同的启发式算法。就 R28 版本来说，垃圾回收的启发式算法是通用的，可以根据应用程序的实际运行情况来调整相关参数，不过不可以将启发式算法调整到另一种 `deterministic`，这是因为在启动准确式垃圾回收器（JRockit real time）时，会根据预设的启发式算法启用很多专用的数据结构和配置信息。

垃圾回收策略由新生代、标记策略和清理策略组成。其中，新生代可能并不存在，标记策略和清理策略可以选择是并发或是并行，具体内容请参见第 3 章中的介绍。

在 R28 版本中，如果启动 JRockit JVM 时，通过命令行参数`-Xgc:singlepar`显式指定了垃圾回收策略，则启发式算法就无法根据运行时反馈信息来调整垃圾回收策略了；而如果启动 JVM 时，指定了其他垃圾回收策略，则可以将之调整为`singlepar`。

以 CMS 垃圾回收算法为例，其垃圾回收策略的全名为`Concurrent Mark & Sweep, generational=false, sweep=concurrent, mark=concurrent`，这个名字实在太长了。在第 3 章中曾经提到过，当使用命令行参数`-Xgc`时，只需要使用`singlecon`就可以代表这个完整的策略名。若想查看不同垃圾回收策略的全名，只需查找名为`oracle.jrockit.management:GarbageCollector`的 **MBean** 即可，其中的每个属性对应了一种垃圾回收策略全名，每个属性值都包含了一组`CompositeData`，而每个`CompositeData`都包含了一个`name`域和一个`description`域，`name`域的值就是垃圾回收策略的全名，可作为输入内容修改`Strategy`或`Heuristic`属性。

调整垃圾回收策略的同时还会对垃圾回收的启发式算法产生影响。使用并发垃圾回收策略会使启发式算法更关注应用程序的暂停时间，使用并行垃圾回收策略会使启发式算法更关注系统吞吐量。同样地，调整启发式算法也会对垃圾回收策略产生影响。

值得注意的是，在应用程序运行过程中调整启发式算法或垃圾回收策略，以及在启动应用程序时就设置好启发式算法和垃圾回收策略并不相同。原因有两个。

- 在运行过程中调整启发式算法使之更关注暂停时间时，如果先前没有启用可中止整理（abortable compaction），则调整后并不会为此启用某些必要的数据结构，此时垃圾回收器就无法使用可中止整理。
- TLA 的大小是根据启动参数计算得出的。调整垃圾回收策略或启发式算法并不会重新计算 TLA 的大小。

3. 线程标签页

线程标签页中包含了当前正在运行的线程的相关信息。当前系统中的所有线程都会列在一个表格中。选中其中的某个线程后，Management Console 会打印出该线程的调用栈信息。在右侧，可以通过勾选复选框来启用 **CPU 概要分析**、**死锁检测**和**内存分配概要分析**几项功能，会在线程列表中显示相应的统计数据。点击右上角的**表设置**按钮，在其中列出了更多有关线程的详细数据，用户可根据自身需要自行设置。

勾选了**锁持有者名字**（lock owner name）和**死锁检测**（deadlock detection）后，会在两列中分别显示出各自的内容。

> **死锁检测**可算是 JRockit Management Console 的一大亮点，对于调试并行应用程序来说，非常有用。

在 Management Console 中还有一个容易被忽略的特性就是 **CPU 概要分析**。在启用 CPU 概要分析后，Management Console 会显示出每个线程的 CPU 使用情况，并以柱状图展示。

启用**内存分配概要分析**（allocation profiling）后，会显示出该线程中已经分配的内存数量。注意，该数值是该线程运行以来所分配的内存的总量，而不是该线程当前所使用的内存数量。

7.2.4　高级标签组

高级标签组中包含的功能在使用上有些复杂，因为它们可能会影响性能，或要求用户对 JRockit JVM 的内部原理有一定了解。本节将会简单介绍其中的功能。

1. 方法概要分析

在**方法概要分析**标签页中，可以对指定类型的方法的执行情况做概要分析。不同于基于采样的方法分析，准确分析意味着精确地记录方法调用次数和执行方法的总时间。在第 8 章和第 9 章会详细介绍基于采样的方法分析。

在添加方法概要分析之前，要先关闭已有的概要分析，然后为待分析的方法选择一个模板，或点击**添加**按钮来新建一个模板。模板不仅可以保存常用的设置，方便下次访问，还可以快速打开、关闭对某一组方法的概要分析。

在为新模板设置了名字之后，需要为被选中的模板选择带分析的类。

方法分析器（method profiler）会从 JVM 中抓取目标类的方法信息，以树形菜单的形式列出。

如果启用了对模板中某个类或方法的概要分析，则会在**概要分析信息**展示区中列出相关方法的调用信息。若没有启用的话，只需勾选方法名或类名前的复选框即可。

在控制面板展示区中，有启动▶和关闭■分析器的按钮。

使用方法分析器时，有一些事情需要特别注意。

- **如何指定待分析方法集合**：这是一个“先有鸡还是先有蛋”的问题，因为在做详细分析之前，很难知道到底需要对哪些方法做分析，在真正做了方法分析之后，才能知道哪些方法是性能瓶颈。
- **难以衡量准确分析所带来的性能损耗**：由于方法分析器不是基于采样分析的，很难准确预测分析所带来的执行开销，对于那些执行时间不长或执行频繁的方法来说，想准确统计方法的时间信息更是难上加难。如果对应用程序中所有的热方法都做概要分析，随之而来的执行开销是相当大的。
- **无法获得当前类载入器信息**：分析器只会分析它所找到第一个相匹配的类，因此，如果某个类被多个类载入器载入，分析器就无法准确找到目标类。

当出现性能瓶颈时，开发人员通常会对目标方法做性能优化。一般情况下已经对该方法进行了大量精准的测量，优化之后它会运行得更快。但不幸的是，应用程序的整体性能仍旧没有改善，执行 JRockit Flight Recording 后发现，根本原因在于，被优化的方法并不是应用程序的热方法，因此，即使花费大量精力对其优化，也只是浪费时间而已。

在分析应用程序的执行性能时，最好先从启用 JRockit Flight Recorder 开始。如果在记录了应用程序运行状况后，还是想在线执行准确方法分析，应该确认这样做是有必要的。在保存了运行记录后，就可以清楚地知道应用程序都把时间花在了哪里，以及是否值得。你可能想知道代码优化如何影响计时信息（如果目标代码位于关键路径上，那么在代码优化之后，不同的测量方法可能会带来不同的性能损耗），或是仅仅想知道某个方法是否被调用了，在我看来，这正是方法概要分析的价值所在。

2. 异常标签页

异常标签页用于显示应用程序所抛出的异常的数量，用户可以根据实际需要来选择是统计指定类型的异常，还是统计某个指定类型及其子类型的所有异常。

这里的功能比较有限，还不能显示出异常栈信息。如果想知道异常时从何处的抛出的，抛出了多少异常，则应该选择使用 JRockit Flight Recorder，或者启用详细日志记录。更多有关 JRockit Flight Recorder 的内容，请参见第 9 章。有关如何记录详细日志的内容，请参见第 5 章和第 11 章。

3. 诊断命令标签页

诊断命令标签页可以访问到 JRockit JVM 内部的一些诊断命令，这些命令会通过 JRockit Management API 或命令行根据 JRCMD 发送给目标 JRockit JVM。

更多有关诊断命令本身和 JRCMD 的内容，请参见第 11 章，有关 JRockit Management API 的内容，请参见第 12 章。

诊断命令左上角的列表框中列出了 3 组不同类型的诊断命令，分别是**普通**、**高级**和**内部**。普通组，顾名思义，可以在生产环境下执行，不会带来负面影响。当然，也有例外，例如，反复执行 `runsystemgc` 命令可能会带来性能损耗，执行 `print_object_summary` 命令则可能会触发一次垃圾回收（这是因为该命令会遍历堆来收集所有对象的相关信息）。

高级组，其中的命令相对复杂一些，需要了解很多低层级的 JRockit 或 JVM 的知识，有些命令可能会带来安全和性能方面的问题。例如，`heap_diagnostic` 命令的执行开销就比较大，而 `start_management_server` 命令由于会启动外部管理工具，从而带来安全问题。

在命令列表上面，是一个筛选器，有助于快速找到所需的命令，命令列表的右侧是与该命令相关的参数。

点击**执行**按钮就会在目标 JVM 中执行当前选中的诊断命令，命令结束后，会在标签页底部的**诊断命令输出**展示区中显示命令执行结果。注意，有些诊断命令并不会有输出，它们只是通知 JRockit JVM 执行一些动作。

点击**诊断命令输出**（diagnostic command output）展示区右上角的**附加输出**（append result）按钮，可以将多个诊断命令的执行结果输出到一起。

7.2.5 其他标签组

当用户安装了自定义标签后，就会出现一个额外的标签组——其他标签组。最常见的是

JRockit Meta Plugin 标签页，可以从更新点中添加。下面的内容会对其做简单介绍。

JConsole

在 JDK 中，附带了一个名为 JConsole 的 JMX 管理控制台。在 JDK 6.0 版本中，JConsole 中包含了插件接口，可通过插件接口添加额外的标签页。针对 JRockit Mission Control 的 JConsole 插件使它们得以运行在 JRockit Management Console 中。

若想运行 JConsole 插件，JRockit Mission Control（或者 Eclipse，如果是在 Eclipse 中运行 JRockit Mission Control 的话）的版本至少是 JDK 6.0，并配合 JRockit 一起使用。JConsole 插件会自动寻找随 JDK 一起发行的 JTop 插件（该插件的位置在 demo/management/JTop 文件夹下），并以该文件夹作为 JConsole 插件目录。JConsole 插件目录下所有包含了 JConsole 插件的 `jar` 包都会在 JConsole 插件标签下拥有自己的标签页。

JConsole 插件目录和插件更新时间间隔是可修改的，具体位置在首选项菜单下。

7.3　扩展 JRockit Mission Control Console

本节将会介绍如何扩展 JRockit Mission Control 的 Management Console，读者在阅读之前，请先了解一些 Eclipse 平台的相关技术及术语，例如扩展点和 FormPage。

可以使用控制台的扩展点实现自定义标签。例如，从 JRockit Mission Control 更新点创建 JConsole 插件标签页时，就有扩展点可用。有关更新点的内容，请参见第 6 章的介绍。

自定义 JRockit Mission Control Console 插件最简单的方法是使用 PDE（plugin developement environment）。首先，安装 Eclipse for RCP/Plug-in Develpers（Eclipse 3.5/Ganymede 或更高版本），然后，在 Eclipse 中安装 JRockit Mission Control 插件，最后从更新点安装 **PDE 集成插件**。

> PDE，是帮助创建、开发、调试、构建和部署 Eclipse 插件的一套开发工具。PDE 集成插件专门提供了模板来简化创建 JRockit Mission Control 插件的工作。

PDE 可用于生成项目模板代码，以简化创建 JRockit Mission Control Console 插件的工作，这些模板代码展示了如何创建自定义标签页。

在 PDE 中，有简单和高级两种方式可以方便地实现 JRockit Mission Console Console 中的自定义标签。简单方法会直接创建一个显示 CPU 负载的示例标签页，而高级方法会使用 JRockit Mission Control Console 中的内建组件以多种不同的方法来展示 3 种选中的属性。

本节将会介绍如何创建一个标签页项目。

(1) 选择菜单**文件 | 新建 | 项目……**。

(2) 在**新建项目**对话框中，选择 **Plug-in Project**，点击**下一步**。

(3) 为项目取个名字。通常来说，一般会以插件的主包名来命名项目名，例如 `com.example.mc.console.myplugin`。

(4) 确认正确选择了目标平台（针对 JRockit Mission Console 3.1 的 Eclipse 3.4，或针对 JRockit

Mission Console 4.0 的 Eclipse 3.5)。

(5) 点击**下一步**，选择插件的详细属性，然后再次点击**下一步**。

(6) 如果 PDE 插件安装正确，这是就应该可以看到几种不同的模板，其中两种属于高级方法，一种属于简单方法。选择其中一种，点击**下一步**。

(7) 修改详细信息，点击**完成**。

这样就创建了一个插件工程，里面包含了自定义 JRockit Mission Control Console 标签页的必要代码。想要测试一下的话，只需点击 Run | Run Configurations. . . ，在打开的 Run Configurations Dialog 对话框中，右键点击 Eclipse Application 选项，选择 New 创建一个新的运行配置项。默认情况下，会使用当前已经运行的 Eclipse 作为自定义插件的运行平台，其中已经包含了 JRockit Mission Control 插件，所以一切都很正常。接下来，选中这个新建的运行配置项，点击右下角的 Run 按钮。

这时，会启动一个新的 Eclipse 来部署这个自定义插件，打开 Mission Control 透视图，启动控制台后，就可以在**其他**标签页组中看到这个自定义的标签页了。

如果使用高级方式创建标签页的话，会创建一个具有与**概览**标签页相类似的、包含了基本代码的类文件，以不同的方式展示 3 种不同的属性。

通过简单的编码即可完成标签页的配置工作，使用扩展点也只需要处理子类 `org.eclipse.ui.forms.editor.FormPage`，无须依赖于 JRockit 或 JRockit Mission Control 的某个类。编辑器输入内容会被适配为 `IMBeanService`，用于与 `com.jrockit.mc.rjmx.core` 包中的控制台通信。

```
private IMBeanService getMBeanService() {
  return (IMBeanService)
    getEditorInput().getAdapter(IMBeanService.class);
}
```

这样，对 JRockit Mission Control 的访问就可以被指定到位于 `com.jrockit.mc.rjmx*`插件中的 MBean 层。除此之外，RJMX 还提供了对 JRockit Mission Control 中的订阅引擎和代理层的访问功能。

代理层可通过标准的 API 访问 JRockit 中的属性和操作，无须顾虑版本之间的差别，例如使用 `getMBeanService().getProxyNames()`来访问属性，使用 `getMBeanService().getProxyOperations()`来访问操作。

例如，访问 CPU 负载的属性在 JRockit 的 R26.4，R27.*x* 和 R28.*x* 中都各不相同，为了能够无差别地访问 CPU 负载这个属性，可以通过代理层来实现，如下所示：

```
getMBeanService().getProxyNames().
  getAttributeDescriptor(IProxyNames.Key.OS_CPU_LOAD);
```

上面的代码会返回一个包含了 MBean 对象 `ObjectName` 和属性名的属性描述符（attribute descriptor）。大部分 RJMX 所使用的属性描述符都是对 MBean 对象的 `ObjectName` 和属性名的封装。

下面的代码展示了如何在 R28 版本中创建一个指向 CPU 负载属性的属性描述符。

```
new AttributeDescriptor(
  "oracle.jrockit.management:type=Runtime","CPULoad");
```

若想在多个 JRockit 版本之间，无差别地调用垃圾回收操作，可以通过以下方式完成：

```
getMBeanService().getProxyOperations().gc();
```

正如在高级模板的代码所见，添加一个包含了多个属性的表格其实非常简单。

```
builder.setProperty(
  AttributeVisualizerBuilder.TITLE, "Chart");
builder.setProperty(
  AttributeVisualizerBuilder.TITLE_AXIS_Y, "%");
builder.setProperty(
  AttributeVisualizerBuilder.TITLE_AXIS_X, "Time");
  addAttributesToVisualizer(builder.createChart());
```

实际上，简单模板的代码并不像看起来那么容易，因为它直接使用了不同的服务，而不依赖于标准的 Mission Control GUI 组件，不过正因如此，GUI 的实现也更简单一些。使用简单模板生成的标签页很好地展示了如何使用 RJMX 订阅服务。客户端可以使用与控制台其他部分相同的订阅机制订阅一个或多个属性值的变动情况，通过 `SubscriptionService` 类即可完成对 CPU 负载属性值的订阅。

```
getMBeanService().getAttributeSubscriptionService()
  .addAttributeValueListener(getMBeanService().getProxyNames().
    getAttributeDescriptor(IProxyNames.Key.OS_CPU_LOAD),
    new LabelUpdater(valueLabel));
```

`LabelUpdater` 类是对 `com.jrockit.mc.rjmx.subscription.IAttributeValueListener` 接口的简单实现。每次获取新属性值的时候，都会调用 `valueChanged` 方法，并附带一个包含了属性值的事件对象。注意，这里并不能保证是哪个线程发起了事件，在目前的实现中，可能是订阅线程，也可能是 JMX 某个子系统的线程。一般情况下，绝不会是 GUI 线程发起了事件，更新 GUI 的工作会交给专门的 GUI 线程完成，正如下面的代码所示，会调用 `DisplayToolkit.safeAsyncExce` 方法来完成更新。

```
public static class LabelUpdater
implements IAttributeValueListener {
  private final Label label;

  public LabelUpdater(Label label) {
    this.label = label;
  }

  public void valueChanged(final AttributeValueEvent event) {
    DisplayToolkit.safeAsyncExec(label, new Runnable(){
      public void run() {
        Double latestValue = (Double) event.getValue();
        label.setText("CPU Load is: "
```

```
            + (latestValue.doubleValue() * 100) + "%");
        }
      });
    }
  }
```

为触发器动作创建扩展也是一样的道理，在第 6 步中，选择 Mission Control Trigger Action Wizard 即可。

7.4　小结

本章介绍了如何使用 Management Console 来监控运行在 JRockit 中的应用程序，并通过示例讲述了 JRockit Management Console 中不同标签页所具有的功能。

此外，还介绍了如何扩展 Management Console，以及如何自定义触发器规则和动作。

下一章将会介绍如何使用 JRockit Runtime Analyzer 对 JRockit 及运行在其中的应用程序进行诊断和分析。

第 8 章

JRockit Runtime Analyzer

JRockit Runtime Analyzer，简称 JRA，是 JRockit 专有的性能分析工具，可以提供有关 JRockit 以及运行在其中的应用程序的运行时信息。在 JRockit R27 及之前版本中，JRA 是进行性能分析的主要工具，直到 JRockit Flight Recorder 出现并取代之。由于 JRA 的运行时开销非常小，所以可以应用于生产环境中。

本章的主要内容包括：

- 如何创建 JRA 记录
- 如何找到应用程序的热点
- 如何解读 JRA 中与内存相关的数据
- 如何解决应用程序中的延迟问题
- 如何探查应用程序中的内存泄漏问题
- 如何使用 JRA 延迟分析组件中的操作集合

本章主要以 JRockit R27.*x* 和 Mission Control 3.*x* 为基础进行介绍。第 9 章将以 JRockit R28/4.0 为基础介绍如何使用 JRockit Flight Recorder 进行性能分析。因为 R27.*x* 版本中用于记录分析的组件与 R28 版本中的相似，所以本章会一同介绍。下一章将会介绍一些其他组件，以及 R27.*x*/3.*x* 和 R28/4.0 之间最重要的的区别。

8.1 反馈信息的必要性

JRockit 成为业界领先的 JVM，离不开用户的大力协助。JRockit 致力于提升服务器端应用程序的性能和扩展性，最密切的协作往往来自于部署了大量服务器的用户，例如金融行业的用户。JRA 最初是为了收集 JRockit 的性能信息而开发的。

其实，用户并不太愿意将其应用程序相关的敏感数据发给 JRockit 开发团队，当然更不会让 JRockit 开发团队在其生产环境中做性能分析，因为用户应用程序每周所处理的资金流水可能高达数十亿美元。故而，就需要一种工具来帮助收集 JRockit 和其中的应用程序的运行情况，这样既有助于改进 JRockit，还可以发现用户应用程序有哪些异常行为。当然，实现这个工具会有一些挑战。想找到系统的性能瓶颈，就需要准确地测量系统的各个参数，此外，还要尽可能降低工具的执行开销。如果工具本身会产生较大的执行开销，也就无法获知系统的真实运行情况，用户也肯定不会在生产环境中使用这个工具。

作为一款记录应用程序运行时信息的工具，JRA 使用起来非常方便，而且能够提供足够多的信息来优化 JRockit。如今，JRA 已经作为一种问题诊断和性能调优工具，被用户广泛使用。

起初，JRA 使用 XML 文档来记录运行时信息，这样既方便开发人员调试，也可以让用户知晓具体有哪些信息被记录了下来。后来，JRockit 的开发人员调整了记录信息的内容，加入了与系统延迟相关的数据，于是 JRA 记录的数据就被分成了两部分，分别是具备可读性的 XML 文件和记录了延迟事件的二进制数据。在记录运行时信息的过程中，延迟信息存储在 JRockit 的内存缓冲区中，同时，为了避免引入额外的延迟和性能损耗，延迟信息是直接从内存缓冲区写入到磁盘的。

因此，JRA 生成的文件有两种类型，`.jra` 和 `.jfr`，分别对应于 JRockit R28 之前和之后的不同版本。在 JRockit R28 版本之前，JRA 输出的文件中主要是没有关联数据模型的 XML 文档，到了 R28 版本之后，记录文件中保存了关联着事件模型的二进制数据，更便于使用分析工具进行性能分析。

若想打开 JRA 的记录文件，必须要使用 JRockit Mission Control 3.*x* 版本；若要打开 JFR 的记录文件，则要使用 JRockit Mission Control 4.0 及以上的版本。

记录

通过以下几种方法可以控制开启、结束对运行时信息的记录。

- 使用 JRCMD 命令行工具。更多有关 JRCMD 的内容，请参见第 11 章的介绍。
- 使用 JVM 命令行参数。这方面更多的内容，请参见 JRockit 文档中有关 `-XXjra` 参数的描述。
- 使用 JRockit Mission Control 套件中的 JRA 图形化工具。

当然，最简单的方法还是在 JRockit Mission Control GUI 中通过 JRA/JFR 的提示窗口完成对记录信息的控制。在 JVM 浏览器展示区中选择目标 JVM 后，点击工具栏中的 JRA 按钮即可，或者在上下文菜单中开启 JRA 记录。通常情况下，使用预定义的配置即可，如有特殊需要的话，可以根据实际需要灵活调整。在 JRockit Mission Control 3.*x* 版本中，预定义的模板如下所示。

- Full Recording：标准用例，默认情况下会记录大部分相关数据，时长为 5 分钟。
- Minimal Overhead Recording：该模板主要应用于对系统延迟非常敏感的应用程序，例如，它不会记录堆的统计数据，因为这些数据会引发额外的垃圾回收操作。
- Real Time Recording：当要追查系统延迟问题时，例如对运行在 JRockitRealTime 上的应用程序进行调优时，该模板会非常有用。该模板提供了额外的文本输入框来设置系统**延迟的阈值**（后续会对此值做详细介绍）。在此种类型下，默认的延迟阈值会从 20 毫秒降低为 5 毫秒，而且记录时间也比默认值短。
- Classic Recording：值得注意的是，在此种类型下，记录信息中并不包含任何与系统延迟相关的数据。如果 JRockit 是 R27.3 之前的版本，又或者对延迟数据不感兴趣的话，可以使用此种类型。

点击 Show advanced options 复选框，可以对模板做定制化配置。一般来说，这并非必须。下面简单介绍其中的一些选项。

- Enable GC sampling：该选项控制是否记录与 GC 相关的信息。如果明确了对 GC 信息不感兴趣的话，将之关闭即可。该选项默认打开，建议保留。
- Enable method sampling：该选项用于控制是否启用方法采样。方法采样是通过 JRockit 的代码优化组件的采样数据实现的。如果应用程序对系统性能有较高的要求，那么要谨慎设置方法采样的周期。
- Enable native sampling：该选项用于控制是否在做方法采样时收集执行本地代码所花费的时间。大部分情况下，只有 JRockit 开发人员和支持人员会关心此项数据，因此默认情况下不开启此选项。
- Hardware method sampling：在某些硬件架构上，CPU 中包含了特殊的硬件计数器，在此基础上，JRockit 可以更好地完成方法采样的工作。因此，只有在这些硬件架构上，该选项才真正有用。有关基于硬件进行采样的内容，请参见第 2 章的介绍。
- Stack traces：开启该选项不仅可以从方法采样中获知采样次数，还可以得到调用栈信息。如果关闭此选项的话，在热方法列表中，就不会包含采样点的调用信息了。
- Trace depth：该选项指定了获取调用栈信息时所要进入的深度。在 JRockit Mission Control 4.0 版本之前，该选项的默认值是 16。对于那些使用了大型编程框架的应用程序来说，这个设定值太小，完全没有意义。一般来说，设定在 30 以上，才能有所帮助。
- Method sample interval：该选项指定了两次线程采样之间的时间间隔。在两次采样的时间间隔之内，JRockit 会以 Round-Robin 的方式暂停一部分线程的执行，而采样只会发生在正在运行的线程上。这样就可以找出应用程序的计算量主要发生在哪里。更多详细内容请参见 8.2.3 节。
- Thread dumps：开启该选项后，JRockit 会在开始和结束时记录线程栈的调用信息。如果设置了**线程转储的时间间隔**，则在记录的过程中，还会每隔一段时间就做一次线程转储。
- Thread dump interval：该选项用于控制两次线程转储的时间间隔。
- Latencies：开启该选项后，JRA 会记录一些与延迟相关的信息。更多有关延迟的内容，请参见 8.2.5 节。
- Latency threshold：在设置该选项值后，JRA 只会记录延迟时间大于该阈值的时间。一般情况下，会将该选项值设置为 20 毫秒，即便是设置为 1 毫秒也不会有太大问题。但如果设置得太小，就会产生较大的运行时开销，而且产生的日志量也会大得惊人。修改该参数值时，可以以纳秒为单位进行设置，在时间单位复选框中选择目标单位即可。
- Enable CPU sampling：开启该选项后，JRockit 会定时记录下 CPU 负载信息。
- Heap statistics：开启该选项后，JRockit 会在开始和结束时各做一次堆内存分析。由于执行堆内存分析需要额外执行一次垃圾回收来收集相关信息，因此在需要低执行开销的模板中该选项是禁用的。

- Delay before starting a recording：使用该选项可以使 JRA 在应用程序运行一段时间后再开始记录。延迟时间的设定通常以分钟为单位，用户也可以自行选择相应的时间单位，支持从秒到天的设置。

在执行记录之前，要先指定记录文件会存放在哪里。当 JRA 开始记录后，会打开一个编辑器显示相关的配置选项和进度条。在记录结束后，会显示记录的具体内容。

8.2 分析 JRA 记录

分析 JRA 的记录信息看起来像是在表演黑魔法，因此本章会像第 7 章一样，详细介绍 JRA 编辑器中的每个标签页。

与 Management Console 类似，这里也涉及几种标签组。

8.2.1 一般信息标签组

一般信息标签组中提供了一些关键信息和元数据。在 JRA 中，它包含了 3 个标签页，分别是**概览**、**记录**和**系统**。

1. 概览标签页

一般信息标签组的**概览**标签页中包含了一些与 JRA 记录相关的关键信息，可以从宏观上看出系统是否运转正常。

标签页的第一部分是几个面板，在其中显示了 CPU 使用率、堆内存和暂停时间等统计信息。

理想情况下，系统资源应该被充分利用，但负载又不会太过饱和。一般来说，Occupied Heap（live set + fragmentation）的数值应该小于等于堆最大值的一半，这样可以使垃圾回收的执行频率保持在较低的水平。

当然，具体数值还是要根据应用程序自身的特点量身而定。对于那些内存分配速率很低的应用程序来说，Occupied Head 的值即使大一些也没关系。而对那些执行批处理任务的应用程序来说，更关注系统的吞吐量、是否充分利用了 CPU 资源，至于暂停时间，可能根本不关心。

Trends 展示区中以趋势图的形式展示了 CPU 使用率和堆内存的变化情况。在旁边是一个饼状图，展示了记录结束时堆的使用情况。如果堆中有超过 1/3 的区域已经碎片化了，那么这时候就应该考虑调整 JRockit 的垃圾回收器（参见第 5 章），并且也应该深入探究一下应用程序的内存分配行为（更多信息请参见 8.2.2 节）。

在该标签页的底部是一个综述信息，例如目标 JVM 的版本信息和记录时间等。在给 JRockit 支持团队提交支持工单时，版本信息是很必要的。

在示例图中可以看出，Live Set + Fragmentation 的数值呈持续增长态势，这说明在每次垃圾回收过后，堆中可用内存都变得更少了，通常来说，这意味着应用程序很可能发生了内存泄漏。如果继续下去，应用程序会因 `OutOfMemoryError` 错误而中断运行。

8

2. 记录标签页

该标签页中包含了与记录本身相关的一些元数据，例如记录的持续时间，各个记录参数的值等。这些信息可用于检查 JRA 记录是否是按预想的设定的，或者某部分数据是否因为被禁用而没有记录。

3. 系统标签页

该标签页中包含了目标 JRockit JVM 的一些系统信息，如操作系统和 JVM 启动参数等。

8.2.2　内存标签组

Memory 标签组中包含了与内存信息相关的内容，例如内存使用率，垃圾回收信息等。在 JRA 中，其共有 6 个子标签页，分别是**概览**、**垃圾回收**、**垃圾回收统计**、**内存分配**、**堆信息**和**对象统计**。

1. 概览标签页

概览标签页中包含了一些与内存相关的综述性信息，例如目标服务器当前可用物理内容的数量，GC 暂停比率（即 GC 暂停时间占应用程序运行总时间的百分比）等。

如果 GC 暂停比率达到了 15% ~ 20%，这通常意味着 JVM 有很大的内存压力。

在**概览**标签页的底部，列出了在记录过程中所用到的垃圾回收策略。更多有关垃圾回收策略的内容，请参见第 3 章的介绍。

2. 垃圾回收标签页

垃圾回收标签页中包含了记录期间与垃圾回收相关的信息。

一般来说，在 Garbage Collections 表中，按 Long Pause 字段倒序排列可以更好地看出垃圾回收的性能瓶颈。当然，通过 JRA 中其他标签的内容，或应用程序的 GC 日志也可以获得相同信息。

有时候，在分析垃圾回收的记录时，会去除第一次和最后一次垃圾回收记录，因此某些 JVM 参数配置会强制记录过程中的第一次和最后一次垃圾回收必须为 FullGC，并执行内存整理操作，以便收集相关数据。这种机制可能会破坏准确垃圾回收的暂停时间目标。在 JRockit Flight Recorder 中同样存在这种情况。

如果某个应用程序因垃圾回收而导致暂停的频率很高，则其 Occupied Heap 的值会很接近堆的最大值。因此，增大堆的最大值可以有效提升应用程序的整体性能。使用命令行参数`-Xmx`即可设置堆的最大的值。

在 Details 展示区中，使用了多个标签页来显示垃圾回收的具体信息。用户可以通过点击垃圾回收信息图或在数据表中选择具体条目来查看详细信息。

垃圾回收的具体信息包括引用队列的大小、堆使用信息。此外，还包括垃圾回收前后堆的详细使用信息，引发垃圾回收操作的调用栈信息，甚至是每次暂停的详细信息。

若想减少垃圾回收的次数，就需要探查出到底是什么原因导致了垃圾回收的发生，具体来说就是，创建对象的操作都发生在哪里。下一节中将会介绍的 GC Call Tree 可用于探查对象创建的操作。如果要获取有关内存分配更详细的信息，可以在 Latency 标签组中，查看与 Object Allocation 事件有关的内容。

对于某些应用程序来说，还可以通过调整 JRockit 的内存系统来降低垃圾回收的暂停时间。更多有关 JRockit 调优的内容，请参见第 5 章的介绍。

3. 垃圾回收统计标签页

该标签页中包含了与垃圾回收相关的一些统计信息，其中最重要的当属 GC Call Tree 表中的内容，从中可以看到每次垃圾回收的调用栈信息。但遗憾的是，在调用栈中也存在着一些 JRockit 内部代码，用户不得不继续深挖，才能找到应用程序自身的方法调用。

> 在 JRockit R27.6 版本之前，通常使用这种方法找出内存分配问题的根源，而在新近的版本中，则可以使用更加强有力的武器来查找内存性能问题，参见 8.2.5 节直方图标签页的介绍。

为节约篇幅，在下面的截图中，只扩展了 JRockit 内部方法的调用栈帧。从截图中可以看出，大部分垃圾回收都是用于调用了 `Arrays.copyOf(char[], int)` 方法导致的。

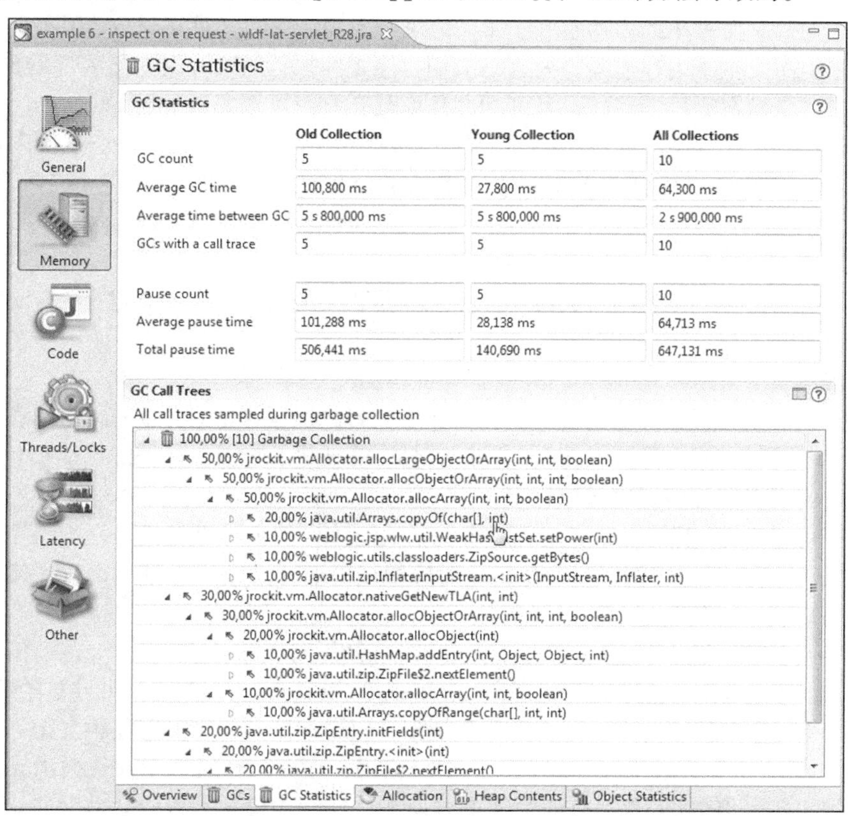

4. 内存分配标签页

内存分配标签页中包含的信息主要用于对 JRockit 内存系统进行调优。在这里会显示出大对象和小对象的相对分配速率，其值会影响到对 TLA 大小的选择（有关 TLA 的内容请参见第 3 章和第 5 章）。此外，还可以以线程为单位查看内存分配的相关数据，这样更有助于发现调优从哪里开始，减轻应用程序本身在内存使用上的压力。

当然，调优 Java 应用程序的内存分配行为，最好还是要参考 Latency 标签组中的 Histogram 标签页中的数据。

5. 堆信息标签页

在**堆信息**标签页中包括了有关堆中对象排布的信息，在记录结束时会生成相关的快照信息。如果发现堆的碎片化程度较高，那么有两个选择，要么调优 JRockit 的垃圾回收机制，要么尝试修改应用程序的内存分配行为。正如第 3 章所述，JVM 会通过内存整理来降低堆的碎片化程度。在极端情况下，如果对系统性能有很高要求、分配压力大，就需要调整应用程序的内存分配模式才能达到预期目标。

6. 对象统计标签页

对象统计标签页以直方图的形式展示在记录开始和结束时的对象分布情况，在这里可以看到堆中对象的类型及其所占用的内存空间。如果记录开始和结束时，对象分布情况差距过大，这说明，要么应用程序发生了内存泄漏，要么是应用程序正在执行需要分配大量内存的操作。

若想找到对象是在哪里创建的，最好的办法就是查看目标对象的 `Object Allocation` 事件（参考 8.2.5 节直方图标签页的内容），或者在 `Memory Leak Detector` 中查询内存分配的分析结果。在第 10 章中会详细介绍 Memory Leak Detector。

8.2.3 代码标签组

代码标签组中包含了以代码生成器和方法采样器相关的信息，通过**概览**、**热方法**和**优化** 3 个标签页分别展示。

1. 概览标签页

概览标签页中包含了从代码生成器和优化器中收集到的采样信息，通过这些信息可以找出哪些方法占用了应用程序的大部分运行时间。收集这些信息并不会带来额外的性能损耗，因为无论如何代码生成系统都需要用到这些信息。

对于那些受 CPU 影响较大的应用程序来说，通过该标签页可以查找出应用程序的优化点。所谓“受 CPU 影响较大的应用程序”是指，对应用程序来说，CPU 是限制因素，使用主频更高的 CPU，就可以提升应用程序的吞吐量。

概览标签页中首先展示了应用程序在记录期间每秒所抛出的异常的数量。该数值的大小取决于硬件和应用程序两部分，硬件的性能越强，应用程序的执行速度越快，抛出异常的数量也越多。当然，在部署环境相同的情况下，抛出的异常越多，应用程序的运行情况越糟。正如之前介绍过的，JVM 通常会“赌”异常不会频繁发生。如果应用程序在执行过程中大量抛出异常，那么可能会大大降低 JVM 的优化效果，这时就需要开发人员仔细探查一下为何会抛出如此多的异常。

有时开发人员会使用异常作为控制业务流转的手段，或者可能是因为存在有配置错误而不断抛出异常，但不论是哪种情况，都会带来性能损耗。

> 在 JRockit Mission Control 3.1 中，记录信息中只有抛出的异常数量的信息，若想找出异常的抛出路径就不得不修改日志的记录等级（参见第 5 章和第 11 章的内容）。在第 9 章中将会介绍如何使用 JRockit Flight Recorder 来分析异常信息。

在 Hot Packages 和 Hot Classes 展示区中，列出了在执行过程中，应用程序到底把时间花在了哪里。在 Hot Packages 展示区中，热方法是以包名为基础排序的，而在 Hot Classes 展示区中，热方法是类名为基础排序的。若想获得更细粒度的信息，则需要参考 Hot Method 标签页中的数据。

2. 热方法标签页

该标签页中包含了与 JVM 代码优化器有关的详细信息。如果想要找出应用程序的优化点，不妨从这里开始。若存在大量的方法采样信息都源自于同一个方法，则优化该方法，或者减少方法调用次数可以大幅提升系统的整体性能。

在下面的示例中，应用程序大部分时间都在执行 `com.bea.wlrt.adapter.defaultprovider.inernal.CSVPacketReceiver.parserL2Packet()` 方法，因此优化应用程序执行性能的关键，在于优化应用程序容器（WebLogic event server），而不是应用程序本身。这个示例在说明 JRockit Mission Control 功能强大的同时，也展示了性能优化的一个困境，即就算是找到性能瓶颈，也不一定能搞定优化。

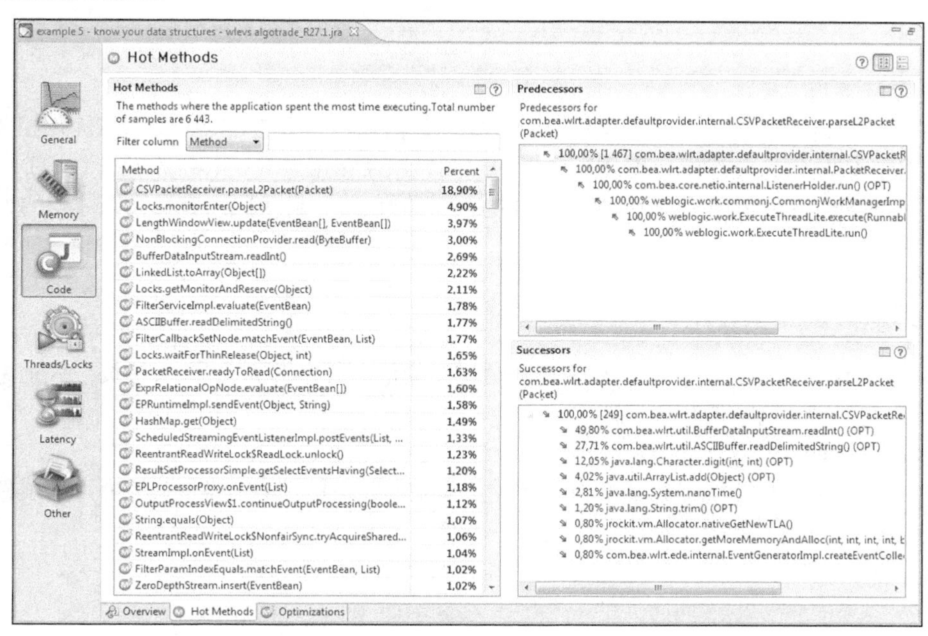

有时，通过监控信息可以发现应用程序在使用数据结构时存在的问题。在下面的示例中，应用程序会频繁检查 `java.util.LinkedList` 实例中是否存储了目标对象。事实上，这个操作是很慢的，需要遍历整个列表来查找元素，其时间复杂度为 O(*n*)。很明显，如果改用 `HashSet` 的话，可以加速查找过程（如果哈希函数质量上乘，而且集合足够大的，其平均时间复杂度为 O(1)）。

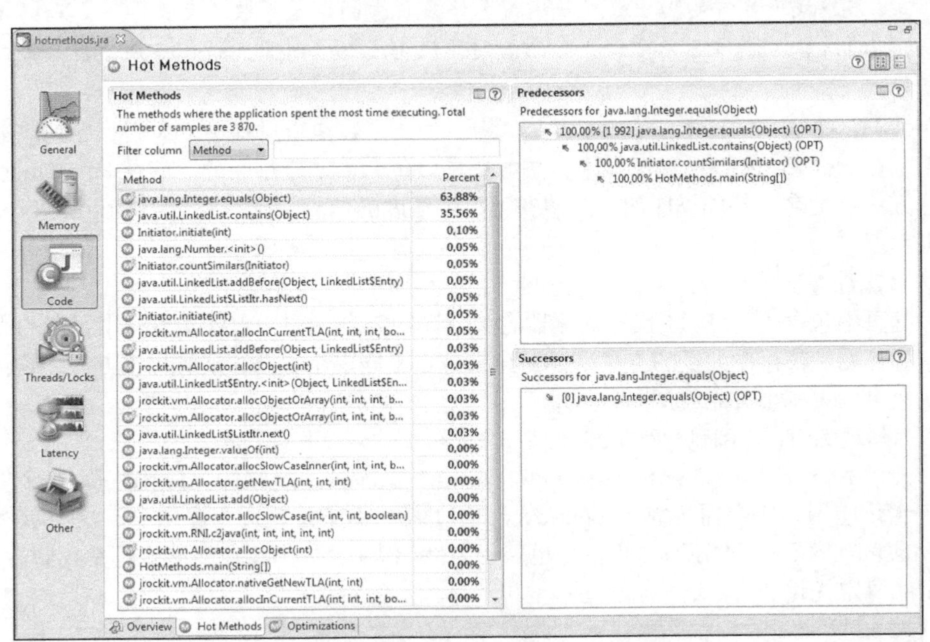

3. 优化标签页

该标签页中包含了与 JIT 编译器相关的各类统计信息，在追查 JRockit 中与优化相关的 bug 时非常有用。相关信息包括优化编译所消耗的时间，以及在记录开始和结束花费在 JIT 编译上的时间。该标签页会将记录期间每个被优化过的方法都列出来，包括优化前后代码体积的大小和优化所消耗的时间。

8.2.4　线程/锁标签组

在线程/锁标签组中可以查看到与线程和锁相关的信息，共分为 5 个标签页，分别是概览、线程、Java 锁、JVM 锁和线程转储。

1. 概览标签页

概览标签页中展示了线程的基础信息和一些与硬件相关的信息，例如系统中可用硬件线程的数量和每秒钟上下文切换的次数。

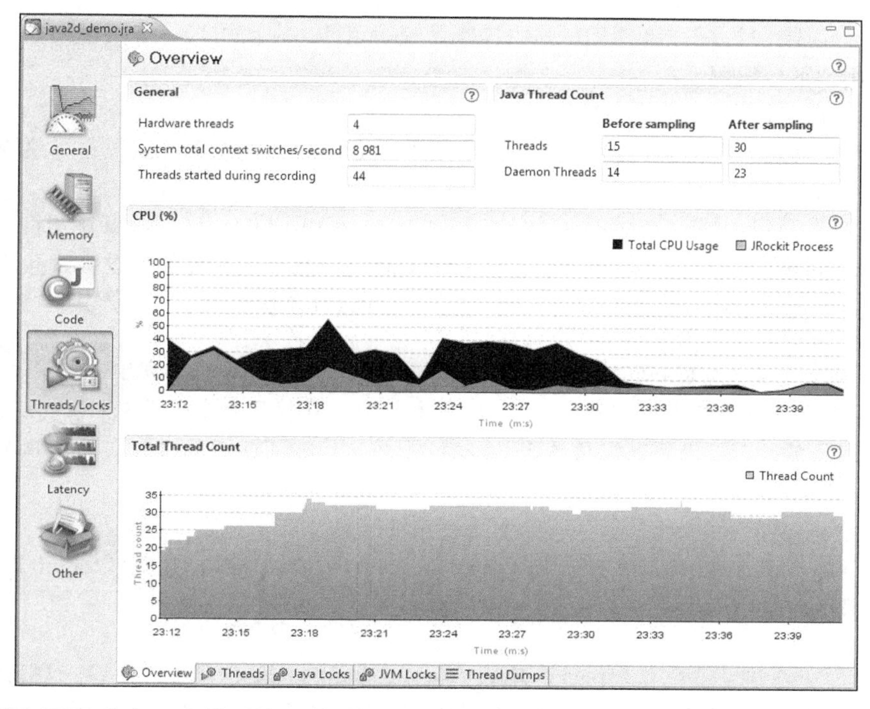

从上图中可以看出，这是一个双核 CPU，有两个硬件线程，由于具有超线程功能，每个核心会可以模拟出 1 个额外的硬件线程，共有 4 个硬件线程。

上下文切换频率很高并不能说明性能出了问题，而如果线程同步处理得好，就能使系统获得更高的吞吐量。

上图中展示了 CPU 负载，分别是 CPU 总负载和消耗在 JVM 上的负载。一般来说，CPU 饱和是件好事，说明充分利用了硬件资源，钱没白花。正如前面提到的，对于那些批处理应用程序来说，CPU 工作饱和则皆大欢喜。但对于那些服务器端应用程序来说，如果系统在完成期望工作的基础上，能承受更高的负载就更好了。

硬件服务供应问题并不简单，但正常情况下，服务器端应用程序都应该有一些空闲的计算能力应对瞬间峰值的出现。这通常被称为**过度供应**（overprovisioning），一般来说，传统上只涉及购买性能更高的硬件。虚拟化技术的出现为开发人员解决硬件服务供应问题提供了新的思路。在第 13 章会介绍这部分内容。

2. 线程标签页

该标签页中显示了线程相关的信息表，每行对应一个线程。默认情况下，会显示启动时间，持续时间和 Java 线程 ID，用户可以根据实际需要通过上下文菜单或**表设置**按钮来设置要显示的内容。

当使用本地线程时，平台线程 ID 是由操作系统指定的，在使用操作系统相关工具来探查线程信息时会用到平台线程 ID。

3. Java 锁标签页

该标签页中展示了在记录过程中，Java 锁的使用情况，统计信息按照监视器对象的类型进行了汇总。更多锁的相关信息，请参见第 4 章的内容。

一般情况下，该标签页中的内容是空的，需要在启动 JRockit JVM 时将系统属性 `jrockit.lockprofiling` 设置为 `true`，这样才会记录锁的相关信息。之所要额外设置该系统属性，是因为锁分析操作会产生额外的性能损耗，当系统中有很多同步操作时，尤为严重。

随着对 JRockit 的线程模型和锁模型的优化，已经可以动态启用锁分析了，不过目前还未发布使用。从 R28 版本起，已经使用命令行参数 `-XX:UseLockProfiling` 代替系统属性 `jrockit.lockprofiling` 来控制是否启用锁分析。

4. JVM 锁标签页

该标签页展示了 JVM 内部本地锁相关的信息，一般来说，这些信息对 JRockit JVM 开发人员和支持人员比较有用。

在第 4 章中曾介绍过本地锁，其中一个示例就是代码缓冲区锁。该锁由 JVM 使用，用于控制将编译后的代码放入到本地代码缓冲区，防止多个代码生成线程之间互相干扰。

5. 线程转储标签页

一般来说，JRA 记录中都包含了记录期间的线程转储信息。在开始记录之前调整转储的间隔时间，可以控制得到的线程转储信息的数量。

8.2.5　延迟标签组

延迟分析工具是随着 JRockit Real Time 一起出现的。JRockit Real Time 所提供的可预测垃圾回收暂停时间的特性使开发人员亟需一种分析工具来追踪 Java 应用程序本身所引入的延迟问题。如果应用程序自身会导致数百毫秒延迟的话，例如等待 I/O 时，那么即使 JVM 保证将垃圾回收暂停时间控制在 1 毫秒内也没什么实际意义了。

使用延迟标签组的标签时，强烈建议在菜单栏中切换到**延迟透视图**（latency perspective）。在该透视图中，左侧是**事件类型视图**（event type view）和**属性视图**（properties view）。事件类型视图可用于选择感兴趣的延迟事件，而在属性视图会显示出已选择的延迟事件的详细信息。

与垃圾回收标签组类似，在延迟标签组顶部也有一个**范围选择器**，允许用户根据实际需要只显示某一部分记录数据。修改所选择的事件或范围后，会及时在标签页中显示出更新后的数据。范围选择器中的曲线为红色，显示了在某个时间点上发生的事件总数，此外使用黑色曲线显示现在同一时间点上 CPU 的负载。使用范围选择器的上下文菜单可以指明要显示哪些具体内容。

在处理延迟问题时，理解**操作集**（operative set）的概念非常重要，它是指在延迟标签组添加、移除的事件集合，可以将之理解为一个可以在不同标签页之间共享，并且可以修改的事件集合。善用操作集可以获得很多有用的信息。

1. 概览标签页

概览标签页中包含了一些与延迟事件相关的汇总信息，在范围选择器下面，可以设定延迟的阈值，以便查看延迟时间超过某个阈值的事件。由于延迟事件可能会非常多，需要合理设定延迟阈值以避免记录了太多的数据。默认情况下，只有延迟大于 20 毫秒的事件才会被记录下来。

延迟事件是指，JVM 将时间花费在执行 Java 代码之外的事情上，并且所用时间超过了某个预设值的情况。例如，JVM 可能需要等待套接字数据，或者因执行垃圾回收而暂停了应用程序。

事件类型的直方图和饼状图很好地展示了每个事件类型的延迟信息，可以方便开发人员查看记录了哪些延迟事件。值得注意的是，在饼状图中，记录的是事件的发生次数，而不是事件所持续的总时间。在直方图中，通过上下文菜单将指定类型的事件添加到操作集中，会在范围选择器中以绿色标识出来，可以很方便地找出指定事件的发生地点。

这里还有一个小技巧，在**跟踪视图**（trace view）中，点击 Show only Operative Set 按钮，可以看到引发指定事件类型的调用栈信息。

2. 日志标签页

在**日志标签页**中，以表格的形式列出了所有的事件，开发人员可以对其过滤、排序，筛选出所需的结果。大部分场景下，会按照持续时间排序，找出持续时间最长的延迟事件。有时候，持续时间最长的延迟事件可能是因为需要等待从套接字接收数据，或者执行了持续时间很长的阻塞调用，这时候，就可以在操作集移除这些事件，以便能够集中精力处理真正的问题。

3. 图形标签页

图形标签页中以线程为单位展示了延迟事件相关的信息，下面以 Java 和垃圾回收器事件类型为例说明相关信息。在每个线程的执行过程中，分别以不同的颜色线条表示不同的事件类型。对于每个线程来说，在任意时间点，只会有一个事件发生。当发生垃圾回收事件时，会显示在延迟事件图的顶部，而且每次垃圾回收会高亮显示以区别于其他线程，这样就可以很清晰地看出某个延迟事件是否是由于垃圾回收引起的。绿色线条表示，JVM 正欢快地执行 Java 代码，没有发生延迟事件，其他颜色表示发生了某种延迟事件。将鼠标停留在颜色线条上，会显示出其所代表的含义，如下图所示。

延迟事件图也会显示线程转换。在下面的示例图中，各个线程通过一个静态属性域来共享日志记录器，该日志记录器使用同步操作来记录日志数据。从示例图中可以看出，所有的工作线程都在等待获取共享资源。工作线程以并行的方式分别执行一部分任务，但由于使用了需要同步操作的共享资源，造成了事实上的串行执行。

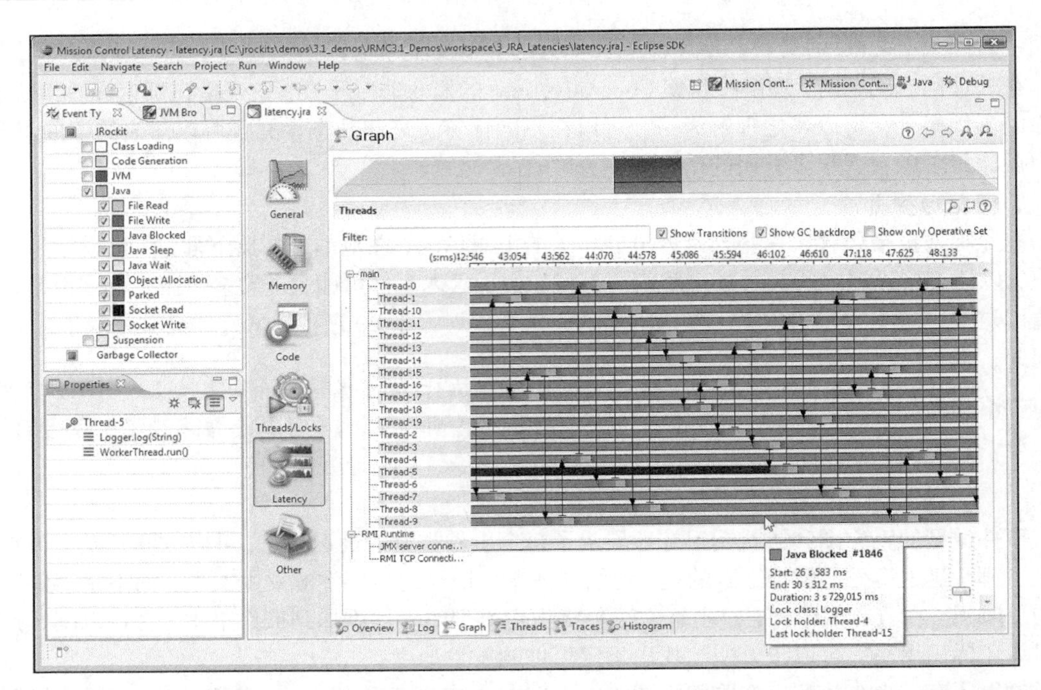

如果想获得更多详细信息，可以选择图形中的某个事件，查看其具体属性，将鼠标停在它上面读取弹出的提示，或者将其添加到操作集中以便在其他视图中查看。

综上所述，通过图形标签页，可以获得对应用程序的延迟和线程行为的总体印象。

4. 线程标签页

线程标签页以表格的形式展示了当前应用程序中所存在的线程，从形式上看与第 7 章中介绍的 Management Console 中的线程标签页类似。其中，最有用的往往是 Count 和 Allocation Rate 两个属性。

该标签页主要用于查找指定线程，可以根据某个属性查找，例如分配速率（allocation rate）最高，或者可以根据线程的名字进行过滤。此外，可以使用操作集来选择针对特定线程的事件，以便在其他标签页中查看相关数据。当然，还可以选择指定的线程集合。

5.栈跟踪标签页

该标签页用于显示事件集合的调用栈信息。例如，如果操作集中包含了 `String` 数组的分配事件集合，则在该标签页中可以查找到 `String` 数组对象分配内存的调用栈信息。

一般来说，在分析记录结果时，当使用其他标签根据感兴趣的事件集合过滤原始数据时，会来到此标签页。此外该标签中，还显示了各个延迟事件的起始调用点。

6. 直方图标签页

在**直方图标签页**中可以展示出相关延迟事件的直方图，举例如下。

- Object Allocation | Class Name：可用于找出分配的哪些类最常见。
- Java Blocked | Lock Class：可用于找出应用程序中哪些锁最常阻塞。

- Java Wait | Lock Class：可用于找出应用程序中调用 `wait()` 方法时在哪里消耗的时间最多。

在找到目标事件后，可以将之添加到操作集中，以便在其他标签页中查看相关数据。

8.2.6 使用操作集

在 JRA 中，最常被忽视的就是操作集，下面将以一个示例来说明操作集的使用方法。在该示例中，使用了预先做好的 JRA 记录，其中垃圾回收器的表现不甚理想，执行频率高，且执行时间长，这一点可以在垃圾回收标签页和内存标签页中看到。

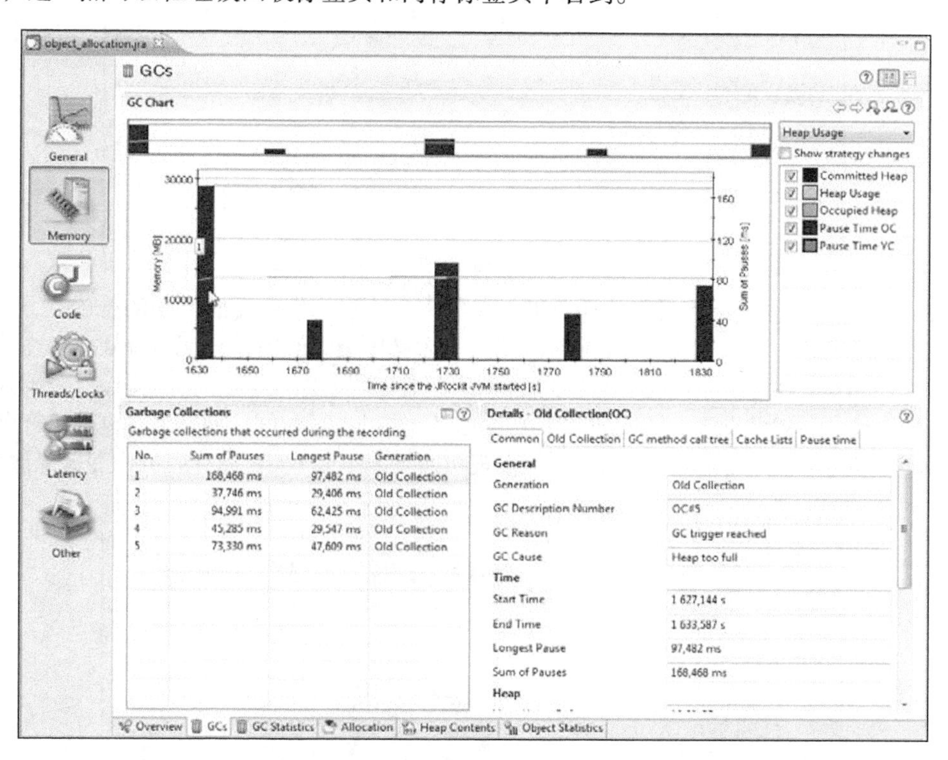

首先，从图中可以看出，垃圾回收的执行时间确实长达数十毫秒，但好在执行频率不太高，在整个记录期间，共发生了 5 次垃圾回收。面对这种问题时，可以建议用户使用准确式垃圾回收器，因为准确式垃圾回收器的执行频率稍高一些，执行时间更短。不过在这里，我们想要获知更多的信息，查明系统压力究竟来自于哪里，而不仅仅是推荐某种垃圾回收策略。

在这个示例中，为了显示 JRA 的威力，我们会故意搞得稍微复杂一点。先切换到延迟数据标签页，查找频繁分配内存的线程，然后将这些事件添加到操作集中。从下图中可以看出，大部分内存分配的工作都由排名前三的线程完成。

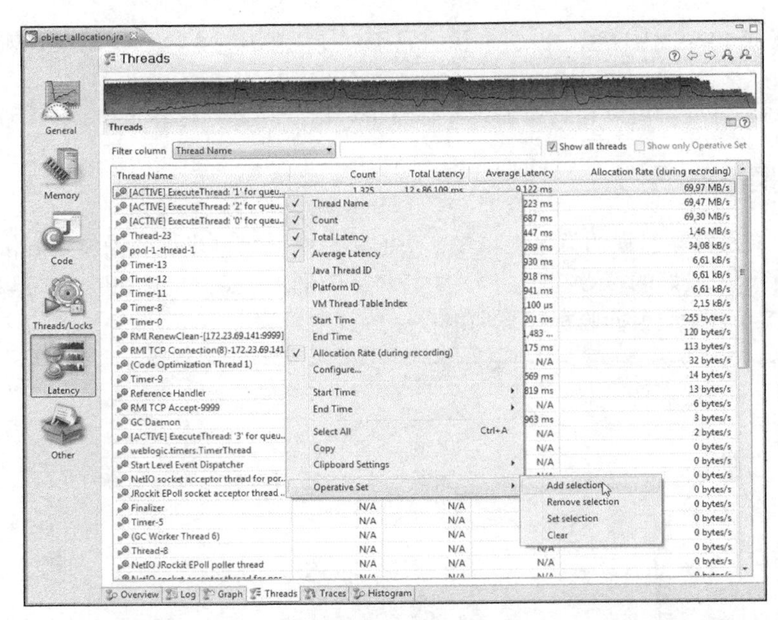

现在，将三个线程的所有的事件都添加操作集中，不过我们真正感兴趣的是内存分配行为。为了更好地观察结果，可以切换到直方图标签页，为操作集中的内存分配事件建立一个直方图。

正如下图所示，由于我们期望查找出内存分配事件主要发生在哪里，所以将操作集设置为只显示内存分配事件。一般情况下，我们通常不关心内存分配的持续时间，而是更看重其执行次数。因此，我们将数据按照事件发生次数排序，从而发现初始化 `String` 实例所导致的内存分配次数最多。

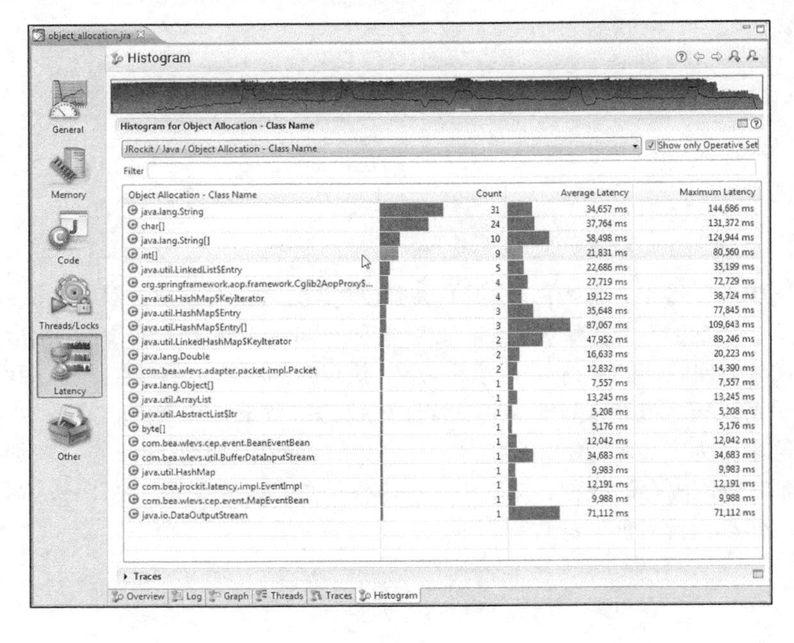

然后，进入到栈跟踪标签页，并勾选 Show Only Operative Set 复选框。

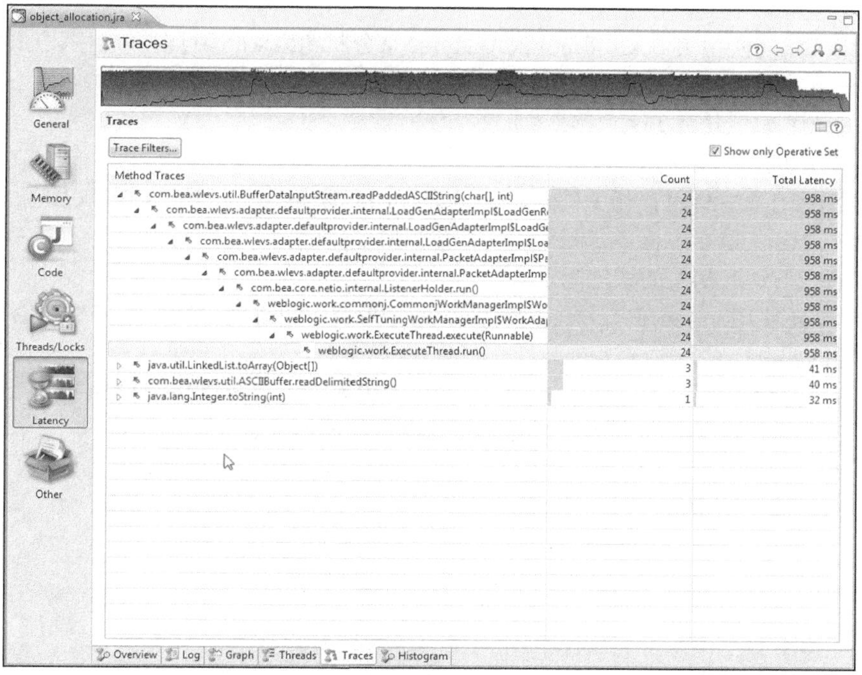

从截图中可以看到，在 3 个频繁分配内存的线程中，几乎所有实例化 `String` 对象的操作都来自于 `readPaddedASCIIString(char [], int)`方法调用。如果再加上 `char` 数组的话，就可以看到创建数组的操作也是在同一个方法中，毕竟字符串实际上就是对字符数组的封装。

通过上面的分析，可以得出结论，不光是要调整垃圾回收策略，还需要大幅降低内存系统的压力，具体方式是减少字符串对象的创建，或者减少对这种会创建字符串对象的方法的调用次数。

8.3 故障排除

有些情况下，即使启用了方法采样，在 Code | Hot Methods 标签页中也没有任何数据，最可能的原因是，应用程序并没有产生的足够多的负载供采样器收集数据。方法采样器只会对那些活动的 Java 代码采样，如果整个记录过程非常短，而且线程大部分时间都在等待执行，不工作，那么就根本没有机会被采样器捕捉到。如果不是在生产环境分析应用程序的话，那么需要考虑增加应用程序的负载，模拟生产环境中的真实情况。

当启用本地方法采样时，所有的采样信息都会被存储下来，而一般情况下，只会存储 Java 代码的采样信息。通过采样信息，你可以会发现几乎所有的本地采样信息都来自于某个本地方法（例如 `ntdll.dll#KiFastSystemCallRet`），甚至系统几乎一直空闲时也是如此。

8.4 小结

本章介绍了如何使用 JRockit Runtime Analyzer 来分析 JRockit 运行时和应用程序的行为，如何创建运行记录，并通过示例介绍了可以从记录中获取到哪些信息。

本章还介绍了如下几种 JRA 用例。

- 如何找出应用程序的热方法。
- 如何解读记录中与内存相关的信息，例如存活对象集合、垃圾回收相关信息、碎片化、对象汇总信息和堆信息直方图等。
- 如何追查与延迟相关的系统问题。

此外，本章还使用一个示例介绍了如何在延迟分析器中通过使用操作集来缩减信息量，以便快速定位问题的根源。

下一章将会介绍 JRockit Flight Recorder，JFR 自 JRockit R28 和 JRockit Mission Control 4.0 版本引进，是 JRA 的升级版。本章所提到的大部分内容都适用于 JFR。

第 9 章

JRockit Flight Recorder

事实证明，使用 JRA 的执行开销很小，因而可以应用于生产环境。实现这种记录引擎的项目最初在内部被称为**持续 JRA**（continuous JRA）。到 JRockit R28 版本时，JRA 正式升级为 **JFR**（JRockit flight recorder）。

由于 JFR 的运行时开销极低，可以持续分析应用程序和 JVM 的运行行为，即便是发生了某些异常情况之后，也能回到那个时点进行分析。这一特性非常有用，当发生异常情况时，JFR 会记录下所有可能导致问题的事件，以便可以排查错误。当然，JFR 也作为分析工具被广泛使用。

本章主要包含以下内容：

- JFR 运行方式
- JFR 事件模型
- 如何进行持续记录
- 如何执行 JRA 式记录
- JFR 中记录是如何交互的
- 如何设置 JFR
- JFR 和 JRA 的主要区别
- 如何记录自定义事件
- 如何扩展 JFR 客户端
- JFR 的后续发展

9.1 JRA 进化

像 JRA 一样，JFR 中也包含了两大部分，分别是内建于 JRockit JVM 的记录引擎和内建于 JRockit Mission Control 客户端的记录分析工具。记录引擎用于生成可供分析工具处理的记录文件。分析文件并不要求必须有活动连接，其本身是自描述的，即文件本身就包含了所有相关的元数据。此外，该文件也可以被发送给其他第三方分析工具做进一步的详细分析。

在本章中，JFR 和 JFA 表示同一个意思，可以互换使用。

在JFR中，记录文件不再使用XML格式。所有内容均记录在内存缓冲区中，并辅以相应的时间戳，并在合适的时机写入到构成记录的二进制文件中。此外，还通过专门的Java API实现了自定义事件和自定义用户分析接口的功能。

第8章中曾经提到过，JRA的记录是以XML格式存储的，其记录文件的后缀名为.jra。而在JFR中，文件后缀名变成了.jfr，存储格式也改成了二进制格式。由于可能会产生大量的目标事件，需要避免不必要的开销，将数据压缩存储。JRA记录无法向前兼容，JFR也无法打开JRA的记录文件。

9.1.1　关于事件

正如前面介绍的，在JFR中，**事件**就是在某个具体的时间点记录下的数据。

事件有以下几种类型。

- **持续事件**（duration event）：指事件会持续一段时间，记录的内容包含了起始时间和截止时间，例如Garbage Collection事件。
- **计时事件**（timed event）：指可以设置持续时间**阈值**的持续事件，例如Java Wait事件和Java Sleep事件。
- **立即事件**（instant event）：指事件不会持续，记录的内容也只有开始时间，例如Exception事件和Event Settings Changed事件。
- **可请求事件**（requestable event）：指可以被配置为周期性轮询记录引擎的事件。该事件是通过在记录引擎中使用一个单独的线程来定时调用指定方法实现的，例如CPU Load Sample事件。

JFR中记录的事件由事件生成器产生，**事件生成器**（event producer）定义了事件的具体类型。事件类型（event type或actual event）中包含了用于描述该类型本身信息的元数据，这些元数据中包含了该事件本身所包含的属性信息、属性的类型信息和属性的具体描述信息。JFR的记录文件中都包含了对该事件生成器的描述信息。

JRockit JVM作为其中一种事件生成器，优势巨大，它能够以较小的运行时开销，很方便地记录下运行时需要收集的事件信息。此外，用户可以通过调用相关的Java API，在JRockit JVM创建的底层事件上附加额外的上下文属性。

9.1.2　记录引擎

记录引擎（recording engine），有时也称为**记录代理**，内建于JVM之中，针对事件生成做了大量优化以完成相关任务，这些任务包括如下几种。

- **记录工具**：记录引擎的主要用途肯定是记录应用程序运行过程中所发生的事件。为了高效完成记录任务，其内部使用了线程局部缓冲，当发生事件时就将其记录到局部缓冲中，若线程局部缓冲已满，就记录到全局缓冲区（global buffer）中。如果全局缓冲区也满了，则根据配置选项来决定，是以二进制格式将全局缓冲区中的内容写入到硬盘中，还是循环重用之前的区域。参见下图。

- **追踪调用栈**：预先配置相关选项后，JFR 会在记录相关事件时，顺带记录下调用栈信息。在查找事件发生源时，这些信息将非常有用。
- **设置阈值**：设置相应的阈值后，JFR 只会记录执行时间超过该阈值的事件，这样就可以过滤掉一部分事件，防止产生过多记录。每种事件类型都可以设置各自的阈值。
- **附带时间戳**：正如第 5 章中介绍的，使用 `System.currentTimeMillis()`方法获取系统时间具有不小的执行开销。因此，记录引擎为记录时间戳提供了一个高度优化的本地时间版本，如下所示。

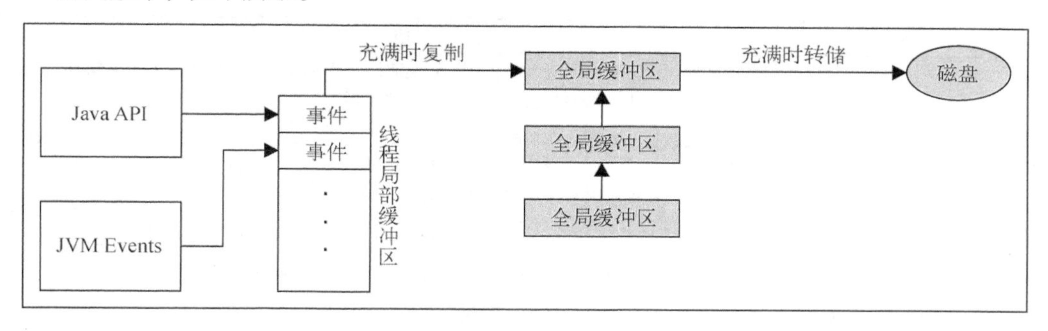

> 由于 JRockit R28 是作为补丁版本发布的，若是默认开启事件记录可能会带来一些麻烦。故而决定在启动 JVM 时，并不会立即启动记录引擎。其实在设计之初，记录引擎和 JRockit JVM 事件发生源就是放在一起考虑的，在开发测试过程中，也都是放在一起的，即便是做压力测试时，也不例外。在将来的 JRockit 版本中，可能会对记录引擎做一些改动。

对于正在执行的事件记录而言，都会有一个 ID 和名字，其中 ID 具有唯一性。记录 ID 会在创建记录时自动设置，用于标识当前的记录。例如，可以在 JRCMD 中，通过记录 ID 来引用某个事件记录。

在启动 JRockit 时，附加以下命令行参数，即可启用 JFR 事件记录：

```
-XX:FlightRecorderOptions=defaultrecording=true
```

使用上面的命令行参数，可以创建一个 ID 为 0、名字为 `JRockit default` 的事件记录。

JFR 中可以同时存在多个事件记录。如果同时有多个事件记录处于**活动**状态，则在记录的时候，会将各自的事件类型聚合，并根据预设的阈值过滤。对于刚刚接触 JFR 的用户来说，这可能会带来一些困扰，而实际上，确实有可能出现记录的事件比期望的多的情况。

想要记录更详细的信息，可以通过修改默认记录的**事件设置**（event setting）对记录引擎做详细配置，或者使用不同的配置开启一个新的记录。如果想要过滤掉多余的记录信息，请修改相关配置。

9.1.3　启动参数

有多种方式可用于配置记录引擎，不过其中的某些方式只能在以命令行启动 JVM 时使用。有两个主要的命令行参数用于配置 JFR。其一是用于控制是否开启 JFR 的命令行参数：

```
-XX:[+|-]FlightRecorder
```

其二是用于控制 JFR 运行行为的命令行参数：

```
-XX:FlightRecorderOptions=parameter1=value1[,parameter2=value2]
```

可用参数如下表所示。

参　数	描　述
settings=[name|filepath]	在服务器端载入额外的配置模板。默认情况下，配置模板存在于 JROCKIT_HOME/jre/lib/jfr 路径下。关于服务器端模板的更多信息，请见后文
repository=[dir]	JFR 记录数据的路径，可看作 JFR 的临时目录。默认情况下，存放于 java.io.tmpdir 属性定义的目录下，子目录的名字格式为 yyyy_mm_dd_hh_mm_ss_pid。例如，若进程号为 4711，则创建的临时目录的名字为 2010_04_21_16_28_59_4711
threadbuffersize=[size]	指定线程局部缓冲区（thread local buffer）的大小，默认值为 5KB
globalbuffersize=[size]	指定全局局部缓冲区（global local buffer）的大小，默认值为 64KB
numglobalbuffers=[num]	指定全局局部缓冲区的数量，默认值为 8
maxchunksize=[size]	指定存储的单个数据块的大小，默认值为 12MB
continuous=[true|false]	指定是否启用默认的连续记录，即使用记录 ID 0 进行连续记录。无论该值设置为 true 还是 false，只要启用了 JFR，都可以通过 JRockit Mission Control 来开启连续记录。正如前文提到的，在 JRockit R28 中，禁用了默认记录，不过在将来的版本中可能会将之开启
disk=[true|false]	指定是否将数据记录到硬盘中。默认为 false，即会循环使用内存空间的记录区域。通过 JRockit Mission Control 或 JRCMD，可以手动将记录内容刷入到硬盘中
maxage=[nanotime]	指定数据在硬盘上保留的最长时间，单位为纳秒，默认值为 0，即保留所有数据
maxsize=[size]	指定最多保留多少数据，默认值为 0，意味着保留所有数据

无论是使用 JRCMD 还是命令行参数，指定的参数选项都会通过模板文件以 JSON 格式被记录下来。JRockit 发行版中附带了几个示例模板，位于 JROCKIT_HOME/jre/lib/jfr 目录下。这些模板就是所谓的**服务器端模板**（server-side template），因所使用的 JRockit Mission Control 客户端不同而有所区别。基于这些模板，用户可以根据实际需要开发定制模板。

有关服务器端模板的详细内容超出了本书的范畴，这里不再赘述。第 11 章将会介绍如何使用 JRCMD 来控制记录的生命周期。

开启基于时间的记录

与 JRA 类似，JFR 也可以通过命令行参数来开启有时间限制的记录。在 JFR 中，命令行参数 `-XX:StartFlightRecording` 可用于对执行时间做相关设置，例如，可以推迟记录的执行时间以便可以跳过 JVM 热身的阶段。下面的示例中，JFR 会在 JVM 启动 2 分钟后再开始记录，记录持续一分钟，记录名为 MyRecording，并将结果存储到 c:\tmp\myrecording.jfr 中。当然，这里也可以使用服务器端模板，通过名称引用即可，在示例中使用的模板文件是 profile.jfs。

```
-XX:StartFlightRecording=delay=120s,duration=60s,
  name=MyRecording,filename=C:\tmp\myrecording.jfr,settings=profile
```

更多有关命令行参数 `StartFlightRecording` 选项的内容，请参见 JRockitR28 的相关手册。

本章的剩余部分将着重介绍如何通过 JRockit Mission Control 客户端来控制 JFR 和查看记录。

9.2　在 JRockit Mission Control 中使用 JFR

在 JRockit Mission Control 客户端中可以很方便地控制事件记录的生命周期，推荐使用。

在 JRockit Mission Control 中开启 JFR 事件记录很简单，在 **JVM 浏览器**右键点击目标 JVM，在弹出的菜单中点击 **Start Flight Recording...** 即可。

以 JRockit Mission Control 4.0 版本为例，在点击 **Start Flight Recording...** 菜单之后，会：

(1) 弹出 **Start Flight Recording** 对话框

(2) 进入 **Flight Recorder Control** 视图

Flight Recorder Control 视图是在 JRockit Mission Control 4.0 版本中新引入的，用于展示当前可用的 JVM 连接中都有哪些事件记录，并对事件记录进行控制。

与 JRA 类似，在 Start Flight Recording 对话框中，可以选择一些系统内置的模板，也可以自己创建新的模板。这些模板不同于服务器端模板，可用于图形界面，并且解析过程也有所区别（没有通配符）。

默认的客户端模板包括以下几种。

- **普通概要分析**（default profiling）：以较低的执行开销执行一些通用分析的模板。
- **带有锁定的概要分析**（profiling with lock）：与**普通概要分析**相同，并额外启用了锁分析。使用该模板时，需要在启动 JVM 时，添加命令行参数 `-XX:+UseLockProfiling`，不过使用该命令行参数会带来一些性能损耗，甚至在不记录的时候也有。
- **带有异常错误的概要分析**（profiling with exception）：与**普通概要分析**相同，并且启用了异常分析。对于大多数应用程序来说，使用该模板的执行开销与使用**普通概要分析**模板没什么区别，但是对于某些会经常抛异常的应用程序来说，这个执行开销就很可观了。
- **实时**（real-time）：该模板更关注与垃圾回收相关的事件，而对其他资源的饥饿事件则不予理会。

值得注意的是，默认的客户端模板和服务器端模板在默认情况下都会忽略异常事件，因为很难准确评估异常在那些烂应用程序中所产生的影响。若想分析异常，请选择**带异常错误的概要分析模板。本章后面将介绍有关异常的概要分析。

在选择了模板之后，需要指定记录文件的存储位置，以及为该记录取个名字。某些事件生成器（例如 WebLogic diagnostics framework）中会运行自己的事件记录。在一个大型系统中，可能会同时存在多个事件记录并行运行。因此，为事件记录取个好名字会使其容易被找到。

> 除了 JVM 外，还有一些其他系统也会记录事件，例如 Oracle WebLogic Diagnostics Framework 和 Oracle Dynamic Monitoring 系统。希望在将来的版本中可以添加更多的事件生成器，如 JRockit Virtual Edition。

在对话框中可以选择创建一个有时限的记录，或是一个持续记录。如果是有时限的记录，则需要指定记录的持续时间。为了限制持续记录的资源使用情况，可以限制所记录数据的大小、记录时间。

然后，点击 Continue 按钮，将会开始执行事件记录。

Flight Recorder Control 视图总会显示出这个新创建的事件记录。对于有时限的记录来说，会显示出该记录的剩余时间，并定时更新；而如果是持续记录的话，则会在剩余时间处显示一个无穷大符号。

在 Flight Recorder Control 视图的工具条上有一个**表设置**按钮，可用于设置要显示哪些字段内容。

对于有时限的事件记录来说，当记录完成时，会自动下载记录内容。

正如前面提到的，可在 Flight Recorder Control 视图中一次查看多个 JVM 记录。若想在监视器中添加新的连接，只需在 JVM 浏览器视图右键点击目标连接。选择 Show Recodings 菜单即可。

若想从正在进行的事件记录中导出数据，只需要右键点击该事件记录，选择 Dump... 菜单即可，在弹出的 Dump Recording 对话框中做下一步配置。

在转储记录时，有3种不同的方式可选。

- **完整记录**：转储所有可用数据。
- **记录的最后部分**：转储某个给定时间段内的记录的最后一部分数据。注意，有可能会得到比期望值更多的数据，因为转储的时候，会将整块数据转储。
- **记录间隔**：将给定时间段内的数据转储。注意，指定的时间是服务器时间。如果客户端在斯德哥尔摩，而服务器在东京，请确保时间设置正确。如果在指定的时间段内没有数据，会显示一条错误信息。

再次强调，转储得到的数据可能会比期望值多。

以**完整记录**方式转储的数据会按照固定大小划分为多个数据块，其中的每个数据库都包含了一个常量池，用于解析数据块内的数据，例如包含在事件中的调用栈信息。当事件对象包含了调用栈信息时，就可以通过索引在常量池查找相应的事件信息。这样，每个数据块就成为了自包含的。

自定义 JFR 记录

在 JFR 记录创建对话框中可以自定义模板。单击模板名旁边的 Advanced... 按钮，可以进入到模板编辑对话框。

在对话框的左侧是事件类型树，在其中选择配置某个父节点后，会递归地应用到其所有的子节点中。如果为不同的子节点做了不同的设置，则不会在父节点上显示属性值。

勾选事件类型树下面的复选框，则会过滤掉与模板无关的事件类型。若某个节点下的子节点从属于某个模板，则会以黑体字显示该节点。在当前模板中，Log 节点下没有显示任何事件类型。

事件类型树中所显示的事件类型取决于当前运行的是何种应用程序（应用程序也可能会使用到 JFR API），以及模板的具体配置。这种方式使用户可以修改那些源自于非 JRockit JVM 默认事件生成器的事件类型。

修改事件类型的属性后，会以粗体突出显示，用以指明它们是新模板的一部分。

可以从高级模板编辑对话框中导入服务器端模板，此时最好先清除掉其他相关设置，点击 Clear 按钮即可。导入功能是附加的，因为服务器端模板本来就是要这样。因此，在应用的时候，就可以先从默认记录开始，再通过导入默认模板来添加锁分析，再导入锁模板。

进入高级对话框来创建一个模板的临时副本，点击 OK 按钮来保存该临时副本。如果在模板名旁边有星号（*），表明该模板还没有被保存。如果只是临时针对某个记录而修改了模板，那么就不必保存。

在 Start Flight Recording 对话框中点击 OK 按钮，使记录可以在第一次保存之前就可以使用。在后续的操作中，该模板都可以使用，但在重启 JRockit Mission Control 之后就会丢失。

要保存模板，请点击 Save... 按钮。

保存了记录之后，就可以重用了，即便 JVM 无法支持模板中配置的所有事件类型，也仍然可以使支持的事件类型生效。例如，当应用在不支持日志事件类型的 JVM 上时，包含了日志事件类型的模板中会以斜体字渲染日志事件类型。

9.3 与 JRA 的区别

由于 JFR 是基于事件记录的，在实现上与 JRA 有很大区别。例如，在 JFR 中，几乎所有的标签页都有范围选择器。因为是基于事件记录的，所以可以通过指定时间范围进行过滤，而且数据的粒度可以更细，数据源也更多。

下面会对其中的区别做详细介绍。

9.3.1 范围选择器

正如前面提到的，在 JFR 中，几乎所有的标签页都有范围选择器。范围选择器的背景图案显示了在记录时间范围内所发生的事件数量。例如，在**概览**标签页内，包含有堆、垃圾回收、CPU 使用率和通用信息事件。

使用基于事件的数据模型所带来的影响是，可以通过范围选择器来选取出有数据但没事件的时间区间。在第8章中曾介绍过，有些概览信息是写在记录尾部的。在JFR中，某些事件会写到记录块（chunk）的尾部。如果选取的范围中并没有期望的事件，则会显示 N/A。因此，在修改选择范围时，应该注意是否还包含有期望的事件。

由于范围选择器在很多地方都会用到，需要在响应的地方同步。勾选 **Synchronize Selection** 复选框，确保其他使用了范围选择的标签页可以同步修改。

与JRA中的情况类似，修改了**操作集**之后，会突出显示。

9.3.2　操作集

相比于JRA，操作集功能有所增强。现在可以在绝大部分视图中修改操作集，即便是模拟JRA风格的标签页也是如此。

9.3.3　关联键

每个事件属性都有一个**关联键**（relational key），全局唯一，用于与其他事件类型相区别。例如，垃圾回收事件的关联键是GCID，格式为 `http://www.oracle.com/jrockit/jvm/vm/gc/id`。通过GCID就可以方便地找出所有与指定垃圾回收相关的事件。

关联键采用了URI的格式，类似于XML文件中的命名空间。

在用户界面中，可以通过上下文菜单将关联键添加**操作集**中。

第三方事件生成器可以在多个生产者之间使用关联键来标识某个事件。例如，WLDS和DMS使用关联键 ECID（execution context ID）在WebLogic Server的探针和生产者之间标识相应事件，又或者将所有与某个数据库调用相关的事件都添加到操作集当中。

生产者也可以为其他属性提供关联键。

9.3.4　延迟分析

一切皆事件，因此不必像 JRA 那样假设**所有的事件都会有相关延迟**。**相关延迟**是指事件会直接拖延线程的执行。在JFR中，有专门的标签页来处理具有延迟相关的事件，但那些具有延迟相关的Java事件仍需要以类似JRA延迟分析器那种方式来展示。

事件标签组中包含了用于事件可视化的通用标签组，类似于JRA中的延迟标签组。

如果在**事件类型**视图中，只选择 **Java 应用程序事件**，则结果会与JRA延迟分析器中的结果类似。

在 **CPU |线程**标签组中有专门与延迟相关的标签页。在JFR中，增加了一些新的标签页，用于汇总延迟相关的事件。例如，在**延迟**标签页对事件类型做了汇总，并为选中的事件类型显示调

用栈信息。

JFR 中引入的**争用**标签页用于展示 Java 阻塞事件（线程阻塞，等待获取监视器）。在下图中，展示的是 WebLogic Server 中的事件记录，从中可以看到，在调用 `loadWebApp` 方法时，需要获取 `weblogic.wervlet.internal.HttpServer` 示例的监视器，这个过程所消耗的时间最多。

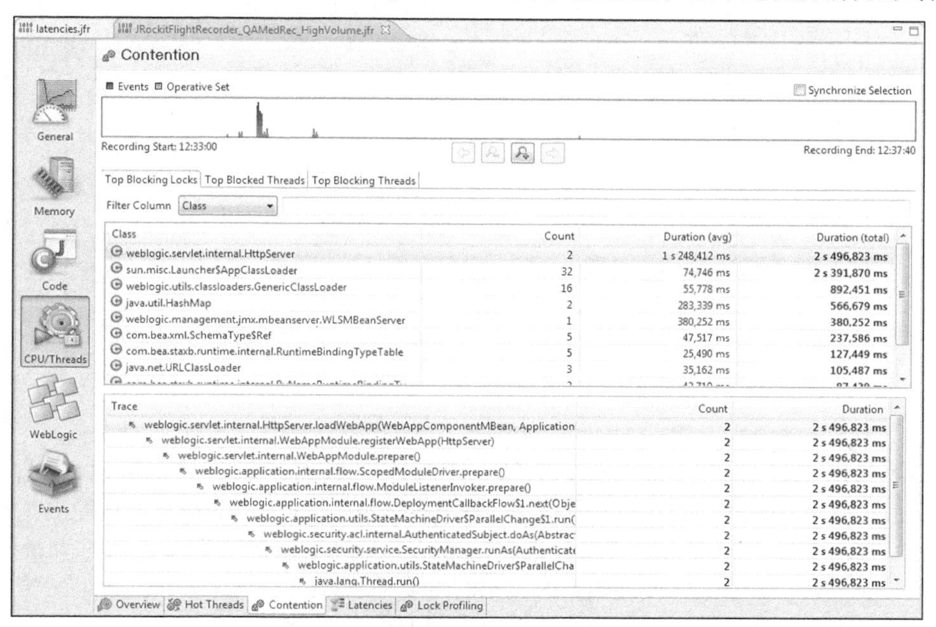

在**争用**标签页中，还可以看到，哪些线程最容易被阻塞，哪些线程最容易阻塞其他线程。

与 JRA 类似，可以在 JFR 中启用详细的锁分析，当然，开启之后，不论是否在执行分析，都会给运行时带来额外的负担。启动 JRockit 时，添加命令行参数 `-XX:+UseLockProfiling` 以启用锁分析。更多详细信息，请参见第 4 章内容。

9.3.5 异常分析

在 JRA 中，只能统计被抛出的异常数量。若想关联代码中抛出并捕获的异常，就不得不修改 JVM 的日志设置，例如，通过 JRCMD 或在 JVM 的启动参数中添加 `-Xverbose:exceptions=debug` 选项。就 JFR 来说，有专门的事件类型和必要的信息来记录异常事件，便于查看。在创建记录的时候，使用包含异常分析的模板即可。

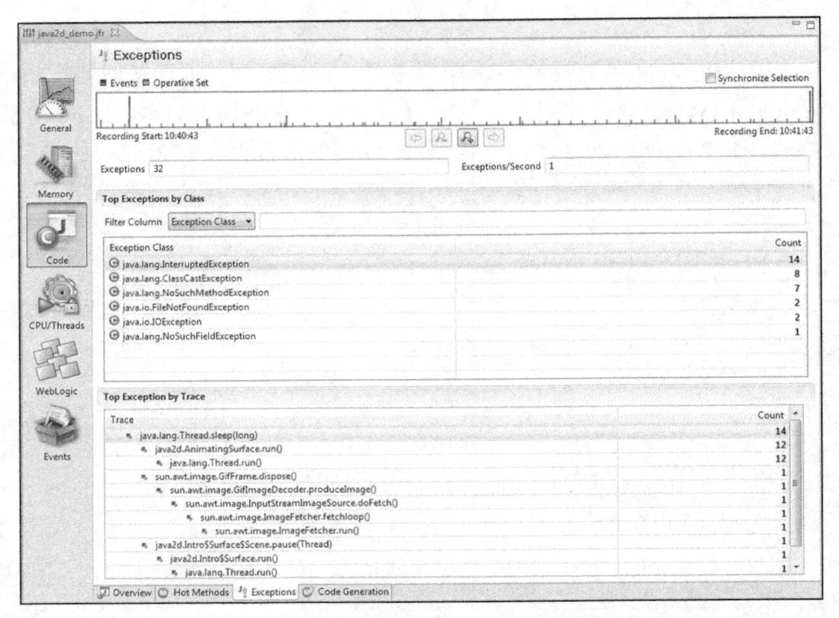

上图中的示例，是运行 Java 2D 示例应用程序所做的记录，从中可以看到，大部分 `InterruptedException` 异常都由 `java2d.AnimatingSurface.run()`方法抛出。范围选择器中显示，有两个抛出异常的峰值，分别在记录的开始和结束时。记录开始时大量抛出的是 `ClassCastException` 异常，而在结束时抛出的主要是 `NoSuchMethodException` 异常。通过范围选择器将时间范围限定到峰值附件可以很清楚地看到这一点。如下图所示。

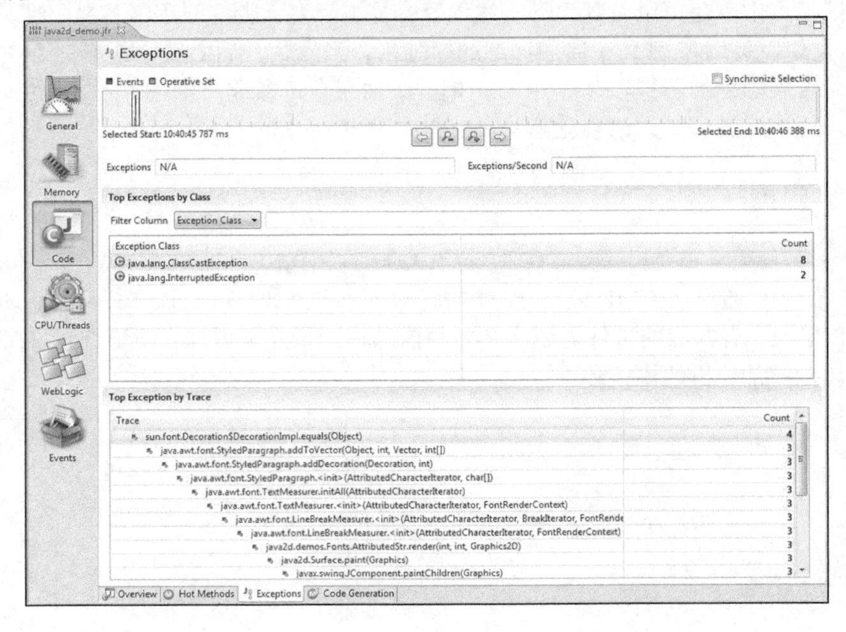

Java 2D 示例应用程序并不会抛出太多异常，因此只能用来介绍如何使用相关用户界面。在实际场景中，如果应用程序抛出的异常太多，就应该详查原因了。

9.3.6 内存分析

尽管 JFR 中的内存分析标签页与 JRA 非常相似，还是有一些事情需要注意一下。

在**内存 | 概览**标签页中，Total Physical Momery 和 Used Physical Memory 数值均指向当前机器的物理内存，而不是 Java 进程的内存。在之前的 Java 2D 示例应用程序记录中，应用程序是在一台具有 4 GB 内存的机器上运行的，在开始记录的时候，已经使用了大约 2.2 GB 内存。Java 堆申请的内存只有 128 MB。这些数据可以在内存标签页的展示图或**垃圾回收配置**中看到。在**堆容量**标签页可以看到相关展示图。

在**堆容量**标签页中包含了两个展示图，一个用于展示堆中容量，另一个用于展示堆中空闲空间的分布。这需要注意的是，这里使用了**碎片化**来描述堆中内存的分布情况，更加直观。

在**空闲内存分布**（free memory distribution）图中，灰色图案表示已使用的内存数量，并区分出已使用的部分和碎片部分。示例图所显示的堆内存处于非常良好的状况，空闲内存很多，碎片化程度较低，连续的空闲空间很大。如果堆中满是小的空闲块，则无法为较大的数组分配内存，从而导致垃圾回收，执行耗时的内存整理操作，甚至暂停应用程序的运行。

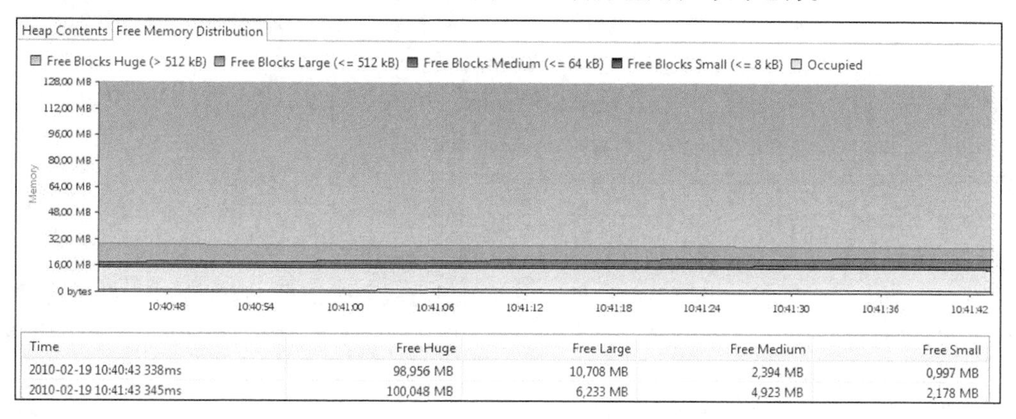

下图来自于一个有内存泄漏的示例应用程序，在第 10 章中会对其做进一步介绍。如图所示，存活对象集的大小随时间不断增长，而堆中的空闲内存块则被不断地瓜分。

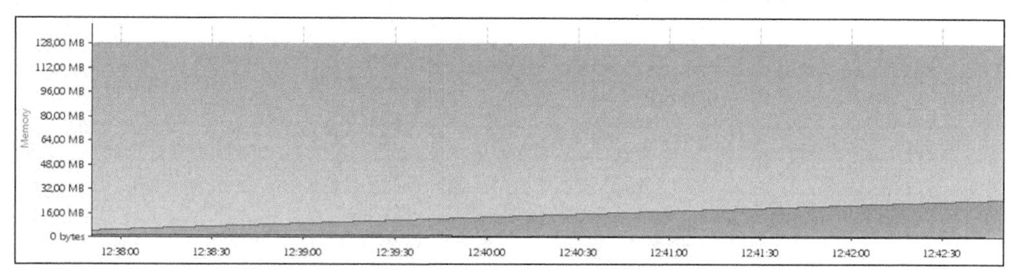

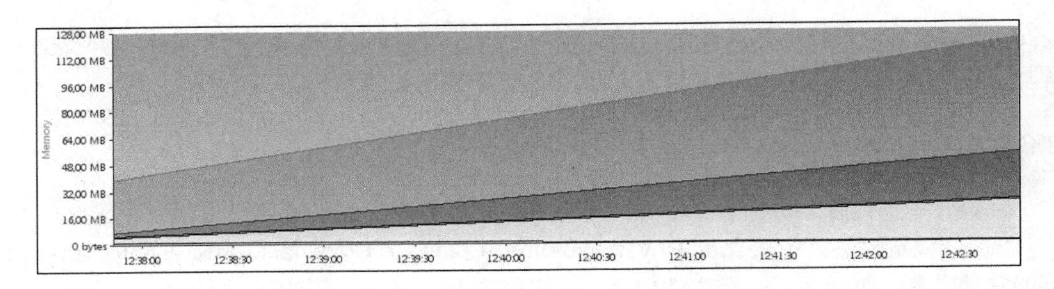

9.4　自定义事件

JRockit 提供 Java API 来向 JFR 添加自定义事件。相关接口在 com.oracle.jrockit.jfr 包下，位于 rt.jar 中，随 JRockit JDK 一起发行。

目前 com.oracle.jrockit.jfr 包下的 API 还在开发中，还不能支持已经发行的 Oracle JRockit。不过某些内部产品（例如 WebLogic Server）已经在 JFR 中使用该 API 了。

若要添加自定义事件，首先要确定事件的类型。在本章的开始部分曾经介绍过共有 4 种主要的事件类型。依据具体的需求，需要扩展不同的事件类：

- com.oracle.jrockit.jfr.InstantEvent
- com.oracle.jrockit.jfr.DurationEvent
- com.oracle.jrockit.jfr.TimedEvent
- com.oracle.jrockit.jfr.RequestableEvent

事件也可以动态创建，这部分内容将在后面介绍。

在下面示例中，会创建一个简单的事件，当调用日志服务时记录。按照需求，我们需要知道调用日志服务的持续时间，因此选择计时事件类型。此外，还需要设置一个阈值，只有当持续时间超过该阈值时，才会被记录。

创建事件的代码很简单，如下所示：

```
import com.oracle.jrockit.jfr.EventDefinition;
import com.oracle.jrockit.jfr.TimedEvent;
import com.oracle.jrockit.jfr.ValueDefinition;

@EventDefinition(name = "logentry")
public class LogEvent extends TimedEvent {
  @ValueDefinition(name = "message")
  private String text;

  public LogEvent(String text) {
    this.text = text;
  }
```

```
  public String getText() {
    return text;
  }
}
```

在 Java 应用程序中使用时，只需创建一个事件实例，以下面的形式来调用：

```
public synchronized void log(String text) {
  LogEvent event = new LogEvent(text);
  event.begin();
  // 打印日志
  event.end();
  event.commit();
}
```

但在使用事件之前，还需要创建并注册一个事件生成器：

```
private static Producer registerProducer() {
  try {
    Producer p;
    p = new Producer("Log Producer (Demo)",
      "A demo event producer for the demo logger.",
      "http://www.example.com/logdemo");
    p.addEvent(LogEvent.class);
    p.register();
    return p;
  } catch (Exception e) {
    // 添加异常处理
    e.printStackTrace();
  }
  return null;
}
```

registerProducer 方法返回的 Producer 实例在事件记录过程中都需要存在。

就这些，大功告成。但是，上面的代码执行效率很差。每次创建事件实例的时候，都会隐式地查找相关联的事件类型。实际上，如果在创建 Producer 实例的时候能够传入 addEvent() 方法返回的事件符号（EventToken），就可以避免重复进行全局查找了。

此外，如果期望记录引擎能够提供调用栈信息和线程信息，则可以将代码修改为下面的样子：

```
import com.oracle.jrockit.jfr.EventDefinition;
import com.oracle.jrockit.jfr.EventToken;
import com.oracle.jrockit.jfr.TimedEvent;
import com.oracle.jrockit.jfr.ValueDefinition;

@EventDefinition(path = "log/logentry", name = "Log Entry",
  description = "A log call in the custom logger.",
  stacktrace = true, thread = true)
public class LogEvent extends TimedEvent {
  @ValueDefinition(name = "Message", description =
    "The logged message.")
  private String text;

  public LogEvent(EventToken eventToken, String text) {
```

9

```
    super(eventToken);
    this.text = text;
  }

  public String getText() {
    return text;
  }
}
```

因此，在注册事件生成器时，需要将引用保存下来：

```
static EventToken token;
static Producer producer;

static {
  registerProducer();
}

static void registerProducer() {
  try {
    producer = new Producer("Log Producer (Demo)",
      "A demo event producer for the demo logger.",
      "http://www.example.com/logdemo");
    token = producer.addEvent(LogEvent.class);
    producer.register();
  } catch (Exception e) {
    //添加异常处理
    e.printStackTrace();
  }
}
```

事件符号的使用方式如下所示：

```
public synchronized void log(String text) {
  LogEvent event = new LogEvent(token, text);
  event.begin();
  //打印日志
  event.end();
  event.commit();
}
```

此外，如果能保证事件的应用程序场景是线程安全的，则可以将 `text` 属性置为可写的，对事件实例的存储和重用可以改为如下形式：

```
private LogEvent event = new LogEvent(token);

public synchronized void log(String text) {
  event.reset();//清理日志事件内容，以便重用日志事件实例
  event.setText(text);
  event.begin();
  //打印日志
  event.end();
  event.commit();
}
```

默认情况下，事件是禁用的。若要启动事件记录，需要在使用的模板中将之开启。此外，还可以通过编程的方式来启用，创建一个带有已启用事件的记录即可。下面的代码展示了如何创建记录，并在其中启用事件：

```
FlightRecorderClient fr = new FlightRecorderClient();
FlightRecordingClient rec = fr.createRecordingObject("tmp");

for (CompositeData pd : fr.getProducers()) {
  if (!PRODUCER_URI.equals(pd.get("uri"))) {
    continue;
  }

  CompositeData events[] = (CompositeData[]) pd.get("events");
  for (CompositeData d : events) {
    int id = (Integer) d.get("id");
    rec.setEventEnabled(id, true);
    rec.setStackTraceEnabled(id, true);
    rec.setThreshold(id, 200);
    rec.setPeriod(id, 5);
    System.out.println("Enabled event " + d.get("name"));
  }
}

rec.close();
```

9.5　扩展 JFR

JFR 中包含了一个 GUI 构建工具，用以修改和扩展 JFR 界面，或添加新功能。在该功能的帮助下，JRockit Mission Control 团队得以加快开发进度，将更多的事件用于开发功能和修复故障。

> 当前的 GUI 构建工具由 JRockit Mission Control 团队设计，就 Oracle 内部使用来说，已经是足够了。因此，在 R28/4.0 版本中并不支持该构建工具。千万慎重，若要使用，风险自负。将来某个版本可能会对 GUI 构建工具提供支持，但具体日期还未确定。

尽管并不支持使用 GUI 构建工具，在修改用户界面的时候，它还是很有用的。此外，还可以将之用于为自定义事件生成器添加自定义标签页。该工具最棒的地方就是，可以在用户界面直接将定制内容导出，以便在同事之间共享，只需要将插件包放到 JROCKIT_HOME/missioncontrol/plug-in 目录下即可。

若想访问 GUI 构建工具，必须在启动 JRockit 的时候添加 `-designer` 参数：`JROCKIT_HOME\bin\jrmc -designer`。

这样，将在 Window | Show View 菜单下启用 Designer View 视图，默认情况下，该视图与 JVM Browser 和 Event Types 在同一个视图文件夹下。

打开某个记录后，可以在 Designer View 中切换**设计模式**和**运行模式**。

处于运行模式时，可执行的操作只有终止记录并切换到设计模式。单击红色的终止按钮■即可。

当处于设计模式时，可以修改 JFR 中用户界面的任意部分，甚至是 JFR 自身的标签页。这个功能相当强大，当然，使用不当的话可能会搞乱 JFR。幸运的是，用户界面中有重置按钮可以将用户界面恢复至出厂设置。该重置按钮位于 Window | Preferences 菜单下。

通过 GUI 来恢复至出厂设置这个功能只存在于 JRockit Mission Control 4.0.1 及其后的版本中。在 4.0.0 版本中，可以通过清空<user.home>/.jrmc 文件下的内容来实现，但不幸的是，这个方法还会将其他的自定义设置一并清空。

在修改完成后，点击 Play 按钮▶来查看运行起来后的实际样子。若想添加新的标签页和标签页组，必须要先关闭记录，因为这会修改标签页的存储结构。

若想添加一个标签组，右键单击根节点，在上下文菜单中选择 New | New Group。

弹出的对话框中，属性**位置路径**用于指定标签组会出现在工具栏的什么位置。另外，还需要为插件选择两个图标文件。

选择标签组后，右键单击该标签组，选择 New | New Tab 菜单来创建新标签页。

若要调整新创建的标签页，首先要载入包含目标事件类型的记录。作为示例，在下面的内容中，会创建一个新的标签页来检测 JVM 中已分配的内存总量。

首先，进入标签页设计模式。目前还是空白的，因此在左上角会显示 Unknown Component。

现在来关注一下标签页的布局。在顶端设置一个范围选择器，在其下方添加一个展示图。

使用下面的方法可以添加一个范围选择器。

(1) 右键点击编辑器，选择 Vertically Split 菜单将其垂直切分。

(2) 在设计视图中使用滑块来将顶部区域的最大值和最小值均设置为 100 像素。所有范围选择器的高度都是 100 像素。

接下来，在范围选择器的下方添加一个展示图。右键单击该区域，选择 Assign Component | Graphics | Chart 菜单，打开展示图配置对话框，在其中添加相关属性。

(1) 选择使用哪个坐标轴来关联目标属性。在本例中，选择 Left Y Axis。

(2) 选择 Data Series 标签页来设置要显示的数据线。

(3) 点击 Add. . . 按钮打开属性浏览器对话框。对于 4.0.0 版本的 JRockit Mission Control 来说，会以平铺的形式列出所有事件类型的所有属性。

(4) 选择目标属性。在本例，选择 Allocated by All Threads 和 Total Allocated 属性。

大功告成。当然，还可以通过其他选项使展示图看起来更好一些，比如坐标轴的内容类型数据线的颜色或为坐标轴取个名字。

在自定义标签页中创建范围选择器会稍微复杂一点。首先在上下文菜单中选择 Assign Component | Other | Range Selector，打开属性编辑对话框。

在新打开的对话框中，可以配置范围选择器的相关属性。由于范围选择器中包含了展示图，在配置上与标准的展示图类似。如果希望自定义的范围选择器与其他范围选择器类似，则必须为每个坐标轴取消勾选 Show Tick Marks 复选框和 AxisVisible 复选框。

接下来，为事件类型添加 duration 属性，以便显示正在发生的事件数量。将 Style 属性设置为 Integrating Point Density。在范围选择器中，事件属性分为两大类，以不同颜色显示，分别是在操作集中的和不在操作集中的。当标签页中的事件被包含在操作集时，就能够看到可视化的反馈内容了。因此需要分别为在操作集和不在操作集中各设置添加属性一次。

当然，想知道如何使用 JFR 中的其他组件，最简单的方法就是进入设计模式来查看其他组件在 JFR 中是如何使用的。

若想将新设计的标签页导出到插件中以便分享给他人使用，需要先关闭这个标签页，重新显示出标签页的树形结构。

右键单击根节点，选择 Export UI | Plug-in 菜单，打开 Selection Needed 对话框。

正常情况下，只有那些已修改或新增的标签页会被选中。这里需要注意的是，因增加新功能而发布新版本时，应该永远增加插件的版本号，否则会被旧版本覆盖掉。

点击 OK 按钮后，就可以将插件保存为一个 jar 文件了。

保存之后的插件包就可以以更新站点的形式共享给同事朋友了，当然，直接将插件包放到 JROCKIT_HOME/missioncontrol 目录下也是可以的。

9.6　小结

本章着重介绍了 JRockit Flight Recorder，包括新的数据模型、事件的概念、数据生成过程，以及如何使用 JFR 进行记录。此外，还展示了 JFR 中的一些高级概念，例如如何控制事件类型的启用和相关属性。接下来，还介绍了 JFR 和 JRA 的几点区别：

- 新的范围选择器
- 新的事件类型
- 操作集的修改
- 关联键
- 在 JFR 中做延迟分析
- 内存相关标签页的修改

接着，介绍了如何通过 JRockit 中的标准 Java API 来扩展 JFR，实现自定义事件。

最后，介绍了如何使用设计模式来扩展 JFR，以及如何导出自定义的插件。

下一章将会介绍如何使用 JRockit Mission Control Memory Leak Detection Tool 来追查应用程序的内存泄漏问题。

第 10 章 Memory Leak Detector

10

正如第 3 章中介绍的，Java 运行时为开发人员提供了非常简单的内存模型，使开发人员无须为存储数据而向操作系统申请内存，也无须为回收内存而操心。

带有垃圾回收的编程语言往往会使人误以为“不需要做资源管理，内存泄漏不会发生”。可惜事与愿违，在生产环境中，使用 Java 写出内存泄漏程序的例子不计其数，以至于不少系统都是靠定时重启来维持运转的。

本章的主要内容包括：

- Java 中**内存泄漏**的含义
- 如何检测内存泄漏
- 如何通过 JRockit Memory Leak Detector 排查内存泄漏的根源

10.1 Java 内存泄漏

应用程序中已经分配出去的内存不再使用后，就应该归还给系统。Java 自身带有垃圾回收器，与 C 语言这类静态编程语言差别较大，Java 使开发人员无须再显式地释放内存。但实际情况是，如果无用内存没有被归还给系统的话，仍然会产生**内存泄漏**，最终使系统因内存不足而崩溃。

10.1.1 静态编程语言中的内存泄漏

在静态语言中，内存管理本身比释放内存更复杂一些，因为必须要确保释放内存的操作不会使应用程序崩溃。在没有自动内存管理的年代，这并不容易。假设有某个服务是用于获取地址记录的，出于效率考虑，地址记录都是放在内存中的。如果模块 A、B 和 C 都会使用该服务，则它们可能会并发地引用同一个地址记录。

如果某个模块在完成工作后，就释放了地址记录所占用的内存，则其他正在使用该地址记录的模块就会操作失败，导致应用程序崩溃。因此，在分配和释放内存时，必须要有明确严格的规范，并且最好能使服务知晓某个模块已经完成针对某个地址记录的操作。就本例来说，各个模块是不可以显式释放地址记录的内存的。解决方法是在地址记录上实现类似引用计数的结构，以保证在所有模块都完成操作后再释放内存。不过，这种方式需要用到同步锁，而且增加了系统的复杂性。有时候，为了简化系统，开发人员不得不自己实现一套垃圾回收器。

10.1.2 自动内存管理中的内存泄漏

使用 Java 或其他具有垃圾回收功能的编程语言时，开发人员再也不用操心复杂的内存管理了，垃圾回收器会完成内存回收工作的。以之前的示例来说，若某个地址记录已经无用了，则垃圾回收器会负责将其所占用的内存空间回收。但即便如此，还是有可能会产生内存泄漏的，即在对象已经无用之后，仍处于存活状态。

内存泄漏指的是**无意中持有无用对象**（unintentional object retention），这个名字真的是名副其实。一个示例是，由于引用了无用对象而造成了内存泄漏，而造成这种情况的原因可就千奇百怪了。

例如，将对象引用放到缓存中，却在对象无用之后忘记从缓存中清除了。如果开发人员无法完全掌控对象的生命周期，则可以使用基于弱引用的内存管理策略，如使用 `java.util.WeakHashMap` 来缓存对象引用。

千万小心，弱引用不是万能的，不能消除所有因缓存而引发的内存泄漏问题。开发人员误用弱引用相关的集合类也有可能造成内存泄漏。

在像 J2EE 服务器这样的应用程序容器中，可能会同时存在多个类载入器，因此需要特别小心那些不是因框架依赖被载入进来而后又被遗忘的类。这种情况往往出现在重新部署应用程序时。

10.2 检测 Java 中的内存泄漏

JVM 因 `OutOfMemoryError` 崩溃时，往往是内存泄漏导致的。在发布一款 Java 产品之前，通常应该测试产品是否有内存泄漏问题。在标准的测试用例中，应该让应用程序持续运行一段时间，并检测堆中存活对象的数量来判断是否存在内存泄漏。良好的测试程序应该会自动、定期对产品进行内存泄漏测试。

在开发 JRockit Mission Control 4.0.0 版本时，开发团队犯了过度自信的错误。正常情况下，在最终测试的时候，应该会使用 Memory Leak Detector 工具来检查 JRockit Mission Control 中的编辑器是否被正常回收了。在那之前，这项测试都是由开发人员自己完成的，没有写入到测试规范中。结果就是，每次打开控制台或 Memleak 编辑器时，都会使一个编辑器对象成为内存泄漏的组成部分。当然，这个问题现在已经通过 Memory Leak Detector 解决了。

Java 中的内存泄漏问题可以通过 Management Console 查看**存活对象集属性**（live set attribute）来判断。但需要明确的是，短时间内，存活对象集的数量不断上升并不一定是因为内存泄漏，而可能是因为 Java 应用程序的负载发生了变化，使应用程序消耗了更多内存，例如并发的用户数增加了。但如果存活对象集中对象的数量持续增加，则很有可能是出现内存泄漏了。

对堆中对象做详细分析主要有两种方式。

- 在线堆分析。这需要用到 JRockit Memory Leak Detector。
- 离线堆分析。需要先将堆中内容转储。

对于在线分析来说，**趋势分析**（trend analysis）数据由垃圾回收器提供。由于垃圾回收器在垃圾回收的标记过程中就会遍历堆中所有的存活对象，提供趋势分析数据并不会带来太大的性能损耗，而其生成的对象图谱则是分析内存分配趋势的重要数据。

JRockit 使用的对转储格式是 HPROF，与使用 JVMTI（Java virtual machine tool interface）中指定的堆转储格式相同。因此，由 JRockit 生成的堆转储可以使用任何支持 HPROF 格式的工具进行分析。更多有关 HPROF 格式的内容，请参见 JRockit JDK 的相关示例，具体位置在 JROCKIT_HOME/demo/jvmti/hprof/src/manual.html，有关 JVMTI 的内容，请参见 JDK 的相关文档 http://java.sun.com/javase/6/docs/platform/jvmti/jvmti.html。

10.3　Memleak 简介

Memleak（JRockit mission control memory leak detector）可以动态地连接到运行中的 JRockit 实例，追踪 Java 运行时的内存变化，找出某种类型的所有实例，以及各个对象的引用关系。此外，它还可以追踪某种类型的对象分配操作。这些功能听起来挺复杂，实际上都简明易用。在介绍如何使用 Memleak 解决内存泄漏问题之前，还需要简单介绍 Memleak 的特性。

- **趋势分析的执行开销非常小**。在垃圾回收的标记过程中，会收集对象之间的引用信息。正如之前提到的，这个操作的执行时间会非常短。在运行 Memleak 的过程中，每次执行垃圾回收时，都会收集必要的数据。为了保证数据的及时性，默认情况下，若应用程序没有触发正常的垃圾回收，则 Memleak 会每 10 秒钟触发一次垃圾回收操作。在 Memleak 的配置选项中可以配置此时间间隔，这大大降低了工具对应用程序的侵入性。
- **执行内存分析时，可以无视客户端硬件**。通过一台手提电脑就可以连接到拥有数兆字节堆内存的服务器进行分析。
- **可以实时观测到事件和堆的变化**。这是把双刃剑。它可以与应用程序交互，例如观察应用程序的哪些操作会导致哪些内存变化，在操作某个对象的同时观察对象数据的变化。不过，正因如此，本已被应用程序废弃的数据对象，却无法被垃圾回收器回收掉。
- **无法进行离线分析**。如果没有权限对正在运行的应用程序进行在线分析的话，那会是个问题。不过幸运的是，JRockit R28 可以生成标准的 HPROF 格式的堆转储文件，这样就能通过其他分析工具（例如 Eclipse MAT）进行离线分析了。

注意，HPROF 格式的堆转储文件中包含了堆的全部内容，如果堆中包含有敏感数据，则一定要小心处理堆转储文件，防止机密信息外泄。

10.4 追踪内存泄漏

排查内存泄漏问题是个技术活儿，通常会交叉使用多种工具和技术。有时候，应用程序会意外持有无用对象的引用，而且若被泄漏的内存分别在不同的地方分配和持有，则排查起来就更加困难，因此需要详细分析才能找到内存泄漏的真正根源。

若想启动 **Memleak**，只需在 JRockit Mission Control 的 **JVM 浏览器**视图中，右键点击目标 JVM，选择 **Memleak** 即可。

同一时间，只能有一个 Memleak 连接到目标 JVM 上。

在 Memleak 中，**趋势表**（trend table）可用于检测是否有潜在的内存泄漏，具体是通过定期构建应用程序中各类型对象实例数量的直方图，再经过对比判断来实现的。针对各类型实例所占用内存做**最小二乘逼近**（least squares approximation），并以“字节/秒”为单位显示内存增长率。

在 JRockit Mission Control 4.1.0 版本中，该算法会相对复杂一点，它需要整合存活对象集的数量。若某些类型的实例数量与存活对象集的增长曲线相匹配，增长率很高，则很可能是在这些类型上出现了内存泄漏。

趋势表常用于查找内存泄漏的根源。在趋势表中，增长率很高的类均以红色显示。趋势表还可以显示出相关实例的数量和占用的内存数量。

从下图中可以看出，很有可能是字符数组发生了内存泄漏。在下面的截图中，字符数组以深色表示，处于趋势表的顶部，增长率位居首位。

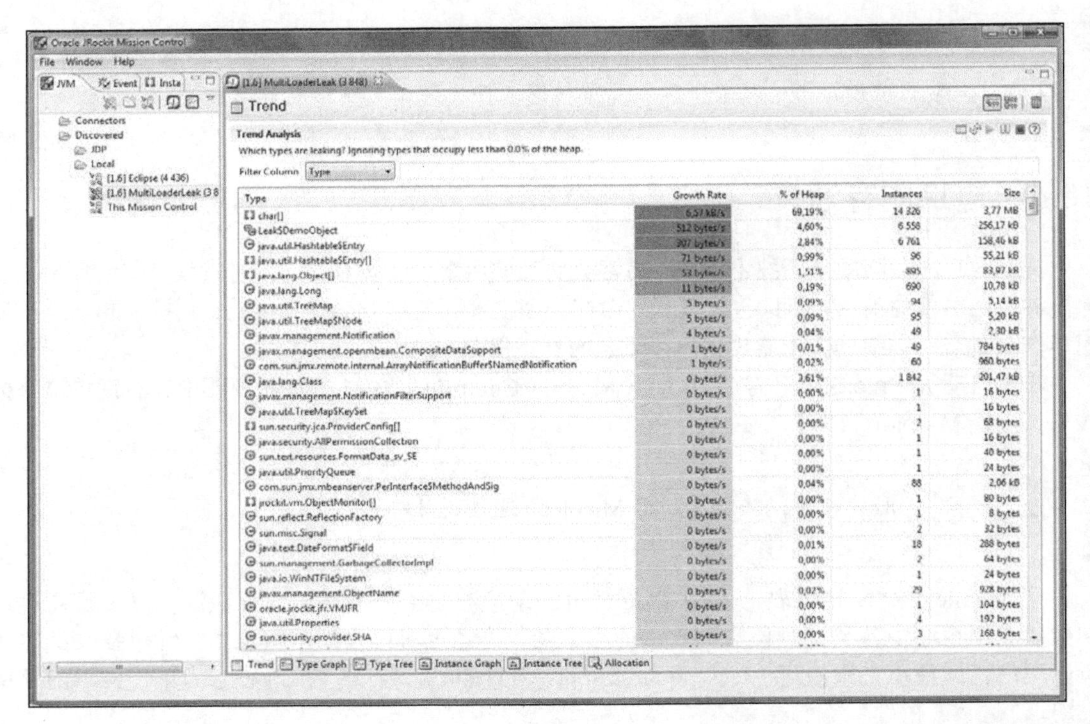

此外，Leak$DemoObject 和 Hashtable 类型的实例也正发生内存泄漏，只不过严重程度稍低而已。

总体来看，内存泄漏的速率为 7.5 KB/s。

```
(6.57*1,024+512+307+71+53+11)/1,024 ≈ 7.5
```

JVM 堆的最大值为 256 MB，已使用的存活对象集为 20 MB（该数值可以在 Management Console 中查到）。

```
(256 - 20) *1,024 / 7.5 ≈ 32,222 seconds ≈ 537 minutes ≈ 22 hours
```

照此下去，在 22 小时后，应用程序就会因 OutOfMemoryError 错误而崩溃。

看来还有一段时间可用来查找内存泄漏的根源。右键点击趋势表中的字符数组，选择 Add to Type Graph 菜单。

这样，就会将字符数组类型加入**类型图**标签页，并自动切换到该标签页。类型图标签页并不显示类型的继承关系图，而是显示实例之间的引用关系图，并且只会显示被选中的类型的实例。

点击类型名左侧的绿色加号，会显示出有哪些类型包含指向该类型的引用，称为**扩展节点**（expanding the node）。每次点击类型名左侧的加号都会扩展出其他几个节点，其中包括了泄漏内存最多的类型。

与趋势表类似，在**类型图**中，增长过快的类型也以深红色表示。

在这个示例中，若想找出到底是哪些对象引用了字符数组，则需要展开字符数组节点。

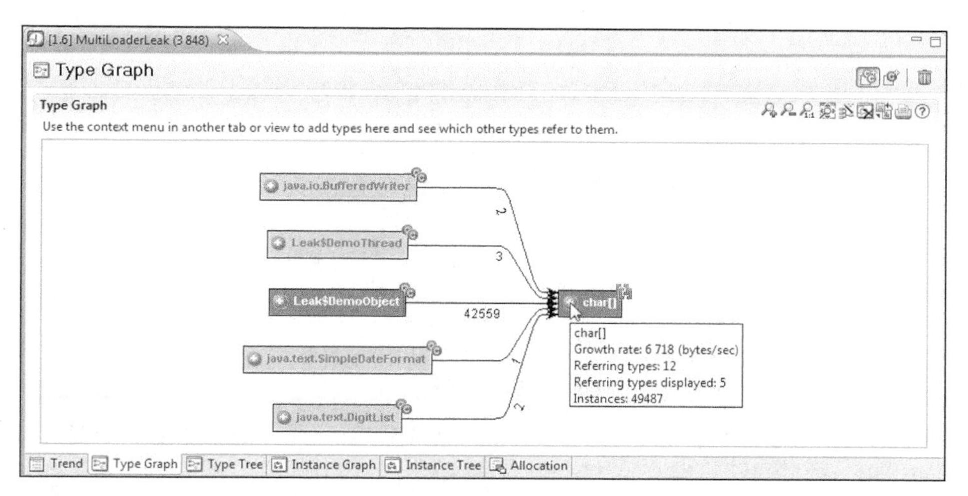

展开字符数组后，只有一种类型是疑似内存泄漏的，即 `Leak` 类的内部类 `DemoObject`。

继续展开 `Leak$DemoObject` 类及其展开的子类型，直到发现应用程序可能在滥用 `Hashtable` 类。

接下来，需要找出到底是哪个 `Hashtable` 对象被误用了。这有多种实现方法。在本例中，由于基本确定了 `Leak$DemoObject` 发生了内存泄漏，只需要列出有哪些 `Hashtable$Entry` 类的实例指向 `Leak$DemoObject` 实例即可。

> Java 中的内部类（例如 `Hashtable` 类中的 `Entry` 类）在字节码中是以 `OuterClass$InnerClass` 这种格式命名的，在分析工具中显示的就是这种格式的类名，在本例中是 `Hashtable$Entry` 和 `Leak$DemoObject`。这是因为 Sun 公司在为 Java 语言引入内部类的时候，并不想修改 JVM 规范，因此就在类型名上做了调整。

若想列出具有特殊关联关系的实例，只需右键点击关联关系，选择 List Referring Instances 菜单即可。

这样，就会在 Memleak 编辑器左侧打开**实例视图**（instance view），在其中列出指向 `Leak$DemoObject` 实例的 `Hashtable$Entry` 实例。右键点击其中某个实例，选择 Add to Instance Graph 菜单，可以将该实例添加到对象图中。这时会显示出一个类似于**类型图**的图像，只不过其内容是各个实例之间的引用关系。

在有了 Instance Graph 之后，接下来就是要找出到底是哪些对象引用了这些无用实例。在之前版本的 Memleak 中，这并不容易，尤其是当对象的引用关系非常复杂时，那简直是一场灾难。到 JRockit Mission Control 4.0.0 时，就可以通过可选菜单来使 JRockit 自动查找某个对象到**根引用**（root referrer）的完整路径了。只需右键单击目标实例，选择 Expand to Root 菜单，即可显示出对该实例的完整引用路径。如下图所示。

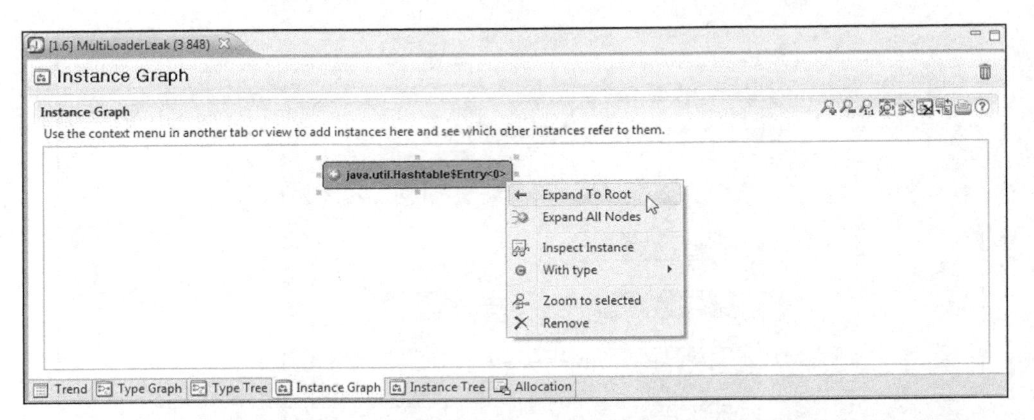

正如截图所示，在展开的节点中可以看到，有一个名为 `Main Thread` 的线程持有对 `Hashtable` 类的实例的引用。

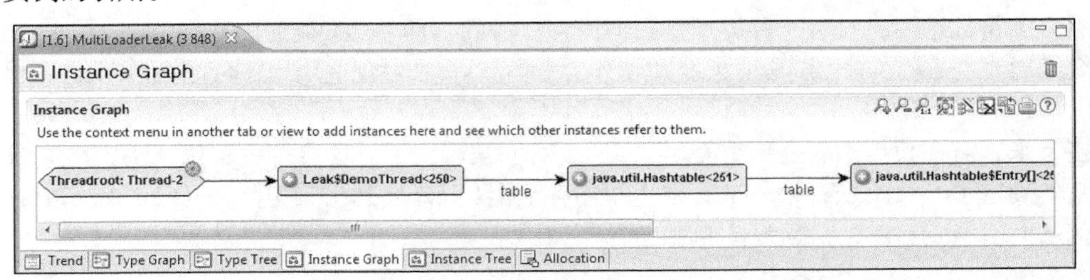

当通过 Eclipse 运行 JRockit Mission Control 时，可以右键单击 `Leak$DemoObject` 对象，从上下文菜单中选择 **View Type Source** 菜单来查看相应的代码。在本例中，代码如下：

```
for (int i = 0; i <= 100; i++) {
  put(total + i);
}

for (int i = 0; i < 100; i++) {
  remove(total + i);
}
```

在这两个循环中，`remove` 方法所移除的对象少于 `put` 方法所加入的对象，从而造成了内存泄漏。

本章中所使用到的示例应用程序可以在随书代码中找到。

总结一下，追查内存泄漏问题有以下 4 个要点。

(1) 找到那些被泄漏的实例。

(2) 找出这些对象的引用路径。

(3) 剔除造成内存泄漏的引用关系。

(4) 如果还有内存泄漏的话，从 (1) 开始再来一遍。

当然，要找出那些被泄漏的实例并非易事。方法之一就是只追查处于特殊引用关系的实例。在上面的示例中，就是只追查被 `DemoObject` 类所引用的字符数组。特别需要注意的是泄漏对象和非泄漏对象之间的引用关系。在之前示例的**类型图**中，在展开 `Hastable$Entry` 节点后可以看到对象的增长率其实很正常，因此内存泄漏很有可能是误用 `Hashtable` 导致的。

集合类很容易被误用，进而造成内存泄漏。很多集合类是以数组实现的，如果不能正确评估使用场景，则很有可能会使数组变得越来越大。因此，另一个查找内存泄漏的方法就是列出系统中占用内存最大的数组，例如右键单击 `Hashtable$Entry` 数组，选择 **List Largest Arrays** 菜单即可。

如果这两种方式都没有用，那么就只能等应用程序再多运行一段时间来判断了，随着应用程序的运行，会有更多的内存被无法释放的对象消耗掉。

占用内存最大的两个 `HashTable$Entry` 类的实例，就是内存泄漏的根源。将其中的一个添加到 **Instance Graph**，并展开其引用路径，可以看到 `Leak$DemoThread` 类的 `table` 属性指向了 `Hashtable` 类的实例。

与类载入器相关的信息

在下面的示例中，共有 3 个类载入器来运行两段几乎完全一样的代码，执行结果是，1 个运行正常，2 个内存泄漏。这个例子用于说明同一个应用程序的不同版本在运行时会有什么区别。像 JRockit Mission Control 套件中的其他工具一样，充分挖掘 Memleak 中展示图表的内容，可以收获很多有用的信息。例如，通过**表设置**中的配置，可以看到类载入器的相关信息。如下图所示。

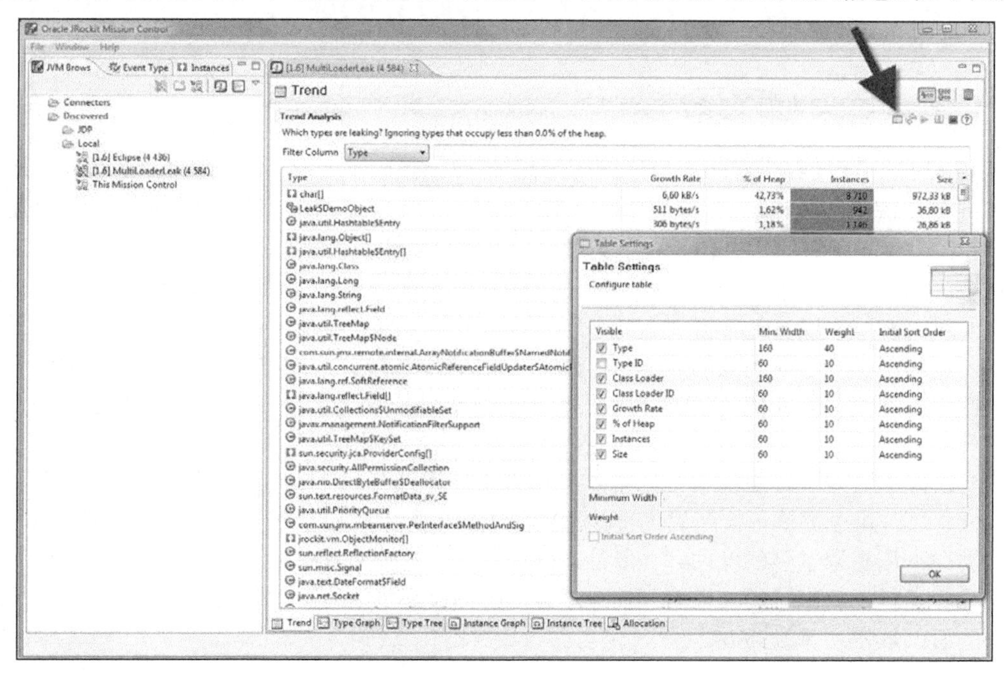

默认情况下，Memleak 是在一行中显示某个类的汇总信息。若想区别显示不同类加载器下类的汇总信息，点击 Individually show each loaded class 按钮即可，就在刷新按钮的旁边。

在下图中，列出了类名中含有 `Demo` 字符串的类，涉及 3 种不同的类载入器，其中的 2 种很有可能出现了内存泄漏。

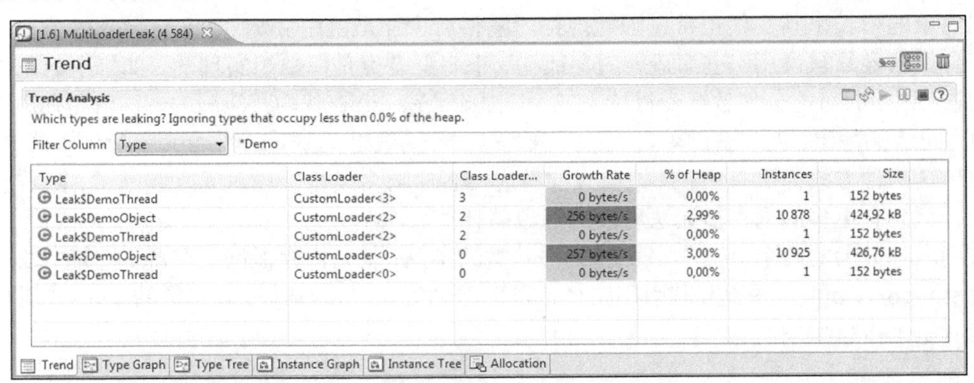

在**类型图**中也可以按照类载入器分开展示，只需点击右上角的 Use a separate node for each loaded class 按钮即可。分开之后，会按照不同的类载入器分别显示引用了字符数组的类型，其中类名后括号内的数字就是类载入器 ID。

此外，点击右上角的 Combine classes with same class name 按钮，可以切换回只针对类的汇总信息。在显示样式的切换时，并不会改变当前可见节点的任何状态，只会对还未展开的节点产生影响。

10.5　交互式追踪内存泄漏

Memleak 还可以用来验证应用程序中的内存管理是否运转正常，例如验证“从联系人列表中移除了所有 `Contact` 对象后，系统中已经就不存在 `Contact` 对象了”。Memleak 可以交互式运行，在查找内存泄漏时非常有用，对于交互式应用程序来说更是如此，免除了将堆转储到本地文件的麻烦。只要小心仔细些，并了解相应的系统知识，排查内存泄漏问题就会轻松愉快。

假设现在有一个以 Swing 开发的地址簿应用程序，主类是 `AddressBook`，其中包含了几个内部类，例如用于表示联系人的 `AddressBook$Contact` 类，可以对地址簿执行添加或删除联系人的操作。现在，来验证一下该应用程序中 `AddressBook$Contact` 类的实例是否存在内存泄漏。

正常情况下，Memleak 只会显示那些堆内存使用率达到 0.1%以上的类型，否则要显示出的数据就太多了。对于那些不会引发内存泄漏的类型，不必太关心，随着应用程序的不断运行，有问题的类会占用越来越多的堆内存。但是，很多时候，被泄漏的内存只会占用一小部分内存，等到应用程序运行了相当长的一段时间后，才会变得明显起来。为了更好地检测内存泄漏，可以将可报告的最低堆使用率设为 0。

然后过滤出那些想要测试的类，观察其在应用程序中的行为变化。

在第 7 章中曾经介绍过，JRockit Mission Control 中的过滤框可以通过添加 `regexp` 前缀来输入正则表达式。

在下图中可以看到，从 `AddressBook` 中移除了 3 个地址，但 `Contact` 实例的数量却没有发生变化。

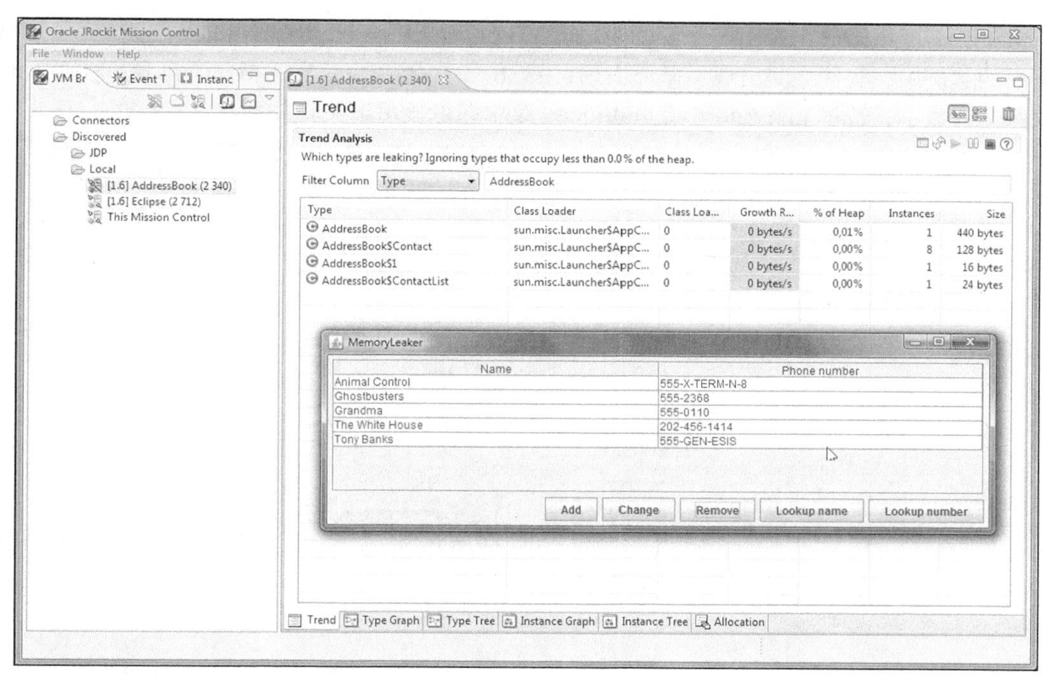

移除对象后，`AddressBook$Contact` 实例的数量却没有变化，说明确实发生了内存泄漏。

若希望 Memleak 能及时显示出堆内存的变化，可以将趋势表的刷新间隔调低。

由于所有的 `Contact` 实例都没有被回收掉，追踪其中任意一个就可以了。在趋势表的上下文菜单中点击 List all instances，然后将所有列出的实例添加到 Instance Graph，在示例中，对象到根引用的路径显示了对象之间是通过名为 `numberToContact` 的索引映射关联起来的。该应用程序的开发者应该会对这个数据结构比较熟悉，知道该去哪里找到这个数据结构。如果我们确保从索引映射和联系人列表中移除 `Contact` 对象，那么内存泄露的问题应该就不复存在了。

内存泄漏的交互式测试主要包括以下几点。

(1) 建立一个假设，例如“关闭 Eclipse PHP Editor 后，则编辑器实例以及与其关联的实例都应该被回收掉了”。

(2) 在趋势表中过滤出目标类型。

(3) 观察其在应用程序中的行为变化。

(4) 如果发生了内存泄漏，可以通过对象的引用路径来定位内存泄漏的源头。

10.6　通用堆分析器

Memleak 还可以作为通用堆分析器使用。在 Type 面板中会显示出堆中的类之间的引用关系。在下面的示例中，实例之间出现了循环引用，`Hashtable$Entry` 实例指向了自身，右键单击引用关系上的数字，选择 List referring instances 菜单即可显示出关联关系。

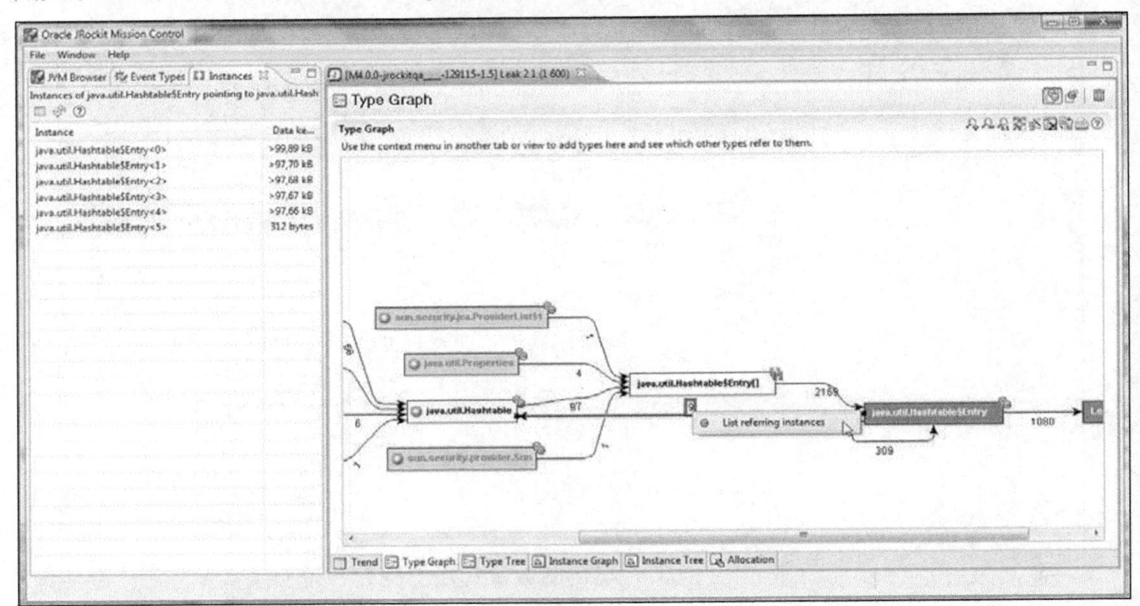

经过几次点击后，就可以找出系统中到底有哪些 `Hashtable` 实例指向了自身，还可以找出他们在系统的准确位置。选择某个实例，将其添加到 Instance Graph，并追踪器其引用路径，于是可以发现在 `com.sun.jmx.mbeanserver.RepositorySupport` 类中用到了该实例。当然，将 `Hashtable` 指向 `Hashtable` 本身并没有错，这里只是作为示例讲解一下而已。

> 上面的示例需要使用 JDK 1.5 才能看到，到 JDK 1.6 时，就已经改掉了这种设计。

使用 Memleak 可以审查系统中的任何实例，接下来会审查 `com.sun.jmx.mbeanserver.RepositorySupport` 类，看一下它是否真的需要使用 `Hashtable` 实例。

10.7 追踪内存分配

接下来要介绍本书中有关 Memleak 的最后一个特性，即跟踪指定类型的内存分配。以之前的示例来说，就是找出 `Leak$DemoObject` 实例都是在哪里分配的。右键点击目标类型，选择 Trace Allocations 菜单，然后 Memleak 会将导致内存泄漏的目标代码附近的方法调用列出来。

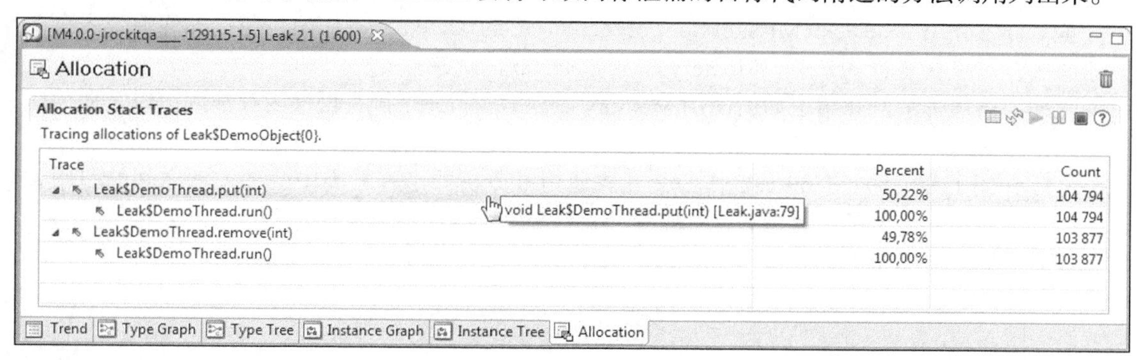

从上面的截图中可以看到，`put` 方法调用次数多于 `remove` 方法。如果是在 Eclipse 中运行 Memleak 的话，右键点击相应的栈帧，选择 Open Method 菜单就可以直接跳转到目标代码处了。

针对某个类的内存分配追踪只能启用一次。

> 注意：针对某些类启用内存分配追踪可能会引入较大的性能开销。例如，因为 `java.lang.String` 类的使用非常频繁，追踪它的内存分配显然不太理智。

10.8 问题排查

如果 Memleak 连接不上 JVM 的话，可能是因为 Memleak 需要使用一个额外的端口。与其他 JRockit Mission Control 中的工具不同，Memleak 并非仅仅依赖于 JMX 来完成工作，还需要一个运行在 JVM 内部的 MLS（MemLeak server）。

启动 Memleak 时，会通过 JMX 来发送请求，然后 MLS 会启动并返回一个用于通信的端口。在启动之后，客户端就不再使用 JMX 了，而是使用私有协议 MLP（memory leak protocol）和返回的端口来通信。

MLS 是内建于 JRockit 中的本地服务器，原本是希望可以在 Java 堆之外运行 MLS，以便在 JVM 在发生 `OutOfMemoryError` 错误时启动 MLS，有点像发生 `OutOfMemoryError` 错误时就执行堆转储。原本是想在 JVM 加入一个特殊的标记位来实现挂起 JVM 并启动 MLS 的，但可惜的是，这一点一直都没有实现。

在 JRockit Mission Control 中可以设置 MLS 所使用的具体端口。

此外，还需要注意的是：

- 任意时间，只能有一个客户端连接到 MLS；
- 当客户端断开时，MLS 会自动关闭。

10.9　小结

本章详细介绍了 JRockit Mission Control Memory Leak Detector 的用法，包括如何追查内存泄漏的源头，以及在各种场景下，Memory Leak Detector 的优缺点。

此外，还通过示例介绍了如何使用 Memory Leak Detector 来排查慢性内存泄漏，以及如何交互式地使用 Memleak 进行内存泄漏方面的测试。

之后介绍了如何将 MemLeak 作为交互式通用堆分析器来查看堆中两种类型之间的引用关系，以及审查堆中实例的具体内容。

最后，简单介绍了如何解决与 Memleak 相关的常见问题。

第 11 章 JRCMD

本章将详细介绍 JRockit 发行版中最简单的工具 JRCMD。JRCMD 是个命令行工具，可以列出系统上正在运行的所有 JRockit JVM，并与其中的某个实例交互，执行相关操作。

本章主要内容如下。

- 如何使用 JRCMD 列出系统上所有正在运行的 JVM 实例；
- 如何使用 JRCMD 在运行中的 JVM 上执行诊断指令；
- 如何覆盖 JRockit JVM 中对 `SIGQUIT` 信号的默认处理操作；
- 如何使用 JRCMD 完成如下任务：
    - 堆分析
    - 异常分析
    - 追踪本地内存
    - 控制 Management Server 的生命周期
    - 通过命令行控制 JFR

11.4 节是 JRCMD 的参考文档，按字母表顺序列出了 JRCMD 中的诊断指令，并辅以相应的示例。

11.1 简介

有时候，使用命令行工具才是最适当的，例如对 JVM 执行一些批处理命令，又或者受操作环境限制，只能通过 SSH 执行有限的命令。总体来说，JRCMD 这款小巧而强大的工具非常适合给运行在本地的 JRockit JVM 发送相关指令。

直接运行 JRCMD，不附带任何参数的话，会列出当前系统中正在运行的 JVM，显示结果包括系统进程 ID（process ID，PID）和启动 Java 应用程序的主类，如下所示。

```
C:\>JROCKIT_HOME\bin\jrcmd
2416 com.jrockit.mc.rcp.start.MCMain
19344 jrockit.tools.jrcmd.JrCmd
```

在上面的示例中，列出了两个当前正在运行的 JVM 实例，分别是 JRockit Mission Control 和 JRCMD 自身。

若想给 JVM 发送指令，则可以将进程号作为第一个参数传给 JRCMD。若是将 0 作为 PID 传给 JRCMD 的话，则 JRCMD 会在它所能找到的所有正在运行的 JVM 上执行目标命令。由于系统中可能同时运行了多个版本的 JRockit JVM，而且其所支持的命令集合也未必相同，以 0 作为 PID 时，某些命令可能无法起效。因此，一般情况下会对指定的 PID 发送命令。另外需要注意的是，依据不同的命令行参数和配置选项，即便是相同版本的 JRockit JVM，也可能会支持不同的命令集合。

若想查看目标 JRockit 实例所支持的命令列表，可以使用 JRCMD 的 help 命令，如下所示：

```
C:\>JROCKIT_HOME\bin\jrcmd 2416 help
2416:
The following commands are available:
        kill_management_server
        start_management_server
        print_object_summary
        memleakserver
        ...
For more information about a specific command use 'help <command>'.
Parameters to commands are optional unless otherwise stated.
```

在后续的示例中，会假设已经将$JROCKIT_HOME/bin 目录添加到操作系统的 PATH 变量中。

JRCMD 支持的命令一般被称为 JRockit Diagnostic Commands，可以通过 JRockit Management API（JMAPI）或自定义 JRockit JMX MBeans（JMXMAPI）来访问。

诊断命令有多种使用方法，JMAPI 和 JMXMAPI 可以在 Java 中以编程的方式调用，第 12 章中会对此做详细介绍。

11.2 覆盖 SIGQUIT 信号处理句柄

通过 JRCMD 的诊断命令可以覆盖 JVM 对 SIGQUIT 信号的处理过程。在第 4 章中曾经介绍过，默认情况下，JVM 在接收到 SIGQUIT 信号时会执行线程转储，将包含线程状态的调用栈信息打印到控制台。在 Windows 系统中，可以通过 Ctrl＋Break 组合键发送 SIGQUIT 信号；在 Linux 系统中，则是 Ctrl＋\组合键来实现；在类 Unix 系统中，通过命令 kill -3 <PID>或 kill -QUIT <PID>来向指定进程发送 SIGQUIT 信号。

想要覆盖 JRockit JVM 对 SIGQUIT 信号的默认处理方式，可以新建一个名为 ctrlhandler.act 的文件，把所要执行的 JRCMD 命令序列写入到该文件中，将该文件存放到$JROCKIT_HOME/lib 目录或 JVM 进程的当前目录下即可。如下所示：

```
version
print_threads
print_object_summary
```

也可以使用命令行参数-f 来为 JRCMD 指定 ctrlhandler.act 文件的位置，在其中指定所要执行的命令。

诊断命令最初的含义就是**退出信号处理程序**（control break handler）。

下面的示例展示了如何通过-f 参数为 JRCMD 指定所要执行的命令：

```
C:\>jrcmd 7736 -f c:\tmp\ctrlhandler.act
7736:
Oracle JRockit(R) build R28.0.0-670-129329-1.6.0_17
  -20100219-2122-windows-ia32,
compiled mode
GC mode: Garbage collection optimized for short pausetimes,
  strategy: genconcon

===== FULL THREAD DUMP ===============
Mon Mar 01 15:53:40 2010
Oracle JRockit(R) R28.0.0-670-129329-1.6.0_17-20100219-2122-windows-ia32

"Main Thread" id=1 idx=0x4 tid=7420 prio=6 alive, in native
  at org/eclipse/swt/internal/win32/OS.WaitMessage()Z(Native Method)
  at org/eclipse/swt/widgets/Display.sleep(Display.java:4220)
  at org/eclipse/ui/application/WorkbenchAdvisor.eventLoopIdle
    (WorkbenchAdviso
r.java:364)
  at org/eclipse/ui/internal/Workbench.runEventLoop(Workbench.java:2385)
  at org/eclipse/ui/internal/Workbench.runUI(Workbench.java:2348)

  -- end of trace

===== END OF THREAD DUMP ===============

--------- Detailed Heap Statistics: ---------
39.1% 8232k    140800   +8232k [C
13.5% 2840k    121192   +2840k java/lang/String
10.1% 2135k      2933   +2135k [Ljava/util/HashMap$Entry;
 5.5% 1161k     49568   +1161k java/util/HashMap$Entry
 4.2%  889k      8136    +889k java/lang/Class
 4.1%  869k     18430    +869k [I
 4.0%  841k     15322    +841k [Ljava/lang/Object;
 2.0%  414k       299    +414k [B
 1.3%  281k     12015    +281k java/util/ArrayList
 1.2%  256k      4698    +256k org/eclipse/core/internal
    /registry/ReferenceMap$Soft
Ref
 1.1%  241k      1843    +241k [[C
 0.6%  136k      2907    +136k java/util/HashMap
 0.6%  130k       275    +130k [Ljava/util/Hashtable$Entry;
 0.6%  116k      2407    +116k [Ljava/lang/String;
    21054kB total ---

--------- End of Detailed Heap Statistics ---
```

特殊命令

默认情况下，有些诊断命令是无法使用的，例如无法强制 JRockit JVM 崩溃做核心转储，或是创建并启动一个新的线程。为安全起见，这些命令默认是被禁用的，必须在启动 JRockit JVM 时通过命令行参数来显式启用。

使用 `jrockit.ctrlbreak.enable<command>=[true|false]`格式的参数可以显式地启用指定的命令，例如：

```
-Djrockit.ctrlbreak.enableforce_crash=true
-Djrockit.ctrlbreak.enablerun_class=true
```

11.3 JRCMD 的限制

JDK 中的 tools.jar 包中包含了可以动态连接到正在运行的 JVM 的 Attach API。JRockit Mission Control 使用 Attach API 来检测本地系统中正在运行的 JVM，以及调用相关的诊断命令。

启动 JVM 时，会在系统变量所指定的临时目录中创建进程说明文件。JRCMD 使用这些文件和 Attach API 来查找当前用户所运行的 JVM 实例。为了安全起见，Attach API 依赖于文件系统对进程说明文件的访问权限的控制，也就是说，如果临时目录位于一个不安全的文件系统（例如 FAT），则 JRCMD 就无法正常工作。另外，安全限制还要求，JRCMD 的用户和 JVM 进程的启动者必须是同一人，于是造成的一个问题是，在 Windows 系统上，若将 Java 程序设定为系统服务，则无法通过 JRCMD 访问到该进程。

如果以 root 用户启动 JRockit 进程，而后又将自身降为低权限用户，则由于安全策略的限制，JRCMD 无法连接到之前启动的 Java 进程。使用 root 账户可以列出 JVM 进程，但以 root 账户发送的任何诊断命令都会被解释为 `SIGQUIT` 信号，并打印线程转储信息。低权限用户无法列出 JVM 进程，但如果知晓目标 JVM 进程号，则依然可以向其发送诊断命令。

本章会详细介绍常用的诊断命令。

11.4 JRCMD 命令参考

为便于使用，本节中的命令按字母顺序编排，若该命令只在 JRockit R27 或 R28 的某个版本得到支持，则会在标题旁注明版本信息，否则表示这两个版本均支持该命令。

11.4.1 `check_flightrecording`（R28）

在 JRockit R27 中，与该命令相对应的是 `checkjrarecording`。该命令用于检查 JFR 引擎的状态，更多有关 JFR 的内容，请参见第 8 章和第 9 章。一般情况下，该命令至少会返回一条当前正在进行的记录任务，因为大部分版本的 R28 在运行的时候都会开启一个低消耗的记录任务。由于 JRockit JVM 中可能同时存在多个正在执行的记录任务，可以为该命令指定一个任务 ID，以便获取目标任务的执行状态。如果不指定参数，或者参数值为-1，则会返回所有正在执行的任务的状态。除了指定任务ID外，还可以通过参数name来指定记录任务的名字。如果是持续型记录任务，可以将参数name设置为continuous来查找。

例如：

```
C:\>jrcmd 6328 check_flightrecording name=continuous verbose=true
6328:
Recording : id=0 name="continuous" duration=0s (running)
http://www.oracle.com/jrockit/jvm/:
java/alloc/accumulated/thread : disabled period=1000
java/alloc/accumulated/total : enabled period=0
java/alloc/object/in_new_tla : disabled threshold=10000000
java/alloc/object/outside_tla : disabled threshold=10000000
java/exception/stats : enabled period=1000
java/exception/throw : disabled period=1000
java/file/read : disabled threshold=10000000
java/file/write : disabled threshold=10000000
java/monitor/enter : disabled threshold=10000000
java/monitor/profile : disabled period=1000
java/monitor/wait : disabled threshold=10000000
java/socket/read : disabled threshold=10000000
java/socket/write : disabled threshold=10000000
java/thread/end : enabled period=0
java/thread/park : disabled threshold=10000000
java/thread/sleep : disabled threshold=10000000
java/thread/start : enabled period=0
vm/class/load : disabled threshold=10000000
vm/class/memory/free : enabled threshold=0
```

如果将参数verbose的值设为false,则只会简单列出记录任务的id、name和duration；而设为true后，则会像示例一样，列出记录任务的事件生成器，以及每个事件生成器的事件类型。上面的示例中列出了活动的持续型记录，其ID为0。

参见命令start_flightrecording、stop_flightrecording和dump_flightrecording的说明。

11.4.2 checkjrarecording（R27）

该命令通常与startjrarecording命令一起使用，用于检查JRockit JVM中是否已经存在正在执行中的记录任务。若是JRA中已经有记录任务正在执行，则会列出该任务的设置参数。下面的示例是启动JRA记录任务执行checkjrarecording命令9秒钟之后的结果：

```
C:\>jrcmd 5516 checkjrarecording
5516:
JRA is running a recording with the following options:
filename=D:\myrecording.jra, recordingtime=120s, methodsampling=1,
gcsampling=1, heapstats=1, nativesamples=0, methodtraces=1,
  sampletime=5,zip=1, hwsampling=0, delay=0s, tracedepth=64
  threaddump=1, threaddumpinterval=0s, latency=1,
```

```
  latencythreshold=20ms, cpusamples=1, cpusampleinterval=1s
The recording was started 9 seconds ago.
There are 111 seconds left of the recording.
```

上面示例中的记录任务是通过 startjrarecording 命令启动的。

参见命令 startjrarecording 和 stopjrarecording 的说明。

11.4.3 command_line

有时候，需要检查 JRockit JVM 的启动设置。比如，当 JVM 的垃圾回收器行为比较奇怪时，可以使用该命令来检查相关的参数配置，又或者使用该命令查看随 JVM 一起启动的管理代理的配置，例如 SSL 配置是否正确。

该命令会列出 JVM 的启动参数，只不过在这里列出的是实际传递给 JVM 的参数，可能包括那些用户隐式传给 JVM 的参数。如下所示：

```
C:\>jrcmd 2416 command_line
2416:
Command Line: -Denv.class.path=.;C:\Program Files\
  Java\jre6\lib\ext\QTJava.zip -Dapplication.home=C:\jrockits\R28.0.0_
  R28.0.0-547_1.6.0 -client -Djrockit.ctrlbreak.enableforce_crash=true
  -Dsun.java.launcher=SUN_STANDARD com.jrockit.mc.rcp.start.MCMain
  -Xmx512m -Xms64m -Xmanagement:port=4712,ssl=false,authenticate=false
```

11.4.4 dump_flightrecording（R28）

该命令用于在不中断记录任务的情况下，获取记录内容，因此可以获取持续性记录任务的内容。其基本实现是，克隆目标任务，暂停该克隆后的记录任务，再将之写入到硬盘中。对于大多数 R28 版本的 JRockit 来说，默认情况下执行该命令时都不会停止持续性记录任务。

例如：

```
C:\>jrcmd 7420 dump_flightrecording recording=0
  copy_to_file=my_continuous_snapshot.jfr.gz compress_copy=true
```

在上面的示例中，通过命令指示 JRCMD 对编号为 0 的记录任务转储，并将内容写入本地文件 my_continous_snapshot.jfr.gz。一般情况下，编号为 0 的是持续性记录任务，会一直在 JVM 中运行。当然，也可以通过参数 name 来指定要转储的记录任务，例如 name=continuous。设置参数 compress_copy 为 true 时，会将转储文件以 gzip 进行压缩。

参见命令 startjrarecording、stopjrarecording 和 check_flightrecording 命令的说明。

11.4.5 heap_diagnostics（R28）

heap_diagnostics 命令用于获取 JVM 中堆的详细信息，包括内存使用情况和引用对象使用情况等信息。执行该命令时，会触发一次 Full GC 来收集相关信息。该命令不接受其他参数。

输出信息包含 3 个部分。

第 1 部分是系统信息，包括可用内存总量和堆内存总量。如下所示：

```
C:\>jrcmd 7420 heap_diagnostics
7420:
Invoked from diagnosticcommand
======== BEGIN OF HEAPDIAGNOSTIC =======================

Total memory in system: 3706712064 bytes
Available physical memory in system: 1484275712 bytes
-Xmx (maximal heap size) is 1073741824 bytes
Heapsize: 65929216 bytes
Free heap-memory: 8571400 bytes
```

第 2 部分是 `Detailed Heap Statistics`，基本上与 `print_object_summary` 命令的输出相同，但不包含可选 points-to 信息。这里会列出系统中所有类型的相关信息，因此输出内容会很长。

- 第 1 列是当前类型的实例所占用的堆内存的百分比。
- 第 2 列是当前类型的实例所占用的堆内存的大小，单位为 KB。
- 第 3 列是当前类型的存活对象的数量。
- 第 4 列是自上一次调用 `heap_diagnostics` 命令后，当前类型的实例占用堆内存大小的变化值，单位为 KB。
- 第 5 列是类型名。在下面的示例中，大部分堆内存都被字符数组所占用。

```
--------- Detailed Heap Statistics: ---------
25.9% 3179k    37989     +0k [C
 9.6% 1178k     2210     +0k [I
 7.4%  912k    38943     +0k java/lang/String
 7.4%  906k      265     +0k [B
 6.2%  764k     6994     +0k java/lang/Class
...
     12257kB total ---

--------- End of Detailed Heap Statistics ---
```

第 3 部分是引用对象统计信息（reference object statistic），即引用对象使用情况的详细信息，例如**弱引用**。引用对象信息也是按照类型划分的，在每种类型下，都会按照对象所指向的类型分组列出，若是指向的是终结器，则按其声明类型分组。如下所示。

- 第 1 列是实例的数量。
- 第 2 列是处于可达状态的实例的数量。
- 第 3 列是处于不可达状态的实例的数量。
- 第 4 列是在之前存活，但在本轮 GC 中处于不可达状态的引用对象的数量。
- 第 5 列是在本轮 GC 之前，处于可达状态的引用对象的数量。如果引用对象被放入到引用队列中，则它们可能会在引用队列中待一段时间，直到被移出引用队列。
- 第 6 列是指向 `null` 实例的实例数量。

- 第 7 列是引用对象所指向的类型。

```
----- Reference Objects statistics separated per class -----
    Total Reach Act PrevAct Null
    ----- ----- --- ------- ----
Soft References:
      637    81   0       4  552 Total for all Soft References
java/lang/ref/SoftReference =>
      559     7   0       0  552 Total
      552     0   0       0  552 => null
        2     2   0       0    0 => [Ljava/lang/reflect/Constructor;
        1     1   0       0    0 =>

  org/eclipse/osgi/internal/baseadaptor/DefaultClassLoader
        1     1   0       0    0 => [Ljava/lang/String;
        1     1   0       0    0 => java/util/jar/Manifest
        1     1   0       0    0 => java/lang/StringCoding$StringDecoder
        1     1   0       0    0 => sun/font/FileFontStrike

java/util/ResourceBundle$BundleReference =>
       44    42   0       2    0 Total
       31    31   0       0    0 => java/util/ResourceBundle$1
       11    11   0       0    0 => java/util/PropertyResourceBundle
        2     0   0       2    0 => null

org/eclipse/core/internal/registry/ReferenceMap$SoftRef =>
       21    20   0       1    0 Total
       20    20   0       0    0 =>
   org/eclipse/osgi/framework/internal/core/BundleHost
        1     0   0       1    0 => null

sun/misc/SoftCache$ValueCell =>
        1     0   0       1    0 Total
        1     0   0       1    0 => null

Weak References:
     3084  2607   0     236  241 Total for all Weak References

java/lang/ref/WeakReference =>
     1704  1463   0       0  241 Total
      765   765   0       0    0 => java/lang/String
      330   330   0       0    0 => java/lang/Class
      241     0   0       0  241 => null

Phantom References:
        6     6   0       0    0 Total for all Phantom References

java/lang/ref/PhantomReference =>
        6     6   0       0    0 Total
        5     5   0       0    0 => java/lang/Object
        1     1   0       0    0 => sun/dc/pr/Rasterizer

Cleared Phantom:
        9     9   0       0    0 Total for all Cleared Phantom
```

```
jrockit/vm/ObjectMonitor =>
        9      9   0        0     0 Total
        2      2   0        0     0 =>
  org/eclipse/osgi/framework/eventmgr/EventManager$EventThread
        1      1   0        0     0 => java/util/TaskQueue

Finalizers:
      197    197   0        0     0 Total for all Finalizers
       88     88   0        0     0 => java/util/zip/ZipFile
       55     55   0        0     0 => java/util/zip/Inflater
       18     18   0        0     0 => java/awt/Font
       14     14   0        0     0 => java/lang/ClassLoader$NativeLibrary

Weak Handles:
    12309 12309   0        0     0 Total for all Weak Handles
     9476  9476   0        0     0 =>
  org/eclipse/osgi/internal/baseadaptor/DefaultClassLoader
     1850  1850   0        0     0 => java/lang/String

Soft reachable referents not used for at least 198.332 s cleared.
4 SoftReferences were soft alive but not reachable
  (when found by the GC),
  0 were both soft alive and reachable, and 633 were not soft alive.
----- End of Reference Objects statistics -----
======== END OF HEAPDIAGNOSTIC ==========================
```

从这个示例中可以看到，大部分弱引用对象都指向 `String` 类的实例。弱引用对象是指由 `java.lang.ref.WeakReference` 实例引用的对象。在示例中系统中，共有 3084 个弱引用，其中 2067 个处于可达状态。另外，在示例中可以看到，软引用对象指向的对象至少存活了 198 秒。

对于粗粒度的对象引用分析和堆使用率分析来说，`heap_diagnostics` 命令是非常有用的。当然，使用 JFR 或 Memleak Tool 可以更简便地实现同样功能。

参见 `print_object_summary` 命令的说明。

11.4.6 hprofdump（R28）

有时候，需要将堆内存转储到本地文件以便做离线分析。到 JRockit R28 版本时，JRockit 可以生成 HPROF 格式的堆转储文件，这样就可以使用其他支持 HPROF 格式的工具（例如 Eclipse memory analyzer tool，MAT）做离线分析了。

使用方式如下所示：

```
C:\>jrcmd 7772 hprofdump filename=mydump.hprof
  segment_threshold=2G segment_size=1G
7772:
Wrote dump to mydump.hprof
```

使用参数 `segment_threshold` 和 `segment_size` 可以将转储文件分割为几个较小的文件。在上面的示例中，当 JVM 堆超过 2 GB 时，会以 1 GB 为大小分割为多个转储文件。

注意，只有在工具支持 Java PROFILE 1.0.2 HPROF 格式的转储文件时，才能使用参数 segment_threshold 和 segment_size。

生成的转储文件会放到 JROCKIT_HOME 目录下，如果不指定文件名的话，会以时间戳来命名文件，如下所示：

```
C:\>jrcmd 7772 hprofdump
7772:
Wrote dump to heapdump_Tue_Sep_22_19_09_16_2009
```

参见命令 memleakserver 和 oom_diagnostics。

11.4.7 kill_management_server

该命令用于关闭外部管理服务器（external management server）。曾经，因为存在一些问题，导致以 stop 开头的命令会终止对 ctrlhandler.act 文件的解析，于是就没有将关闭管理服务器的命令命名为 stop_management_server。

使用该命令时无须添加额外的参数，如下所示：

```
C:\>jrcmd 7772 kill_management_server
7772:
```

参见 start_management_server 命令。

11.4.8 list_vmflags（R28）

某些 JVM 参数可以通过类似-XX:<Flag>=<value>的形式来设置。在第 1 章中曾经介绍过，这里的参数称为 VM 参数（VM flag），可以通过命令 list_vmflags 列出这些参数。

如下所示：

```
C:\>jrcmd 7772 list_vmflags describe=true alias=true

Global:
  UnlockDiagnosticVMOptions = false (default, writeable)
    - Enable processing of flags relating to field diagnostics
  UnlockInternalVMOptions = false (default)
    - Enable processing of internal, unsupported flags
Class:
  FailOverToOldVerifier = true (default, writeable)
    - Fail over to old verifier when split verifier fails
  UseVerifierClassCache = true (default)
    - Try to cache java.lang.Class lookups for old verifier.
  UseClassGC = true (default)
    (Alias: -Xnoclassgc)
    - Allow GC of Java classes
...
Threads:
```

```
UseThreadPriorities = false (default)
  - Use native thread priorities
DeferThrSuspendLoopCount = 4000 (default, writeable)
  - Number of iterations in safepoint loop until we try blocking
```

...

由于 VM 参数非常多，上面的示例中只列出了其中的一部分。其中某些 VM 参数可以在运行过程中通过 set_vmflag 命令动态设置，而另外一些则只能在启动时设置。

对于经验丰富的用户来说，可以在启动 JVM 时，设置参数-XX:UnlockInternalVMOptions=true 以开启对 JVM 内部参数的访问。不过，风险自负。

参见 set_vmflag 命令。

11.4.9 lockprofile_print

只有当 JVM 开启了锁分析（使用 JVM 参数-XX:UseLockProfiling=true 和-XX:UseNativeLockProfiling=true，参见第 4 章的相关内容）时，该命令才会生效，它会打印出锁分析的相关内容。

```
C:\>jrcmd 1442 lockprofile_print
1442:
Class, Lazy Banned, Thin Uncontended, Thin Contended, Lazy Reservation,
  Lazy lock, Lazy Reverted, Lazy Coop-Reverted, Thin Recursive, Fat
  Uncontended, Fat Contended, Fat Recursive, Fat Contended Sleep,
  Reserve Bit Uncontended, Reserve Bit Contended
[B, false, 0, 0, 1, 0, 0, 0, 0, 0, 0, 0, 0, 0, 0
java/lang/Thread, false, 11, 0, 3, 0, 0, 0, 0, 0, 0, 0, 0, 0, 0
java/security/Permissions, false, 0, 0, 2, 2, 0, 0, 0, 0, 0, 0, 0, 0, 0
java/util/Hashtable, false, 0, 0, 34, 524, 1, 0, 0, 0, 0, 0, 0, 0, 0
java/lang/Class, false, 0, 0, 24, 77, 2, 0, 0, 0, 0, 0, 0, 0, 0
java/lang/Object, false, 1, 0, 11, 139572, 1, 0, 0, 1, 0, 0, 0, 6, 0
java/lang/StringBuffer, false, 0, 0, 137, 773, 0, 0, 0, 0, 0, 0, 0, 0, 0
sun/nio/cs/StandardCharsets,
 .false, 0, 0, 1, 0, 0, 0, 0, 0, 0, 0, 0, 0, 0
java/util/Properties, false, 0, 0, 5, 479, 0, 0, 0, 0, 0, 0, 0, 0, 0
java/lang/ThreadGroup, false, 0, 0, 3, 16, 1, 0, 0, 0, 0, 0, 0, 0, 0
java/lang/ref/Reference$ReferenceHandler,
  false, 0, 0, 1, 0, 0, 0, 0, 0, 0, 0, 0, 0, 0
sun/security/provider/Sun,
  false, 0, 0, 39, 5589, 0, 0, 0, 0, 0, 0, 0, 0, 0
java/io/PrintStream, false, 0, 0, 7, 7818, 0, 0, 0, 0, 0, 0, 0, 0, 0
java/net/URL, false, 0, 0, 70, 68, 0, 0, 0, 0, 0, 0, 0, 0, 0
java/io/ByteArrayInputStream,
  false, 0, 0, 47, 1115, 0, 0, 0, 0, 0, 0, 0, 0, 0
java/util/logging/Logger, false, 0, 0, 2, 18, 0, 0, 0, 0, 0, 0, 0, 0, 0
jrockit/vm/CharBufferThreadLocal,
  false, 0, 0, 2, 0, 1, 0, 0, 0, 0, 0, 0, 0, 0
java/security/Provider$Service,
```

```
  false, 0, 0, 1, 0, 0, 0, 0, 0, 0, 0, 0, 0, 0
java/lang/Runtime, false, 0, 0, 1, 0, 0, 0, 0, 0, 0, 0, 0, 0, 0
java/lang/reflect/Field, false, 0, 0, 8, 8, 0, 0, 0, 0, 0, 0, 0, 0, 0
java/util/Random, false, 0, 0, 6, 18556549, 1, 0, 0, 0, 0, 0, 0, 0, 0
```

参见 lockprofile_reset 命令。

11.4.10 lockprofile_reset

只有当 JVM 开启了锁分析（使用 JVM 参数 -XX:UseLockProfiling=true 和 -XX:UseNativeLockProfiling=true，参见第 4 章的相关内容）时，该命令才会生效，它会重置当前锁分析计数器的值为 0。

参见 lockprofile_print 命令。

11.4.11 memleakserver

该命令用于启动和关闭 Memory Leak Server（MLS）。JRockit Meomory Leak Detector 使用 MLS 作为本地服务器来通信。正常情况下，MLS 会通过 JMX 自行启动，但某些情况下，不得不手动开启 MLS。例如，可能只想启动 MLS，而不启动 JMX 代理，此时就可以使用 memleakserver 命令来控制 MLS 的生命周期，其就像一个开关一样，再执行一次就可以关闭 MLS。

下面的命令在开启 MLS 时，指定端口为 7899：

```
C:\>jrcmd 5516 memleakserver port=7899
5516:
Memleak started at port 7899.
```

再执行一次，MLS 就会关闭：

```
C:\>jrcmd 5516 memleakserver port=7899
5516:
```

关闭 MLS 时不会输出相关内容。

参见 hprofdump 命令。

11.4.12 oom_diagnostics（R27）

该命令是 JRockit R28 版本中 heap_diagnostics 命令的别名。

参见 heap_diagnostics。

11.4.13 print_class_summary

有时候，需要查看 JVM 是否载入了某个类。例如，某个 SPI 框架使用了动态类载入功能，当它执行失败时，需要查找出某些类是否已经被载入过了。其中一种方案是转储出所有已载入的类，然后使用 grep 命令来查找指定的类。使用 print_class_summary 命令就可以很方便地转储出所有的类。如下所示：

```
C:\>jrcmd 5516 print_class_summary
5516:
 - Class Summary Information starts here
class java/lang/Object
*class java/util/Vector$1
*class sun/util/calendar/CalendarUtils
*class sun/util/calendar/ZoneInfoFile$1
*class sun/util/calendar/ZoneInfoFile
*class sun/util/calendar/TzIDOldMapping
*class java/util/TimeZone$1
*class java/util/TimeZone
**class java/util/SimpleTimeZone
**class sun/util/calendar/ZoneInfo
*class sun/util/calendar/CalendarDate
**class sun/util/calendar/BaseCalendar$Date
***class sun/util/calendar/Gregorian$Date
*class sun/util/calendar/CalendarSystem
**class sun/util/calendar/AbstractCalendar
***class sun/util/calendar/BaseCalendar
****class sun/util/calendar/Gregorian
...
```

在上面的示例中，输出的类是按照各自的继承关系来排序，并使用星号来标识继承深度。下面的示例则展示了在类 Unix 系统上如何查找具体的类型：

```
$ jrcmd 5516 print_class_summary | grep LoadAnd
*class LoadAndDeadlock
**class LoadAndDeadlock$LockerThread
**class LoadAndDeadlock$AllocThread
```

11.4.14 print_codegen_list

该命令用于显示当前 JVM 中代码生成队列和优化队列的长度。使用参数 `list` 可以控制是否显示队列的内容。如下所示：

```
C:\>jrcmd 1442 print_codegen_list list=true
1442:
-----------------------------------------------------------
     format: <position> <directive no> <method description>
     strategies: q=quick, n=normal, o=optimize
        JIT queue: 0 methods in queue
        OPT queue:
  0: 1 java/math/BigDecimal.<init>(Ljava/math/BigInteger;JII)V
  1: 1 java/math/BigDecimal.add
     (Ljava/math/BigDecimal;)Ljava/math/BigDecimal;
  2: 1 java/lang/String.<init>([C)V
  3: 1 java/util/TreeMap$NavigableSubMap.size()I
  4: 1 java/util/TreeMap$NavigableSubMap.setLastKey()V
  5: 1 jrockit/vm/Strings.compare(Ljava/lang/String;Ljava/lang/String;)I
  6: 1 com/sun/org/apache/xerces/internal/dom/CharacterDataImpl.
     setNodeValueInternal(Ljava/lang/String;Z)V
  7: 1 com/sun/org/apache/xerces/internal/dom/
```

```
    CoreDocumentImpl.changed()V
 8: 1 java/lang/String.getChars(II[CI)V
 9: 1 com/sun/org/apache/xerces/internal/dom/NodeImpl.appendChild
    (Lorg/w3c/dom/Node;)Lorg/w3c/dom/Node;
10: 1 spec/jbb/Warehouse.getAddress()Lspec/jbb/Address;
11: 1 jrockit/vm/ArrayCopy.copy_checks_done2
    (Ljava/lang/Object;ILjava/lang/Object;II)V
12 methods in queue
```

11.4.15 print_memusage（R27）

正如之前章节中介绍的，除了 Java 堆之外，JRockit 还会将内存用于其他地方。有时候，若 Java 堆占用了太多内存，则 JRockit 则可能会没有足够的本地内存使用。命令 print_memusage 可以用于查看 JRockit 是如何使用系统内存的。如下所示：

```
C:\>jrcmd 484536 print_memusage
484536:
[JRockit] memtrace is collecting data...
[JRockit] *** 0th memory utilization report
(all numbers are in kbytes)
Total mapped                                ;;;;;;;1298896
; Total in-use                              ;;;;;; 438768
;;   executable                             ;;;;;   28460
;;;    java code                            ;;;;     5952;    20.9%
;;;;     used                               ;;;      5647;    94.9%
;;   shared modules (exec+ro+rw)            ;;;;;   35912
;;   guards                                 ;;;;;     528
;;   readonly                               ;;;;;   25936
;;   rw-memory                              ;;;;; 376392
;;;    Java-heap                            ;;;; 262144;    69.6%
;;;    Stacks                               ;;;;   3472;    0.9%
;;;    Native-memory                        ;;;; 110775;    29.4%
;;;;     java-heap-overhead                 ;;;     8206
;;;;     codegen memory                     ;;;      896
;;;;     classes                            ;;;   43008;    38.8%
;;;;;      method bytecode                  ;;      4477
;;;;;      method structs                   ;;      3895    (#83104)
;;;;;      constantpool                     ;;     18759
;;;;;      classblock                       ;;      1596
;;;;;      class                            ;;      3041    (#8403)
;;;;;      other classdata                  ;;      8280
;;;;;      overhead                         ;;        34
;;;;     threads                            ;;;       24;    0.0%
;;;;     malloc:ed memory                   ;;;   22647;    20.4%
;;;;;      codeinfo                         ;;      1231
;;;;;      codeinfotrees                    ;;       429
;;;;;      exceptiontables                  ;;       125
;;;;;      metainfo/livemaptable            ;;      5883
;;;;;      codeblock structs                ;;         2
;;;;;      constants                        ;;        14
;;;;;      livemap global tables            ;;       994
```

```
;;;;;     callprof cache                        ;;      0
;;;;;     paraminfo                             ;;    146     (#1979)
;;;;;     strings                               ;;   8376     (#148622)
;;;;;     strings(jstring)                      ;;      0
;;;;;     typegraph                             ;;   2009
;;;;;     interface implementor list            ;;     40
;;;;;     thread contexts                       ;;     19
;;;;;     jar/zip memory                        ;;   5378
;;;;;     native handle memory                  ;;     19
;;;;    unaccounted for memory                 ;;;  36017;   32.5%;1.59
---------------------!!!
```

从上面的示例中可以看到，JRockit进程保留了1 GB多的内存空间自用，看起来有点多，但实际上，JRockit只用了429 MB。此外，Java堆已经使用了约60%的空间。

该命令的结果以树形显示，每个分配节点都有其子节点，例如malloc:ed memory表示JVM内部的结构，包括存活对象图，类型图等。最右侧的百分比数值表示当前节点占父节点的百分比。顶层节点并不计算百分比，之前提到Java堆大约已经使用了60%是手工计算得出的，即`262,144/438,768 * 100 = 59.7%`。

该命令还可用来追踪本地内存发生的内存泄漏，例如使用JVMTI开发的本地代理中出现的内存泄漏。

11.4.16 print_memusage（R28）

与该命令的R27版本类似，`print_memusage`在R28版本中仍旧用于查看JRockit对内存的使用，不过在以往的基础上做了些改进。

在排查OOM（out of memory）问题时，该命令非常有用。正如第10章中介绍的，很多时候，内存泄漏往往是无意中持有无用对象造成的，但有的时候，造成内存泄漏的原因可能多种多样，例如本地资源管理不善等。具体来说，可能是因为打开的`java.util.zip.GZIPOutput-Streams`实例数量超过了限制，类载入器持有了太多的类，或第三方JNI代码中造成的内存泄漏。示例如下：

```
C:\>jrcmd 7772 print_memusage
7772:
Total mapped                    1281284KB        (reserved=1002164KB)
-              Java heap       1048576KB        (reserved=932068KB)
-              GC tables         35084KB
-          Thread stacks         11520KB        (#threads=27)
-          Compiled code          5696KB        (used=5490KB)
-               Internal           840KB
-                     OS         67712KB
-                  Other         48048KB
-         JRockit malloc         29184KB        (malloced=27359KB #275574)
- Native memory tracking          1024KB        (malloced=537KB #11)
-        Java class data         33600KB        (malloced=33471KB #41208)
```

第1列是内存空间的名字，第2列是该内存空间所占用的内存大小，第3列是与内存空间相关的详细信息。在上面的示例中可以到，Java 堆占用了内存的绝大部分空间，当然，这是正常情况。

在追踪本地内存泄漏问题时，通常需要查看内存使用量随时间的变化情况。使用参数 baseline 可以建立一个基点开启比较分析。

参数 scale 用于修改显示单位，默认为 KB。

例如，将显示单位改为 MB：

```
C:\>jrcmd 7772 print_memusage scale=M baseline
7772:
Total mapped                      1252MB        (reserved=978MB)
-              Java heap          1024MB        (reserved=910MB)
-              GC tables            34MB
-          Thread stacks            11MB        (#threads=27)
-          Compiled code             5MB        (used=5MB)
-               Internal             0MB
-                     OS            66MB
-                  Other            47MB
-         JRockit malloc            28MB        (malloced=26MB #275601)
- Native memory tracking             1MB        (malloced=0MB #11)
-        Java class data            32MB        (malloced=32MB #41208)
```

参数 baseline 用于执行差异化分析，会显示出在基线时间之后发生的内存使用量变化。

```
C:\>jrcmd 7772 print_memusage scale=M
7772:
Total mapped                  1282MB   +30MB (reserved=984MB +6MB)
-              Java heap      1024MB         (reserved=910MB)
-              GC tables        34MB
-          Thread stacks        14MB    +3MB (#threads=35 +8)
-          Compiled code         6MB    +1MB (used=6MB)
-               Internal         0MB
-                     OS        70MB    +4MB
-                  Other        49MB    +2MB
-         JRockit malloc        41MB   +13MB (malloced=34MB
                                               +8MB #330019 +54418)
- Native memory tracking         2MB         (malloced=1MB #21 +10)
-        Java class data        38MB    +6MB (malloced=38MB
                                               +6MB #48325 +7117)
```

从上面的示例中可以看出，在设置了 baseline 参数后，进程额外使用了 30 MB 内存，其中的 6 MB 被保留了下来。此外，多开了 8 个线程，JRockit 也多分配了 8 MB 内存。现在，JRockit 本地堆中分配了 330 019 个对象，比之前增加了 54 418 个，因而多使用了 13 MB 的虚拟内存。

malloc object 是在 JVM 内部使用类似于 malloc 系统调用分配到的内存。例如，像下面的代码这样就会在本地堆上创建一个 malloc object 对象，并且 malloc object 的数量加一。

```
void * foo = malloc(512);
```

类似地，调用 free(foo)方法会将 malloc object 数量减一。

若要重置 baseline 参数，不再进行比较的话，可以使用 reset 参数：

```
C:\>jrcmd 7772 print_memusage reset
```

使用参数 trace_alloc_sites=1 可以开启对本地内存分配点的追踪，设置参数 trace_alloc_sites=0 则可禁用。若想追踪所有的本地内存分配点，包括 JVM 启动时的内存分配，将环境变量 TRACE_ALLOC_SITES 设置为 1 即可。

在开启分配点追踪后，会根据 level 参数的值来显示内存分配的详细信息。如果同时设置了 baseline 参数，则只会显示发生变化的内存分配点。例如：

```
C:\>jrcmd 5784 print_memusage level=1
5784:
Total mapped                  1300092KB  +25040KB (reserved=
                                                   1090888KB -7496KB)
-              Java heap      1048576KB            (reserved=
                                                   1008068KB -11020KB)
-              GC tables        35084KB
-          Thread stacks        14336KB   +3840KB (#threads=32 +9)
-          Compiled code         4928KB   +1152KB (used=4774KB +1209KB)
-               Internal         1416KB    +256KB
-                     OS        83040KB   +2048KB
-                  Other        50312KB   +2448KB
-         JRockit malloc        27200KB   +7424KB (malloced=25807KB
                                                  +6236KB #266150 +63919)
                 balance           44KB      +9KB (#23 +5)
             breakpoints            9KB      -8KB (#37 -255)
              breaktable            8KB      +2KB (#13 +3)
               codealloc           56KB     +25KB (#1037 +502)
               codeblock          143KB     +39KB (#2567 +686)
                codeinfo         1224KB    +351KB (#22300 +6404)
            codeinfotree          400KB    +126KB (#74 +18)
                dynarray          116KB     +30KB (#2058 +392)
            finalhandles            3KB      +2KB (#14 +7)
               hashtable           32KB     +32KB (#5 +3)
              implchange          982KB    +354KB (#20920 +7556)
                javalock          279KB    +266KB (#4477 +4092)
                libcache          245KB     +47KB (#9473 +1840)
          libconstraints           22KB      +3KB (#464 +75)
               lifecycle           14KB      +4KB (#33 +9)
          livemap_system         1083KB    +305KB (#25117 +5207)
          memleak_trends          544KB    +544KB (#5809 +5809)
           memleakserver           96KB     +96KB (#2906 +2906)
                metainfo         7669KB   +1916KB (#21935 +6416)
```

在上面的示例中，JRockit Mission Control Memleak 工具监视了命令调用，可以看到 Memleak 自身分配了一些本地内存。将日志级别调为 4，可以看到更详细的内容：

```
C:\>jrcmd 5784 print_memusage level=4
5784:
Total mapped      1310708KB     +35656KB    (reserved=1083664KB -14720KB)
-                 Java heap    1048576KB    (reserved=1002572KB -16516KB)
-                 GC tables      35084KB
```

```
108KB
    +32KB (#27 +8)
    update_trends                          memleak_trends.c:  364        592KB
    +592KB (#3612 +3612)
    update_trends                          memleak_trends.c:  365         84KB
    +84KB (#3612 +3612)
    create_id_from_object                  memleakserver.c:  170          25KB
    +25KB (#1 +1)
    create_id_from_classp                  memleakserver.c:  217         116KB
```

最后，使用参数 displayMap 可以让 print_memusage 命令显示出各个 JVM 子系统的内存使用情况：

```
C:\>jrcmd 5784 print_memusage displayMap
5784:
Total mapped                  1311220KB  +36168KB (reserved=1083664KB -
                                                  14720KB)
-              Java heap   1048576KB             (reserved=1002572KB -
                                                  16516KB)
-              GC tables     35084KB
-          Thread stacks     14592KB   +4096KB (#threads=33 +10)
-          Compiled code      5824KB   +2048KB (used=5634KB +2069KB)
-               Internal      1160KB
-                     OS     83180KB   +2188KB
-                  Other     52660KB   +4796KB
-         JRockit malloc     30464KB  +10688KB (malloced=29618KB
                                                 +10047KB #302842 +100611)
- Native memory tracking      2112KB   +1088KB (malloced=1035KB
                                                 +582KB #672 +308)
-        Java class data     37568KB  +11264KB (malloced=37537KB
                                                 +11243KB #45413 +14104)
++++++++++++++++++++++++++++++++++++++++++++++++++++++++++++++++++++++++++


  CODE                  Compiled code  rwx 0x0000000007ef0000 (128KB)
...
   MSP     JRockit malloc (179/266)  rw  0x0000000008150000 (64KB)
THREAD                       Stack 6952  rwx 0x0000000008d80000 (12KB)
...
   INT                   TLA memcache  rw  0x000000000e330000 (64KB)
  HEAP                      Java heap  rw  0x0000000010040000 (46004KB)
  HEAP             Java heap reserved      0x0000000012d2d000.(1002572KB)
    OS                     *awt.dll r x 0x000000006d0b1000
...
++++++++++++++++++++++++++++++++++++++++++++++++++++++++++++++++++++++++++

Lowest accessible address 00010000
Highest accessible address 7FFEFFFF
Amount free virtual memory 786016KB
     6 free vm areas in range   4KB -   8KB totalling > 24KB
     7 free vm areas in range   8KB -  16KB totalling > 76KB
    24 free vm areas in range  16KB -  32KB totalling >528KB
   281 free vm areas in range  32KB -  64KB totalling > 15MB
     3 free vm areas in range  64KB - 128KB totalling >236KB
     9 free vm areas in range 128KB - 256KB totalling >  1MB
     5 free vm areas in range 256KB - 512KB totalling >  1MB
```

```
 7 free vm areas in range 512KB -   1MB totalling >  4MB
 8 free vm areas in range   1MB -   2MB totalling > 11MB
 2 free vm areas in range   2MB -   4MB totalling >  4MB
 5 free vm areas in range   4MB -   8MB totalling > 30MB
 1 free vm areas in range   8MB -  16MB totalling > 11MB
 5 free vm areas in range  16MB -  32MB totalling >103MB
 1 free vm areas in range  32MB -  64MB totalling > 51MB
 1 free vm areas in range  64MB - 128MB totalling > 67MB
 1 free vm areas in range 128MB - 256MB totalling >135MB
 1 free vm areas in range 256MB - 512MB totalling >326MB
```

正如示例那样，内存块被划分为以下几类。

- THREAD：线程相关，例如线程栈。
- INT：内部使用相关，例如指针页（pointer page）。
- HEAP：JRockit 中的 Java 堆。
- OS：直接映射到操作系统的内存，例如第三方 DLL 或共享对象。
- MSP：内存空间，即专用的本地堆，例如 JVM 内部分配的本地内存。
- GC：垃圾回收相关，例如存活标记位（live bit）。

11.4.17 print_object_summary

该命令用于展示堆中每个类型所占用的内存，因此可以将之作为一个精简版的内存泄漏检测工具使用。当然，JRockit Mission Control Memory Leak Detector 比该命令强大得多，但在某些场景下，使用该命令更加合适。例如，由于安全策略限制，无法开启 MLS（参见第 10 章相关内容），此时就可以通过该命令完成相关操作。

print_object_summary 命令会打印出堆中实例的直方图，按照每种类型统计其实例所占用的内存空间，以及从上一次执行命令之后实例占用内存的增量值。

```
C:\>jrcmd 6328 print_object_summary
6328:
--------- Detailed Heap Statistics: ---------
22.1% 2697k    34813  +2697k [C
14.3% 1744k      373  +1744k [B
14.2% 1736k     3220  +1736k [Ljava/lang/Object;
11.8% 1443k     2177  +1443k [I
 6.9%  839k    35833   +839k java/lang/String
 5.6%  682k     6240   +682k java/lang/Class
 2.6%  314k    13429   +314k java/util/HashMap$Entry
 2.0%  242k     3218   +242k [Ljava/util/HashMap$Entry;
 1.2%  149k     3185   +149k java/util/HashMap
 1.0%  126k     5406   +126k java/util/Hashtable$Entry
 0.9%  106k     2844   +106k [Ljava/lang/String;
 0.8%   98k     1396    +98k java/lang/reflect/Field
 0.5%   65k      844    +65k java/lang/reflect/Method
 0.5%   64k      190    +64k [S
     12192kB total ---

--------- End of Detailed Heap Statistics ---
```

11

输出内容中按照每种类型统计了内存使用的相关数据。

- 第 1 列是当前类型的所有实例所占用的堆空间的百分比；
- 第 2 列是当前类型的所有实例所占用的堆空间的大小；
- 第 3 列是当前类型的所有实例的个数；
- 第 4 列是自从上次调用该命令之后内存占用的增量值；
- 第 5 列是类型名。

在列出类型名时，使用的是正式的 Java 描述符格式。更多相关信息，请参见 Java 语言规范。

正常情况下，该命令只会列出占用内存 0.5% 以上的类型。修改参数 `cutoff` 的值可以调整输出结果，将百分比乘以 1000 作为参数值即可。例如，若想列出占用内存 1.2% 以上的类型，将参数 `cutoff` 设置为 `1200` 即可。

还可以使用 `print_object_summary` 命令玩些花样。就上面的示例来说，可以使用参数 `points-to` 找出到底是哪些实例指向了字符数组。最多可以指定 8 个不同的 `points-to` 参数，有时候会简单地将参数名设置为 `name1` 到 `name8`，再指定具体的参数值就可以列出指向这些类型的内存使用信息。

在下面的示例中，列出了指向字符数组和字符串的、内存占用大于 0.1% 的实例的内存使用信息：

```
C:\>jrcmd 6352 print_object_summary cutoffpointsto=100
  name1=[C name2=java/lang/String
```

结果如下所示。

```
--------- Detailed Heap Statistics: ---------
42.0% 10622k   116820      +0k [C
11.3% 2851k    121648      +0k java/lang/String
 6.0% 1520k      3676      +0k [Ljava/util/HashMap$Entry;
 4.1% 1033k     18906     +12k org/eclipse/core/internal/
   registry/ReferenceMap$SoftRef
 3.5%  890k     38001      +0k java/util/HashMap$Entry
 3.2%  800k      7323      +0k java/lang/Class
 3.0%  747k     19820      +0k [Ljava/lang/String;
 2.9%  741k     10063      +0k [I
 2.9%  738k     15765      +0k org/eclipse/core/internal/
   registry/ConfigurationElement
 2.8%  699k     15469      +0k [Ljava/lang/Object;
 1.1%  284k       262      +0k [B
 1.0%  241k      4411      +1k org/eclipse/osgi/internal/
   resolver/ExportPackageDescriptionImpl
 0.7%  173k      7408      +0k org/osgi/framework/Version
 0.7%  171k      3653      +0k java/util/HashMap
 0.6%  148k       734      +0k [Ljava/util/Hashtable$Entry;
 0.5%  129k         2      +0k [Lorg/eclipse/core/internal/
   registry/ReferenceMap$IEntry;
     25273kB total ---

   [C is pointed to from:
```

```
        99.6%     121713 java/lang/String
         0.2%        270 [[C

    java/lang/String is pointed to from:
        37.2%      98288 [Ljava/lang/String;
        15.6%      41274 java/util/HashMap$Entry
        11.9%      31530 org/eclipse/core/internal/registry/
ConfigurationElement
         7.2%      19067 [Ljava/lang/Object;
--------- End of Detailed Heap Statistics ---
```

从上面的示例可以看出，大部分字符数组都被字符串对象引用，而字符串对象又主要是被字符串对象引用。这很正常。

该命令通常用于查看堆中实例的分布情况，此外，也可以追踪指定类型的内存使用增量信息，配置 `points-to` 参数更有利于查找内存泄漏问题。不过，查找内存泄漏问题，还是 Memleak 更加强大，具体用哪个，依赖于具体的场景。

参见 `heap_diagnostics` 命令。

11.4.18 print_properties

该命令用于输出 JRockit 的属性信息，包括启动 JVM 时的初始属性，专用于 JRockit JVM 的属性，以及当前系统属性。这 3 部分信息会分开输出，如下所示：

```
C:\>jrcmd 6012 print_properties
6012:
=== Initial Java properties: ===
java.vm.specification.name=Java Virtual Machine Specification
java.vm.vendor.url.bug=http://edocs.bea.com/
  jrockit/go2troubleshooting.html
java.home=D:\demos_3.1\jrmc_3.1\jre
java.vm.vendor.url=http://www.bea.com/
java.vm.specification.version=1.0
file.encoding=Cp1252
java.vm.info=compiled mode
...
=== End Initial Java properties ===

=== VM properties: ===
jrockit.alloc.prefetch=true
jrockit.alloc.redoprefetch=true
jrockit.vm=D:\demos_3.1\jrmc_3.1\jre\bin\jrockit\jvm.dll
jrockit.alloc.pfd=448
jrockit.alloc.pfl=64
jrockit.alloc.cs=512
jrockit.vm.dir=D:\demos_3.1\jrmc_3.1\jre\bin\jrockit
jrockit.alloc.cleartype=0
=== End VM properties ===

=== Current Java properties: ===
java.vm.vendor.url.bug=http://edocs.bea.com/
```

11

```
  jrockit/go2troubleshooting.html
java.runtime.name=Java(TM) 2 Runtime Environment, Standard Edition
sun.boot.library.path=D:\demos_3.1\jrmc_3.1\jre\bin
java.vm.version=R27.6.3-40_o-112056-1.5.0_17-20090318-2104-windows-ia32
java.vm.vendor=BEA Systems, Inc.
java.vendor.url=http://www.bea.com/
path.separator=;
java.vm.name=BEA JRockit(R)
file.encoding.pkg=sun.io
user.country=SE
...
=== End Current Java properties ===
```

输出的结果中可能会包含重复属性设置，因为某些属性可能会同时存在于 initial 和 current 部分的内容中。

11.4.19 print_threads

JVM 对 SIGQUIT 信号的默认处理就是打印所有线程的调用栈信息。市面上有很多可以分析线程调用栈信息的工具，不过最好用的仍旧是 Latency Analysis 和 JFR。此外，JRockit Management Console 也可以做一些简单的分析工作，甚至能检测死锁。

该命令的使用示例如下所示：

```
C:\>jrcmd 7420 print_threads
7420:

===== FULL THREAD DUMP ===============
Mon Sep 28 00:08:56 2009
Oracle JRockit(R) R28.0.0-547-121310-1.6._14-20090918-2121-windows-ia32
"Main Thread" id=1 idx=0x4 tid=7776 prio=6 alive, in native
  at org/eclipse/swt/internal/win32/OS.WaitMessage()Z
    (Native Method)[optimized]
  at org/eclipse/swt/widgets/Display.sleep(Display.java:4220)[inlined]
  at org/eclipse/ui/application/WorkbenchAdvisor.eventLoopIdle
    (WorkbenchAdvisor.java:364)[optimized]
  at org/eclipse/ui/internal/Workbench.runEventLoop(Workbench.java:2385)
  at ...
    -- end of trace

"State Data Manager" id=13 idx=0x38 tid=7596
  prio=5 alive, sleeping, native_waiting, daemon
  at java/lang/Thread.sleep(J)V(Native Method)[optimized]
  at org/eclipse/osgi/internal/baseadaptor/
    StateManager.run(StateManager.java:297)
  at java/lang/Thread.run(Thread.java:619)
  at jrockit/vm/RNI.c2java(IIIII)V(Native Method)[optimized]
  -- end of trace

...
```

```
"JFR request timer" id=34 idx=0x84 tid=2624
  prio=5 alive, waiting, native_blocked, daemon
  -- Waiting for notification on: java/util/
    TaskQueue@0x1202F238[fat lock]
  at jrockit/vm/Threads.waitForNotifySignal
    (JLjava/lang/Object;)Z(Native Method)[optimized]
  at java/lang/Object.wait(J)V(Native Method)
  at java/lang/Object.wait(Object.java:485)
  at java/util/TimerThread.mainLoop(Timer.java:483)
  ^-- Lock released while waiting: java/util/
    TaskQueue@0x1202F238[fat lock]
  at java/util/TimerThread.run(Timer.java:462)
  at jrockit/vm/RNI.c2java(IIIII)V(Native Method)[optimized]
  -- end of trace
===== END OF THREAD DUMP ===============
```

默认情况下，该命令不会打印线程调用栈中调用本地方法的栈帧，若想输出这部分内容，需要添加参数 `nativestack=true`。此外，若想在输出内容中加上有关 `java.util.concurrent` 包中锁实现的相关信息，需要添加参数 `concurrentlocks=true`。

11.4.20 print_utf8pool

该命令用于打印出 JVM 中所有的 UTF-8 常量，例如类名、方法名和字符串常量。

下面的示例中列出了常量池中所有的 URL：

```
$ jrcmd 3824 print_utf8pool | grep http
"http://www.w3.org/TR/xinclude": refs=2, len=29
"http://apache.org/xml/properties/internal/
  symbol-table": refs=12, len=54
```

其中，`refs` 是指向该常量的引用的数目，`len` 指的是以字节计算的常量值的长度。

11.4.21 print_vm_state

该命令用于打印 JVM 的状态，其格式与 JRockit 宕机时生成的转储文件类似。如下所示：

```
C:\>jrcmd 7420 print_vm_state
7420:
Uptime        : 0 days, 02:35:53 on Tue Sep 22 19:14:39 2009
Version       : Oracle JRockit(R) R28.0.0-547-121310
                -1.6.0_14-20090918-2121-windows-ia32
CPU           : Intel Core 2 SSE SSE2 SSE3 SSSE3 SSE4.1 Core Intel64
Number CPUs   : 2
Tot Phys Mem  : 3706712064 (3534 MB)
OS version    : Microsoft Windows Vista version 6.0 Service Pack 2
                (Build 6002) (32-bit)
Thread System: Windows Threads
Java locking  : Lazy unlocking enabled (class banning) (transfer banning)
State         : JVM is running
Command Line  : -Denv.class.path=.;C:\Program Files\
                Java\jre6\lib\ext\QTJava.zip -Dapplication.home=C:\
```

11

```
jrockits\R28.0.0_R28.0.0-547_1.6.0 -client -
  XX:UnlockInternalVMOptions=true -Dsun.java.launcher=
  SUN_STANDARD com.jrockit.mc.rcp.start.MCMain
java.home    : C:\jrockits\R28.0.0_R28.0.0-547_1.6.0\jre
j.class.path : C:\jrockits\R28.0.0_R28.0.0-
  547_1.6.0/missioncontrol/mc.jar
j.lib.path   : C:\jrockits\R28.0.0_R28.0.0-
...
StackOverFlow: 0 StackOverFlowErrors have occured
OutOfMemory  : 0 OutOfMemoryErrors have occured
C Heap       : Good; no memory allocations have failed
GC Strategy  : Mode: pausetime, with strategy: singleconcon
               (basic strategy: singleconcon)
GC Status    : OC is not running. Last finished OC was OC#369.
Heap         : 0x10040000 - 0x17207000 (Size: 113 MB)
Compaction   : (no compaction area)
CompRefs     : References are 32-bit.

Loaded modules:
0000000000400000-000000000043afff  C:\jrockits\
  R28.0.0_R28.0.0-547_1.6.0\bin\jrmc.exe
0000000077d30000-0000000077e56fff  C:\Windows\
  system32\ntdll.dll
00000000763f0000-00000000764cbfff  C:\Windows\system32\kernel32.dll
0000000077a30000-0000000077accfff  C:\Windows\system32\USER32.dll
0000000077400000-000000007744afff  C:\Windows\system32\GDI32.dll
0000000077ea0000-0000000077f65fff  C:\Windows\system32\ADVAPI32.dll
...
00000000764e0000-00000000765a2fff  C:\Windows\system32\RPCRT4.dll
000000006d3e0000-000000006d3fefff  C:\jrockits\
  R28.0.0_R28.0.0-547_1.6.0\jre\bin\java.dll
```

输出内容与 JVM 状态相关，例如版本、锁、线程、路径、载入的模块和动态库等。

参见 heap_diagnostics 命令。

11.4.22　run_optfile（R27）

正如在第 2 章中介绍的，在启动 JVM 时，可以通过指令文件为 JVM 优化管理器提供相关参数。此外，还可以在运行时通过 run_optfile 命令来动态添加相关参数，通过参数 filename 指定所需的指令文件。需要注意的是，R27 和 R28 版本所支持的指令文件的格式有些区别。此外，对于 R27 版本来说，由于指令文件并没有正式的说明文档，可能只会在通过 JRockit 官方支持时才会用到它。

11.4.23　run_optfile（R28）

R28 版本中的 run_optfile 命令可以接收多个参数，其中最重要的仍然是 filename，用于指定指令文件。R28 版本中，指令文件依旧没有正式说明文档，其具体格式可能会在后续的版本中发生变化。在第 2 章中，介绍了有关指令文件相关内容，只不过还不完整。

run_optfile 命令还可以按指定策略重新编译指定的方法。

在下面的示例中，会按照优化编译策略，重新编译 jav.util.ArrayList#get 方法。

```
C:\>jrcmd 7736 run_optfile method=java.util.ArrayList.get*
  strategy=opt disass=false
```

11.4.24 runfinalization

该命令用于强制 JVM 执行 java.lang.System#runFinalization 方法，即提示运行时应该要运行某些对象的 finalize 方法了。

11.4.25 runsystemgc

该命令用于强制执行一次 Full GC。

强制执行垃圾回收是非常少见的案例，因为 JVM 本身可以决定什么时候该进行垃圾回收。如果用户干预这个过程，反而可能会降低执行性能。但在某些场景下，显式调用垃圾回收方法是有用处的，例如，通过详细的垃圾回收日志来查看内存使用情况和存活对象集。

使用该命令时，若不添加参数，则默认只会执行年轻代垃圾回收，而不会对堆做内存整理操作。若要触发一次 Full GC，则需要添加参数 full=true。如下所示：

```
C:\>jrcmd 4748 runsystemgc full=true
4748:
```

该命令不会返回任何信息。

11.4.26 set_vmflag（R28）

该命令用于设置 VM 参数。如下所示：

```
C:\>jrcmd 7772 set_vmflag flag=DumpOnCrash value=false
7772:
```

成功执行后，该命令不会返回任何信息。若是对只读参数执行写操作，会返回错误信息，如下所示：

```
C:\>jrcmd 7772 set_vmflag flag=DisableAttachMechanism value=true
7772:
Not a writeable flag "DisableAttachMechanism"
```

若想修改那些在运行时不可修改的 VM 参数，需要在启动 JVM 时，通过类似-XX:<Flag>=<value>形式的语法来设置参数。

参见 list_vmflags 命令。

11.4.27 start_flightrecording（R28）

start_flightrecording 命令用于启动 JFR 记录任务，可以是持续性任务或计时任务。使用 JROCKIT_HOME/jre/lib/jfr 目录下的命名模板文件（JSON 格式，可以被复制和修改以创建

11

新的模板），可以对记录任务做具体配置。

```
C:\>jrcmd 7420 start_flightrecording name=MyRecording settings=
  jra.jfs duration=30s filename=my_recording.jfr.gz compress=true
7420:
Started recording 5
```

在上面的示例中，通过命令名，使用 jra.jfs 模板开启了一个持续 30 秒的记录任务，记录结束后，会在 JROCKIT_HOME 目录下生成一个名为 my_recording.jfr.gz 的压缩过的记录文件。

使用 check_flightrecording 命令可以在记录开始后检查记录任务的执行情况：

```
C:\>jrcmd 7420 check_flightrecording
7420:
Recording : id=0 name="continuous" duration=0s (running)
Recording : id=5 name="MyRecording" duration=30s
  dest="my_recording.jfr.gz" compress=true (running)
```

在 30 秒过后，记录任务的状态会从 running 变为 stopped，并生成记录文件。

有些模板只能是附加的，即它们必须和其他基础模板一起使用，这类模板在其文件开头的注释信息中做了说明。如果注释信息以 Additional setting 开头，则说明它是附加模板。使用方式如下所示：

```
C:\>jrcmd 7420 start_flightrecording name=DefaultAndLocks
  settings=default.fls settings=lock.fls duration=30s
  filename=defaultAndLocks.jfr.gz compress=true
```

就操作 JFR 来说，最简单的方式还是使用 JRockit Mission Control 客户端。更多有关 JFR 的信息，请参见第 9 章。

压缩文件可能会带来些额外的开销，但会缩减文件大小。

参见命令 check_flightrecording、dump_flightrecording 和 stop_flightrecording。

11.4.28 start_management_server

该命令用于在没有启动脚本重启 JVM 的情况下，开启外部管理代理。其具体实现与使用 -Xmanagement 参数开启管理代理相同。

启动应用程序服务器，部署 J2EE 应用程序可能需要花费相当长的时间，而且 JVM 热身又需要花费一段时间，因此，若是在启动 JVM 时忘记添加参数配置是很令人恼火的。如果是生产环境的服务器，重启就更麻烦了。

在下面的示例中，通过该命令在 4711 端口开启了一个外部管理代理，关闭了 SSL 和身份校验，开启了自动发现。需要注意的是，这里需要提前配置好 password.properties 文件和密钥文件。更多详细内容，请参见 Oracle Sun Developer Network 中 Monitoring and Management Using JMX Technology 的内容。

```
C:\>jrcmd 473528 start_management_server ssl=false
  authenticate=false port=4711 autodiscovery=true
2416:
```

该命令在执行成功后，不会返回任何信息。

start_management_server 命令总是会启动一个本地管理代理，而在开启本地代理之后，就不能被关闭了。

参见 kill_management_server 命令。

11.4.29 startjrarecording（R27）

操作 JRA 记录，最好是通过 JRockit Mission Control 客户端。更多有关这方面的信息，请参见第 8 章。

不过在某些场景下，可能无法使用 JRockit Mission Control 客户端，例如环境不允许使用 JMX 连接，或者使用的是 JDK 1.4 版本等。这时，就该 startjrarecording 命令出场了。在下面的示例中，通过命令行在进程号 5516 的 JRockit 进程中开启了一个 JRA 记录任务，任务持续 2 分钟，在 30 秒之后开始记录。

在对使用大量框架，或使用企业容器（例如 WebLogic）的应用程序做采样时，调用栈通常都很深。这时需要通过配置参数来调整采样信息。在下面的示例中，将调用栈的采集深度设置为 64。

参数 sampletime 用于指定线程采样的频率。由于示例中采样的持续时间很短，将采样频率设置为 5 毫秒一次，同时开启对延迟事件的记录。

```
C:\>jrcmd 5516 startjrarecording filename=C:\myrecording.jra
  recordingtime=120 delay=30 tracedepth=64 sampletime=5 latency=true
5516:
JRA recording started.
```

开始执行命令后，JVM 会在控制台开始打印如下相关内容：

```
[INFO ][jra    ] Delaying JRA recording for 30 seconds.
[INFO ][jra    ] Starting JRA recording with these options:
filename=D:\myrecording.jra, recordingtime=120s, methodsampling=1,
  gcsampling=1, heapstats=1, nativesamples=0, methodtraces=1,
  sampletime=5, zip=1, hwsampling=0 delay=30s, tracedepth=64
  threaddump=1, threaddumpinterval=0s, latency=1,
  latencythreshold=20ms, cpusamples=1, cpusampleinterval=1s
```

在记录结束后，JVM 会打印类似下面的内容：

```
[INFO ][jra    ] Zipped the recording file.
[INFO ][jra    ] Finished recording. Results written to
  C:\myrecording.jra.
```

参见命令 checkjrarecording 和 stopjrarecording。

11.4.30 stop_flightrecording（R28）

该命令用于终止进行中的 JFR 记录任务，目标任务可以通过参数 name 或 recording 来指定。如下所示：

```
C:\>jrcmd 7420 stop_flightrecording recording=10
7420:
```

默认情况下，被终止的记录任务会生成转储文件。如果不想保留记录数据，可以添加参数 discard=true。终止任务时，会将目标记录从 check_flightrecording 命令的输出列表中移除，因此可以使用该命令清理不再需要的记录任务。

参见命令 check_flightrecording、dump_flightrecording 和 start_flightrecording。

11.4.31 timestamp

该命令用于打印时间戳，并显示出 JVM 已经运行的持续时间。

```
C:\>jrcmd 6012 print_properties
6012:
==== Timestamp ==== uptime: 0 days, 00:04:39 time:
  Sun Jan 24 15:47:42 2010
```

11.4.32 verbosity

该命令用于控制 JRockit 中的日志模块，它可以针对某个子系统调整日志级别，重定向日志输出，以及调整日志输出内容。执行该命令时，若不添加额外的参数，则会列出当前所有日志模块。

```
C:\demos_3.1>jrcmd 4504 verbosity
4504:
Current logstatus:
        jrockit : level=WARN, decorations=201, sanity=NONE
        memory (gc) : level=WARN, decorations=201, sanity=NONE
        nursery (yc) : level=WARN, decorations=201, sanity=NONE
        model : level=WARN, decorations=201, sanity=NONE
        devirtual : level=WARN, decorations=201, sanity=NONE
        codegen (code) : level=WARN, decorations=201, sanity=NONE
        native (jni) : level=WARN, decorations=201, sanity=NONE
        thread : level=WARN, decorations=201, sanity=NONE
        opt : level=WARN, decorations=201, sanity=NONE
```

具体输出内容中，每行的第一个单词是模块名，圆括号中的是模块的别名。

下面的示例中，启用了代码生成器模块（参见第 2 章内容）的常规输出，其具体效果，与启动 JVM 时添加-Xverbose:codegen 参数相同。

```
C:\>jrcmd 5556 verbosity set=codegen=INFO
5556:
Current logstatus:
        jrockit : level=WARN, decorations=201, sanity=NONE
        memory (gc) : level=WARN, decorations=201, sanity=NONE
```

```
nursery (yc) : level=WARN, decorations=201, sanity=NONE
model : level=WARN, decorations=201, sanity=NONE
devirtual : level=WARN, decorations=201, sanity=NONE
codegen (code) : level=INFO, decorations=201, sanity=NONE
```

正如示例中所展现的，verbosity 命令列出了新的日志状态。

verbosity 命令还可用于做异常分析，找出异常是在何处抛出的。

在 R28 版本之前，那时 JFR 还不能做异常分析，唯一的方法就是查日志，在启动 JVM 时，添加参数-Xverbose:exceptions（参见第 5 章相关内容）。

下面的示例展示了如何开启和关闭异常分析，以及如何调整输出内容。若将参数 decorations 置空，则默认会调整时间戳、模块名和进程号的输出。

```
C:\>jrcmd 6064 verbosity set=exceptions=info decorations=module
6064:
Current logstatus:
```

之后，若目标 JVM 进程抛出异常 ExceptionThrowerException，则会打印信息“Throw me!”。

```
[excepti] ExceptionThrowerException: Throw me!
[excepti] ExceptionThrowerException: Throw me!
```

将日志级别设置为 debug 后，JRockit 会显示出异常的调用栈：

```
D:\>jrcmd 6064 verbosity set=exceptions=debug decorations=module
6064:
Current logstatus:
```

其效果与启动 JVM 时添加-Xverbose:exceptions=debug 相同：

```
[excepti] ExceptionThrowerException: Throw me!
  at jrockit/vm/Reflect.fillInStackTrace0
    (Ljava/lang/Throwable;)V(Native Method)
  at java/lang/Throwable.fillInStackTrace()
    Ljava/lang/Throwable;(Native Method)
  at java/lang/Throwable.<init>(Throwable.java:196)
  at java/lang/Exception.<init>(Exception.java:41)
  at ExceptionThrowerException.<init>(ExceptionThrowerException.java:5)
  at ExceptionThrower.throwMe(ExceptionThrower.java:24)
  at ExceptionThrower.doStuff(ExceptionThrower.java:20)
  at ExceptionThrower.loop(ExceptionThrower.java:11)
  at ExceptionThrower.main(ExceptionThrower.java:4)
  at jrockit/vm/RNI.c2java(IIIII)V(Native Method)
  --- End of stack trace
```

这样就可以在生产环境中对日志进行配置了。在异常分析完成后，可以将日志级别设置还原，不会产生额外的执行开销。

11.4.33 version

该命令用于在不重启应用程序服务器的情况下查看 JRockit 的具体版本。例如，已经将 JRockit

JVM 注册为系统服务，没有控制台可用，就可以通过该命令查看 JRockit JVM 的具体版本信息。使用该命令时，无须添加额外的参数。

```
C:\>%JAVA_HOME%\bin\jrcmd 2416 version
2416:
BEA JRockit(R) (build R27.6.2-20_o-108500-1.6.0_05-
  20090120-1116-windows-ia32, compiled mode)
```

11.5 小结

本章介绍了 JRCMD 命令行工具，它可以列出系统上正在运行的所有 JRockit JVM，并向一个或多个 JRockit JVM 实例发送诊断命令。

本章通过示例讲解了其具体命令的使用方式和相关输出内容。

命令参考部分的内容按照字母表顺序列出，可以作为参考指南使用。

第 12 章

JRockit Management API

JRockit 的管理功能非常有用，访问方式也有很多，但它们并未写入到正式的文档中，因此在不同的 JRockit 版本之间可能有所不同。应用程序若依赖于这些 API，则可能无法部署在所有的 JRockit 版本中。尽管如此，本章还是会介绍其中一些 API，因为它们确实非常有用。

本章主要包含以下内容：

- 如何通过 JRockit Management API（JMAPI）访问 JRockit JVM 中的运行时信息；
- 如何初始化并访问不同版本 JRockit 中的 JMX-based JRockit Management API（JMXMAPI）。

在 JRockit R28 版本中，JMAPI 已经被部分废弃了，而 JRockit 的所有版本都已经不再支持 JMXMAPI。本章内容只做学习介绍之用。

12.1 JMAPI

本章首先介绍一下 JMAPI，它是一个轻量级的纯 Java 的 API，提供了在进程内访问管理特性的功能。在 JRockit 早期的版本中就已经存在该 API，但在 R28.0.0 版本中，该 API 已经被部分废弃，前途未卜。

JMAPI 是 JVM 内部的 API，可算作是早期版本的 JRockit Management Console。事实上，即使在今天，若是连接到 JRockit 1.4 版本的 JVM 实例，使用的仍然是名为 Rockit Management Protocol（RMP）的私有协议，而该协议就是使用 JMAPI 来收集和修改运行时信息的。

接下来介绍几个使用 JMAPI 的示例。若想编译这些示例，最简单的方式是使用 JRockit JDK。编译时无须做特殊配置，因为所需的类都在 JRockit JDK 的 rt.jar 包中。在编译示例的时候，也可以加上 jmapi.jar 包，它包含了所有接口声明。jmapi.jar 包不是 JDK 的一部分，是由 Oracle 单独发行的。

使用 JMAPI 来完成一些小任务是非常简单的。`com.bea.jvm.JVMFactory` 类可以得到实现了 JVM 接口的实例，通过该实例就可以访问到 JVM 的各个子系统了，如下图所示。

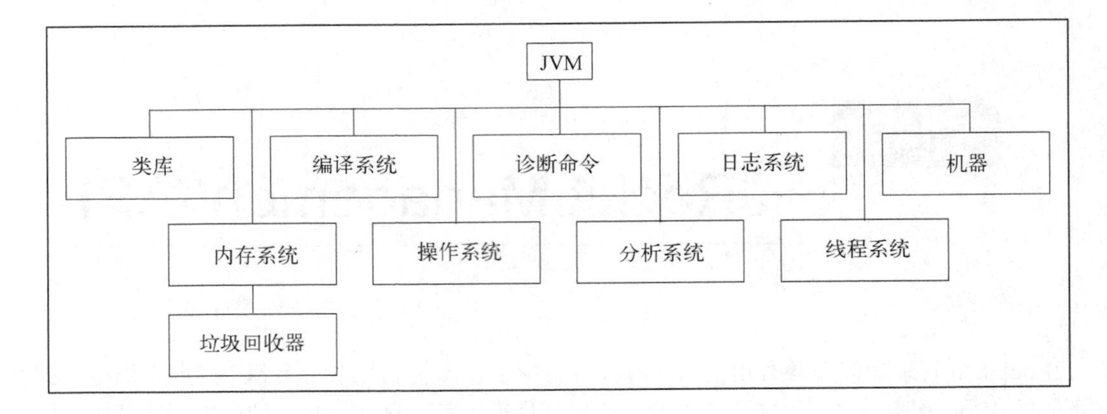

2008 年，Oracle 收购了 BEA 公司，而 JMAPI 是在此之前出现的，因此类的包名中会含有 com.bea。Oracle 在收购了 BEA 之后，将 JMAPI 用在了其他 Oracle 产品和一些第三方产品上。由于 JRockit R27 及其之前的版本均支持 JMAPI，所以为了不影响已有的产品，包名中的 com.bea 就被保留了下来。

在下面的示例中，会在控制台上打印出系统当前的 CPU 负载，共打印 10 次，每次间隔 1 秒钟。

```
import com.bea.jvm.JVMFactory;

public class JMAPITest {
  public static void main(String[] args) throws InterruptedException {
    for (int i = 0; i < 10; i++) {
      System.out.println(
        String.format("CPU load is %3.2f%%",
        JVMFactory.getJVM().getMachine().getCPULoad() * 100.0));
      Thread.sleep(1000);
    }
  }
}
```

访问 JMAPI 需要配置相关权限，不过无法细粒度地设置权限，只能全部允许或全部禁止。若是启用了安全管理器（security manager），则需要为 com.bea.jvm.ManagementPermission 授予 createInstance 权限。如下所示：

```
grant {
  permission com.bea.jvm.ManagementPermission "createInstance";
};
```

更多有关权限与安全控制方面的内容，请参见 http://java.sun.com/j2se/1.5.0/docs/guide/security/permissions.html。

JMAPI 示例

JMAPI 可用于收集有关操作环境的各种信息。下面的示例演示了如何通过 JMAPI 来获取有关网络接口的信息。

```
for (NIC nic : JVMFactory.getJVM().getMachine().getNICs()) {
  System.out.println(
    nic.getDescription() + " MAC:" +
    nic.getMAC() + " MTU:" + nic.getMTU());
}
```

还可以使用 JMAPI 修改运行时参数。在下面的示例中，会修改 CPU 亲和性，将 JRockit 进程中的线程都绑定到一个 CPU 上。

```
private static void bindToFirstCPU(JVM jvm) {
  Collection<CPU> cpus = jvm.getProcessAffinity();
  CPU cpu = cpus.iterator().next();
  Collection<CPU> oneCpu = new LinkedList<CPU>();
  oneCpu.add(cpu);
  jvm.suggestProcessAffinity(oneCpu);
}
```

上面示例所实现的功能与使用命令参数`-XX:BindToCPUs`相同，可以控制 CPU 亲和性。更多内容请参见第 5 章。

其他例如暂停时间、堆大小和年轻代大小等内容，也可以进行调整。

```
MemorySystem ms = JVMFactory.getJVM().getMemorySystem();
ms.suggestHeapSize(1024*1024*1024);
ms.getGarbageCollector().setPauseTimeTarget(30);
ms.getGarbageCollector().setNurserySize(256*1024*1024);
```

某些 JMAPI 中的特性需要用户做一些特别设置。有些特殊需求，例如在 JVM 内存不足时，不要抛出 `OutOfMemoryError` 错误，而是强制终止 JRockit 进程的运行。

```
ms.setExitOnOutOfMemory(true);
```

此外，还可以使用 JMAPI 做一些简单的方法分析。在下面的示例中，启用了对 `java.io.StringWriter#append(CharSequence)`的方法分析。在每次调用该方法时，都会打印出方法的平均执行时间。

```
import java.io.StringWriter;
import java.lang.reflect.Method;

import com.bea.jvm.JVMFactory;
import com.bea.jvm.MethodProfileEntry;
import com.bea.jvm.ProfilingSystem;

public class MethodProfilerExample {
  public static void main(String[] args) throws Exception {
    String longString = generateLongString();
    ProfilingSystem profiler = JVMFactory.getJVM()
```

```
      .getProfilingSystem();
    Method appendMethod = StringWriter.class.getMethod(
      "append", CharSequence.class);
    MethodProfileEntry mpe = profiler
      .newMethodProfileEntry(appendMethod);
    mpe.setInvocationCountEnabled(true);
    mpe.setTimingEnabled(true);

    String total = doAppends(10000, longString);
    long invocationCount = mpe.getInvocations();
    long invocationTime = mpe.getTiming();
    System.out.println("Did " + invocationCount
      + " invocations");
    System.out.println("Average invocation time was "
      + (invocationTime * 1000.0d)
      / invocationCount + " microseconds");
    System.out.println("Total string length "
      + total.length());
  }

  private static String doAppends(int count, String longString) {
    StringWriter writer = new StringWriter();
    for (int i = 0; i < count; i++) {
      writer.append(longString);
    }
    return writer.toString();
  }

  private static String generateLongString() {
    StringWriter sw = new StringWriter(1000);
    for (int i = 0; i < 1000; i++) {
      // 构造一个包含了字母A~Z的字符串
      sw.append((char) (i % 26 + 65));
    }
    return sw.toString();
  }
}
```

上面的示例比较简单。正常情况下，分析功能会启用，因此 MethodProfileEntry 中的计数器和计时信息在执行分析之前就已经保存下来了，在分析结束后也可以正常提取出来。

回忆一下第 7 章和第 11 章的内容，其中介绍的诊断命令都可以通过 JMAPI 实现，而且还可以通过 DiagnosticCommand 子系统访问。在下面的示例中，会模拟 print_object_summary 命令的实现，在控制台中打印出对象汇总信息的直方图。

```
import com.bea.jvm.DiagnosticCommand;
import com.bea.jvm.JVMFactory;

public class ObjectSummary {
  public static void main(String[] args)
  throws InterruptedException {
    DiagnosticCommand dc = JVMFactory.getJVM()
      .getDiagnosticCommand();
```

```
    String output = dc.execute("print_object_summary");
    System.out.println(output);
  }
}
```

最后，JMAPI 可以实现类的预处理和重定义。下面的示例通过调用 transformByteCode 展示了如何在载入类的时候重定义类的字节码。

```
ClassLibrary cl = JVMFactory.getJVM().getClassLibrary();
cl.setClassPreProcessor(new ClassPreProcessor() {
  @Override
  public byte[] preProcess(ClassLoader cl,
    String className,
    byte[] arg) {
    System.out.println("Pre-processing class " + className);
    return transformByteCode(arg);
  }
});
```

任意时间，只能有一个活动的预处理器。通过 redefineClass 方法，还可以重定义已经载入过的类。

JMAPI 的用处还有很多，篇幅所限，这里就不再介绍那些废弃的或已经不再支持的特性。更多有关 JMAPI 的内容，请参见 Oracle 官方文档。

12.2 JMXMAPI

JRockit 中的另一种 Management API 就是 JMXMAPI，它可看作是基于 JMX 的 JMAPI，两者虽然不是一一对应，但总体上差不多。目前，JMXMAPI 还不是官方支持的，可能会在将来的版本中有变动。

在 JRockit 的每个发行版中，JMXMAPI 中 MBean 的域名都会发生变化。在 R28 版本中，由于 Oracle 收购 BEA，它又变了。估计最近一段时间 Oracle 不太可能被收购，所以期望这次域名能保持较长一段时间。起初，JMXMAPI 的 MBean 是与 java.lang.management 域中的 MBean（参见第 7 章的内容）放在一起的（R26.*x* 版本），后来把它放到了 bea.jrockit.management 域下，最后又把它移到了 oracle.jrockit.management 域下。若想以版本无关的方式访问 JMX，可以使用第 7 章中介绍的 RJMX 代理层来实现。

若想访问 JMXMAPI，就必须要先载入 JRockitConsoleMBean，具体来说，可以通过 MBeanServerConnection 来编程实现。

在 R27.*x* 版本中是这样：

```
someMBeanServerConnection.createMBean
  ("bea.jrockit.management.JRockitConsole", null);
```

在 R28.*x* 版本中，则是这样：

```
someMBeanServerConnection.createMBean
  ("oracle.jrockit.management.JRockitConsole", null);
```

若是使用 Management Console 的代理层，这一切就可以自动完成了。

各个 MBean 是按照功能来分组的。在 R28 版本中，还可以自动创建 JFR 所需要的 MBean。在下表中，介绍了可用的 MBean。

JMXMAPI MBeans

MBean 名称	说　明
Compilation	有关 JIT 编译器的信息
DiagnosticCommand	访问 JVM 内部诊断命令，参见第 11 章相关内容
GarbageCollector	有关垃圾回收器的相关信息，可以对垃圾回收器进行调整
JRockitConsole	Management Console 的相关功能，例如转储堆，创建该 MBean 时会实例化并注册相关的 API
Log	控制 JRockit 日志模块
Memleak	控制 Memleak 服务器
Memory	访问物理内存
PerfCounters	这是一个动态生成的 MBean，可以列出所有的内部性能计数器
Profiler	控制方法分析器
Runtime	可以获取 CPU 信息，CPU 负载，以及控制 CPU 亲和性
Threading	获取线程相关信息。目前只包含 MBean 操作，还没有属性可用

在 R28 版本中，还可以通过基于 JMX 的 API 来启动和控制 JFR。该 MBean 在 com.oracle.jrockit 域下，入口点在名为 FlightRecorder 的 MBean 中。它并不属于 JMXMAPI。

12.2.1　JRockit 内部性能计数器

大部分 JMXMAPI 都会暴露出 MBean，以此实现静态接口，但 `PerfCountersMBean` 是个例外，它是动态生成的。JRockit 在内部会使用一系列性能计数器来完成分析和诊断操作。每个 JRockit 内部性能计数器都对应了 `PerfCountersMBean` 中的一个属性。

由于 JMXMAPI 不受官方支持，连带着动态生成的 `PerfCountersMBean` 也得不到支持，而且 JRockity 内部的计数器之间还有一些区别，jrockit.*包下的计数器比 oracle.*包下的计数器更不受待见，支持更少。

下表介绍了在 4.0/R28.*x* 版本（在写作本书时，共有 139 种计数器）中最重要的几种计数器。

计　数　器	说　明
`java.cls.loadedClasses`	启动 JVM 之后，共载入了多少类
`java.cls.unloadedClasses`	启动 JVM 之后，共卸载了多少类
`java.property.java.class.path`	JVM 的 CLASSPATH 路径
`java.property.java.endorsed.dirs`	有关 endorsed 目录的说明，请参见 oracle 官网说明

（续）

计 数 器	说 明
java.property.java.ext.dirs	扩展目录中的 jar 包会被自动添加到 CLASSPATH 中，参见 JavaDoc 中对 java.ext.dirs 的说明
java.property.java.home	JDK 或 JRE 的安装路径
java.property.java.library.path	用户库的路径
java.property.java.vm.version	JRockit 版本号
java.rt.vmArgs	VM 参数
java.threads.daemon	守护线程数目
java.threads.live	运行中的线程的数目
java.threads.livePeak	JVM 启动后，同时运行的线程数目的峰值
java.threads.nonDaemon	运行中的、非守护线程的数目
java.threads.started	JRockit 启动后，启动的线程的总数目
jrockit.gc.latest.heapSize	当前堆大小，单位为字节
jrockit.gc.latest.nurserySize	当前年轻代大小，单位为字节
jrockit.gc.latest.oc.compaction.time	上一次执行内存整理所花费的时间，单位为系统滴答数（tick），如果想跳过内存整理操作，可将之置为 0
jrockit.gc.latest.oc.heapUsedAfter	上一次老年代垃圾回收结束之后，堆中已使用的内存总量，单位为字节
jrockit.gc.latest.oc.heapUsedBefore	上一次老年代垃圾回收开始之前，堆中已使用的内存总量，单位为字节
jrockit.gc.latest.oc.number	到目前为止，所执行过的老年代垃圾回收的次数
jrockit.gc.latest.oc.sumOfPauses	上一次老年代垃圾回收中应用程序的暂停时间，单位为系统滴答数
jrockit.gc.latest.oc.time	上一次老年代垃圾回收的持续时间，单位为系统滴答数
jrockit.gc.latest.yc.sumOfPauses	上一次年轻代垃圾回收中应用程序的暂停时间，单位为系统滴答数
jrockit.gc.latest.yc.time	上一次年轻代垃圾回收的持续时间，单位为系统滴答数
jrockit.gc.max.oc.individualPause	到目前为止，持续时间最长的老年代垃圾回收的持续时间，单位为系统滴答数
jrockit.gc.max.yc.individualPause	到目前为止，持续时间最长的年轻代垃圾回收的持续时间，单位为系统滴答数
jrockit.gc.total.oc.compaction.externalAborted	到目前为止，被终止的外部整理的次数
jrockit.gc.total.oc.compaction.internalAborted	到目前为止，被终止的内部整理的次数
jrockit.gc.total.oc.compaction.internalSkipped	到目前为止，被跳过的内部整理的次数
jrockit.gc.total.oc.compaction.time	到目前为止，执行内存整理所花费的总时间，单位为系统滴答数
jrockit.gc.total.oc.ompaction.externalSkipped	到目前为止，被跳过的外部整理的次数
jrockit.gc.total.oc.pauseTime	到目前为止，所有老年代垃圾回收导致应用程序暂停的总时间，单位为系统滴答数
jrockit.gc.total.oc.time	到目前为止，花费在老年代垃圾回收的总时间，单位为系统滴答数

（续）

计 数 器	说 明
jrockit.gc.total.pageFaults	到目前为止，在垃圾回收过程中所遇到的页错误（page fault）的总数目
jrockit.gc.total.yc.pauseTime	到目前为止，所有年轻代垃圾回收导致应用程序暂停的总时间，单位为系统滴答数
jrockit.gc.total.yc.promotedObjects	到目前为止，从年轻代提升到老年代的对象的总数目
jrockit.gc.total.yc.promotedSize	到目前为止，从年轻代提升到老年代的对象的总字节数
jrockit.gc.total.yc.time	到目前为止，花费在年轻代垃圾回收的总时间，单位为系统滴答数
oracle.ci.jit.count	到目前为止，经过JIT编译的方法总数
oracle.ci.jit.timeTotal	到目前为止，花费在JIT编译上的总时间，单位为系统滴答数
oracle.ci.opt.count	到目前为止，有多少方法被优化过
oracle.ci.opt.timeTotal	到目前为止，花费在优化上的总时间，单位为系统滴答数
oracle.rt.counterFrequency	用于将系统滴答数转换为以秒为单位的时间

这些计数器都非常有用，需要注意的是，不少计时器是以系统滴答数为单位的，使用时，需要先将之转换为以秒为单位（将滴答数除以计数器 `oracle.rt.counterFrequency` 的值即可）。

在 MBean 浏览器（MBean browser）中，编辑表设置，显示出 Description 字段内容，以便查询哪些计数器是以系统滴答数为单位的。

在 Description 字段末尾会列出计时器的单位。

12.2.2　使用 JMXMAPI 构建可远程操作的 JRCMD

JMXMAPI 可以通过标准 JMX 机制来访问（参见第7章的相关内容），因此，可以很容易地通过平台 MBean 服务器和标准远程 JMX 代理来访问 API。正如第11章中介绍的，JRCMD 只能连接到本地服务器上的 JVM，而且要求 JRCMD 和 JVM 的启动用户是同一人。相比之下，使用 JMXMAPI 就可以克服这些限制，实现远程访问。

```
import java.lang.management.ManagementFactory;
import java.net.MalformedURLException;
import java.util.HashMap;
import java.util.Iterator;
import java.util.Map;
import javax.management.Attribute;
import javax.management.InstanceNotFoundException;
import javax.management.MBeanAttributeInfo;
import javax.management.MBeanServerConnection;
import javax.management.ObjectName;
import javax.management.remote.JMXConnector;
import javax.management.remote.JMXConnectorFactory;
import javax.management.remote.JMXServiceURL;
```

```
/**
 * Simple code example on how to execute
 * ctrl-break handlers remotely.
 *
 * Usage:
 * RemoteJRCMD -host -port -user -pass -command []
 *
 * All arguments are optional. If no command is
 * specified, all performance counters and their
 * current values are listed.
 *
 * @author Marcus Hirt
 */
public final class RemoteJRCMD {
  private final static String KEY_CREDENTIALS =
    "jmx.remote.credentials";
  private final static String JROCKIT_PERFCOUNTER_MBEAN_NAME =
    "oracle.jrockit.management:type=PerfCounters";
  private final static String JROCKIT_CONSOLE_MBEAN_NAME =
    "oracle.jrockit.management:type=JRockitConsole";
  private final static String[] SIGNATURE =
    new String[] {"java.lang.String"};
  private final static String DIAGNOSTIC_COMMAND_MBEAN_NAME =
    "oracle.jrockit.management:type=DiagnosticCommand";

  public static void main(String[] args)
    throws Exception {
      HashMap<String, String> commandMap =
        parseArguments(args);
      executeCommand(
        commandMap.get("-host"),
        Integer.parseInt(commandMap.get("-port")),
        commandMap.get("-user"),
        commandMap.get("-password"),
        commandMap.get("-command"));
  }
private static HashMap<String, String> parseArguments(
  String[] args) {
    HashMap<String, String> commandMap =
      new HashMap<String, String>();
    commandMap.put("-host", "localhost");
    commandMap.put("-port", "7091");
    for (int i = 0; i < args.length; i++) {
      if (args[i].startsWith("-")) {
        StringBuilder buf = new StringBuilder();
        int j = i + 1;
        while (j < args.length && !args[j].startsWith("-")) {
          buf.append(" ");
          buf.append(args[j++]);
        }
        commandMap.put(args[i], buf.toString().trim());
        i = j - 1;
      }
    }
```

12

```
    return commandMap;
  }

  @SuppressWarnings("unchecked")
  public static void executeCommand(
    String host, int port, String user,
    String password, String command)
    throws Exception {
      MBeanServerConnection server = null;
      JMXConnector jmxc = null;
      Map<String, Object> map = null;
      if (user != null || password != null) {
        map = new HashMap<String, Object>();
        final String[] credentials = new String[2];
        credentials[0] = user;
        credentials[1] = password;
        map.put(KEY_CREDENTIALS, credentials);
    }
    // 使用与Sun公司相同的约定
    // "localhost:0"表示"VM, monitor thyself!"
    if (host.equals("localhost") && port == 0) {
      server = ManagementFactory.getPlatformMBeanServer();
    } else {
      jmxc = JMXConnectorFactory.newJMXConnector(
        createConnectionURL(host, port), map);
      jmxc.connect();
      server = jmxc.getMBeanServerConnection();
    }

    System.out.println("Connected to " + host+ ":" + port);

    try {
      server.getMBeanInfo(new ObjectName(
        JROCKIT_CONSOLE_MBEAN_NAME));
    } catch (InstanceNotFoundException e1) {
        server.createMBean(
          "oracle.jrockit.management.JRockitConsole", null);
    }

    if (command == null) {
      ObjectName perfCounterObjectName = new ObjectName(
        JROCKIT_PERFCOUNTER_MBEAN_NAME);
      System.out.println("Listing all counters...");
      MBeanAttributeInfo[] attributes = server.getMBeanInfo(
        perfCounterObjectName).getAttributes();
      System.out.println("Counter\tValue\n=======\t====");

      String[] attributeNames = new String[attributes.length];
      for (int i = 0; i < attributes.length; i++) {
        attributeNames[i] = attributes[i].getName();
      }
      Iterator valueIter = server.getAttributes(
        perfCounterObjectName,
        attributeNames).iterator();
```

```
      while (valueIter.hasNext()) {
        Attribute attr = (Attribute) valueIter.next();
        System.out.println(attr.getName() + "\t=\t"
          + attr.getValue());
      }
    } else {
      System.out.println("Invoking the ctrl-break command '"
        + command + "'...");
      ObjectName consoleObjectName = new ObjectName(
      DIAGNOSTIC_COMMAND_MBEAN_NAME);
      Object[] params = new Object[1];
      params[0] = command;
      System.out.println("The CtrlBreakCommand returned: \n"
        + server.invoke(consoleObjectName,
        "execute", params,
        SIGNATURE));
    }

    if (jmxc != null) {
      jmxc.close();
    }
  }

  private static JMXServiceURL createConnectionURL(
    String host, int port)
    throws MalformedURLException {
      return new JMXServiceURL("rmi", "", 0,
        "/jndi/rmi://" + host + ":"
        + port + "/jmxrmi");
    }
  }
```

使用方式如下所示：

```
java RemoteJRCMD -command <command string> -host <host>
  -port <port>
```

其中：

- <command string>是 JRCMD 中的调试命令，例如 start_flightrecording name=MyRecording duration=30s；
- <host>是目标 JRockit JVM 所在的主机地址，例如 localhost；
- <port>是目标 JRockit JVM 中 JMX 代理（RMI registry）所监听的端口号。更多详细内容，请参见第 6 章相关内容。默认情况下，端口号是 7091。

下面的示例会列出所有性能计数器，主机是 localhost，使用的端口是 7091：

```
java RemoteJRCMD
```

下面的示例会列出主机 bisty，端口 4711 中 JRockit JVM 所支持的所有诊断命令：

```
java RemoteJRCMD -command help -host bitsy -port 4711
```

12

下面的示例会在目标 JVM 中开启一个为期 30 秒的记录任务，并在记录结束后将记录内容写入到指定文件中：

```
java RemoteJRCMD -command start_flightrecording
  name=myrecording filename=c:\tmp\myrecording.jfr
  duration=30s
```

12.3　小结

在本章中，介绍了 JRockit 内部的两种 Management API，它们都可以访问 JRockit 的内部功能（例如访问性能指标数据），也可以以编程的方式操作 JRockit JVM 实例。

在 R28 版本之前，JMAPI 是一个本地的纯 Java API，受 JRockit 各版本支持，而到了 R28 版本中，就只支持部分 JMAPI 了，而且前途未卜。

JMXMAPI 本身不受正式支持，不过由于它是基于 JMX 的，所以可以通过平台 MBean 服务器实现远程访问。

虽然 JRockit Management API 还不受正式支持（部分支持），但在某些场景下确实非常有用，例如可以实现远程访问 JRCMD。

第 13 章

JRockit Virtual Edition

近些年，**虚拟化**（virtualization），即在模拟硬件上运行软件，可谓是风头正劲。通过虚拟化可以最大化硬件资源利用率，同时简化资源管理。不过，作为应用程序和实际硬件中间的抽象层，虚拟化也会带来额外的性能损耗。

本章将介绍 JRockit Virtual Edtion（简称 JRockit VE）及其相关技术。

JRockit VE 使用户可以在一个**没有操作系统**的虚拟环境中运行 Java 应用程序，同时免去了虚拟化所带来的大量性能损耗。JRockit VE 是一款独立的产品，包含了运行 Java 应用程序所需要的最小环境，即一个轻量级的类操作系统内核和一个 JRockit JRE。

JRockit VE 可以运行任何 Java 应用程序，不过最初可能更多的是作为 WLS on JRockit VE（WebLogic server on JRockit virtual edtion）产品的一部分来使用。WLS on JRockit VE 是以**虚拟机镜像**（virtrual machine image）格式预先打包好的 WebLogic Server 安装文件。虚拟机镜像是一个二进制镜像，其中包含了虚拟机配置、二进制软件和文件系统。将虚拟机镜像部署在专门的虚拟环境中，例如 Oracle VM Server，就可以运行相应的应用程序了。

本章将对 JRockit VE 相关技术进行介绍，着重讲解虚拟化 JRockit VE 背后的相关技术，对于构建于 JRockit VE 之上的软件栈，则不再赘述。

本章旨在介绍新近的技术产品，因此细节、名称、概念和具体实现可能会与之前章节中的技术有所区别。本章中还有一些前瞻性的、还未实现的技术介绍。然而，万变不离其宗，不论如何，核心概念是相同的。相关产品的最新信息可以在官网的在线文档上查看。

本章主要包含以下内容。

- 虚拟化的基本概念以及几种不同的虚拟化实现。
- 虚拟机管理程序的概念、类型以及当今市场上最重要的虚拟机管理程序。
- 软件栈虚拟化的优劣，以及如何充分发挥软件栈的优势。
- Java 虚拟化的相关问题，以及 JRockit VE 简化虚拟化处理并提升性能的方法。
- 虚拟机镜像的概念。
- 展望虚拟化的未来。

13.1 虚拟化简介

近些年，虚拟化逐渐成为了热点话题，但将硬件资源抽象为一个虚拟层本身并不是什么新鲜事物。现在所有操作系统中标配的**虚拟内存**（virtual memory）就是一种虚拟化，单一物理硬盘划分为多个分区也是一种虚拟化。相比之下，最近热炒的虚拟化更多的是指虚拟整个物理机，不过这也不是什么新玩意，早在 20 世纪 60 年代 IBM 就已经开始做相关的产品了，但直到最近，才真正充分发挥了虚拟化的威力，它既增加了资源利用率，又提升了整体的管理能力。

本书中，虚拟化是在以软件模拟的**虚拟硬件**（virtual hardware）上运行平台（如操作系统）或独立的应用程序。虚拟硬件通常与实际的物理硬件类似。部署在虚拟系统上的应用程序套件通常称为**客户应用程序**（guest），而可以使多个客户应用程序（如操作系统）在同一个系统上运行的软件称为**虚拟机管理程序**（hypervisor）。虚拟机管理程序可以为客户应用程序提供设备驱动程序，使其可以在虚拟环境中运行，进而提升客户应用程序的运行性能。

不同类型的虚拟化资源的具体实现有所不同。例如，看起来像是物理硬盘的资源，实际上只是某处服务器上的一个或一组文件；看起来像是有 4 个物理 CPU 可用，实际上可能只是几个 CPU 分时共享而已；看起来有 1 GB 物理内存可用，实际上可能只是大容量物理内存的一部分。某些虚拟化管理程序甚至允许客户应用程序分配的内存容量**超过其分配限额**（overcommit）。不过对于客户应用程序来说这无所谓，它仍旧只能看到其分配的内存（当然也有例外）。

虚拟化愈炒愈热，主要原因在于虚拟化可以更高效地利用已有的硬件资源。如果物理机上的 CPU 处于空闲状态（例如可能是在等待 I/O），那么就是浪费。而对于那些运行了多个客户应用程序的虚拟环境来说，若某个客户应用程序的 CPU 处于空闲状态，则可以将 CPU 资源交给其他客户应用程序使用。当然，若是多个客户应用程序（比如操作系统）都特别“忙”，则反而会因频繁的上下文切换而降低执行性能。不过虚拟化的优势实在诱人，它大大提升了硬件资源的利用率。在环境问题日益严重的今天，合理利用资源才能更好地利用能源。

虚拟化可以划分为多种类型，划分的主要依据是其背后所代表的平台层级。这其中涉及一些常被混淆的技术概念，我们先介绍一些常用概念及其在本书中的用法。虚拟化本身很复杂，接下来的内容中会对其做简单介绍。

13.1.1 全虚拟化

全虚拟化（full virtualization）是指，虚拟机管理程序模拟出当前系统平台所能提供的所有关键功能，例如设备交互和内存映射等。这样，客户应用程序就可以不经修改直接部署上线。

对于那些硬件不能直接支持虚拟化的平台来说，可以捕获客户应用程序执行的特权指令并在沙箱环境中模拟特权指令的执行。

全虚拟化也可以由硬件辅助实现，例如针对特定的 CPU，Interl VT 技术和 AMD-V 技术使其可以同时运行在多个操作系统上。硬件支持的虚拟化大大降低了虚拟机管理程序的模拟消耗。最近，除了 CPU 之外，其他硬件出现了直接支持虚拟化的趋势，例如现在某些网卡内建了对虚拟化的直接支持。

有了硬件的直接支持后，虚拟化性能大幅提升，全虚拟化的发展突飞猛进。

13.1.2 半虚拟化

半虚拟化（paravirtualization）是指客户应用程序在运行时需要知晓其运行在虚拟环境中。典型场景是，客户应用程序在执行特权操作时，需要通过显式调用虚拟机管理程序的 API 接口才能完成操作，即客户应用程序必须要与底层抽象层通信，因而需要知道它自己是在虚拟环境中运行的。

半虚拟化牺牲了部分灵活性，因为在将客户应用程序（例如操作系统）部署到虚拟环境之前需要做相应的修改。相应地，由于半虚拟化舍弃了那些不必要的抽象层，进而提升了整个虚拟环境的运行性能，而且用户也不必关心底层虚拟机管理程序的具体实现。例如，早期的 Xen 是一个只支持半虚拟化的虚拟机管理程序，主要功能就是运行那些预先打包好的操作系统镜像，用户只需要将应用程序部署在这些打包好的操作系统镜像上即可。

硬件的直接支持使全虚拟化大踏步前进，相比之下，半虚拟化则已是明日黄花。

13.1.3 其他虚拟化术语

虚拟化领域还有很多专业术语，用于表述不同的含义，例如**部分虚拟化**（partial virtualization）。在某些场景下，半虚拟化和部分虚拟化是同一个意思，不过，部分虚拟化还可以表示虚拟硬件的指定部分。例如，在 Macintosh 计算机上，部分虚拟化还用于描述像 Rosetta 这样的二进制转换工具（使在 PowerPC 上编译的软件可以运行在 Intel 架构上）。部分虚拟化并不强求硬件支持。操作系统中的虚拟内存也可算作是部分虚拟化的一种。

最近，**操作系统级虚拟化**（operating system level virtualization）颇受关注，典型场景就是将操作系统划分为可以同时运行的多个实例，看起来像是真的有多个操作系统一样。广为人知的 Solaris Containers 就是用这种技术实现的。

13.1.4 虚拟机管理程序

虚拟机管理程序负责创建虚拟环境的软件层（未必有硬件的直接支持），为客户应用程序提供一个理想的物理机的抽象层，捕获客户应用程序所有可能破坏抽象层的“危险操作”，如设备交互和内存映射，将其转换为自身实现的具有相同功能的安全操作。

正如虚拟化有多种类型，虚拟机管理程序也有多种类型，这里只对**托管型虚拟机管理程序**（hosted hypervisor）和**本地型虚拟机管理程序**（native hypervisor）做相关介绍。

1. 托管型虚拟机管理程序

托管型虚拟机管理程序一般是作为操作系统的一个标准进程来运行的。正如前面提过的，虚拟机管理程序捕获客户应用程序的敏感操作（内核模式），并将其替换为自身实现的安全操作。对于客户应用程序中以用户模式执行的操作，通常可以作为托管型虚拟机管理程序进程的一部分来直接执行，当然，也可以通过模拟或 JIT 解释的方式来运行安全操作。

托管型虚拟机管理程序的主要优势在于安装和使用非常方便，它本身就是操作系统中的一个应用程序而已。通常来说，托管型虚拟机管理程序还不足以满足服务器端对性能的要求，不过没关系，这本身就不是托管型虚拟机管理程序的主要用途。

本书的大部分内容都在是 Macintosh 电脑上完成的，而 JRockit 目前还不支持该平台。因此，我们就通过托管型虚拟机管理程序 VMware Fusion 在 Macintosh 电脑上运行了一个 Linux 系统来操作 JRockit。

VMware Player 和 Oracle VirtualBox 就是简单的托管型虚拟机管理程序。

2. 本地型虚拟机管理程序

本地型虚拟机管理程序无须操作系统的支持，可以直接安装在物理硬件上。硬件驱动由虚拟机管理程序提供，具体来说可以是独立的专用虚拟机（如 Oracle 虚拟机中基于 VM 或 Xen 的解决方案），或者是作为虚拟机管理程序本身的一部分来提供（例如 VMware ESX）。

一般情况下，本地型虚拟机管理程序的执行性能远高于托管型虚拟机管理程序。

Oracle VM 和 VMware ESX 就是本地型虚拟机管理程序，虽然其实现原理不尽相同，但都可以直接安装在物理硬件上。

3. 市面上其他的虚拟机管理程序

得益于虚拟化市场的快速发展，现在有多款成熟的虚拟机管理程序可供选择。

Xen 是一款开源的虚拟机管理程序，最初由剑桥大学开发，并成立 XenSource 公司来运营该产品。Xen 在 2007 年被 Citrix 公司收购。后来，Citrix 公司发布了带有额外的 API 和管理工具的商业版本，而基于开源协议的 Xen 本身仍是免费的。

Xen 因其开源属性而得到广泛应用，并且已经发展为本地型虚拟机管理程序。Oracle VM 是 Oracle 公司出品的基于 Linux 系统的操作系统，其底层实现是 Xen 和本地型虚拟机管理程序。

最初，Xen 是一个半虚拟化解决方案，也就是说，客户应用程序需要知晓其运行在虚拟环境中，才能与虚拟机管理程序交互。例如，运行在半虚拟化的 Xen 上的 Linux 内核需要针对 Xen 专门编译一下才能使用。不过，Xen 终究还是顺从了潮流，逐步向本地型虚拟机管理程序转变。

VMware 公司是虚拟化领域的早期参与者之一，发布了多款虚拟化产品，包括本地型和托管型，其明星产品包括 VMware Workstation（在 Macintosh 上的 VMware Fusion）、WMware ESX 和 VMware ESXi 等，这些都是商业产品。VMware Workstation 还有一款功能略有缩水的免费版，名为 WMware Player，该版本不能创建和配置自定义的虚拟机，只能运行已有的虚拟机客户应用程序。此外，WMware 还有一款托管型虚拟化平台，名为 VMware Server，也是免费的。

微软公司自研的针对 Windows Server 平台的 Hyper-V 虚拟化框架（Hyper-V virtualization framework）应用广泛。使用 Hyper-V 需要有支持虚拟化的硬件。

KVM（kernel-based vrtual machine）是一个开源的虚拟机管理程序项目，以 GPL 协议发行，目前由 RedHat 主推。

Parallel 公司在 Macintosh、Windows 和 Linux 平台上均开发了桌面版和服务器版的虚拟化软件。

此外，值得一提的是 VirtualBox，这是一个独立的虚拟化包，其中包含了自有的虚拟机管理程序，其目标是支持桌面、服务器和嵌入式平台。VirtualBox 最初是德国一家名为 Innotek 的公司研发的，后被 Sun 公司收购，现在已经归属于 Oracle 了。

13.1.5 虚拟化的优势

正如前面提到的，虚拟化的主要优势在于可以提升资源利用率。多个客户应用程序可以在同一台物理机器上竞争使用所有的资源，当一个客户应用程序空闲时，另一个可能正在运行，因而可以减少服务器的空闲时间。

虚拟化的另一个优势就是“云计算”应用。虚拟化之后的客户应用程序可能需要挂起、迁移到其他物理机器，并恢复，多台物理机可以被抽象为一组计算资源，并基于这组计算资源来部署应用程序。通常来说，这需要通过各种管理框架来实现资源的分配。

此外，常被忽略却非常重要的一点是，虚拟化更有利于“古董”程序（legacy application）的运行。IT 部门常见的噩梦就是某些应用程序是在古董硬件上开发的，这些硬件即将退役，而这些应用程序却不能向前兼容新的硬件平台。在将应用程序迁移到新硬件平台上时，要么完全重写一遍，要么就是用各种“大招”（例如 COBOL 转 Java）来勉强趟过这潭浑水。这时，若是能虚拟一份古董硬件就可以使这些应用程序继续运行了，替换硬件的压力也就小得多了。

13.1.6 虚拟化的劣势

虚拟化的主要劣势在于，虚拟机管理程序在客户应用程序和硬件之间提供的抽象层会带来额外的性能损耗。虽然虚拟化提升了硬件资源的利用率，但带来的性能损耗也是需要注意的。

以 Java 应用程序为例，对于运行在本地的标准 Java 应用程序来说，JVM 本身就是一种对硬件的抽象，而运行着 JVM 的操作系统则是对硬件的另一种抽象。对于运行在虚拟环境中的 Java 应用程序来说，负责创建虚拟环境的虚拟机管理程序则是在操作系统上在应用程序和其实际运行的本地代码之间提供了新的抽象层。

要将每一个抽象层尽量做得薄且高效并不难，难的是如何将各抽象层融合到一起。例如，通过硬件支持来实现虚拟机管理程序可以降低虚拟化的性能损耗，但为了虚拟化应用程序却仍不得不虚拟物理硬件，而这部分性能损耗就无法消除了。

13.2 Java 虚拟化

接下来讨论一下在生产环境中通过虚拟环境运行 Java 应用程序服务器的事情。下面的示意图展示了从应用程序服务器到物理硬件之间的所有结构。在 Java 应用程序和物理硬件之间，包含了 JVM、操作系统（例如 Oracle Enterprise Linux）和虚拟机管理程序（如 Oracle VM）。

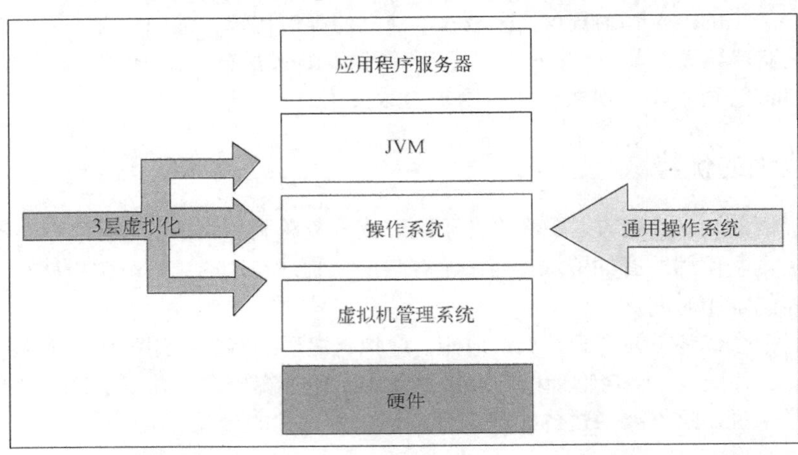

像 Oracle WebLogic 这样的应用服务器就是通过 JVM 来运行的。JVM 为运行在其上的 Java 应用程序提供了针对各类操作系统的抽象，屏蔽了操作系统之间的差异，实现“一次编写到处运行”。

位于 JVM 之下的是操作系统，JVM 必须与之一一适配，例如，在类 Unix 系统上，内存的分页机制与 Windows 系统颇为不同，系统调用也有所区别（`mmap` 与 `VirtualAlloc`）。在不同的操作系统上，创建线程的操作也有所区别（POSIX 线程与 Windows 线程）。为了实现一次编写到处运行，JVM 需要应用具体的操作系统模块来操作内存，所以，操作系统就充当了 JVM 和机器之间的抽象层。

因此，通用操作系统的作用就是对硬件进行抽象，以便简化应用程序与硬件的交互。让应用程序的开发人员通过原子汇编指令自行实现针对特定芯片的同步机制或线程实现，是不现实的，而操作系统就是为完成这些任务而生的，是 JVM 下的第 2 层抽象。

最后，进入到虚拟世界中，虚拟机管理程序形成了第 3 层抽象，各个客户应用程序均通过虚拟机管理程序来访问物理硬件。

抽象层之间的交互也会带来一些性能损耗，特别是高层抽象与低层抽象交互时往往会涉及一些特权操作，例如获取时间、清除缓存以及抢占任务等。

然而，如果虚拟操作系统的唯一任务是运行 JVM，而 JVM 的唯一任务就是运行 Java 应用程序的话，那这么多层抽象不是很浪费吗？只为运行一个 Java 应用程序的话，真的需要一个像 Windows 这样的全功能操作系统吗？事实上，Java 应用程序（假设是纯 Java 代码编写的应用程序）并不知道它运行在什么系统上，也不关心这些。如果 Java 应用程序不涉及 GUI，还需要显示功能吗？如果所有的访问控制都由应用程序内部处理，那还需要操作系统吗？

目前，JVM 需要提供 JDK 库函数以支持线程和同步，实现内存管理及其他林林总总的任务。因此，不太严谨地说，JVM 就是一个专用的虚拟操作系统。

或许让 JVM 直接运行在虚拟机管理程序上是个不错的主意。

13.2.1 JRockit Virtual Edition

如果能在保留 Java 虚拟化优势的情况下，去除虚拟化的开销，那肯定是好处多多。如果 Java 和硬件之间的抽象层能足够小，则不仅可以提升性能，还能简化系统，增强安全性。对此，JRockit 架构师提出的解决方案是 JRockit VE（JRockit virtual edition）。

> 在 2005 年的时候，我们写了个链接器来查找 JVM 不使用操作系统会丢失哪些生成的符号，结果发现没少几个，而这就成了 JRockit VE 项目的雏形。

JRockit VE 包含 JRockit JRE（纯 Java 服务，例如 SSH 守护进程），以及一个迷你操作系统（即所谓的 **JRockit VE 内核**，JRockit VE kernel），通过该迷你操作系统，使 JVM 看来像是运行在虚拟机管理程序上一样，并为 JVM 提供所需的操作系统功能，当然，只提供了必要的一部分功能。

目前，JRockit VE 还只支持 x86 平台。

> 目前，JRockit VE 的商业版只能运行在 Oracle VM 的虚拟机管理程序上（也就是运行在 Xen 上），将来或许会支持其他虚拟机管理程序。
>
> JRockit VE 的设计哲学是，JRockit VE 内核的运行平台是硬件，而不是虚拟机管理程序。因此，JRockit VE 内核中包含了一个小型的 E1000 网卡驱动，可以在任何 x86 平台上，通过 USB 启动 JRockit VE 来运行 Java 应用程序。这个例子确实很酷，虽然或许不太能说明 JRockit VE 对云计算的贡献，不过我们会谈到的。

JRockit VE 中还提供了相关工具（即 Image Tool）来创建和操作用于运行在虚拟环境中的 Java 应用程序。当虚拟化一个 JRockit VE 中的 Java 应用程序时，实际上指的是操作一个**虚拟机镜像**。

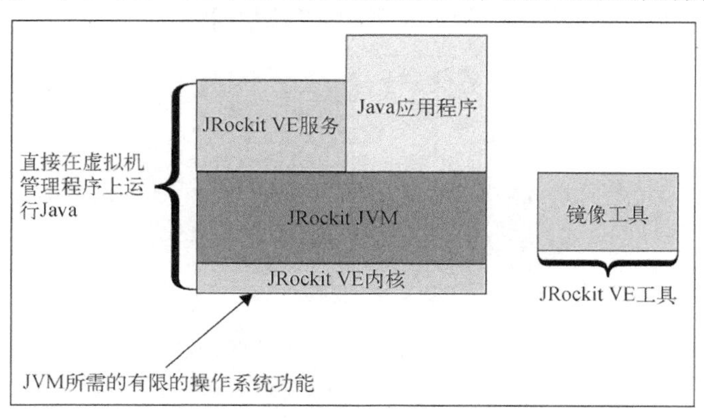

上图展示了部署在 JRockit VE 上的 Java 应用程序的软件栈。部署时，像 SSH 这类的服务是在 Java 层运行的。JRockit JVM 位于 JRockit VE 内核上部，JRockit VE 为 JRockit JVM 提供底层支持。

接下来，将会详细介绍 JRockit VE 内核的相关功能和实现细节。

JRockit VE 内核

JRockit VE 移除了 JVM 对底层操作系统的依赖，使 Java 直接运行在虚拟机管理程序上。目前，Linux 版本的 JRockit JVM 可以直接运行在 JRockit VE 内核上。不过，在后续的版本中，可能会将 JRockit VE 内核整合为完整的 JVM 平台，这样可以减少软件栈中抽象层的数量，简化具体实现。之所以现在通过 JRockit VE 内核来模拟 Linux API，是因为实在是没时间来为 JRockit JVM 开发专用的平台。

虽说现在 JRockit JVM 只是个 Linux 发行版，不过却不会对性能产生额外的影响，也不会将 JRockit JVM 限制在 Linux 上。通过操作系统层，JRockit VE 内核可以为 Linux 版本的 JVM 提供更为理想的执行环境，通过专用的 JVM，可以进一步提升应用程序的整体性能。

从概念上讲，JRockit VE 内核与操作系统非常相像，但真作为操作系统用的话还差得很远。它虽然包含了线程实现、调度器、文件系统、内存分配等模块，但和真正的操作系统相比还太简单。

JRockit VE 内核只能运行一个进程，即 JRockit JVM。此外，由于 JVM 是一个沙箱，也不必担心恶意的 Java 代码会对系统造成危害，而且 JVM 本身也会进行相关的安全审查（例如字节码校验）。

不过，这里有一个重要限制，即 JRockit VE 会禁用任何本地代码，因为确实没办法确认本地代码的行为。这既是功能性问题，也是安全性问题。本地代码中可能会包含系统调用，可能是平台相关的，而且本地代码中可能还会含有恶意代码。就目前的 Java 应用程序来看，禁用本地代码还不算是太大的问题，因此 JRockit VE 不支持 JNI。

JRockit VE 内核的另一个限制就是，不具备常见于通用操作系统的高级分页机制。因为 JRockit VE 只会运行 JRockit JVM 一个进程，所以只映射一个虚拟地址空间就够了。

下图展示了 JRockit VE 内核中的各个模块，包括文件系统、设备驱动（用于与虚拟机管理程序通信）、块缓存、自包含的网络栈、内存管理和线程调度器等。

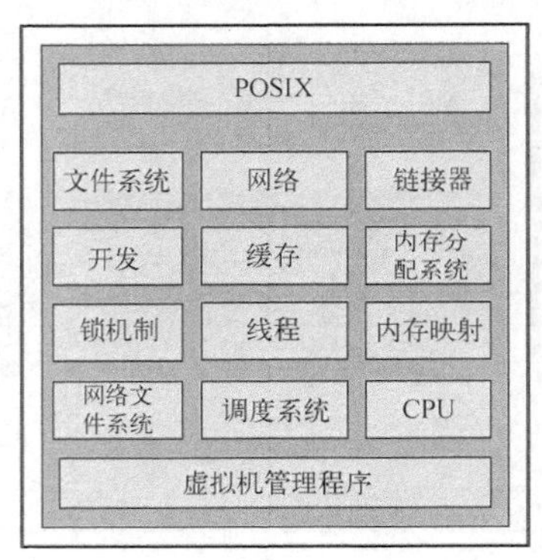

就暴露出的 API 来说，JRockit VE 内核与类 Unix 系统非常相似。正如前文提到的，Linux 版本的 JRockit JVM 可以直接运行在 JRockit VE 内核上，不过这只说明 JRockit VE 内核实现了通常操作系统的部分功能，并不意味着 JRockit VE 内核真的兼容了 Linux 系统。JVM 所使用的 API 看起来像是 POSIX 系统调用，但实际上不是，缺少了 POSIX 的一些通用功能。若是以后运行 JRockit 时需要感知到 JRockit VE 的存在，就可以省去很多伪装 Linux 系统所带来的麻烦。例如，无须在内核中模拟`/proc` 文件系统，因为这是 JRockit 在 Linux 上获取内存信息的方法。此外，还可以移除一些操作系统调用，例如 `mmap`，在 JRockit VE 中，它看起来像是 POSIX 调用，但实际上却不是。在标准的 POSIX 中，`mmap` 的实现非常复杂，但在 JRockit VE 中，只是为了伪装成 Linux 而特意实现的，简化了一些操作。基于以上原因，将 JRockit 移植到 JRockit VE 上时就不会太复杂，因为 JVM 中用到的系统调用都已经存在于定义良好的平台抽象层中了。

在学习 JRockit VE 内核时，千万不要被它误导，虽然它看起来像个轻量级操作系统，但实际上绝不是操作系统，很多操作系统应有的复杂机制都被舍弃了。对于像 Linux 这样的操作系统来说，设备驱动程序的复杂性远大于内核本身，而对于运行在虚拟机管理程序上的 JRockit VE 来说，这完全没必要，因为虚拟机管理程序会处理好和硬件设备的通信。JRockit VE 内核模块本身只有大约 13 万行 C 语言代码，其中大部分都是网络栈相关的代码。

13.2.2 虚拟机镜像与管理框架

现在，“虚拟云”（virtual cloud）是个非常时髦的词，其概念理解起来其实很容易，就是将大量计算机资源通过互联网联系起来统一管理，不再纠结于具体的某台计算机或某个具体配置。

安装在物理机器上的 Java 应用程序的概念也众所周知。

目前，大部分云解决方案都是通过某种管理框架来管理部署在云中的应用程序，通过抽象来移除对指定机器的依赖，以实现“云就是计算机”。通常来说，会在云服务器中通过管理框架来部署整个自包含的客户操作系统，例如虚拟的 Linux 发行版。

具体来说，Oracle VM Manager 就是一种云管理框架，作为 Oracle VM 本地型虚拟机管理程序的一部分来发行。Oracle VM Manager 允许系统管理员对服务器集群进行配置和分组，并在云中部署虚拟机镜像。

起初，JRockit VE 雄心勃勃，按照“本地版 Java”来做，希望可以在本地机器上通过命令行来启动和部署云中的虚拟应用程序，虚拟应用程序看起来就像运行在本地机器上一样，将 JVM 的控制台输出发送到本地控制台可以实现这种远程操作。不过，这产生了一个非常复杂的概念，而且导致思路混乱：应用程序到底是在哪里运行的？

在 alpha 版发布之后，用户也开始试用了，而此时 JRockit VE 团队决定走另一条路，即将本地 Java 应用程序集成到虚拟机镜像中。通过已有的管理框架（例如 Oracle VM Manager），将打包好的二进制文件部署到云中，并通过管理框架来执行日常管理，例如修改虚拟机布局、迁移服务器等。

一般来说，虚拟机镜像中可能会包含任意操作系统对任意机器的配置。JRockit VE 的虚拟机镜像中包含了供 Java 使用的、完整的虚拟机规范和配置，以及配套的文件系统。

可以将发行虚拟机镜像（例如 WebLogic Server）看作交给客户一台物理机器，在这台机器上预装了某个版本的 WebLogic Server，而用户只需要给机器通电，接上网络连接线，启动服务器就大功告成了。这里和现实生活中的区别主要在于，并不是真的给用户一台物理机器，而只是把机器的相关规范（例如内存限制、CPU 限制等）和硬盘中的克隆镜像交给用户。云服务为模拟机器提供必要的资源。这就是虚拟化。

虚拟机镜像中包含了预装软件，免去了用户自行安装的麻烦，这也是虚拟化可以降低 IT 成本的原因。

通过 JRockit VE 自带的 Image Tool 工具可以将本地安装的应用程序制成虚拟机镜像，并直接部署到云服务器上，这种用例称为“物理到虚拟”，而另一种用例则是用户不再自己制作虚拟机镜像，而是直接使用其他厂商生成的虚拟机镜像。

通过 JRockit VE 的 Image Tool 工具（离线）和管理框架（在线），可以控制虚拟机的方方面面，例如虚拟机的内存总量。虚拟应用程序所需的虚拟机环境各有不同，有的简单，有的复杂，管理起来颇为麻烦。

通过工具可以自动生成带有最简化配置的 JRockit VE 虚拟机镜像。通常来说，只需要告知 Image Tool 所需的硬盘大小、CPU 核数和内存总量即可，此外运行 JRockit VE 内核至少需要有一个网卡接口才行。启动时，如果有 DHCP 协议的话，JRockit VE 内核会先通过 DHCP 协议来简化网络配置；若是没有 DHCP 协议，则需要显式配置虚拟网络的各项参数。

作为虚拟机镜像的一部分，在运行虚拟的 Java 应用程序时就可以使用虚拟机镜像的本地文件系统了。

下面的示例是 JRockit VE 虚拟机的配置文件，对运行在虚拟机镜像中的 Java 应用程序 HelloWorld 进行了描述。虚拟机镜像可以通过 Image Tool 工具来制作，类似的配置文件可以直接从已有的虚拟机镜像中获得。

JRockit VE 配置文件的格式是独立于具体虚拟机管理程序的。

```
<?xml version="1.0" encoding="UTF-8"?>

<!-- helloworld.xml -->
<jrockitve-imagetool-config xmlns:xsi="http://
  www.w3.org/2001/XMLSchema-instance"xsi:noNamespaceSchemaLocation=
  "jrockitve-imagetool-config.xsd" version="5.1">
  <jrockitve-config memory="512 MB" cpus="1">
    <storage>
      <disks>
        <disk id="root" size="256 MB"/>
      </disks>
```

```
        <mounts>
          <mount>
            <mount-point>/</mount-point>
            <disk>root</disk>
          </mount>
        </mounts>
      </storage>
      <vm-name>helloworld-vm</vm-name>
      <java-arguments>-Xmx256M HelloWorld</java-arguments>
      <network>
        <nics>
          <nic/>
        </nics>
      </network>
    </jrockitve-config>
    <jrockitve-filesystem-imports>
      <copy from="~/myLocalApp/HelloWorld/*" to="/"/>
    </jrockitve-filesystem-imports>
  </jrockitve-imagetool-config>
```

以上配置文件指定了虚拟机需要 512 MB 内存、一个 CPU 核心和一块 256 MB 大小的硬盘。在部署虚拟机镜像后，就可以在管理框架中看到名为 helloworld-vm 的虚拟机。启动时，JRockit VE 内核会调用 JRockit，JRockit 则启动名为 HelloWorld 的 Java 应用程序，该程序的.class 文件及其他资源文件存放在虚拟机硬盘的根路径下。虚拟机中还包含有一块网卡，由于没有其他特殊配置，JRockit VE 内核会在启动时通过 DHCP 来设置虚拟机的网络参数。

下面的几个命令展示了如何使用 Image Tool 来制作虚拟机镜像，以及如何在部署前对其修改。默认情况下，Image Tool 会生成一个标准的 Xen 或 Oracle VM 配置，包括名为 vm.cfg 的配置文件，名为 system.img 的系统镜像和虚拟硬盘。在虚拟硬盘中包含了 Java 应用程序，JRockit JRE 和 JRockit VE 内核。

```
hastur:marcus$ java -jar jrockitve-imagetool.jar

Usage: java -jar jrockitve-imagetool.jar [options]

-h,  --help                  [<option_name>]
-c,  --create-config         [<config_file.xml>] [<vm_name>]
     --create-full-config    [<config_file.xml>] [<vm_name>]
-r,  --reconfigure           <vm_cfg> <op> <field> [<parameter>]*
     --reconfigure-service   <vm_cfg> <service-name>
       <op> <field> [<parameter>]*
-f,  --file                  <vm_cfg> <operation> [<parameter>]*
     --get-log               <vm_cfg> [<output file>]
     --repair                <vm_cfg> [<auto|prompt|check>]
-p,  --patch                 <vm_cfg> <patch_file>
-a,  --assemble              <config.xml> <output_dir> [<hypervisor>]
-d,  --disassemble           <vm_cfg><output_dir>
-v,  --version               [<vm_cfg>|<jrockitve_image>]
-l,  --log (#)               <quiet|brief|verbose|debug>
     --force (#)
```

```
Options marked "#" are not standalone.
  They must be used together with other options

hastur:marcus$ java -jar jrockitve-imagetool.jar
  --assemble helloworld.xml /tmp/outputdir

Assembling the image...
|                            |
.............................
Wrote 127 MB
Done

hastur:marcus$ ls -lart /tmp/outputdir/

total 327688
drwxrwxrwt  18 root      612        Aug 29 11:09
-rw-r--r--   1 marcus    270        Aug 29 11:10 vm.cfg
-rw-r--r--   1 marcus    268435456  Aug 29 11:10 system.img
drwxr-xr-x   4 marcus    136        Aug 29 11:10

hastur:marcus$ java -jar jrockitve-imagetool.jar
  --reconfigure /tmp/outputdir/vm.cfg get java-arguments

-Xmx256M HelloWorld

hastur:marcus$ cat /tmp/outputdir/vm.cfg

# OracleVM config file for 'helloworld-vm'.
# Can be used with 'xm <start|create> [-c] vm.cfg'
#
# note that Xen requires an absolute path to the image!

name="helloworld-vm"
bootloader="/usr/bin/pygrub"
memory=512
disk=['tap:aio:/OVS/seed_pool/helloworld-vm/system.img,sda1,w']
vif=['']
on_crash="coredump-destroy"
```

假设现在已经做好了虚拟机镜像，接下来就可以通过 JRockit VE Image Tool 工具来查询和重设虚拟机配置了。下面的示例通过 Image Tool 工具修改了虚拟机的 CPU 核数，而这会改变虚拟机管理程序的配置文件，进而可能会改变虚拟机镜像文件（例子中的 system.img）。在虚拟机管理程序的配置文件中，组装起来的镜像文件与其配置文件应该是一一对应的（例子中用于 Oracle VM 或 Xen 的 vm.cfg）。

```
hastur:marcus$ java -jar jrockitve-imagetool.jar
  --reconfigure /tmp/outputdir/vm.cfg get cpus

1

hastur:marcus$ java -jar jrockitve-imagetool.jar
  --reconfigure /tmp/outputdir/vm.cfg set cpus 4
```

```
Done

hastur:marcus$ cat /tmp/outputdir/vm.cfg

# OracleVM config file for 'helloworld-vm'.
# Can be used with 'xm <start|create> [-c] vm.cfg'
#
# note that Xen requires an absolute path to the image!

name="helloworld-vm"
bootloader="/usr/bin/pygrub"
memory=512
disk=['tap:aio:/OVS/seed_pool/helloworld-vm/system.img,sda1,w']
vif=['']
vcpus=4    #<--- we now have 4 virtual CPUs
on_crash="coredump-destroy"
```

组装起来的虚拟机镜像也可以通过 Image Tool 工具**拆解**（disassemble）为分散的组件，对于终端用户来说，这种场景（虚拟到物理）与组装场景（物理到虚拟）类似，并非是唯一可用的方式。在实际工作中，用户可能会使用 Image Tool 拆解虚拟机镜像后做一些定制化修改，然后再重新打包使用。

除了操作虚拟机镜像外，Image Tool 还可以对镜像打补丁，以便修复故障、更新软件（例如 JRockit VE 内核或 WebLogic server）等。因此，可以通过补丁包的形式升级预打包的虚拟机镜像，而无须把镜像拆下来再做修改。

Image Tool 还可用于执行一些离线操作，例如从虚拟应用程序中抽取日志文件信息，或者启用 JRockit VE 镜像中预装的 SSH 服务。即便是补丁管理框架支持对补丁做版本控制，也需要某种安全机制来保证打补丁能够正确完成，例如打补丁时先把文件备份一下，万一打补丁时出现错误，还可以把文件恢复回来。

在下面的示例中，先查询了 JRockit VE 虚拟机镜像中包含了哪些服务，接着启动其中的 SSH 守护进程。

```
hastur:marcus$ java -jar jrockitve-imagetool.jar -r
  /tmp/outputdir/vm.cfg get installed-services

sshd (An SSH2 implementation with SCP and SFTP support)
jmxstat (JRockitVE kernel statistics MBean)
sysstat (JRockitVE kernel sysstat statistics)

hastur:marcus$ java -jar jrockitve-imagetool.jar -r
  /tmp/outputdir/vm.cfg get enabled-services

None

hastur:marcus$ java -jar jrockitve-imagetool.jar -r
  /tmp/outputdir/vm.cfg enable service sshd
```

```
Done

hastur:marcus$ java -jar jrockitve-imagetool.jar -r
  /tmp/outputdir/vm.cfg get enabled-services

sshd (An SSH2 implementation with SCP and SFTP support)
```

在一个运行中的虚拟机镜像里启动SSH服务后，虚拟机会根据预先配置的认证策略响应SCP和SFTP请求。

最后，还可以使用Image Tool工具操作虚拟机镜像中的文件系统，例如在其中创建或删除文件和目录，并且可以将文件在本地文件系统和虚拟机文件系统中做双向复制。

```
hastur:marcus$ java -jar jrockitve-imagetool.jar
  --file /tmp/outputdir/vm.cfg ls /
 [Feb 04  2010]                              boot/
 [Feb 04  2010]                              jrockitve/
 [Feb 04  2010]                              lost+found/
 [Feb 04 16:00        498 bytes]             HelloWorld.class
 [Feb 04 16:00        358 bytes]             VERSION

Done

hastur:marcus$ java -jar jrockitve-imagetool.jar
  --file  /tmp/outputdir/vm.cfg get HelloWorld.* /tmp

Done

hastur:marcus$ ls -l /tmp/HelloWorld*

-rw-r--r-- marcus wheel 489 Feb 14 15:36 /tmp/HelloWorld.class
```

13.2.3　JRockit VE 的优势

使用JRockit VE作为虚拟化解决方案主要有以下几种优势：

- 性能和更高的资源利用率
- 简便
- 管理性
- 安全性

接下来的章节将分别介绍上述优势。

1. 性能与更高的资源利用率

JRockit VE的高性能主要源于两方面，其中之一就是移除了不必要的抽象层。在专门的虚拟环境中，移除由JVM、OS和虚拟机管理程序组成的“虚拟三件套”是可以提升整体性能的。

另一方面，在虚拟机管理程序和JVM之间还有一些中间区域，这些区域可以提供很多性能相关的数据，运用正确的话，甚至可以使虚拟环境的整体性能强于真实的物理机器，虽然听起来不太真实，但还是有可能的，后面会详细介绍这部分内容。

● **移除“虚拟三件套”**

在普通操作系统中，需要以较高的权限来执行一些某些特殊操作（例如系统调用）。现代硬件中或多或少会有一些**层级保护域**（hierarchical protection domain），从最低权限访问空间（用户空间）到最高权限访问空间（内核空间），所有的代码都会运行在这些层级保护域中。在 x86 体系中，这些层级保护域称为 Ring。Ring 的等级越低，其所表示的权限越高。Ring 0 具有最高访问权限，表示访问内核空间。另一方面，用户态（user mode）的代码必须要运行在权限较低的层级下。若是用户需要执行高权限操作（例如系统调用），则 CPU 需要改变 Ring 的级别，这个操作的开销很大，需要执行同步操作，而且可能不得不销毁缓存的所有数据。

JRockit VE 内核中包含有与操作系统类似的子系统，由于它是通过虚拟机管理程序来与硬件交互的，大部分情况下，它都是工作在 Ring 3（用户态）等级下的，省去了改变 Ring 等级的操作（在某些场景下，还是需要的）。

这里简单说说虚拟机管理程序的实现细节，以便更好地理解保护域的工作原理。在 x86 体系下，虚拟的客户操作系统通常以 Ring 1 来运行它的内核操作，将 Ring 0 留给虚拟机管理程序使用。

下面的示意图展示了，JVM 中网络系统调用的执行路径在普通 Linux 系统和 JRockit VE 内核中的区别（垂直的虚线为时间轴）。

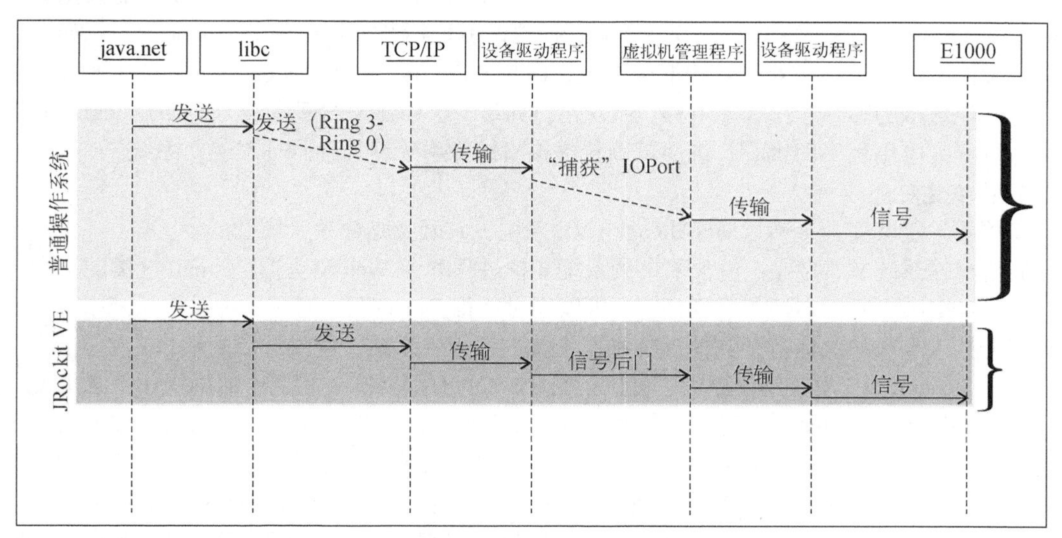

如图所示，在普通 Linux 系统中，网络系统调用发起于 `java.net` 包中的 Java 函数，控制流逐步通过各个层级，最终达到硬件网卡，通过网卡驱动程序执行汇编指令。其执行路径中的虚线表示执行开销很大的特权操作，例如改变 Ring 等级等。同样的网络系统调用，在 JRockit VE 内核中，就可以以很小的执行开销完成。

这个示例说明，如果能用专门的中间层代替操作系统，就可以极大降低虚拟化的执行开销，这正是 JRockit VE 一大卖点。正如前面介绍的，云计算的一大问题就是虚拟化的性能开销。相比于传统虚拟化解决方案，JRockit VE 使用专门的中间层代替普通操作系统，极大地降低了执行开销。

- **内存使用量**

JRockit VE 内核是一个自包含的启动镜像，大小只有几兆字节。除了几个配置文件和 JRE 以外，这就是虚拟机镜像的全部大小了。现在操作系统的实现动辄上百兆字节，远远大于 JRockit VE 的体积。

如此小的 JRockit VE 内核使系统可以将更多的内存用于运行 Java 应用程序，对于普遍使用 32 位系统的云主机来说，这是很重要的。

2. 可管理性

可管理性包含两个方面，**离线管理**（offline manageability）和**在线管理**（online manageability）。其中，离线管理是指对虚拟机镜像的管理，在线管理是指在云计算环境中部署和控制虚拟机。

对于还未部署的 JRockit VE 虚拟机镜像来说，可以通过随 JRockit VE 及其衍生品（例如 WebLogic Server）一起发布的 Image Tool 来对其各个方面（例如文件系统、虚拟机配置、服务等）进行离线操作。

另一方面，如果 JRockit VE 虚拟机镜像符合某种虚拟机管理程序的特定格式，则可以使用该虚拟机管理程序（例如 Oracle VM Manager）对其进行管理。

作为一个成熟的产品，Oracle VM Manager 使系统管理员可以同时管理多个虚拟化版本的 Oracle Enterprise Linux，并且可以几乎不做任何修改就能运行虚拟机镜像中的应用，例如运行于 JRockit VE 之上的 WLS。对于管理框架来说，这些 WebLogic 之类（WebLogic blob）的虚拟应用程序与其他虚拟的客户应用程序一样，照常运行即可。这种强大的适应能力，使 JRockit VE 无须再为运行哪些应用程序而操心，进而可以从虚拟机镜像中无缝地移除标准操作系统。

3. 简单又安全

简单不一定就安全，不过对于 JRockit VE 来说，它确实是简单又安全的。

通用操作系统非常复杂，包含了大量系统守护进程和像 Web 浏览器、e-mail 这类的用户应用程序，并且提供了通用多任务运行环境，可以同时运行多个进程。对于这种操作系统来说，一般会有多个接入点来访问运行了其他标准操作系统的远程工作站，例如开放的端口，登录协议等。

由于 JRockit VE 内核仅仅提供了可以运行 JVM 的有限功能，相比于通用操作系统来说，其复杂性大大降低。正如前文提到的，在 JRockit VE 内核中只预装了 SSH 守护进程，以便实现远程访问，而且默认情况下，该服务是禁用的，需要由虚拟机镜像的创建者手动开启。访问入口少，禁用本地代码，JVM 校验危险代码，所有这些加在一起保证了 JRockit VE 的高安全性。

此外，JRockit VE 内核本身只会运行 JVM 这一个进程，因此也就不存在进程和资源隔离的问题，进一步增强了 JRokcit VE 的安全性。

JVM 按照 JVM 规范的要求来维持 Java 应用程序的安全性。禁用本地代码，沙箱式的 JVM 模型就可以更好地保护系统免受危险代码和缓冲区溢出的威胁。以内存管理来说，JVM 自己就可以干得不错，也就不需要再引入其他内存保护措施。所有这些使 JRockit VE 内核既简单又安全。

一般来说，通用操作系统可以为用户设置不同的访问权限，这种权限设置会一直影响到进程和文件系统层面。就 JRockit VE 内核来说，实际上是没有用户的，只有一个隐式的 JVM 进程所有者，而对用户的管理则交由 Java 应用程序完成。常见的用例是运行一个应用程序服务器来处理这些任务，因为它内建了用户账户和访问权限的控制。事实上，将用户访问控制外包给 Java 应用程序来处理没什么问题，既不会限制正常使用，也不会带来安全问题。

对于通用操作系统来说，系统配置颇为麻烦，涉及多种工具和文件，而对 JRockit VE 来说简直是轻松愉快，只需要修改一个配置文件即可，可以通过现有的管理框架来修改，或者修改一个自动生成的配置文件。

预估数量	JRockit VE	JeOS	Linux
配置文件	1	100	1000
命令	10	500	3000
命令/内核参数	100	10 000	50 000
管理工具	1	200	500
大小（MB）	3（*）	200	1000
相对于 JRockit VE 的平均比率	1	50	500

上表粗略地比较了通用操作系统（某个 Linux 服务器的发行版）、精简操作系统（以 JeOS 为例）和 JRockit VE 的区别。对于小系统来说，保证安全性还是比较容易的，但随着系统规模和复杂性的增加，安全性问题也会随之升级。

JRockit VE 中内置了 JRE，但其实 JRE 的安装部署本应该是由用户自己处理的，因此它其实是和 Java 应用程序处于同一层面的软件。

13.2.4 JRockit VE 的限制

JRockit VE 主要有两大限制，即不支持 JNI 和 GUI。

正如前面提到的，JRockit VE 内核只支持纯 Java 代码，因为若是支持本地代码的话就需要在安全性上大做文章，需要实现一个更复杂更完整的操作系统。对于那些通常是使用纯 Java 编写的应用服务器来说，支持本地代码并无太大必要，因此禁用 JNI 不会有什么问题。当然，JVM 运行时自身会调用一些本地代码，这些代码可以确定是安全无害的。

目前，JRockit VE 只能通过其控制台来导出信息，不支持 GUI，输出内容也只能是普通文本，例如写入到 System.out 和 System.err 中的字符文本。当然，可以将控制台输出重定向到本地文件系统或网络文件系统的文件中。对于服务器端应用程序来说，GUI 界面并无必要。

13.3 虚拟化能媲美真实环境吗

移除不必要的中间虚拟层只是性能优化的第一步，如果能控制操作系统层，使 JVM 知道该如何与其通信的话，就能使 JVM 获得更多重要信息，进而极大地扩展自适应运行时的能力。

这一节的内容更趋向于推测，其中所设计到的技术并未在现实世界中加以验证，在将来可能会发生变化，但不出意外的话，它们应该就是高性能虚拟化的基础。

13.3.1 高质量的热点代码采样

提高热点代码采样信息的质量可以提升系统的整体性能。在第 2 章中曾介绍过，采样信息越详细，代码优化的质量就越高。如果我们运行自己的调度器，并且完全控制系统中所有的线程的话，例如 JRockit VE 内核就是这么做的，采样的开销会急剧增大。若想查找 Java 指令寄存器的内容，无须调用开销巨大的操作系统调用（改变 Ring 级别）来暂停所有的应用程序线程。如果通过 JVM 内部实现的绿色线程（参见第 4 章内容）来实现，启动和终止绿色线程的开销极小，跟操作系统线程相比完全不是一个数量级。JRockit VE 中的线程实现与绿色线程颇有相似之处。

JRockit VE 中的采样质量堪比基于硬件的采样（参见第 2 章），使 JVM 能够获得更多的运行时信息，为指定优化策略提供数据支持，提升决策的准确性。

13.3.2 自适应堆大小

除了采样信息之外，另一个性能提升点在于启用**堆大小的自适应调整**（adaptive heap resizing）。

大多数虚拟机管理程序都支持名为**膨胀**（ballooning）的技术，该技术使虚拟机管理程序和客户应用程序可以协商内存的使用情况，无须破坏各个客户应用程序之间的沙箱模型。具体是实现一个**膨胀驱动程序**（balloon driver）的中间层，为客户应用程序提供一个伪虚拟设备，虚拟机管理程序通过该伪虚拟设备提示客户应用程序需要扩大内存。当内存不足，需要回收一些其他客户应用程序占用的内存时，客户应用程序可以通过膨胀驱动程序解析出由虚拟机管理程序发出的有关“扩大内存”的提示。

此外，膨胀还可以实现**内存的超量使用**，例如使各个客户应用程序占用的总内存可以超过物理内存的总量。鉴于该技术可用于实现无换页操作，可以说是非常强大的技术。

由于 JVM 中 Java 堆所占用的内存总量比 JRockit VE 内核所占用的本地内存总量大上几个数量级，对于虚拟机管理程序来说，回收内存最有效的方式就是对 Java 堆做伸缩处理。如果虚拟机管理程序通过膨胀驱动程序报告内存压力过大，则 JVM 应该通过外部 API（所谓“外部”，是指 JRockit VE 调用 JVM 的接口）来收缩 Java 堆，这个调用可能会触发 Java 堆的内存整理操作。

另一方面，如果垃圾回收的执行时间过长，则 JVM 应该询问 JRockit VE 内核是否需要通过虚拟机管理程序回收一些内存。这个询问操作只存在于 JRockit 和 JRockit VE 平台，是作为 JRockit VE 平台抽象层供 JVM 使用的。

传统的操作系统并不支持提示进程需要释放或增加内存的操作，而自适应内存管理却可以完成这项任务，可以说是开启了新的篇章。因此，JRockit VE 能够保证 JVM 可以恰到好处地使用内存，及时释放内存供其他客户应用程序使用，避免因换页操作（内存不足时可能需要执行换页操作）而带来的性能开销（这开销很大）。这个特性使 JRockit VE 非常适合作为虚拟环境来运行 Java 应用程序，可以及时调整各个客户应用程序的运行配置，最大化资源利用率。

13.3.3　线程间的页保护

移除 JVM 和硬件之间的操作系统层可能会带来意想不到的大收益。

回想一下标准操作系统中进程和线程的概念，就定义来说，同一进程中的线程会共享虚拟内存，而且并没有内置的内存保护机制来保护线程对内存的并发访问，但不同进程则肯定不能访问对方的内存数据。现在假设每个线程都可以保留一部分其他线程无法访问的内存（当然，其他进程的线程就更不能了）。如果某个线程试图访问另一个线程的私有内存区域，则可能会产生一个页错误（page fault）。这种机制与标准操作系统中的页保护相类似，只不过控制粒度更精细，实现这个机制并不复杂，JRockit VE 就是通过改变线程的定义来实现的。

对于标准操作系统来说，若想在 JVM 实现这种快速、透明的线程内页保护机制是不可能的，但对于像 JRockit VE 内核这样的“操作系统”来说，那就小菜一碟了。Oracle 已经就这种技术申请了多项专利。

下面两个小节的内容阐述了这项技术强大的威力。

1. 改进垃圾回收

正如第 3 章中介绍的，在 Java 中实现线程局部对象分配是大有裨益的，可以避免重复在 Java 堆中创建对象，由于在堆中创建对象需要做同步处理，会带来额外的性能开销。

此外，由于绝大部分 Java 对象的生命周期都非常短，将之存放在年轻代可以提升垃圾回收的吞吐量。对于很多 Java 应用程序来说，大部分对象的生命周期都只限于线程内部，在其他线程看到该对象之前就会回收掉。

如果能够以较低的开销将**线程局部分配**扩展为更小的、自包含的**线程局部堆**（thread local heap），理论上是可以大幅提升系统整体性能的。就具体实现来说，就是保证目标对象只会在当前线程内使用，则对线程局部堆的垃圾回收可以以无锁的方式完成。如果程序中所用到的对象都只存活于线程内的话，则实现无延迟、无暂停的垃圾回收就不再是梦想了。当然，目前这只是设想而已。由于线程局部堆之间是相互隔离的，对各个线程局部堆的垃圾回收可以分开执行，有助于降低垃圾回收造成的系统延迟。

除了线程局部堆之外，全局堆（一般来说，会占用系统内存的大部分空间）用于放置共享于各个线程之间的对象，因而需要使用标准垃圾回收操作。全局堆中的对象可能会引用线程局部堆中的对象，因此在对线程局部堆做垃圾回收时，垃圾回收器需要额外处理这种关联关系。

实现这种机制的主要问题在于如何识别出对象的线程可见性（是否可被其他线程看到）的改变。对线程局部堆中对象的属性做读写操作都可能会改变其线程可见性，可能需要将目标对象从线程局部堆提升到全局堆中。为简化实现，可以禁用两个不同线程局部堆中的对象互相引用。

对于标准操作系统来说，若想在标准 JVM 实现这种机制，需要在读写对象属性时添加读屏障和写屏障，执行开销不小。屏障需要检查访问对象的线程和创建对象的线程是否相同，若不同，而且该对象之前从未被其他线程看到过，则需要将该对象提升到全局堆中；如果是创建者线程访问自己创建的对象，则让对象留在线程局部堆中就好。

这种机制的伪代码如下所示：

```
// 以"x.field"的形式访问对象的实例属性
void checkReadAccess(Object x) {
  int myTid = getThreadId();

  // 若该实例是线程局部内的，而且属于另一个线程，则将其放置到全局堆中
  if (!x.isOnGlobalHeap() && !x.internalTo(myTid)) {
    x.evacuateToGlobalHeap();
  }
}
// 以"x.field = y"的形式访问对象的实例属性
void checkWriteAccess(Object x, Object y) {
  if (x.isOnGlobalHeap() && !y.isOnGlobalHeap()) {
    GC.registerGlobalToLocalReference(x, y);
  }
}
```

在 64 位机器上，内存地址空间大而稳定，因此在实现时，可以使用对象地址的部分二进制位来标记对象从属于哪个线程局部堆。这样在实现读屏障和写屏障的快速路径时，只需要几条汇编指令就可以判断出对象是否还只在线程内可见。不过，就算是所有访问对象的操作都源自于创建者线程，这种线程可见性的检查还是会带来一些性能开销，浪费宝贵的寄存器资源，因为每个读屏障和写屏障都需要执行额外的本地指令，自然地，对于慢速路径[①]来说，开销就更大了。

Österdahl 等人的研究表明，读写屏障所产生的执行开销使其不适合在通用操作系统中实现 JVM 的线程局部垃圾回收。但如果能在线程级实现页保护机制的话，则至少可以使读屏障的实现更轻，具体实现来说，可以在非创建者线程访问其他线程的线程局部堆中的对象时，触发一个页错误来通知系统需要改变对象的线程可见性，这样就不必显式地执行屏障代码了。

当然，即便是提升了读屏障和写屏障的执行性能，但由于对象可能会被频繁地提升到全局堆中，线程局部垃圾回收仍会增加系统整体的执行开销。以生产者–消费者模型为例，生产者线程创建的对象会不断地被消费者线程所获取，因而完全不应该使用线程局部垃圾回收。

不过万幸的是，大部分应用程序都适用于分代式垃圾回收，而且其中大部分对象在其生命周期内都只对创建者线程可见。

本节所介绍的技术可谓是一种“赌博式”的优化，这种优化技术广泛应用于自适应运行时的各个领域，如果赌输了，后果很严重。线程局部垃圾回收看起来很美好，实现起来却很复杂，目前还没法判断它是否可用于生产环境中。

---

① 估计是做对象提升操作。——译者注

2. 并发内存整理

线程间内存保护另一个发展方向就是如何以较少的同步操作来执行并行任务，例如垃圾回收器执行堆内存整理操作。堆内存整理的开销很大，因为对象的引用关系可能会跨越整个内存堆。多线程执行堆内存整理需要在线程之间同步对象的引用关系，降低了任务的并行性，即使将堆分化成几个分区，各个分区由不同的线程分别处理，也还是需要在各个线程之间同步对象的引用关系，判断不同线程之间的操作是否会相关影响。

如果线程间的页保护机制能完成线程间同步检查的工作，那实现并发堆内存整理就简单多了，还能提升执行性能。当正在执行整理操作的线程需要与其他线程交互时，可以通过触发页错误的形式来完成，而无须在垃圾回收器中显式处理，从而可以减少整理算法中的同步操作。

13.4 小结

本章主要介绍了 JRockit VE 产品及其背景知识，包括虚拟化和虚拟机管理程序。虚拟化是指在模拟的、虚拟化的硬件上运行软件，可以提升硬件资源的利用率，但模拟硬件来实现虚拟化也会带来一些执行开销。虚拟化的软件，如操作系统，称为客户应用程序。虚拟化主要包含两大类，即全虚拟化和半虚拟化，其中全虚拟化指客户应用程序不做任何修改就能在虚拟环境中运行，而半虚拟化是指客户应用程序需要通过显式的中间层来与底层系统交互。

虚拟机管理程序的存在使多个客户应用程序可以同时运行于一台物理机器上，它会模拟物理硬件，在客户应用程序之间做上下文切换，还会提供类似于设备驱动程序的服务供客户应用程序使用。虚拟机管理程序分为托管型和本地型两类，其中托管型是指以标准操作系统形式来运行虚拟机管理程序，而本地型是指将虚拟机管理程序直接安装在裸设备上。

在 JRockit VE 的软件栈中，通用操作系统层被移除了，从而提升了整个虚拟系统的运行性能。JRockit VE 与通用操作系统类似，但只会运行 JVM 这一个进程，为其提供必要的功能支持，因而比通用操作系统简单得多，既小巧又安全。

JRockit VE 自带的 Image Tool 工具可以完成虚拟软件的离线管理任务，而在线管理和部署任务则交由具体的管理框架完成，例如 Oracle VM Manager。

最后，本章介绍了如何改进虚拟化的 Java 运行环境，当然前提是可以完全控制虚拟机管理程序和 Java 应用程序之间的中间地带。JRockit VE 的长期发展目标是为 Java 应用程序提供比物理机器更好的运行环境。对此，开发团队信心十足。

附录 A

参考文献

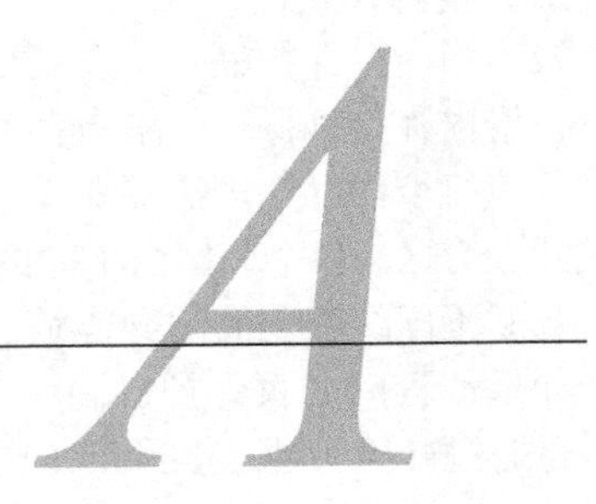

Abuaiadh, Diab, Yoav Ossia, Erez Petrank, and Uri Silbershtein. *An efficient parallel heap compaction algorithm* [J]. ACM SIGPLAN Notices, 2004.

Adl-Tabatabai, Ali-Reza, Richard L. Hudson, Mauricio J. Serrano, and Sreenivas Subramoney. *Prefetch injection based on hardware monitoring and object metadata*[J]. ACM SIGPLAN Notices, 2004:267-276.

SIGPLAN Notices, 2004:267-276. Aho, Alfred, Ravi Sethi, and Jeffrey D. Ullman. *Compilers: Principles, Techniques, and Tools*[M]. Addison Wesley, 1986.

Allen, Randy, and Ken Kennedy. *Optimizing Compilers for Modern Architectures:A Dependence-based Approach. 1st Edition*[M]. Morgan Kaufmann, 2001.

Alpern, B, et al. *The Jalapeño virtual machine*[J]. IBM Systems Journal (IBM) 39, no. 1 (2000): 211-238.

Bacon, David F., Clement R. Attanasio, Han B. Lee, V. T. Rajan, and Stephen Smith. *Java without the coffee breaks:a nonintrusive multiprocessor garbage collector*[J]. Proceedings of the ACM SIGPLAN 2001 conference on Programming language design and implementation, 2001:92-103.

Bacon, David F., Perry Cheng, and V. T. Rajan. *A real-time garbage collector with low overhead and consistent utilization*[C]. ACM SIGPLAN Notices, 2003:285-298.

Bacon, David F., Ravi Konuru, Chet Murthy, and Mauricio Serrano. *Thin locks: featherweight synchronization for Java*[C]. Proceedings of the ACM SIGPLAN 1998 conference on Programming language design and implementation, 1998:258-268.

Barabash, Katherine, Yoav Ossia, and Erez Petrank. *Mostly concurrent garbage collection revisited*[C]. Proceedings of the 18th annual ACM SIGPLAN conference on Object-oriented programing, systems, languages, and applications, 2003:255-268.

Bergamaschi, F, et al. *The Java Community Process(SM) Program-JSR:s Java Specification Requests—detail JSR# 174*. [EB/OL]. http://jcp.org/en/jsr/detail?id=174 (accessed January 1, 2010).

Blackburn, Stephen M., et al. *The DaCapo benchmarks:Java benchmarking development and analysis*[J]. ACM SIGPLAN Notices, 2006:169-190.

Blanchet, Bruno. *Escape analysis for Java TM:Theory and practice*[J]. ACM Transactions on Programming Languages and Systems (TOPLAS), 2003: 713-775.

Bloch, Joshua. *Effective Java. 2nd Edition*[J]. Prentice Hall, 2008.

Bodik, Rastislav, Rajiv Gupta, and Vivek Sarkar. *ABCD:eliminating array bounds checks on demand*[J]. Proceedings of the ACM SIGPLAN 2000 conference on Programming language design and implementation, 2000: 321-333.

Boehm, Hans-J., Alan J. Demers, and Scott Shenker. *Mostly parallel garbage collection.* ACM SIGPLAN Notices, 1991: 157-164.

Box, Don, and Chris Sells. *Essential. NET, Volume I:The Common Language Runtime*[J]. Addison-Wesley Professional, 2002.

Chaitin, Gregory. *Register allocation and spilling via graph coloring*[J]. ACM SIGPLAN Notices, 1982:66-74.

Chaitin, Gregory J., Mark A. Auslander, K. Ashok Chandra, John Cocke, Martin E. Hopkins, and Peter W. Markstein. *Register allocation via coloring*[J]. Computer Languages, 1981: 47-57.

Choi, Jong-Deok, Manish Gupta, Mauricio J. Serrano, Vugranam C. Sreedhar, and Samuel P. Midkiff. *Stack allocation and synchronization optimizations for Java using escape analysis*[J]. ACM Transactions on Programming Languages and Systems (TOPLAS), 2003: 876-910.

Chynoweth, Michael, and Mary R. Lee. *Implementing Scalable Atomic Locks for Multi-Core Intel® EM64T and IA32 Architectures. Intel corporation.* [EB/OL]. November 9, 2009. http://software.intel.com/en-us/articles/implementing-scalable-atomic-locks-for-multi-core-intel-em64t-and-ia32-architectures/(accessed January 31, 2010).

Cooper, Keith, and Linda Torczon. *Engineering a Compiler. 1st Edition[J]*. Morgan Kaufmann, 2003.

Cormen, Thomas H., Charles E. Leiserson, Ronald R. Rivest, and Clifford Stein. *Introduction to Algorithms[M]*. McGraw-Hill, 2003.

Cytron, Ron, Jeanne Ferrante, Barry K. Rosen, Mark N. Wegman, and Kenneth Zadeck. *Efficiently computing static single assignment form and the control dependence graph*[J]. ACM Transactions on Programming Languages and Systems (TOPLAS), 1991: 451-490.

Dahlstedt, Joakim, and Peter Lönnebring. *System and method for using native code interpretation to move threads to a safe state in a runtime environment*[P]. USA Patent7, 080, 374. July 18, 2006.

Dibble, P, et al. The Java Community Process(SM) Program—JSRs: Java Specification Requests—detail JSR# 1. [EB/OL]. 2006. http://jcp.org/en/jsr/detail?id=1 (accessed December 31, 2009).

Dice, David, Mark Moir, and William Scherer. *Quickly Reacquirable Locks*[P]. 2006.

Domani, Tamar, Gal Goldshtein, Elliot K. Kolodner, Ethan Lewis, Erez Petrank, and Dafna Sheinwald. *Thread-local heaps for Java*[C]. Proceedings of the 3rd international symposium on Memory management. Berlin, Germany: ACM, 2002. 76-87.

Fink, Stephen J., and Feng Qian. *Design, implementation and evaluation of adaptive recompilation with on-stack replacement*[C]. ACM International Conference Proceeding Series, 2003: 241-252.

Goetz, Brian. *Java theory and practice: Fixing the Java Memory Model, Part 1.* [EB/OL]. http://www.ibm.com/developerworks/library/j-jtp03304/ (accessed December 31, 2009).

Goetz, Brian, Tim Peierls, Joshua Bloch, Joseph Bowbeer, David Holmes, and Doug Lea. *Java Concurrency in Practice[M]*. Addison-Wesley, 2006.

Gosling, James, Bill Joy, Guy Steele, and Gilad Bracha. *The Java ™ Language Specification. 3rd Edition*[J]. Addison-Wesley, 2005.

Gough, John. *Compiling for the . NET Common Language Runtime (CLR)*[J]. Prentice Hall, 2001.

Grove, David. *Ramblings on Object Models*. [EB/OL]. January 11, 2006. http://moxie. sourceforge.net/meetings/20060111/grove-ngvm. pdf(accessed January 10, 2010).

von Hagen, William. *The Definitive Guide to GCC. 2nd Edition*[J]. Apress, 2006.

Hyde, Paul. *Java Thread Programming. 1st Edition[M]*. Sams, 1999.

Jones, Richard, and Rafael D. Lins. *Garbage Collection: Algorithms for Automatic Dynamic Memory Management*[M]. Wiley, 1996.

Kawahito, Motohiro, Hideaki Komatsu, and Toshio Nakatani. *Effective sign extension elimination for Java*[M]. ACM Transactions on Programming Languages and Systems (TOPLAS), 2006: 106-133.

Kotzmann, Thomas, Christian Wimmer, Hanspeter Mössenböck, Thomas Rodriguez, Kenneth Russell, and David Cox. *Design of the Java HotSpot™ client compiler for Java 6*[J]. ACM Transactions on Architecture and Code Optimization (TACO), 2008.

Lagergren, Marcus. *Experience Talk—"QA Infrastructure—Meeting commercial robustness criteria"* [EB/OL]. January 11, 2006. http://moxie.sourceforge.net/meetings/20060111/lagergren-ngvm. pdf(accessed December 31, 2009).

Lagergren, Marcus. *System and method for iterative code optimization using adaptive size metrics*[P]. USA Patent 7, 610, 580. 2009.

Lea, Doug. *Concurrent Programming in Java ™ : Design Principles and Patterns. 2nd Edition*[M]. Prentice Hall, 1999.

Lea, Doug. *The JSR-133 Cookbook for Compiler Writers. 2008* [EB/OL]. http://g.oswego.edu/dl/jmm/cookbook. html(accessed December 31, 2009).

Lindholm, Tim, and Frank Yellin. *The Java ™ Virtual Machine Specification. 2nd Edition*[C]. Prentice Hall, 1999.

Low, Douglas. *Java Control Flow Obfuscation[J]*. Master's Thesis, University of Auckland, Auckland, 1998.

Lueh, Guei-Yuan, Thomas Gross, and Ali-Reza Adl-Tabatabai. *Fusion-based register allocation*[J]. ACM Transactions on Programming Languages and Systems (TOPLAS), 2000: 431-470.

Lueh, Guei-Yuan, Thomas Gross, and Ali-Reza Adl-Tabatabai. *Global Register Allocation Based on Graph Fusion*[C]. Lecture Notes in Computer Science, 1996: 246-265.

Manson, Jeremy, and Brian Goetz. *JSR 133 (Java Memory Model) FAQ. 2004*[EB/OL]. http://www.cs.umd. edu/users/pugh/java/memoryModel/jsr-133-faq.html(accessed December 31, 2009).

Manson, Jeremy, William Pugh, and Sarita V. Adve. *The Java memory model*[C]. Proceedings of the 32nd ACM SIGPLAN-SIGACT symposium on Principles of programming languages, 2005: 378-391.

Muchnick, Steven. *Advanced Compiler Design and Implementation. 1st Edition*[M]. Morgan Kaufmann, 1997.

Nolan, Godfrey. *Decompiling Java. 1st Edition*[M]. Apress, 2004.

Oaks, Scott, and Henry Wong. *Java Threads. 3rd Edition*[J]. O'Reilly, 2004.

Ossia, Yoav, Ori Ben-Yitzakh, Irit Goft, Elliot K. Kolodner, Victor Leikehman, and Avi Owshanko. *A parallel, incremental and concurrent GC for servers*[C]. ACM SIGPLAN Notices, 2002: 129-140.

Österdahl, Henrik. *A Thread-Local Heap Management System for a JVM using Read-and Write-Barriers*. Master's Thesis, Stockholm, Sweden: Royal Institute of Technology, 2005.

Printezis, Tony, and David Detlefs. *A generational mostly-concurrent garbage collector*[J]. ACM SIGPLAN Notices, 2001: 143-154.

Pugh, William. *The Java Memory Model*[EB/OL]. http://www.cs.umd.edu/~pugh/java/memoryModel/(accessed December 31, 2009).

Pugh, W, et al. *The Java Community Process(SM) Program—JSR:s Java Specification Requests—detail JSR# 133. 2004*[EB/OL]. http://jcp.org/en/jsr/detail?id=133 (accessed December 31, 2009).

Ravenbrook Corporation. *The Memory Management Glossary. Ravenbrook*[EB/OL]. December 04, 2001.

http://www.memorymanagement.org/glossary/ (accessed December 31, 2009).

Rivest, Ron R. *RFC 1321 (rfc1321)—The MD5 Message-Digest Algorithm. 1992*[EB/OL]. http://www.faqs.org/rfcs/rfc1321.html(accessed December 31, 2009).

Rose, J, et al. *The Java Community Process(SM) Program—JSR:s: Java Specification Requests—detail JSR# 292. 2009*[EB/OL]. http://jcp.org/en/jsr/detail?id=292 (accessed December 31, 2009).

Ruf, Erik. *Effective Synchronization Removal for Java*[C]. ACM SIGPLAN Notices, 2000: 208-218.

Shiv, Kumar, Ravi Iyer, Chris Newburn, Joakim Dahlstedt, Marcus Lagergren, and Olof Lindholm. *Impact of JIT/JVM Optimizations on Java Application Performance*[C]. Proceedings of the Seventh Workshop on Interaction between Compilers and Computer Architectures. ACM, 2003. 5.

Siegwart, David, and Martin Hirzel. *Improving locality with parallel hierarchical copying GC*[C]. Proceedings of the 5th international symposium on Memory management. Ottawa, Ontario, CA: ACM, 2006: 52-63.

SPARC International. *SPARC Architecture Manual Version 9*[J]. Edited by David L. Weaver and Tom Germond. Prentice Hall, 1993.

Spec Corporation. *SPECjAppServer2004*[EB/OL]. http://www.spec.org/jAppServer2004/(accessed January 1, 2010).

—*SPECjbb2005*[EB/OL]. http://www.spec.org/jbb2005/(accessed January 1, 2010).

—*SPECjEnterprise2010.* 2010[EB/OL]. http://www.spec.org/jEnterprise2010 (accessed February 13, 2010).

—*SPECjvm2008*[EB/OL]. http://www.spec.org/jvm2008(accessed January 1, 2010).

Sun Microsystems. *Java HotSpot Garbage Collection*[EB/OL]. http://java.sun.com/javase/technologies/hotspot/gc/g1_intro.jsp(accessed December 31, 2009).

Ubuntu Server Edition JeOS | Ubuntu[EB/OL]. http://www.ubuntu.com/products/whatisubuntu/serveredition/jeos(accessed January 1, 2010).

Ungar, David. *Generation Scavenging: A non-disruptive high performance storage reclamation algorithm*[C]. ACM SIGPLAN Notices, May 1984: 157-167.

VirtualBox[EB/OL]. http://www.virtualbox.org/(accessed January 1, 2010).

XenSource[EB/OL]. http://www.xen.org/(accessed January 1, 2010).

Zorn, Benjamin. *Barrier Methods for Garbage Collection*[J]. University of Colorado at Boulder, 1990.

附录 B

术语表

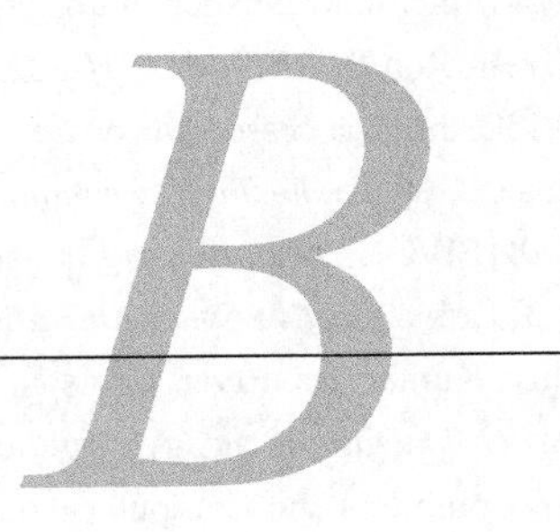

安全点（safepoint）

安全点是指 Java 代码中可以使 Java 线程暂停的地方。安全点中包含了在其他地方得不到的信息供运行时使用，例如在寄存器中包含了对象。此外，安全点还可以保证线程上下文中是对象、内部指针，或者不是对象，而绝不会是中间状态。

参见活动对象图。

半虚拟化（paravirtualization）

半虚拟化是指，运行客户应用程序时需要通过预定义的 API 与底层虚拟机管理程序交互。

参见全虚拟化和虚拟化。

保护页（guard page）

保护页是内存管理中的一个特殊页，带有操作系统级的页保护标志位。因此，对该页做解引用操作时，会抛出异常。这个特性非常有用，将保护页置于栈结构的底部时，可用于检查是否发生栈溢出。此外，还可以用保护页实现安全点，对指定安全点解引用所涉及的页面加以保护即可。这样，当下一次到达安全点时，运行时就会抛出一个异常，终止控制流。

参见活动对象图和安全点。

保守式垃圾回收（conservative garbage collection）

保守式垃圾回收会将所有可能是对象指针的内容都当作对象指针来处理，这样就不需要记录有关对象存活的元信息。这种实现方式会降低垃圾回收的执行效率，因为没有元信息，垃圾回收器就不得不做一些额外的检查。例如，数字 17 不是一个对象指针，因为它不在堆空间内，而数字 0x471148 则有可能是一个对象（如果它在堆范围内的话），但也有可能只是个常量值。如果某个常量碰巧指向了堆中的某个对象，则保守式垃圾回收很有可能会把这个常量也当作对象而保留下来。这些特性决定了保守式垃圾回收在移动对象时会受到很大的限制。

参见准确式垃圾回收、活动对象图和安全点。

本地代码（native code）

在本书中，本地代码、汇编语言和机器代码是同一个意思，均指针对于指定硬件架构的专用语言。

本地内存（native memory）

在本书中，本地内存是指由运行时自身，而非 Java 堆，使用的部分内存。这部分内存可用作代码缓冲区或系统内存（指运行时为其内部数据结构分配内存时）使用。

参见堆。

本地线程（native thread）

本地线程（有时又称为操作系统线程），是由专门的平台或操作系统提供的线程实现，例如 Linux 系统中的 POSIX 线程。

本地型虚拟机管理程序（native hypervisor）

本地型虚拟机管理程序是指直接安装在裸硬件上的虚拟机管理程序。

参见虚拟机管理程序。

编辑器（editor）

编辑器是富客户端平台（RCP）的一个基本概念，在 GUI 中，它通常位于 RCP 应用程序的中间部分，展示相关数据。

参见富客户端平台。

标记–清理（mark and sweep）

标记–清理是一种引用跟踪垃圾回收算法，从存活对象出发，根据引用关系追踪其他存活对象，最终构成存活对象集合。在遍历所有引用后，清除所有已知的非存活对象。标记和清理工作可以多线程执行来提高效率。目前来看，标记–清理是所有商用 JVM 中垃圾回收器的基础。

参见引用追踪垃圾回收。

标签组（tab group）

标签组是 JRockit Mission Control GUI 中一组标签的集合，按功能分类聚合在一起。

参见标签组工具栏。

标签组工具栏（tab group toolkit）

标签组工具栏位于 JRockit Mission Control Console，JRA 和 JFR 编辑器左侧。

参见标签组。

并发垃圾回收（concurrent garbage collection）

本书中，并发垃圾回收是指在垃圾回收周期的大部分时间内，Java 应用程序还可以继续执行的垃圾回收算法。

参见并行垃圾回收。

并行垃圾回收（parallel garbage collection）

在本书中，并行垃圾回收只是一种最大化系统吞吐量、不考虑系统延迟的垃圾回收策略。相对于以低延迟为优化目标的垃圾回收算法来说，并行垃圾回收所使用的算法相对简单一些，因此使用并行垃圾回收通常会导致无法预测的应用程序暂停。

参见延迟、确定式垃圾回收和并发垃圾回收。

采样（sample）

采样是指以预先设计好的时间间隔来收集相关数据。自适应运行时的基础就是这些高质量的采样数据。

采样分析（sample-based profiling）

采样分析是指根据统计学原理，从所有可能数据或采样数据中，抽取出一部分数据对应用程序分析。如果抽取得正确，可以节省不少分析开销。

参见准确分析。

操作集（operative set）

在 JRockit Mission Control 中，操作集是一个用户定义的事件集合，主要用于在不同的标签页之间过滤搜索结果。此外，操作集还可配合关联键来查找与某个事件属性相关联的事件。

参见关联键。

操作系统线程（OS thread）

参见本地线程。

CAS（compare and swap）

目前很多 CPU 架构都支持原子指令，例如 x86 平台的 `cmpxchg` 指令和 SPARC 平台的 `cas` 指令。这种指令会比较内存和寄存器中的值，若相匹配，则用预设的某个值来覆盖内存中的值。如果覆盖成功，则该指令会设置标志寄存器，做分支处理使用。该指令常用于高效地实现自旋锁。

参见原子指令和自旋锁。

插件开发环境（plug-in development environment，PDE）

PDE 是 Eclipse IDE 中开发 Equinox 特性查看的环境，提供了预定义的模板和配置，用户通过这些预定义的内容就可以为新插件生成初始内容，也可以自定义新的模板和配置。

参见扩展点。

常量池（constant pool）

常量池是 .class 文件的一部分，其中存储了方法所用到的常量，如字符串和较大的整数。

持续型 JRA

持续型 JRA 表示记录任务会一直持续运行，是早期开发 JRA 时的概念，后来 JRA 被 JFR 所取代。

参见 JFR。

抽象语法树（abstract syntax tree，AST）

抽象语法树是一种代码表述形式，如果源代码结构良好，则编译器前端可以根据源代码来生成 AST。AST 中的每个节点都表示高级语言中的一种结构，例如循环或赋值。AST 本身的节点不能出现循环结构。

Java 字节码是非结构化的，其表现力也强于 Java 源代码，所以有时候无法通过 Java 字节码来生成 AST，因此，JRockit IR 是以图而非树的形式来展现的。

参见中间表示。

触发器动作（trigger action）

触发器动作是 JRockit Management Console 中的自定义动作，当满足触发器规则时，会调用该动作。

参见触发器规则。

触发器规则（trigger rule）

触发器规则是 Management Console 中的概念，它包含了触发器条件、触发器动作和可选的触发器约束。

参见触发器条件、触发器动作和触发器约束。

触发器条件（trigger condition）

触发条件是指触发器规则的判断条件，包含了属性值和具体条件，例如“在 CPU 负载已经连续 2 分钟处于 90%时”触发。

参见触发器规则。

触发器约束（trigger constraint）

触发器约束指定了触发器规则的生效时间，例如“只在早 8 点到晚 5 点之间生效”。

参见触发器规则。

CPU 分析（cpu profiling）

CPU 分析是 JRockit Management Console 中的一项功能，可以显示出每个线程的 CPU 使用情况。

存活对象（live object）

存活对象是指，从根集合或其他存活对象出发，可以通过引用关系追踪到的对象。“存活（live）”和“使用中（in use）”这两个词往往可以交换使用。被标记为存活的对象是不可以被回收掉的。

参见根集合。

存活集合（live set）

存活集合通常是指那些存活对象所占据的堆空间。

参见存活对象。

存活集合 + 碎片化（live set + fragmentation）

实际上，存活集合+碎片化空间就是堆中正在使用的内存空间。在 JRockit Mission Control 中，这块空间用来表示运行应用程序所需的最小内存空间。

代（generation）

代是堆的一部分，通常情况下，对象会按其年龄（所经历的垃圾回收次数）存放到指定的代中。

参见堆和分代式垃圾回收。

代理（agent）

本书中的代理有两层含义，分别是 JMX 代理和 JFR 引擎，具体是哪个需要根据语境来判断。

参见 JMX 和 JFR。

代码生成队列（code generation queue）

代码生成队列是 JRockit 中的一个专有名词，指的是为了保证 Java 应用程序的持续运行，JVM 会先将代码生成请求放入到指定队列中，而后代码生成线程会从该队列中获取任务，执行代码生成任务，之后 JVM 再执行新生成的代码。

参见优化队列。

大内存页（large page）

大内存页是所有现代操作系统都支持的一种机制，即将内存页的大小提升为 MB 级别。使用大内存页可以加速转换虚拟地址的速度，因为可以降低旁路转换缓冲（translation lookaside buffer）的丢失率；坏处是大幅增加了内存页的大小，可能会造成本地内存的碎片化。

参见本地内存。

调用分析（call profiling）

调用分析是指在 JIT 代码中注入调用计数器或特定代码来查看方法的调用频率或调用路径。收集到的调用分析信息主要用于代码优化，例如找出应该对哪些方法做内联处理。

参见自适应代码生成和 JIT 编译。

调用计数器（invocation counter）

调用计数器是一种用来检测热点代码的分析工具。通常情况下，调用计数器是将分析代码注入到方法头中，于是在调用目标方法时会先将调用计数器加 `1`。自适应运行时通常会扫描调用计数器，并对那些调用次数达到了阈值的方法重新优化。在热点检测方面，调用计数器的粒度还略有些粗放，需要配合其他检测机制（例如线程采样）一起使用。

参见准确分析和线程采样。

递归加锁（recursive lock）

在 Java 中，允许在不释放监视器对象的情况下，对该监视器做重复加锁的操作。例如，某个对象的同步方法被内联到另一个同步方法中时，就出现了递归加锁。JVM 的同步机制必须要能够正确处理这种情况，记录加锁顺序，以判断加锁和解锁操作是否是配对的。

参见锁配对和锁符号。

低级中间表示（low level intermediate representation，LIR）

LIR 位于 Java 代码在 JRockit 内部表示中的最底层，它包含了类似于硬件寄存器和硬件寻址模式等结构，并且可能会包含分配寄存器的内容。LIR 中寄存器的分配可以直接映射到本地代码或当前 CPU 架构的寄存器分配操作。

参见高级中间表示、寄存器分配、本地代码和中间表示。

堆（heap）

在本书中，堆是指 JVM 中预留的、专用于存储 Java 对象的内存空间。

参见本地堆。

对象池（object pooling）

对象池是为了避免重复内存分配所带来的执行开销而提出的，即重用已有的对象，而不是每次都重复创建新对象，就具体实现来说，就是将无用对象放置到对象池中，以防止其被回收掉。通常来说，使用对象池并不是个好主意，因为它会扰乱垃圾回收器的反馈信息，延长了对象的生命周期。

对象头（obejct header）

在 JVM 中，每个对象都需要使用些元数据信息，例如类型、垃圾回收状态，以及是否被加锁等。这些信息的使用频率很高，因此将之存储在对象本身的头部，通过对象指针来引用。通常情况下，对象头中会包含锁状态、垃圾回收状态和类型信息。

参见锁字和类块。

多对多线程模型（*nxm* thread）

多对多线程模型是绿色线程的变种，即使用多个本地线程来运行多个绿色线程。这种实现方式可以避免绿色线程中可能出现的死锁和 I/O 阻塞的问题，但在现代商用 JVM 中，它还是不够完善。

参见绿色线程。

读屏障（read barrier）

读屏障是指编译器在属性域载入代码之前插入的一小段代码。读屏障的作用之一就是执行垃圾回收，以便检查位于线程局部区域（TLA）中对象的作用域是否已经超出了该线程，或者访问某个属性域的线程和创建该对象的线程是否是同一个线程。

参见写屏障。

方法垃圾回收（method garbage collection）

在本书中，方法垃圾回收是指对代码的垃圾回收，即从代码缓冲区中清除那些不再使用的本地代码，例如当某个方法被重新优化或重新生成后，需要清除之前的无用代码。

访问文件（access file）

在 JMX 中，访问文件用于指定不同角色的访问权限。一般情况下，该文件存放于 JROCKIT_HOME/jre/lib/management/jmxremote.access。

参见密码文件和 JMX。

非连续堆（non-contiguous heap）

非连续堆是指将几块并不相连的系统内存作为一个完整的 Java 堆使用。由于内存块并不连续，使用的时候需要做些额外的记录，虽说会带来一些额外的开销，但大大增加了可用的堆空间。由于 32 位系统的内存空间有限，所以有些操作系统会驻留在内存空间的中部，有了非连续堆的帮助就可以将操作系统两侧的内存空间都利用起来。

分代式垃圾回收（generational garbage collection）

分代式垃圾回收是指将堆划分为多个区域，或称“代”。新生代（即 young generation 或 nursery）通常比较小，执行垃圾回收的频率较高，相比于老年代来说，垃圾回收的执行速度也较快。当系统中大部分对象的生命周期都很短时，分代式垃圾回收就很适用。不过，分代式垃圾回收也会带来一些执行开销，垃圾回收器需要记录下老年代中哪些对象包含有指向新生代对象的引用。

参见新生代、老年代和写屏障。

富客户端平台（rich client platform，RCP）

使用 Eclipse Equinox 技术（OSGi 在 Eclipse 中实现）和 SWT（Standard Widget Toolki），可以借助 Eclipse 平台的核心来构建一些其他的应用程序，例如，JRockit Mission Control 就是基于 Eclipse RCP 实现的。

服务器端模板（server-side template）

服务器端模板是 JSON 格式的文件，用于控制 JFR 中的事件设置。

参见事件设置和客户端模板。

高级中间表示（high level intermediate representation，HIR）

HIR 是 JRockit 中将字节码转换为本地代码过程中的首份产出。JRockit HIR 是一个以基本块作为节点的有向控制流图，每个基本块都包含 0 个或多个操作。JRockit HIR 是平台无关的。

参见中级中间表示、低级中间表示、中间表示、寄存器分配和本地代码。

GC 策略（GC strategy）

在 JRockit 垃圾回收器中，尤其是 R27 版本之前的垃圾回收器中，GC 策略通常是指符合某种启发式 GC 规则的垃圾回收器行为。在 JMAPI 中，GC 策略包含以下三种定义：

- 新生代行为（开/关）
- 标记阶段行为（并行/并发）
- 清理阶段行为（并行/并发）

参见启发式 GC、并行垃圾回收和并发垃圾回收。

GC 暂停时间比例（GC pause ratio）

GC 暂停时间比例是 JRockit Mission Control 中的一个概念，是指运行应用程序代码和暂停应用程序运行垃圾回收代码的时间比例。需要注意的是，应用程序运行时间指的是总体运行时间，可能会包含将数据写入到硬盘的延迟时间。

根集合（root set）

引用追踪垃圾回收器会使用那些从一开始就处于可达状态的对象作为初始集合，通常来说，会使用位于寄存器和局部栈帧中的对象作为初始集合。此外，根集合中还包含了一些全局数据，例如静态属性域中的变量。

参见活动对象和引用追踪垃圾回收。

公平性（fairness）

若是系统中的线程获得时间片的概率相同，则称之为公平调度。对于具体的应用程序来说，公平调度并不是必需的，因为频繁的上下文切换会带来不小的性能开销，不过在需要线程能够均等运行的场景中却是非常重要的。

关联键（relational key）

关联键是与事件类型属性相关的元信息，将不同事件类型关联起来。关联键的值是事件类型属性，以 URI 的格式表示，而实际属性会与事件配合使用。

过度供应（overprovisioning）

过度供应是指，为了能够应对系统峰值，而使用比实际所需更多的硬件来部署应用程序。

合成属性（synthetic attribute）

在 JMX 中，合成属性并不是 MBean 的真实属性，而是 JRockit Mission Control 控台中的一个客户端结构。

参见 JMX 和 MBean。

混合模式解释执行（mixed mode interpretation）

混合模式解释执行是指以字节码解释执行的方式来运行大部分代码，并配以 JIT 编译对热点代码做动态优化。

参见字节码解释执行、字节码和 JIT 编译。

混淆（obfuscation）

Java 代码混淆是有意对字节码的修改，以便加大逆向工程的难度。名字修饰（name mangling）并不损害应用程序的性能，但可能会给调试程序带来些麻烦。通过修改控制流来使用 Java 中不支持的结构，可能会扰乱甚至破坏 JIT 编译器或优化器的工作，应尽量避免。

参见名字修饰。

存活对象图（livemap）

存活对象图是由编译器生成的元数据信息，记录了寄存器和本地栈帧存储的对象信息。这些信息对于执行准确式垃圾回收是非常有用的。

参见准确式垃圾回收。

活锁（livelock）

活锁是指，两个线程都持有对方所需要的资源，同时又都在主动获取对方的资源，这时两个线程均处于活动状态，却无法再继续执行下去，只会不断尝试获取对方的资源。活锁会浪费大量的 CPU 资源。

参见死锁。

Java 内存模型（Java memory model，JMM）

Java 是一种平台无关的编程语言，因此需要保证同一份 Java 代码在不同 CPU 架构上也能具有相同的行为。如果将字节码的载入和存储操作映射到本地代码的载入和存储操作，则 Java 程序可能会在不同的 CPU 架构上表现出不同行为。究其原因，就在于不同 CPU 架构之间可能使用不同的内存访问模型。

为了保证 Java 程序能够在所有 CPU 架构上具有相同的内存操作行为，JMM 出现了，明确规范了 Java 中的内存访问语义。在 Java 诞生之初，JMM 还很糟糕，在经过 JSR-133 之后，终于实现了语义的一致性。

参见 JSR-133。

Java Specification Request（JSR）

对 Java 及其 API 的修改是以一种半公开的方式的，称为 JCP（Java community process）。当需要在 Java 标准中做某些修改时，会先将修改内容写成 JSR 提交给 JCP 进行投票。众所周知的例子，如 JMM（JSR-133）和对动态语言的支持（JSR-292），都是以 JSR 的形式提交的。

Java 字节码（Java bytecode）

参见字节码。

监视器（monitor）

监视器是一个对象，可用于执行同步操作，也就是说可以使用监视器来限制对临界区的排他性访问。

参见临界区。

基本块（basic block）

在编译器的中间表示中，基本块是最小的控制流单元。一般情况下，基本块中会包含 0 个或多个指令，若是执行了基本块中的某条指令，则肯定会执行该基本块中的所有指令。

参见控制流图。

寄存器分配（register allocation）

寄存器分配是指，在将 IR 转换为更靠近底层平台的表示形式时，所涉及的将硬件寄存器分配给虚拟寄存器或变量的过程。一般来说，硬件寄存器的数量少于程序中变量的数量，此时就需要通过溢出技术将一些变量先转存到内存中（通常是用户栈中）。由于需要执行一些变量在内存和寄存器中的换入换出操作，会带来一些性能开销。优化寄存器分配算法是一个非常重要的计算密集型的问题。

参见溢出。

记录代理（recording agent）

参见记录引擎。

记录引擎（recording engine）

记录引擎是 JFR 的一部分，处理 I/O 和内存缓冲区等事件，提供了控制记录任务生命周期的 API。记录引擎也被称为记录代理。

静态编译（static compilation）

静态编译是指在静态环境中，在应用程序运行之前先将所有代码都编译好，不接收运行时的反馈信息，例如 C++。静态编译的优势是在编译时可以对整个系统代码做一次完整的分析，而且编译后程序在运行时不会发生变化，虽说编译时间会长一点，不过不影响运行时间。相应地，静态编译的缺点是，无法根据运行时的反馈信息来动态调整优化策略和程序行为。

参见预编译、自适应代码生成和 JIT 编译。

静态单赋值形式（static single assignment form，SSA form）

静态单赋值形式是一种对中间代码的转换，使每个变量仅被赋值一次。经过这种转换后，可以简化其他优化手段和数据流分析。静态单赋值形式定义了一个连接操作符 Φ，用于连接任意多的来源变量和目标，其中对目标的含义是“任意一个源变量”。由于操作符 Φ 不能用本地代码来表示，在发射代码（code emission）之前，需要再将 SSA 形式转换回普通代码形式。

JIT 编译（just-in-time compilation，JIT compilation）

JIT 编译，也叫即时编译，是指在首次调用某个方法之前，先将之编译为本地代码的过程。

参见静态编译和预编译。

基准测试驱动程序（benchmark driver）

基准测试驱动程序是指在基准测试中通过一台或多台机器来增加负载，然后在衡量基准测试目标操作的实际执行时间时，再将这部分工作时间排除在外的测试方式。

JMAPI

JMAPI（JRockit management API）是一套私有的 JVM 管理 API，用于监控 JVM 运行状态，并允许在运行过程中修改 JVM 的行为。在业界标准出现之前，这套 API 首先给出了对 JVM 做监控和动态调整的解决方案。在 JRockit R28 版本中，JMAPI 的部分内容已经被废弃掉，转而通过 JMXMAPI 来完成相应的功能。

参见 JMXMAPI。

JMX

JMX（Java management extensions）是一套对 Java 应用程序监控和管理的标准接口。

参见 MBean。

JMXMAPI

JSR-174 为 JVM 引入了基于 JMX 的标准管理 API，JMXMAPI 则是 JRockit 对 JSR-174 的扩展实现。JMXMAPI 中包含的 MBean 暴露出了 JRockit 的专属行为，可以在 JRockit Mission Control 中调用相关操作，读写相关属性。在 JRockit 中，JMXMAPI 是在 JRockit R27 版本中出现的，但到目前为止还没有得到官方支持，将来的版本中可能会发生变化。

参见 JMX、JSR-174 和 MBean。

JRCMD

JRCMD（JRockit CoManD）是一个随 JRockit 运行时一同发行的命令工具，可以向运行在本地的 JRockit 实例发送诊断命令。安装 JRockit 运行时后，可以在 JROCKIT_HOME/bin 目录下找到 JRCMD（JRockit CoMmanD）。

参见诊断命令。

JRockit

实际上，JRockit 是一组技术的统称，其主旨是为了提升 Java 应用程序的性能和可管理性。JRockit 技术组主要包括了 JRockit Virtual Edition、JRockit Real Time、JRockit Mission Control 和旗舰产品 JRockit JVM。

JRockit Flight Recorder（JFR）

在 JRockit R28/JRockit Mission Control 4.0 及其之后的版本中，JFR 成为了性能分析和问题诊断的主力工具。JFR 可以在内存和硬盘中持续记录 JVM 的运行时数据。

JRockit Memory Leak Detector（Memleak）

JRockit Memory Leak Detector（也称为 Memleak）是 JRockit Mission Control 套件中的内存泄漏检测工具，用于检测是否存在内存泄漏以及具体形成原因，还可用于获取一些堆分析信息。

JRockit Mission Control（JRMC）

JRockit Mission Control 是 JRockit 中一组管理工具套件，可用于管理、监控、分析运行在 JRockit JVM 中的应用程序，还可以用来追踪应用程序的内存泄漏问题。

参见 JRockit Memory Leak Detector、JRockit Runtime Analyzer 和 JRockit Flight Recorder。

JRockit Runtime Analyzer（JRA）

JRockit Runtime Analyzer（JRA）是 JRockit R27 及其之前版本中的主力分析工具。到 R27.3 版本时，JRA 中新增了一个强大的延迟分析器，对于查看应用程序空闲原因非常有用。在 JRockit R28 版本中，JRA 被 JFR 所取代。

参见 JRockit Flight Recorder。

JSR-133

JSR-133旨在解决因CPU架构不同而可能导致的Java应用程序行为不一致的问题。

参见JSR和JMM。

JSR-174

JSR-174用于改进和标准化Java运行时的监控和管理特性。JSR-174带来了`java.lang.management`包和平台MBean服务器的概念。从Java 5.0起，JSR-174得到了完整实现。

参见JSR和MBean服务器。

JSR-292

JSR-292旨在通过修改Java语言和字节码规范来使JVM可以支持动态语言，例如Ruby。

参见JSR。

角色（role）

在JMX中，作为安全框架的一部分，角色用于控制远程访问和管理的安全性。角色是与相应的访问权限相关联的。为了保证有效性，角色必须同时存在于密码文件和访问文件中才行。

参见JMX、密码文件和访问文件。

JVM浏览器（JVM browser）

JVM浏览器是JRockit Mission Control中的一个树形视图，用于展示JRockit Mission Control可以连接到的JVM实例。

参见JRockit Mission Control。

卡（card）

在本书中，卡是一种数据结构，用于表示某块堆内存。整个堆内存被划分为多个卡，存储于卡表中。在分代式垃圾回收中，卡表用于判断老年代指定分区是否是脏的（dirty），即该区域中是否有对象包含有指向新生代中对象的引用。

参见写屏障和分代式垃圾回收。

卡表（card table）

参见卡。

开箱即用（out of the box behavior）

对于自适应运行时来说，应该是不需要做任何额外的配置就可以顺畅运行的，然后无须用户参与，根据运行时的反馈信息做调整运行时的行为，优化堆的大小，从而达到稳定的运行状态。但现实是残酷的，这种好事并不多，因此如何做到开箱即用是一个很热门的研究课题。

客户端模板（client-side template）

JRockit Mission Control的客户端模板用于控制运行时记录的事件设置。解析该模板文件时，采用全解析策略，即不支持通配符。模板文件可以带有版本信息。

参见事件设置和服务器端模板。

客户应用程序（guest）

运行在虚拟机管理程序上的自包含的系统，例如操作系统，被称为客户应用程序。多个客户应用程序可以运行在同一个虚拟机管理程序中，只不过在全虚拟化下，客户应用程序会认为自己是直接运行在物理机器上，并不会意识到有其他客户应用程序存在。

参见虚拟化和虚拟机管理程序。

空闲列表（free list）

空闲列表是运行时用来记录堆中可用空间的数据结构。通常情况下，空闲列表会指向堆中那些可以容纳新对象的空洞，其具体结构可能是针对固定大小区域块的优先级队列。在为对象分配内存时，会在对应大小的空闲列表中查找合适的空闲块。

参见碎片化。

控制流图（control flow graph，CFG）

控制流图是一种程序表示方式，它以图的形式展示了程序可能具有的执行路径（通常会以基本块作为节点）。图中节点之间的边可以表示直接跳转（如 `goto`）、条件跳转、分支跳转等。

参见基本块。

扩展点（extension point）

在 Eclipse Equinox（OSGi）中，插件可以通过扩展点为应用程序增加新功能。例如，在 JRockit Management Console 中，第三方插件可以通过扩展点来增加新的标签页。基于扩展点实现的功能组件称为扩展插件。

老年代（old space）

在分代式垃圾回收中，对象在经历过几轮垃圾回收后，会被移出新生代，统一存放到另一个地方，即老年代。

类块（class block）

类块是 JRockit 中的名词，指对象头中所指向的、包含了类型信息的数据块。

参见对象头。

类垃圾回收（class garbage collection）

类垃圾回收是指 JVM 对运行时中的类信息进行清理。如果某个类已经被卸载了，而且没有 `java.lang.ClassLoader` 实例或其他代码引用该类或其方法时，就可以将其清理掉了。

临界区（critical section）

临界区是指一次只能被一个线程执行的代码片段。在实现临界区的时候，一般会使用锁来锁住临界区的整块代码（例如 `synchronized` 代码块）。

绿色线程（green thread）

绿色线程是指用一个底层线程实例（例如一个操作系统线程）来表示多个高层线程实例（例如 `java.lang.Thread` 对象）。对于没什么复杂性的应用程序来说，这个实现方式简单有效，但也存在弊端，最大的问题就是多线程处理。在本地代码中，无法对线程施加控制，没法得知线程正在等待 I/O，因此可能会出现死锁的情况。如果将绿色线程置于休眠状态，通常会将其底层的操作系统线程也一起休眠，导致该操作系统线程所代理的其他绿色线程都无法运行。

参见多对多线程模型。

MBean

MBean 是 JMX 规范中设备层的一部分，一个 MBean 实例是一个托管的 Java 对象，表示对某种资源的管理，可以读写的属性，可以被调用的操作，以及可以发出通知。

更多详细信息请参见 J2SE 中 MBean 部分的文档，http://java.sun.com/j2se/1.5.0/docs/guide/management/overview.html#mbeans。

MBean 服务器

MBean服务器是JMX架构的核心组件,用于管理MBean的生命周期,并通过连接器将MBean暴露给消费者。

参见 JMX 和 MBean。

MD5

一种哈希算法。

密码文件（password file）

在 JMX 中，密码文件记录了不同角色的定义和对应的密码。一般来说，该文件会放置于JROCKIT_HOME/jre/lib/management/jmxremote.password。

参见访问文件。

名字修饰（name mangling）

名字修饰是一种字节码混淆技术，是指为了防止反编译代码，将编译后的代码中的方法和属性域的名字都替换为自动生成的、无意义的名字。

参见混淆。

密钥库（keystore）

密钥库用于保存公钥和私钥，使用密码来保证口令的安全性。

参见信任库。

内部指针（internal pointer）

在本书中，内部指针是指带有偏移的 Java 对象引用，这样就可以直接指向对象本身，而不是位于对象地址开始处的对象头。尽管垃圾回收器需要对内部指针做特殊处理，但内部指针对于生成高性能代码确实非常重要的，例如实现数组遍历时，直接使用对象原始地址是很不方便的。此外，对于某些有限寻址模式的平台（例如 IA-64）来说，使用内部指针是必须的。

内存分配分析（allocation profiling）

JRockit Management Console 的一个特性就是允许用户实时查看应用程序中各个线程的内存分配情况。JFR 中划分了多种内存分配分析事件，用户可以查看每个线程中每种事件类型的统计数据。

内存整理（compaction）

内存整理可用于降低堆的碎片化程度。经过内存整理后，对象会被移动到一起，形成一块大的“存活区域”，消除内存碎片。对整个堆做内存整理操作，往往需要暂停应用程序线程。

参见碎片化。

内联（inline）

内联是一种代码优化手段，通过将被调用函数的代码复制到调用函数中，节省函数调用所带来的开销。做得好的话，威力强大；但如果过度优化，或者函数调用频率太低，则可能会带来诸如指令缓存失效等问题。

NUMA 架构

NUMA，即非一致性内存架构，是一个相对较新的概念。为了能够节省总线带宽，NUMA 将多个 CPU 划分为几组，并配以专门的内存空间。不同属组之间以总线相连，因此 CPU 对自己属组的内存操作的速度快于操作其他属组的内存。NUMA 的出现是对自适应内存管理的一大挑战，因为无法预测对象会位于哪一组内存中。

胖锁（fat lock）

相对于瘦锁，胖锁更加智能，实现也更加复杂。当线程在等待获取锁的时候，胖锁会将线程置于休眠状态，并为等待线程维护一个优先级队列。胖锁可以降低对 CPU 资源的消耗，所以更适用于那些竞争激烈或持有时间很长的锁。

参见瘦锁。

膨胀驱动程序（balloon driver）

在虚拟环境中，虚拟机管理程序有时可以使用名为“膨胀驱动程序”（其具体形式是虚拟设备驱动程序）的机制来隐式地与客户应用程序沟通内存使用情况。通过这种机制，客户应用程序对内存的使用请求就可以跨越虚拟抽象层这道屏障，实现内存使用的动态伸缩。

参见虚拟化、客户应用程序和虚拟机管理程序。

偏向锁（biased locking）

参见延迟解锁。

强引用（strong reference）

强引用是 Java 中的标准引用形式，默认情况下就是强引用，所谓强引用，其实只是相对于软引用和弱引用来说的。

参见软引用。

启发式垃圾回收（GC heuristic）

启发式垃圾回收是指一组规则，例如规定吞吐量和暂停时间，用于确定如何配置垃圾回收器。

参见 GC 策略。

全虚拟化（full virtualization）

全虚拟化是指客户应用程序无须任何修改就可以直接运行在虚拟机中，就像运行在物理硬件上一样。

参见虚拟化和客户应用程序。

驱动程序（driver）

参见基准测试驱动程序。

确定式垃圾回收（deterministic garbage collection）

在本书中，确定式垃圾回收是指 JRockit Real Time 所使用的低延迟垃圾回收器。

参见延迟和软实时。

热身（warm up）

做基准测试时，需要在进行主测试之前，先执行一些小规模测试，以便使自适应运行时达到相对稳定的运行状态，剔除系统稳定波动而带来的误差。在热身结束后，就可以正式开始做主测试了。

向前滚动（rollforwarding）

向前滚动是指，在老版本的 JRockit 中，通过模拟接下来的几个指令将暂停住的应用程序线程带入到安全点，改变该线程的上下文。

参见活动对象和安全点。

软实时（soft real-time）

软实时是指需要对系统延迟做某种程度控制的环境，此外，虽说需要控制延迟，却不需要严格控制每次暂停的时间边界。通常情况下，软实时会涉及根据延迟来指定服务等级的质量。JRockit Real Time 的垃圾回收器所支持的确定式垃圾回收就是软实时的实现。

参见硬实时。

软引用（soft reference）

软引用是一些垃圾回收器需要特殊对待的对象类型。Java 中共有 4 种类型引用，分别是强引用（strong reference）、软引用（soft reference）、弱引用（weak reference）和虚引用（phantom reference）。当内存不足时，垃圾回收器可以回收掉软引用和弱引用所包装的对象（通常来说，包装对象是一个 `Reference` 类的实例）。虚引用是个很特殊的存在，它所包装的对象是无法被获取到的，其功能在于实现更安全的“析构函数”。

软件预抓取（software prefetching）

软件预抓取是指在代码通过显式预抓取指令来实现的预抓取。

参见硬件预抓取和预抓取。

弱引用（weak reference）

参见软引用。

死代码（dead code）

死代码是指应用程序中永远也不会被执行的代码。如果编译器能证明某段代码确实是死代码，则通常会将其删除。

死锁（deadlock）

死锁是指两个线程都因等待对方释放自己需要的资源而被阻塞住。相关线程自己是无法解锁的，只能永远等下去。虽然死锁是很严重的问题，但至少当涉及的锁为胖锁时，不消耗 CPU 资源。

参见胖锁和活锁。

死锁检测（deadlock detection）

死锁检测是 JRockit Management Console 的一项功能，用于检测系统中是否存在死锁的线程。

参见死锁。

设计模式（design mode）

在运行 JFR 客户端时，设计模式是禁用的。通过设计模式可以直接访问构建用户界面的各种工具，自定义 GUI 界面，并将之导出为插件供他人使用。

参见运行模式。

生成器（producer）

在 JFR 中，生成器（或称事件生成器）是指为事件提供命名空间和类型定义的实体。

参见事件和事件类型。

事件（event）

在 JRA 延迟分析工具和 JFR 中，事件是与某个时间点相关的数据集合。事件可以有持续时间属性和事件类型属性。

参见事件类型。

事件类型（event type）

事件类型用于描述 JFR 中的事件，包含了与不同事件域相关的信息，以及事件路径、事件名和描述等元信息。事件类型和事件的关系就好像是类和实例的关系。

事件设置（event setting）

事件设置包括要记录的事件类型、阈值等属性，以及是否记录调用栈和线程信息。

参见客户端模板和服务器端模板。

事件属性（event attribute）

一个事件包含了若干命名值，这些命名值称为属性。事件属性也称为事件域。

参见事件。

事件域（event field）

参见事件属性。

实时（real time）

在本书中，实时是指运行时环境中需要控制系统延迟的场景，例如软实时。

参见软实时和硬实时。

瘦锁（thin lock）

瘦锁是一种简单小巧的锁实现，适用于竞争不激烈和持锁事件不长的场景，通常用于实现自旋锁。

参见胖锁和自旋锁。

双检查锁（double-checked locking）

双检查锁是指在获取锁之前先以不安全的方式检查锁是否满足条件，以期避免执行开销较大的加锁操作。强烈建议不要使用这种“技巧”，因为在某些内存模型下，这种技巧可能具有不同的行为，甚至是错误的行为。

参见 Java 内存模型。

Stopping-the-world（STW）

STW 是指暂停应用程序中的线程，以便运行时完成一些内部工作，例如运行时执行非并发垃圾回收。STW 是造成系统延迟的主要原因（当然还有其他原因，例如等待 I/O）。

参见延迟。

碎片化（fragmentation）

碎片化是内存分配行为和可分配内存的恶化，其成因是对象被垃圾回收器回收后在内存空间中留下无法再被使用的空洞。如果堆中的空洞非常多，而又非常小，此时即便空闲内存不少，却有可能无法再为新对象分配内存了。碎片化是现代垃圾回收器的天敌之一，不少垃圾回收器通过内存整理来解决碎片化问题。

参见内存整理。

锁符号（lock token）

锁符号是作为唯一标识某对加锁和解锁操作的记号，锁配对操作通过该符号来判断加锁和解锁是否相匹配。一般情况下，锁符号总包含了指向 Java 监视器对象的对象指针，并使用一些标记位来记录当前的加锁情况，如当前是胖还是瘦锁，是否是递归加锁等。如果代码生成器无法找到相匹配的加锁和解锁操作，则会将锁符号标记为“未匹配的”，这种情况下虽说比较少见，但确实是可能存在的，因为字节码的表达本就更加自由。当然，相比于正常的、匹配的锁符号来说，未匹配的锁符号在执行同步操作时，效率更低一些。

参见锁配对。

锁配对（lock pairing）

虽然在 Java 源代码中，加锁和解锁操作是自动配对的，但在 Java 字节码中，指令 `monitorenter` 和 `monitorexit` 并不是自动配对的。因此为了支持某些锁操作，如延迟解锁和递归加锁，代码生成器需要能够自行将加锁和解锁操作配对，这里就涉及了一个名为“锁符号”的结构，代码生成器通过该锁符号来判断加锁和解锁是否相匹配。

参见延迟解锁、递归加锁和锁符号。

锁膨胀（lock inflation）

锁膨胀是指，根据运行时的反馈信息，动态地将瘦锁升级为胖锁。一般情况下，执行锁膨胀是因为对目标锁的竞争已经由竞争不激烈变为竞争激烈了。

参见锁收缩、胖锁和瘦锁。

锁融合（lock fusion）

锁融合是指，将两个需要加锁或解锁操作的区域融合，使用一个锁来管理。若是两个被监视器管理的代码块之间只是一些小量的、无副作用的代码，则可以通过锁融合来剔除不必要的解锁、加锁操作，提升系统的整体性能。

参见延迟解锁。

锁收缩（lock deflation）

锁收缩是指，根据运行时的反馈信息，动态地将胖锁转换为瘦锁。一般情况下，执行锁收缩是因为对目标锁的竞争已经由竞争激烈变为不激烈了。

参见锁膨胀、胖锁和瘦锁。

锁字（lock word）

锁字是对象头中的一些标记位，记录了指定对象的加锁情况。在 JRockit 中，还会将一些垃圾回收信息记录到锁字中。

参见对象头。

SWT

SWT（standard widget toolkit）是 Eclipse RCP 平台所使用的一种用户界面工具库。当然，JRockit Mission Control 也用上了。

参见富客户端平台。

逃逸分析（escape analysis）

逃逸分析是一种代码优化手段，用于判断指定对象的作用域，并在可能的情况下移除不必要的对象。如果编译器能证明对象的作用域只在某个有限范围内，并且不会"逃逸"出这个范围（例如某个对象是作为参数被传入到方法中），则编译器就可以省去为该对象分配内存的操作，直接将对象属性保存到局部变量。逃逸分析与 C++在栈（而非堆）中分配对象有异曲同工之妙。

提升（promotion）

提升是指将对象提升到一个可以更长久保存对象的内存区域。例如，将对象从线程局部区域提升到堆中，或者将新生代中的对象提升到老年代中。

参见分代式垃圾回收和线程局部区域。

通道（lane）

在 JFR 的 Event | Graph 标签页中，通道表示了一条追踪路径，同一父节点下的所有事件都会放置在同一个通道中。因此，确保同一父节点下所有事件类型在时间上不重叠可以更好地显示出事件相关性。

参见事件。

透视图（perspective）

透视图是 RCP 中的一个概念，在其中包含预定义的视图。例如，JRockit Mission Control 透视图中包含了 JRockit Mission Control 中最常用的一些视图。菜单 Window | Reset Perspective 可用于重置为默认配置。

参见富客户端平台。

跳板（trampoline）

跳板是一种用在 JIT 编译中的代码生成机制。一般来说，跳板是一段存储于内存中的本地代码，"假装"作为完整编译过的目标方法使用（实际上可能还没编译完）。当调用目标方法时，会执行跳板代码，生成真正的本地代码，并将控制流指向新生成的代码。下一次再调用该目标方法时，就可以直接执行这个新生成的本地代码了，跳板代码也可以从代码缓冲区中删除。

参见方法垃圾回收和 JIT 编译。

吞吐量（throughout）

吞吐量通常用于衡量每个时间单位内所处理的平均事务数。一般来说，只要平均吞吐量足够大的话，就没必要太关注方差的大小了。

参见延迟和并行垃圾回收。

托管型虚拟机管理程序（hosted hypervisor）

托管型虚拟机管理程序是指，在当前操作系统中，作为一种用户应用程序来运行的虚拟机管理程序。

参见虚拟机管理程序。

图融合（graph fusion）

图融合是对图着色的扩展。通过某些启发式算法（通常情况下是根据代码块的热度），将 IR

分拆为几个子区域，然后分别对每个子区域着色，再做融合操作。这个过程需要在相邻子区域之间的边上生成一些洗牌代码来记录关联关系。如果热度划分标准足够好，处理代码时可以直接从最热的部分开始，那这个算法将非常有用，可以少生成一些额外的代码。

参见着色、寄存器分配、图着色和溢出。

图着色（graph coloring）

在寄存器分配算法中，图着色算法用于计算寄存器赋值问题。同时使用的变量被抽象为图中相邻的两个节点，寄存器分配器的工作就是，在相邻节点不能同色的前提下，用尽量少的颜色画满途中所有的节点。如果最后计算出所需颜色的数量大于可用寄存器的数量，则需要使用溢出技术来处理。作为一个 NP-hard 问题，虽说图着色问题可以求出近似解，但仍是代码生成过程中计算量最大的生产步骤之一。

参见着色、寄存器分配、图融合和溢出。

volatile 属性（volatile field）

在 Java 中，属性域前的限定符 `volatile` 规定了对该属性域的访问需要符合更严格的内存语义，所有的线程都会立即看到对该属性域的修改。

参见 Java 内存模型。

微基准测试（micro benchmark）

微基准测试是指简单小巧、便于理解的测试代码，可用于对性能做回归测试。

线程采样（thread sampling）

线程采样是一种热方法检测机制，其具体实现是周期性地检查把时间花在了哪个方法上。通常情况下，在采样时，会先暂停应用程序，此时线程的指令指针寄存器会指向正在执行的方法表或代码块表中的一项。当收集到足够的信息后，就可以判断出哪些是热方法，从而针对性地优化，还可以判断出一个方法中哪条执行路径的使用频率更高。

线程池（thread pool）

线程池是指在某个资源池始终保持一定数量的活动线程，以降低重复创建线程的开销。线程池不是万能的，应根据自身场景和底层线程模型来判断是否使用。

线程局部堆（thread local heap，TLH）

TLH 是对 TLA 的扩展，实现垃圾回收时，可以使用几个稍大的 TLH 和一个全局堆。若是应用程序中绝大部分对象都囿于线程局部的话，则大部分对象都不会被提升到全局堆中，也就不会有那么多同步操作了。一般来说，对 TLH 做垃圾回收操作的开销是很大的，因为读屏障和写屏障都需要检查目标对象是否会被其他线程看到。但在某些场景下（例如专用的操作系统层），是可以降低这种开销的。

参见分代式垃圾回收和线程局部区域。

线程局部分配（thrad local allocation）

线程局部分配是指在线程局部区域中为新对象分配内存，然后在必要的时候（线程局部区域已满或需要做某些优化），再将对象提升到堆中。

参见线程局部区域。

线程局部区域（thread local area，TLA）

TLA 是指在线程局部使用的一小块缓冲区，用于为线程局部对象分配内存。由于 TLA 是线程局部的，使用时无须加锁，可以大大降低为对象分配内存的开销。当 TLA 已满时，需要将其中的对象提升到堆空间中。

写屏障（write barrier）

通常来说，写屏障是由编译器生成的小代码块，在执行存储属性域的时候会被调用。当存储属性域会影响到系统其他部分时，需要用到写屏障。例如，在分代式垃圾回收中，由于垃圾回收器需要跟踪从老年代指向新生代的引用，可通过写屏障来标记是否对堆的某个部分执行过写操作，从而避免了对整个堆的扫描操作。

参见读屏障、分代式垃圾回收、老年代和新生代。

信号量（semaphore）

信号量是一种构建于 `wait` 和 `notify` 语义之上的同步机制。Java 中的每个对象都有 `wait` 和 `notify` 方法。

在同步上下文中执行 `wait` 方法会使当前进程进入休眠状态，直到接收到唤醒通知。在同步上下文中执行 `notify` 方法会通知调度器唤醒阻塞在目标监视器上的其他某个线程。Java 中的 `notifyAll` 方法与 `wait` 方法类似，区别在于 `notifyAll` 方法会唤醒阻塞在目标监视器上的所有线程，其中一个会获得监视器，其余的线程会再次休眠。`notifyAll` 方法可以更好地避免死锁情况的出现，但会带来一点额外的性能消耗。

参见死锁和监视器。

信任库（truststore）

信任库中存储了可信方的证书。

参见密钥库。

新生代（young space）

新生代是堆空间的一部分，按大小来说通常会比整个堆小几个数量级，用于存储刚刚创建的新对象。新生代主要用于存储临时对象和短生命周期对象（以实际情况来说，大部分对象确实是这样的），其垃圾回收过程也是独立进行的。由于新生代通常较小，其垃圾回收的次数也可以相对频繁一些。当新生代中的对象经过若干轮垃圾回收后依然存活，则需要将之提升到老年代中，那里的存储空间更大，垃圾回收的频率也更低一些。

在本书中，“新生代”和“年轻代”是同一个意思。

参见分代式垃圾回收。

新生代（nursery）

参见新生代。

虚拟化（virtualization）

虚拟化是指在虚拟或模拟硬件上，通过虚拟机管理程序来运行客户应用程序（例如操作系统）。通过虚拟化，可以使多个客户应用程序同时运行在一台物理机器上，提升了机器的资源利用率。此外，借助于统一的管理框架，可以将一组物理机器抽象为计算云，通过虚拟化的方式为客户提供计算资源。

参见客户应用程序、虚拟机管理程序、全虚拟化和半虚拟化。

虚拟机管理程序（hypervisor）

虚拟机管理程序是一种允许多个操作系统（也称为客户应用程序）同时运行在一台物理机器上的应用软件，可以为客户应用程序提供硬件抽象。

参见虚拟化、客户应用程序、本地型虚拟机管理程序和托管型虚拟机管理程序。

虚拟机镜像（virtual machine image）

在本书中，虚拟机镜像是指用于虚拟化场景的文件包，通常会包含针对于指定虚拟机管理程序的配置文件和若干用于运行预装应用程序的磁盘镜像。有时候，虚拟机镜像也称为虚拟镜像和虚拟容器。

参见虚拟化。

虚引用（phantom reference）

参见软引用。

延迟（latency）

延迟是指执行事务时的开销，这部分开销对事务本身是没有用的。例如，虚拟机中执行代码生成和内存管理都会带来额外的执行开销，需要开启一个事务来完成。无法预测的延迟会带来不小的麻烦，因为不能预测开销的话，就没办法确定负载等级。有时候，为了能预测延迟，而不得不降低系统总吞吐量。

参见 STW、确定式垃圾回收、并发垃圾回收和并行垃圾回收。

延迟解锁（lazy unlocking）

延迟解锁，有时也称偏向锁，是一种对锁行为的优化手段，即假设大部分锁都只是线程局部的，没必要频繁地做释放和获取操作。在延迟解锁中，运行时就是在赌“锁会一直保持在线程局部内”。当第一次释放锁时，运行时可能会选择不去释放它，直接跳过释放操作，这样当下次同一个线程再来获取这个锁时，也就不必再做加锁操作了。当然，最坏的情况是，另一个线程试图获取这个实际上并未被释放的锁，这时只能先将锁转换为普通模式的锁，强制释放该锁，会带来额外的性能开销。因此，若应用程序中线程竞争非常激烈，就不适宜使用延迟解锁。

一般来说，实现延迟解锁时会应用各种启发式算法，使其在不断变化的运行环境中达到更好的执行性能，例如对那些线程竞争太过激烈的对象禁用延迟解锁。

延迟阈值（latency threshold）

JFR 中的计时事件中包含了有关超时时间阈值的设定，若是事件的持续时间小于该阈值，则不会记录该时间。

参见 JRockit Flight Recorder。

压缩引用（compressed reference）

压缩引用是 Java 对象模型的一种实现机制，在这种机制下，应用程序中对象的引用会比系统级的指针小。例如，在 64 位系统上，如果 Java 堆小于 4 GB，则记录对象地址只需 32 位就够了，在运行时中使用 64 位完全是浪费。载入和解引用 Java 对象的指针会有一点开销（不过并不大），却可以极大地提升系统的运行速度。

参见引用压缩和引用解压缩。

页保护（page protection）

页保护是指将虚拟内存的某个页面标记为不可用或不可执行（如果页面中包含了代码的话），因此，当访问这个页面时会触发一个异常。页保护机制可用于实现栈溢出检测、启动安全点（暂停应用程序线程的位置），以及将无用代码换出等操作。

参见保护页和安全点。

溢出（spilling）

寄存器分配起需要将一大堆变量映射到少量的物理寄存器上。如果同时使用的变量数目比可用寄存器的数目多的话，就不得不将一些变量先临时存储到内存中，这就是 Spilling。通常情况下，会将这些无法同时处理的变量放到生成这些变量的栈帧中。大量使用 Spilling 技术会带来巨大的性能损耗。

参见寄存器分配和原子指令。

硬件预抓取（hardware prefetching）

硬件预抓取是一种基于硬件的预抓取实现，通常情况下，是指 CPU 无须与应用程序交互，通过启发式算法，在访问数据之前，预先将目标数据抓取到缓存中。

参见预抓取和软件预抓取。

硬实时（hard real-time）

硬实时是指运行环境对实时性的要求很高，需要精确控制延迟时间。对于 Java 服务器端应用程序来说，通常这没必要，软实时就够了，即控制延迟等级即可，无须精确控制延迟时间。

参见软实时。

引用解压缩（reference decompression）

引用解压缩是指将被压缩的引用反解回引用的原始形式。

参见压缩引用和引用压缩。

引用计数（reference counting）

引用计数是一种垃圾回收方法，记录每个对象被引用的次数。当引用计数降为 0 的时候，会将该对象回收掉。引用计数实现简单，却有一个固有缺陷，那就是无法处理循环引用的问题。

参见引用追踪垃圾回收。

引用压缩（reference compression）

引用压缩是指将原始大小的引用转换为更小的形式。

参见压缩引用和引用解压缩。

引用追踪垃圾回收（tracing garbage collection）

引用追踪垃圾回收是指遍历堆中对象的所有引用，找出所有相关联的对象，从而建立存活对象集。在遍历之后，没有被扫描到的对象将会被认为是无用对象而被回收掉。

参见标记–清理和暂停–复制。

优化队列（optimization queue）

优化队列是 JRockit 中的专有名词，是指用于存储代码生成请求的队列。优化器线程会通过该队列获取优化请求，对目标代码优化。

参见代码生成队列。

原子指令（atomic instruction）

原子指令在执行时，无论操作对象是什么，指令要么都执行，要么都不执行。在执行普通指令时，根据硬件模型的不同，可能会因弱内存语义而乱序执行，相比之下，原子指令的执行时间通过会比普通指令多几个数量级。大部分 CPU 架构所支持的 CAS 指令就是一个原子指令。

参见 CAS。

预编译（ahead-of-time compilation）

一般来说，预编译是指在执行代码之前先对全部或部分进行编译。例如 C++编译器在生成二进制可执行文件时就是这样的。

参见 JIT 编译。

云（cloud）

云是指集中大量分布式计算资源（可能是虚拟计算资源），用户可以在其中部署自己的应用程序。与一大堆带有不同属性的物理机不同，云中的一组服务器可以看作一个大的计算资源池。

参见虚拟化。

运行模式（run mode）

默认情况下，JFR 的用户界面是以运行模式启动的。

参见设计模式。

预抓取（prefetching）

预抓取是指在 CPU 访问某个内存位置之前，就预先将该内存位置处的内容抓取到缓存行（cache line）中缓存起来。尽管预抓取是个比较费时的操作，但如果预抓取和实际内存访问操作的时间间隔（执行其他一些不相关的指令）够大，则采用预抓取是可以带来较大性能提升的。

预抓取工作，可以是由 CPU 隐式完成的（硬件预抓取），也可以是由程序员显式地将预抓取指令写入到代码中来完成（软件预抓取）。

一般来说，软件预抓取是由编译器通过一些启发式算法加入到代码中的。例如，在 JRockit 中，预抓取指令会插入到访问线程局部区域的为对象分配内存的代码中，以及为执行大量属性域访问操作而优化过的代码中。若是将预抓取指令放错位置，则会降低系统的整体性能。

参见线程局部区域、硬件预抓取和软件预抓取。

暂停–复制（stop and copy）

暂停–复制是一种引用追踪垃圾回收技术，它会将堆分为相等的两部分，并且每次只会使用其中一个。在执行垃圾回收时，引用追踪算法会增量式地计算存活对象集，并将之移入到另一个未被使用的堆空间，这种方式隐式地实现了内存整理。在垃圾回收之后，另一个堆空间中的全是存活对象，并作为新的堆空间使用，而当前被收集的堆空间则会被全部回收。该算法实现简单，但会浪费大量的堆空间。

参见引用追踪垃圾回收、内存整理和碎片化。

自动内存管理（automatic memory management）

本书中，自动内存管理是指在运行时系统中使用垃圾回收器来管理内存。

字节码（bytecode）

字节码是由源代码转化成的、平台无关的二进制表示。就 Java 来说，字节码由 Java 源代码编译而成。Java 字节码中包含了操作指令（长度为 1 个字节）和操作数，其结构化程度不如 Java 源代码，可以任意使用 `goto` 指令和其他 Java 源代码中不存在的结构，因此其表现力也远强于 Java 源代码。

字节码解释执行（bytecode interpretation）

字节码解释执行是指，在虚拟执行栈中，以模拟字节码指令、虚拟机状态和本地变量表的形式来运行字节码代码。字节码解释执行的启动速度比编译执行快，但运行性能较差。

自适应代码生成（adaptive code generation）

自适应代码生成是指在自适应环境中动态生成代码，例如 JIT 和混合模式解释执行代码。一般情况下，自适应代码生成会根据运行时反馈信息，对代码做多次优化。JVM 是一个自适应环境，可以动态生成代码，而静态编译系统则无法办到。

参见 JIT 编译和混合模式解释执行。

自适应内存管理（adaptive memory management）

自动内存管理是指应用某种自适应内存管理技术（例如垃圾回收器）来管理内存。本书中的自适应内存管理是指为了提升性能而根据运行时反馈信息来调整垃圾回收器的行为。

自旋锁（spinlock）

自旋锁的实现中通常包含了原子指令和条件跳转，形成一个循环，在完成操作之前，会一直消耗 CPU 资源。使用自旋锁来实现简单的、没什么竞争的、持有时间也不长的同步锁是挺不错的，不过对于大部分应用程序来说，自旋锁并不是最佳选择。

参见瘦锁和胖锁。

栈上替换（on-stack replacement，OSR）

栈上替换是一种代码优化技术，即在方法运行过程中就将控制流切换到优化编译之后的新方法上。JRockit 本身并不支持 OSR，它会等到目标方法执行结束后再替换。对于某些编写糟糕的微基准测试来说，这种实现方式是测不出好结果的，但实践证明，不支持 OSR 并不是什么大问题。

着色（color）

在本书中，着色是指对具有某种特性的节点进行标记，常用于寄存器分配算法或引用追踪垃圾回收算法。

在寄存器分配算法中，同时使用的变量可以表示为图中的两个相邻节点，于是寄存器分配算法就可以转化为“如何对图中的节点着色，使相邻节点具有不同的颜色”，其中可用颜色的数量等于可用寄存器的数量。

此外，着色还可应用于引用追踪垃圾回收算法。通常情况下，标记–清理算法会使用若干种颜色来标记垃圾回收过程已经处理过的若干种对象。

参见寄存器分配和引用追踪垃圾回收。

诊断命令（diagnostic command）

通过 JRCMD、名为 DiagnosticCommand 的 MBean 或 JMAPI 可以给 JRockit JVM 发送指定的诊断命令。

参见 JRCMD 和 JMAPI。

中间表示（intermediate representation，IR）

中间表示是代码在编译器内部的表示形式。通常情况下，中间表示既不是编译语言，也不是本地代码，而是介于两者之间的、更具通用性的表示形式，格式良好的中间表示应该是便于优化和转换的。在 JRockit 中，中间表示也分为多个层次，最上层表示与 Java 代码类似，最下层表示则更像本地代码，算是一种标准划分形式。

参见高级中间表示、中级中间表示、低级中间表示、寄存器分配和本地代码。

中级中间表示（middle level intermidiate representation，MIR）

在 JRockit 中，MIR 是一个有向控制流图，其以基本块作为图的节点，每个基本块都包含了0个或多个操作。JRockit 中的 MIR 是平台无关的，同时也是对代码做平台无关优化的阶段，其具体格式类似于三地址码。

参见高级中间表示、低级中间表示、寄存器分配、本地代码和中间表示。

主密码（master password）

主密码用于对存储在 JRockit Mission Control 中的密码做加密和解密操作。

准确分析（exact profiling）

准确分析是指以注入代码的形式来获取准确的分析结果，例如对每个方法调用计时或对每个方法调用计数。这种方式通常都会带来一点性能开销。

参见采样分析。

准确式垃圾回收（exact garbage collection）

与保守式垃圾回收相反，准确式垃圾回收要求运行时提供足够的元数据信息，以便明确知道寄存器和栈帧中的哪些位置存储了对象指针，这样垃圾回收器就不必猜测数据到底是不是对象指针。元数据虽然增加了内存消耗，却可以加快垃圾回收的执行速度，并提升回收操作的准确性。

参见保守式垃圾回收。

站在巨人的肩上
Standing on Shoulders of Giants
TURING
图灵教育
iTuring.cn

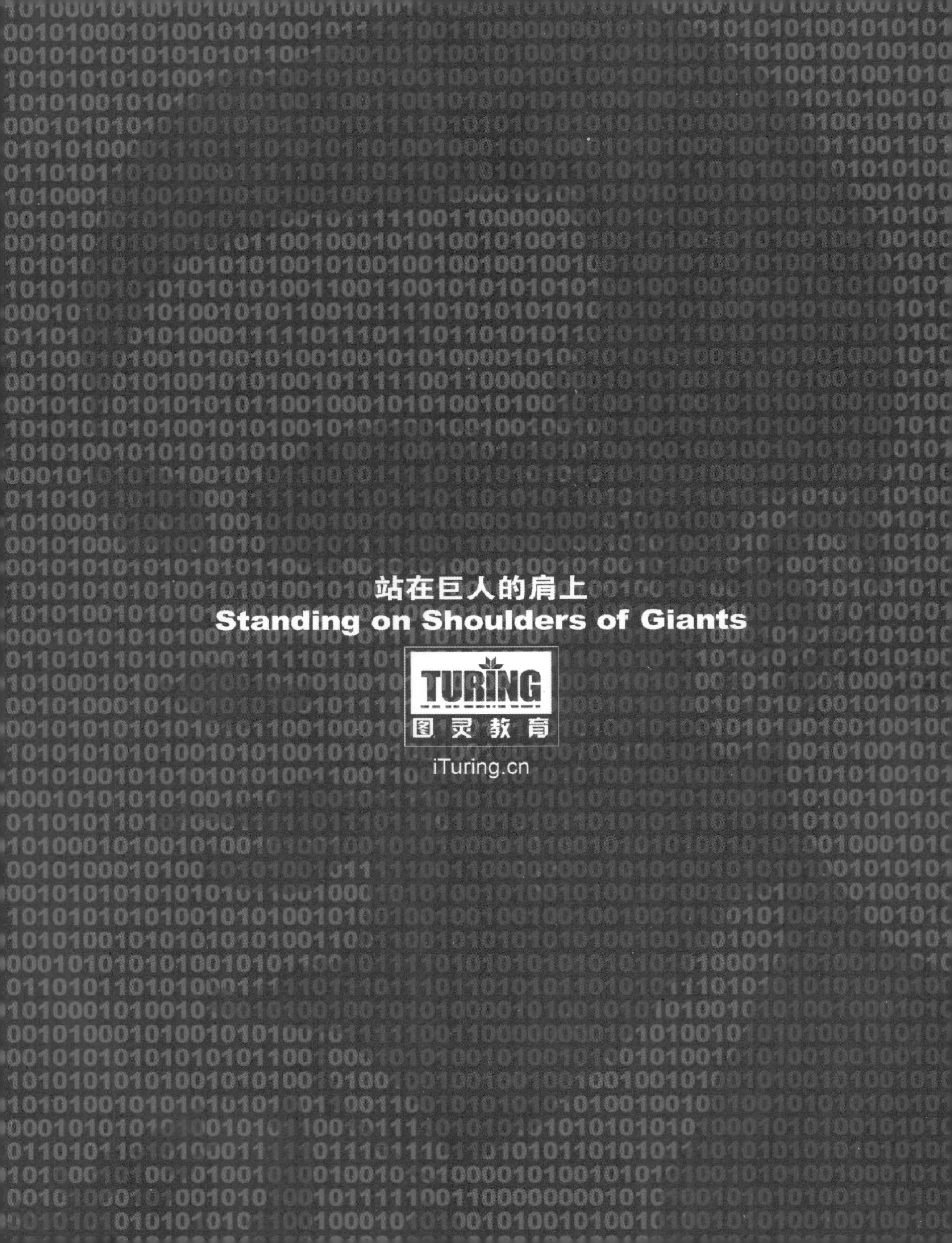

站在巨人的肩上
Standing on Shoulders of Giants
TURING
图灵教育
iTuring.cn